메가스터디 N제

과학탐구영역 물리학 I

310제

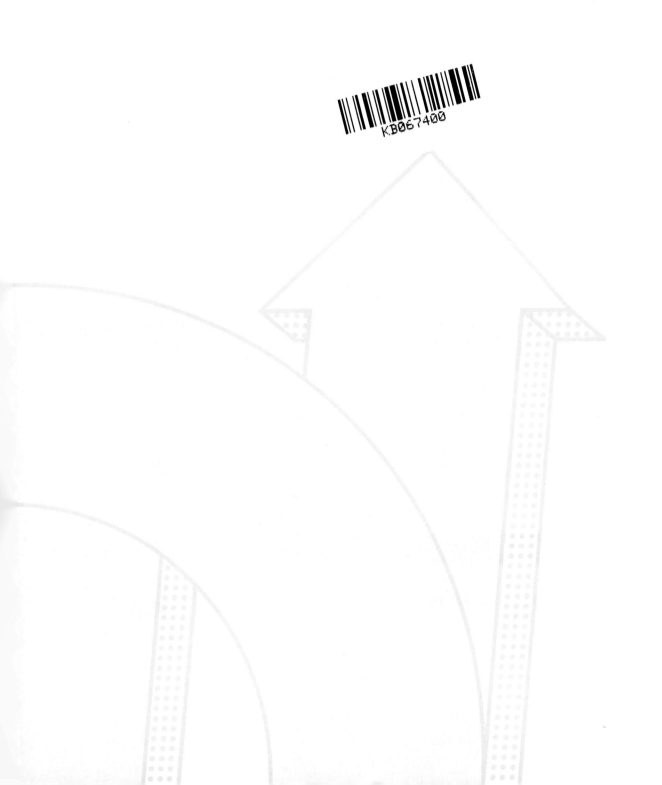

구성과 특징 STRUCTURE

⊘ 2015 개정 교육과정이 적용된 수능, 평가원, 교육청의 출제 경향에 맞추어 새로운 문항을 개발했습니다.

⊘ 교과서와 최신 기출 분석을 토대로 빈출 개념 & 대표 기출 & 적중 예상 문제를 수록했습니다.

⊘ 수능 1등급을 위한 신유형, 고난도, 통합형 문제를 단원별로 구성했습니다.

STEP 1 학습 가이드

최신 기출 문제를 철저히 분석하여 단원별 출제 비율과 경향을 정리하고, 이를 바탕으로 고득점을 위한 학습 전략을 제시했습니다.

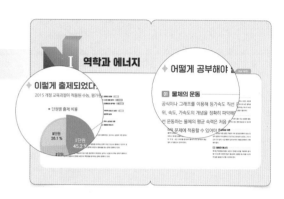

STEP 2 개념 정리 & 대표 기출 문제

최신 기출을 분석하여 ☆고빈출, ●빈출 개념을 정리하고, 대표 기출 문제를 선별하여 분석했습니다. 빈출 개념과 유형을 한눈에 파악하여 효율적인 학습을 할 수 있습니다.

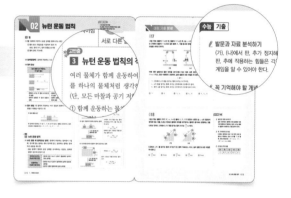

STEP 3 적중 예상 문제

빈출 유형과 신유형 문제가 수록된 적중 예상 문제를 주제별로 구성했습니다. 스스로 풀어보면서 실력을 향상시켜 보세요.

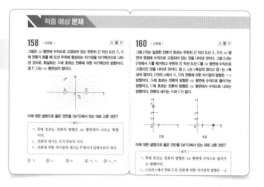

STEP 4 1등급 도전 문제

등급을 가르는 고난도 문제와 최신 경향의 개념 통합 문제를 단원별로 구성했습니다. 수능 1등급에 자신감을 가지세요.

📑 실전 모의평가 문제 2회

📖 정답 및 해설 친절하고 정확한 정답 및 해설로 틀린 문제를 반드시 점검하세요.

차례 CONTENTS
문제

N I 역학과 에너지

◆ 이렇게 출제되었다!

2015 개정 교육과정이 적용된 수능, 평가원, 교육청 기출 문제를 철저히 분석했습니다.

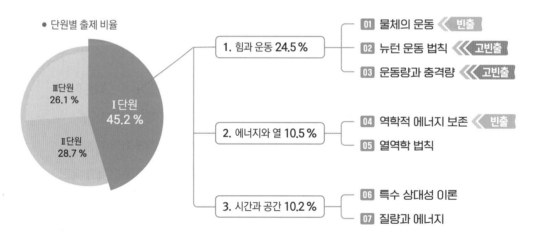

● 단원별 출제 비율

Ⅲ단원 26.1 %

Ⅰ단원 45.2 %

Ⅱ단원 28.7 %

1. 힘과 운동 24.5 %
- 01 물체의 운동 « 빈출
- 02 뉴턴 운동 법칙 « 고빈출
- 03 운동량과 충격량 « 고빈출

2. 에너지와 열 10.5 %
- 04 역학적 에너지 보존 « 빈출
- 05 열역학 법칙

3. 시간과 공간 10.2 %
- 06 특수 상대성 이론
- 07 질량과 에너지

1. 힘과 운동 | 뉴턴 운동 법칙과 운동량과 충격량에 대한 문제가 가장 많이 출제되었고, 등가속도 운동에 대한 문제도 자주 출제되었다.

2. 에너지와 열 | 역학적 에너지 보존 법칙을 적용하여 물체의 운동을 분석하는 문제가 매년 고난도로 출제되고 있으며, 압력－부피 그래프를 제시하고 열기관의 열역학 과정이나 열효율을 묻는 문제도 출제되고 있다.

3. 시간과 공간 | 특수 상대성 이론을 적용하여 서로 다른 관성계에서 측정하는 길이나 시간을 비교하는 문제가 출제되고 있으며, 질량수와 전하량 보존으로 핵반응을 분석하는 문제도 출제되고 있다.

◆ 어떻게 공부해야 할까?

01 물체의 운동

공식이나 그래프를 이용해 등가속도 직선 운동하는 물체의 변위, 속도, 가속도의 개념을 정확히 파악해야 하며, 등가속도 직선 운동하는 물체의 평균 속력은 처음 속력과 나중 속력의 중간 값임을 문제에 적용할 수 있어야 한다.

02 뉴턴 운동 법칙

문제에 제시된 상황에서 각 물체에 작용하는 알짜힘과 가속도 등을 분석할 수 있어야 한다. 또 힘의 평형과 작용 반작용 관계의 공통점과 차이점을 정리해서 이해해야 한다.

03 운동량과 충격량

물체의 운동량 변화량은 물체가 받은 충격량과 같다는 것을 이해하고, 제시된 상황에 운동량 보존 법칙을 적용할 수 있어야 한다. 또 힘―시간 그래프를 분석하여 물체가 받은 충격량과 평균 힘의 크기를 알 수 있어야 한다.

04 역학적 에너지 보존

고난도 문제가 출제되는 단원이므로 수평면이나 빗면, 레일에서 물체가 운동하는 다양한 경우에 역학적 에너지 보존 법칙을 적용할 수 있어야 한다. 또 마찰이 있는 경우에는 에너지 보존 법칙을 적용할 수 있도록 많은 문제 풀이 경험이 필요하다.

05 열역학 법칙

제시된 그래프나 표를 분석하여 기체가 흡수 또는 방출한 열량, 한 일 또는 받은 일, 내부 에너지나 온도 변화 등을 알 수 있도록 연습해야 한다.

06 특수 상대성 이론

특수 상대성 이론 문항은 개념의 이해 정도를 명확하게 묻는 정성적 문항이 주로 출제되고 있으므로, 동시성의 상대성, 고유 시간과 고유 길이, 시간 팽창과 길이 수축의 개념을 정확하게 이해해야 한다.

07 질량과 에너지

제시된 핵반응을 질량수 보존과 전하량 보존을 적용하여 분석할 수 있도록 다양한 연습이 필요하며, 방출된 에너지를 비교하여 질량 결손을 비교할 수 있어야 한다.

01 물체의 운동

⦿ 출제 개념
- 이동 거리와 변위, 평균 속력과 평균 속도의 비교
- 여러 가지 물체의 운동 분류
- 등가속도 직선 운동하는 물체의 평균 속력

1 운동의 표현

(1) 이동 거리와 변위

① 이동 거리: 물체가 실제로 이동한 경로의 길이로, 크기만 가진 물리량

② 변위: 처음 위치에서 나중 위치까지의 위치 변화량으로, 크기와 방향을 모두 가진 물리량
- 변위의 크기: 처음 위치와 나중 위치를 이은 직선 거리
- 변위의 방향: 처음 위치에서 나중 위치를 향하는 방향

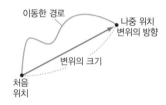

(2) 속력과 속도

① 속력: 단위 시간 동안 물체가 이동한 거리를 속력이라고 하며, 물체의 빠르기를 나타냄

$$속력 = \frac{이동 \ 거리}{걸린 \ 시간}, \ v = \frac{s}{t} \ [단위: m/s]$$

② 속도: 단위 시간 동안 물체의 변위를 속도라고 하며, 물체의 빠르기와 운동 방향을 함께 나타냄

$$속도 = \frac{변위}{걸린 \ 시간}, \ v = \frac{s}{t} \ [단위: m/s]$$

(3) 가속도

① 가속도: 단위 시간 동안 물체의 속도 변화량을 가속도라고 하며, 물체의 속도가 시간에 따라 변하는 정도를 나타냄. 가속도는 크기와 방향을 모두 가진 물리량

$$가속도 = \frac{속도 \ 변화량}{걸린 \ 시간} = \frac{나중 \ 속도 - 처음 \ 속도}{걸린 \ 시간}$$
$$v = \frac{\Delta v}{t} \ [단위: m/s^2]$$

② 가속도의 방향과 운동 방향의 관계: 직선상에서 운동하는 물체의 운동 방향과 가속도의 방향이 같으면 속력이 증가하고, 물체의 운동 방향과 가속도의 방향이 반대이면 속력이 감소함

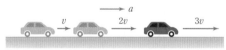

⦿ 운동 방향과 가속도의 방향이 같은 경우

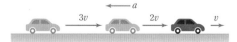

⦿ 운동 방향과 가속도의 방향이 반대인 경우

2 운동의 분류

(1) 속력과 운동 방향이 모두 일정한 운동

① 등속 직선 운동(등속도 운동): 물체의 속도가 일정한 운동으로, 물체의 빠르기와 운동 방향이 변하지 않음

② 등속 직선 운동의 그래프

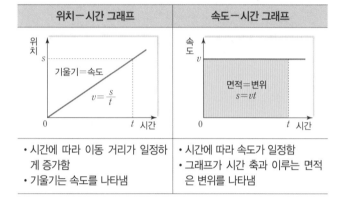

위치-시간 그래프	속도-시간 그래프
• 시간에 따라 이동 거리가 일정하게 증가함 • 기울기는 속도를 나타냄	• 시간에 따라 속도가 일정함 • 그래프가 시간 축과 이루는 면적은 변위를 나타냄

고빈출

(2) 운동 방향은 일정하고 속력만 변하는 운동

① 등가속도 직선 운동: 물체의 가속도의 크기와 방향이 일정한 직선 운동으로, 물체의 속도가 일정하게 증가하거나 감소함

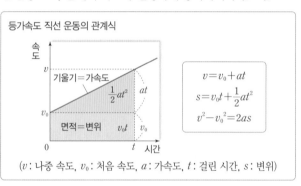

등가속도 직선 운동의 관계식

$$v = v_0 + at$$
$$s = v_0 t + \frac{1}{2}at^2$$
$$v^2 - v_0^2 = 2as$$

(v: 나중 속도, v_0: 처음 속도, a: 가속도, t: 걸린 시간, s: 변위)

② 등가속도 직선 운동에서의 평균 속도: 평균 속도는 처음 속도와 나중 속도의 중간 값

$$v_{평균} = \frac{v_0 + v}{2}$$

③ 등가속도 직선 운동의 예: 자유 낙하 운동, 빗면을 따라 내려오는 공의 운동 등

(3) 속력은 일정하고 운동 방향만 변하는 운동

예 등속 원운동: 물체가 원 궤도를 따라 일정한 속력으로 회전하는 운동으로, 운동 방향은 매 순간 원 궤도에 접하는 접선 방향임

(4) 속력과 운동 방향이 모두 변하는 운동: 가속도의 방향이 운동 방향과 나란하지 않음

예 진자 운동, 수평으로 던진 물체의 운동, 포물선 운동(비스듬히 던져 올린 물체의 운동) 등

대표 기출 문제

001

평가원 기출

그림 (가)는 기울기가 서로 다른 빗면에서 v_0의 속력으로 동시에 출발한 물체 A, B, C가 각각 등가속도 운동하는 모습을 나타낸 것이다. 그림 (나)는 A, B, C가 각각 최고점에 도달하는 순간까지 물체의 속력을 시간에 따라 나타낸 것이다.

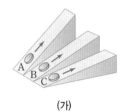

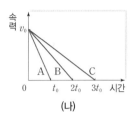

(가)

(나)

이에 대한 설명으로 옳은 것만을 〈보기〉에서 있는 대로 고른 것은?

| 보기 |

ㄱ. 가속도의 크기는 B가 A의 2배이다.

ㄴ. t_0일 때, C의 속력은 $\frac{2}{3}v_0$이다.

ㄷ. 물체가 출발한 순간부터 최고점에 도달할 때까지 이동한 거리는 C가 A의 3배이다.

---

① ㄱ   ② ㄴ   ③ ㄱ, ㄷ   ④ ㄴ, ㄷ   ⑤ ㄱ, ㄴ, ㄷ

발문과 자료 분석하기
속력−시간 그래프를 통해 가속도의 크기와 이동 거리를 구할 수 있어야 한다.

꼭 기억해야 할 개념
1. 속력−시간 그래프에서 기울기는 물체의 가속도를 나타낸다.
2. 속력−시간 그래프에서 그래프와 시간 축이 이루는 면적은 물체의 이동 거리를 나타낸다.

선지별 선택 비율
①	②	③	④	⑤
2 %	5 %	5 %	76 %	9 %

002

수능 기출

그림 (가)는 빗면의 점 p에 가만히 놓은 물체 A가 등가속도 운동하는 것을, (나)는 (가)에서 A의 속력이 v가 되는 순간, 빗면을 내려오던 물체 B가 p를 속력 $2v$로 지나는 것을 나타낸 것이다. 이후 A, B는 각각 속력 v_A, v_B로 만난다.

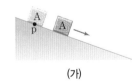

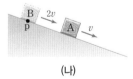

(가)

(나)

$\dfrac{v_B}{v_A}$는? (단, 물체의 크기, 모든 마찰은 무시한다.)

① $\dfrac{5}{4}$ ② $\dfrac{4}{3}$ ③ $\dfrac{3}{2}$ ④ $\dfrac{5}{3}$ ⑤ $\dfrac{7}{4}$

발문과 자료 분석하기
같은 빗면에서 운동하는 A, B가 같은 가속도로 등가속도 직선 운동하고 있음을 알고, 두 물체의 운동을 비교 분석할 수 있어야 한다.

꼭 기억해야 할 개념
A, B의 가속도 크기를 a라 할 때, (나) 이후 시간 t만큼 지난 후 A, B의 속력은 각각 $v_A = v + at$, $v_B = 2v + at$가 되어 B의 속력은 A의 속력보다 항상 v만큼 크다.

선지별 선택 비율
①	②	③	④	⑤
7 %	18 %	21 %	48 %	4 %

적중 예상 문제

003

상 중 **하**

표는 물체의 운동 A, B, C에 대한 자료이다.

특징	A	B	C
물체의 속력이 일정하다.	○	×	×
물체에 작용하는 알짜힘의 방향이 일정하다.	×	○	○
물체에 작용하는 알짜힘의 방향이 물체의 운동 방향과 같다.	×	○	×

(○ : 예, × : 아니요)

이에 대한 설명으로 옳은 것만을 〈보기〉에서 있는 대로 고른 것은?

| 보기 |

ㄱ. 연직 아래 방향으로 등가속도 직선 운동하는 물체의 운동은 A에 해당한다.

ㄴ. 실에 매달려 등속 원운동하는 장난감의 운동은 B에 해당한다.

ㄷ. 수평면에서 비스듬한 방향으로 던져져 포물선 운동하는 농구공의 운동은 C에 해당한다.

① ㄱ   ② ㄷ   ③ ㄱ, ㄴ   ④ ㄴ, ㄷ   ⑤ ㄱ, ㄴ, ㄷ

004

상 중 **하**

그림은 동일 직선상에서 운동하는 물체 A, B의 위치를 시간에 따라 나타낸 것이다.

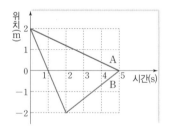

이에 대한 설명으로 옳은 것만을 〈보기〉에서 있는 대로 고른 것은?

| 보기 |

ㄱ. 1초일 때, B의 운동 방향이 바뀐다.

ㄴ. 3초일 때, 속도의 크기는 A가 B보다 작다.

ㄷ. 0초부터 5초까지 변위는 A와 B가 같다.

① ㄱ   ② ㄴ   ③ ㄱ, ㄷ   ④ ㄴ, ㄷ   ⑤ ㄱ, ㄴ, ㄷ

005

상 중 **하**

그림은 기준선 P에 정지해 있던 두 자동차 A, B가 동시에 출발하는 모습을 나타낸 것이다. A, B는 P에서 기준선 Q까지 각각 등가속도 직선 운동을 하고, Q를 통과하는 순간의 속력은 A가 B의 2배이다.

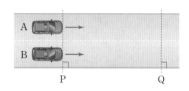

A, B가 각각 P에서 Q까지 운동하는 동안, 이에 대한 설명으로 옳은 것만을 〈보기〉에서 있는 대로 고른 것은? (단, A, B의 크기는 무시한다.)

| 보기 |

ㄱ. 평균 속력은 A가 B의 2배이다.

ㄴ. 걸린 시간은 B가 A의 4배이다.

ㄷ. 가속도의 크기는 A가 B의 2배이다.

① ㄱ   ② ㄴ   ③ ㄱ, ㄷ   ④ ㄴ, ㄷ   ⑤ ㄱ, ㄴ, ㄷ

006

상 중 **하**

다음은 직선 경로를 따라 운동하는 물체에 대한 설명이다.

- 시간 $t=0$부터 $t=4$초까지 가속도의 크기가 ⓐ m/s^2 인 등가속도 운동을 하여, 속력은 $t=4$초일 때가 $t=2$초일 때의 2배가 된다.
- $t=4$초 이후 일정한 속력 ⓑ m/s로 운동한다.
- $t=0$부터 $t=8$초까지 운동한 거리는 24 m이다.

ⓐ과 ⓑ은?

	ⓐ	ⓑ		ⓐ	ⓑ
①	0.5	2	②	0.5	4
③	1	2	④	1	4
⑤	2	3			

007 | 신유형 | 　　　　　 상 중 하

그림 (가)는 시간 $t=0$일 때, $+x$방향으로 운동하는 자동차 A가 정지해 있는 자동차 B보다 $-x$방향으로 거리 s만큼 떨어진 위치에 있는 것을 나타낸 것이다. 그림 (나)는 (가)에서 A, B가 $+x$방향으로 직선 운동을 할 때 A, B의 속력을 시간 t에 따라 나타낸 것으로, $t=2$초일 때 A와 B 사이의 거리는 0이다.

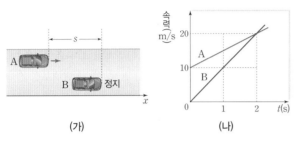

(가)　　　　　　　　　　　　(나)

이에 대한 설명으로 옳은 것만을 〈보기〉에서 있는 대로 고른 것은? (단, A, B의 크기는 무시한다.)

| 보기 |

ㄱ. 가속도의 크기는 B가 A의 2배이다.

ㄴ. $t=0$부터 $t=2$초까지 이동한 거리는 A가 B의 $\frac{3}{2}$배이다.

ㄷ. $s=10$ m이다.

① ㄱ　　② ㄴ　　③ ㄱ, ㄷ　　④ ㄴ, ㄷ　　⑤ ㄱ, ㄴ, ㄷ

008 　　　　　 상 중 하

그림과 같이 직선 도로에서 기준선 P, Q를 각각 $3v$, v의 속력으로 동시에 통과한 자동차 A, B가 각각 등가속도 운동, 등속도 운동하여 A가 기준선 R에 정지한 순간 B는 R를 지난다. P와 R 사이의 거리는 L이다.

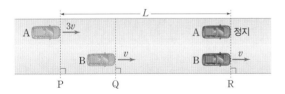

이에 대한 설명으로 옳은 것만을 〈보기〉에서 있는 대로 고른 것은? (단, A, B는 도로와 나란하게 운동하며, A, B의 크기는 무시한다.)

| 보기 |

ㄱ. A의 가속도 크기는 $\frac{9v^2}{2L}$이다.

ㄴ. Q에서 R까지의 거리는 $\frac{2}{3}L$이다.

ㄷ. Q에서 R까지 운동하는 데 걸린 시간은 A가 B의 $\frac{2}{3}$배이다.

① ㄱ　　② ㄷ　　③ ㄱ, ㄷ　　④ ㄴ, ㄷ　　⑤ ㄱ, ㄴ, ㄷ

009 | 신유형 | 　　　　　 상 중 하

그림과 같이 직선 도로에서 시간 $t=0$일 때 기준선 P를 10 m/s의 속력으로 통과한 자동차가 기준선 Q까지 등가속도 직선 운동하고, Q를 5 m/s의 속력으로 통과한 순간부터 기준선 R까지 등속도 운동, R에서 기준선 S까지 등가속도 직선 운동하여 $t=10$초일 때 S에 정지한다. P와 Q 사이의 거리, Q와 R 사이의 거리, R와 S 사이의 거리는 L로 같다.

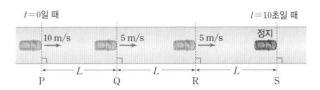

자동차의 운동에 대한 설명으로 옳은 것만을 〈보기〉에서 있는 대로 고른 것은? (단, 자동차의 크기는 무시한다.)

| 보기 |

ㄱ. P에서 Q까지 운동하는 데 걸린 시간은 R에서 S까지 운동하는 데 걸린 시간의 $\frac{1}{3}$배이다.

ㄴ. R에서 S까지 운동하는 동안 가속도의 크기는 $\frac{11}{12}$ m/s² 이다.

ㄷ. $L=\frac{25}{2}$ m이다.

① ㄱ　　② ㄷ　　③ ㄱ, ㄴ　　④ ㄴ, ㄷ　　⑤ ㄱ, ㄴ, ㄷ

010 | 신유형 | 　　　　　 상 중 하

그림은 자동차 A, B가 시간 $t=0$일 때 기준선 P, Q를 각각 속력 $2v$, $3v$로 통과하는 모습을 나타낸 것이다. A, B는 각각 등가속도 직선 운동하여 B가 $t=t_0$일 때 기준선 R에 정지한 후 A는 $t=2t_0$일 때 R에 정지한다. P와 Q 사이의 거리는 L이다.

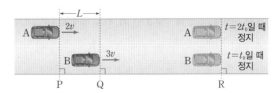

A, B의 속력이 같은 순간, A와 B 사이의 거리는? (단, A, B는 도로와 나란하게 운동하며, A, B의 크기는 무시한다.)

① $\frac{6}{5}L$　　② $\frac{5}{4}L$　　③ $\frac{4}{3}L$　　④ $\frac{3}{2}L$　　⑤ $2L$

011 상 중 하

그림과 같이 수평면에서 간격 L을 유지하며 일정한 속력 $4v$로 운동하던 물체 A, B가 빗면을 따라 등가속도 직선 운동한다. A가 점 p를 속력 $3v$로 지나는 순간에 B는 점 q를 속력 v로 지난다.

이에 대한 설명으로 옳은 것만을 〈보기〉에서 있는 대로 고른 것은?
(단, A, B는 동일 연직면상에서 운동하며, 물체의 크기, 모든 마찰과 공기 저항은 무시한다.)

| 보기 |

ㄱ. p와 q 사이의 거리는 $\frac{1}{2}L$이다.

ㄴ. 빗면에서 A의 가속도의 크기는 $\frac{8v^2}{L}$이다.

ㄷ. A와 B가 충돌할 때, A의 속력은 v이다.

① ㄱ   ② ㄴ   ③ ㄱ, ㄷ   ④ ㄴ, ㄷ   ⑤ ㄱ, ㄴ, ㄷ

012 상 중 하

그림과 같이 물체 A, B가 동일 직선상에서 같은 방향의 가속도로 등가속도 운동을 하고 있다. 가속도의 크기는 A가 B의 2배이고, A가 점 p를 지날 때, A와 B의 속력은 v로 같으며 A와 B 사이의 거리는 d이다. A가 p에서 $2d$만큼 이동했을 때, B의 속력은 $2v$이고, A와 B 사이의 거리는 x이다.

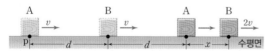

x는? (단, 물체의 크기는 무시한다.)

① $\frac{1}{3}d$ ② $\frac{2}{5}d$ ③ $\frac{1}{2}d$ ④ $\frac{2}{3}d$ ⑤ $\frac{3}{4}d$

013 상 중 하

다음은 빗면에서 구슬의 운동을 분석하는 실험이다.

| 실험 과정

(가) 그림과 같이 빗면에서 쇠구슬이 빗면 위 방향으로 올라갈 수 있도록 쇠구슬을 살짝 밀어준다.

(나) 쇠구슬이 빗면에서 최고점에 올라갈 때까지의 운동을 휴대 전화를 사용해 동영상 촬영한다.

(다) 동영상 분석 프로그램을 이용하여 쇠구슬의 위치를 0.1초 간격으로 기록한 후, 위치－시간 그래프를 작성한다.

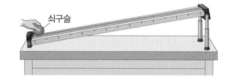

| 실험 결과

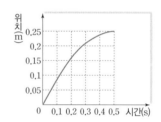

• 쇠구슬은 크기가 $\boxed{\ ⊙\ }$ m/s^{2}인 가속도로 등가속도 운동을 한다.

이에 대한 설명으로 옳은 것만을 〈보기〉에서 있는 대로 고른 것은?

| 보기 |

ㄱ. 0초부터 0.5초까지 쇠구슬의 평균 속력은 0.5 m/s이다.

ㄴ. ⊙은 2이다.

ㄷ. 0.1초일 때 쇠구슬의 속력은 0.8 m/s이다.

① ㄱ   ② ㄴ   ③ ㄱ, ㄷ   ④ ㄴ, ㄷ   ⑤ ㄱ, ㄴ, ㄷ

014 상 중 하

그림 (가)는 빗면의 점 p에 가만히 놓은 물체 A가 등가속도 운동하는 것을, (나)는 (가)에서 A가 q를 지나며 속력이 $2v$가 된 순간, 빗면을 내려오던 물체 B가 p를 속력 $5v$로 지나는 것을 나타낸 것이다. 이후 A, B는 점 r에서 만난다. p와 q 사이의 거리와 q와 r 사이의 거리는 각각 d_1, d_2이다.

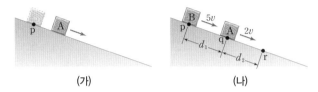

(가)   (나)

$\dfrac{d_1}{d_2}$ 은? (단, 물체의 크기, 모든 마찰은 무시한다.)

① $\dfrac{9}{7}$ ② $\dfrac{4}{3}$ ③ $\dfrac{7}{5}$ ④ $\dfrac{3}{2}$ ⑤ $\dfrac{5}{3}$

015 | 신유형 | 상 중 하

그림과 같이 빗면을 따라 등가속도 운동하는 물체 A, B가 시간 $t=0$일 때 각각 점 p, r를 속력 $7v$, v로 지난다. $t=t_0$일 때, A와 B는 점 q에서 서로 같은 속력으로 만난다. p, q, r는 동일 직선상에 있다.

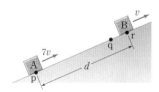

$t=\dfrac{1}{2}t_0$일 때, q와 A 사이의 거리, q와 B 사이의 거리를 각각 d_A, d_B라 할 때, $\dfrac{d_A}{d_B}$는? (단, 물체의 크기, 모든 마찰은 무시한다.)

① $\dfrac{6}{5}$ ② $\dfrac{5}{4}$ ③ $\dfrac{4}{3}$ ④ $\dfrac{3}{2}$ ⑤ 2

016 | 신유형 | 상 중 하

그림 (가)는 빗면을 따라 등가속도 직선 운동하던 물체가 시간 $t=0$일 때 빗면의 점 p를 속력 v로 지나는 모습을 나타낸 것이고, (나)는 (가) 이후 물체의 변위를 t에 따라 나타낸 것이다.

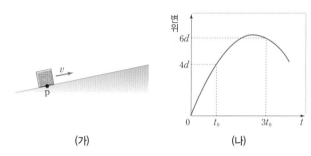

(가)   (나)

물체의 운동에 대한 설명으로 옳은 것만을 〈보기〉에서 있는 대로 고른 것은? (단, 물체의 크기, 모든 마찰은 무시한다.)

| 보기 |

ㄱ. $t=t_0$일 때, 속력은 $\dfrac{2}{3}v$이다.

ㄴ. $t=2t_0$일 때, 변위는 $6d$이다.

ㄷ. 가속도의 크기는 $\dfrac{v^2}{25d}$이다.

① ㄱ ② ㄴ ③ ㄱ, ㄷ ④ ㄴ, ㄷ ⑤ ㄱ, ㄴ, ㄷ

02 뉴턴 운동 법칙

⊘ 출제 개념
- 뉴턴 운동 법칙 적용
- 힘, 질량, 가속도의 관계를 알아보는 실험
- 힘의 평형과 작용 반작용 비교
- 운동 방정식 적용

1 힘

(1) **힘**: 물체의 모양이나 운동 상태를 변화시키는 원인

① 힘의 표시: 화살표를 이용하여 힘의 작용점, 힘의 크기, 힘의 방향을 표시함

② 힘의 단위: N(뉴턴)

(2) **알짜힘(합력)**: 물체에 작용하는 모든 힘을 합한 것

(3) **힘의 합성**

같은 방향으로 작용하는 두 힘의 합성	반대 방향으로 작용하는 두 힘의 합성
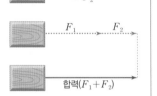	
• 합력의 크기는 두 힘의 크기의 합과 같음 • 합력의 방향은 두 힘의 방향과 같음	• 합력의 크기는 두 힘의 크기의 차와 같음 • 합력의 방향은 크기가 큰 힘의 방향과 같음

(4) **힘의 평형**: 한 물체에 작용하는 여러 힘들의 합력이 0일 때, 이 힘들은 평형을 이룬다고 함

두 힘의 평형 조건

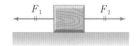

한 물체에 작용하는 두 힘 F_1, F_2의 크기가 같고, 방향은 반대이며, 일직선상에서 작용해야 함 ➡ $F_1 + F_2 = 0$, $F_1 = -F_2$

☆빈출

2 뉴턴 운동 법칙

(1) **뉴턴 운동 제1법칙(관성 법칙)**: 물체에 작용하는 알짜힘이 0일 때, 정지해 있는 물체는 계속 정지해 있고, 운동하는 물체는 등속 직선 운동을 계속 함

• 관성: 물체가 원래의 운동 상태를 유지하려는 성질로, 물체의 질량이 클수록 관성이 큼

정지해 있으려는 관성에 의한 현상	• 정지해 있던 버스가 갑자기 출발하면 승객이 뒤로 넘어짐
운동하려는 관성에 의한 현상	• 달리던 버스가 갑자기 정지하면 승객이 앞으로 넘어짐 • 달리던 사람이 돌부리에 걸려 넘어짐

(2) **뉴턴 운동 제2법칙(가속도 법칙)**: 물체의 가속도는 물체에 작용하는 알짜힘에 비례하고, 물체의 질량에 반비례함

$$가속도 = \frac{알짜힘}{질량}, \quad a = \frac{F}{m} \implies F = ma$$

(3) **뉴턴 운동 제3법칙(작용 반작용 법칙)**: 작용과 반작용 관계의 두 힘은 항상 크기가 같고, 방향은 서로 반대임

$$F_{AB} = -F_{BA}$$

구분	작용 반작용	평형을 이루는 두 힘
공통점	두 힘의 크기가 같고, 방향은 반대임	
차이점	서로 다른 물체에 작용함	한 물체에 작용함

☆고빈출

3 뉴턴 운동 법칙의 적용

여러 물체가 함께 운동하여 가속도의 크기가 같은 경우, 여러 물체를 하나의 물체처럼 생각하여 다음과 같이 물체의 가속도를 구함 (단, 모든 마찰과 공기 저항 무시)

(1) 함께 운동하는 물체들의 질량을 모두 더함

(2) 운동하는 물체들에게 작용하는 외력만을 모두 더함. 이때 물체들 사이에 상호 작용 하는 힘은 포함시키지 않음

(3) 한 물체처럼 생각하여 가속도를 $\dfrac{외력의 총합}{질량의 총합}$으로 구함

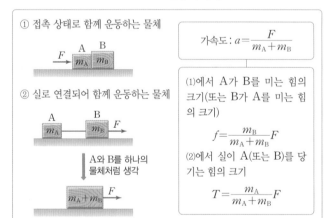

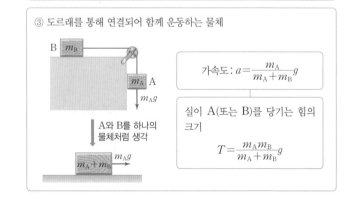

대표 기출 문제

017

그림 (가)는 질량이 5 kg인 판, 질량이 10 kg인 추, 실 p, q가 연결되어 정지한 모습을, (나)는 (가)에서 질량이 1 kg으로 같은 물체 A, B를 동시에 판에 가만히 올려놓았을 때 정지한 모습을 나타낸 것이다.

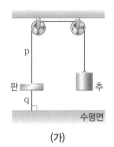
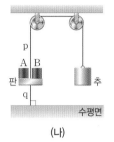

(가)   (나)

이에 대한 설명으로 옳은 것만을 〈보기〉에서 있는 대로 고른 것은? (단, 중력 가속도는 10 m/s^2이고, 판은 수평면과 나란하며, 실의 질량과 모든 마찰은 무시한다.) [3점]

| 보기 |

ㄱ. (가)에서 q가 판을 당기는 힘의 크기는 50 N이다.

ㄴ. p가 판을 당기는 힘의 크기는 (가)에서와 (나)에서가 같다.

ㄷ. 판이 q를 당기는 힘의 크기는 (가)에서가 (나)에서보다 크다.

① ㄱ   ② ㄷ   ③ ㄱ, ㄴ   ④ ㄴ, ㄷ   ⑤ ㄱ, ㄴ, ㄷ

수능 기출

✎ 발문과 자료 분석하기
(가), (나)에서 판, 추가 정지해 있으므로 판, 추에 작용하는 힘들은 각각 평형 관계임을 알 수 있어야 한다.

✎ 꼭 기억해야 할 개념
1. 판에는 p, q가 각각 판을 당기는 힘과 중력이 작용한다.
2. 추에는 p가 추를 당기는 힘과 중력이 작용한다.

✎ 선지별 선택 비율

①	②	③	④	⑤
10 %	5 %	7 %	5 %	70 %

018

그림 (가)는 질량이 각각 M, m, $4m$인 물체 A, B, C가 빗면과 나란한 실 p, q로 연결되어 정지해 있는 것을, (나)는 (가)에서 물체의 위치를 바꾸었더니 물체가 등가속도 운동하는 것을 나타낸 것이다. (가)에서 p가 B를 당기는 힘의 크기는 $\frac{10}{3}mg$이다.

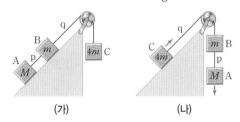

(가)   (나)

(나)에서 q가 C를 당기는 힘의 크기는? (단, 중력 가속도는 g이고, 실의 질량 및 모든 마찰은 무시한다.)

① $\frac{13}{3}mg$ ② $4mg$ ③ $\frac{11}{3}mg$ ④ $\frac{10}{3}mg$ ⑤ $3mg$

평가원 기출

✎ 발문과 자료 분석하기
같은 빗면에서 중력에 의해 물체에 빗면 아래 방향으로 작용하는 힘의 크기는 물체의 질량에 비례한다는 것을 알아야 한다.

✎ 꼭 기억해야 할 개념
(나)에서 중력에 의해 C에 빗면 아래 방향으로 작용하는 힘의 크기를 F_C라 할 때, 운동 방정식은 $(M+m)g-F_C=(M+m+4m)a$이다.

✎ 선지별 선택 비율

①	②	③	④	⑤
7 %	50 %	11 %	22 %	8 %

019 | 신유형 |
상 중 하

그림 (가)는 마찰이 없는 수평면에서 질량이 3 kg인 물체에 힘이 수평 방향으로 작용하는 모습을 나타낸 것이고, (나)는 (가)에서 물체의 속도를 시간에 따라 나타낸 것이다.

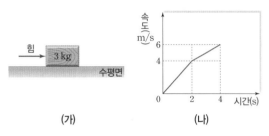

(가)   (나)

이에 대한 설명으로 옳은 것만을 〈보기〉에서 있는 대로 고른 것은?

| 보기 |

ㄱ. 1초일 때, 물체의 가속도 크기는 $2 \, \text{m/s}^2$이다.
ㄴ. 2초부터 4초까지 물체의 이동 거리는 10 m이다.
ㄷ. 3초일 때, 물체에 작용하는 힘의 크기는 3 N이다.

① ㄱ   ② ㄷ   ③ ㄱ, ㄴ   ④ ㄴ, ㄷ   ⑤ ㄱ, ㄴ, ㄷ

020
상 중 하

그림은 마찰이 없는 수평면의 기준선 P에 정지해 있던 물체 A, B에 시간 $t=0$부터 수평한 방향으로 각각 2 N, 4 N의 힘을 서로 반대 방향으로 가했더니 A, B가 각각 등가속도 직선 운동하는 것을 나타낸 것으로, $t=1$초일 때 A와 B 사이의 거리는 3 m이다. A의 질량은 1 kg이다.

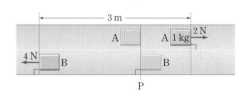

B의 질량은? (단, 물체의 크기는 무시한다.)

① $\frac{1}{4}$ kg   ② $\frac{1}{2}$ kg   ③ 1 kg   ④ 2 kg   ⑤ 4 kg

021
상 중 하

그림과 같이 물체 A가 저울 위에 놓인 물체 B와 실로 연결되어 정지해 있다. 무게는 B가 A의 2배이고, 저울에 측정된 힘의 크기는 5 N이다.

이에 대한 설명으로 옳은 것만을 〈보기〉에서 있는 대로 고른 것은? (단, 실의 질량, 모든 마찰은 무시한다.)

| 보기 |

ㄱ. A의 무게는 5 N이다.
ㄴ. 실이 B를 당기는 힘과 B에 작용하는 중력은 평형 관계이다.
ㄷ. B가 저울을 누르는 힘의 크기는 실이 B를 당기는 힘의 크기의 2배이다.

① ㄱ   ② ㄴ   ③ ㄱ, ㄷ   ④ ㄴ, ㄷ   ⑤ ㄱ, ㄴ, ㄷ

022 | 신유형 |
상 중 하

그림 (가)는 물체 A와 B가 용수철저울과 실에 연결되어 천장에 매달려 정지해 있는 모습을, (나)는 용수철저울 양쪽 방향에 A, B가 연결되어 정지해 있는 모습을 나타낸 것이다. (가)에서 용수철저울의 측정값은 10 N이다.

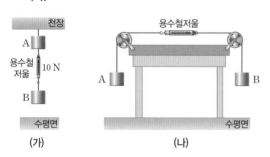

(가)   (나)

이에 대한 설명으로 옳은 것만을 〈보기〉에서 있는 대로 고른 것은? (단, 실과 용수철저울의 질량, 모든 마찰은 무시한다.)

| 보기 |

ㄱ. A의 무게는 10 N이다.
ㄴ. (가)에서 천장에 연결된 실이 A를 당기는 힘의 크기는 20 N이다.
ㄷ. (나)에서 용수철저울의 측정값은 20 N이다.

① ㄱ   ② ㄷ   ③ ㄱ, ㄴ   ④ ㄴ, ㄷ   ⑤ ㄱ, ㄴ, ㄷ

023

상 중 하

그림은 용수철에 매달린 자석 A가 수평면의 실에 매달린 자석 B를 당겨 A, B가 정지해 있는 모습을 나타낸 것이다.

이에 대한 설명으로 옳은 것만을 〈보기〉에서 있는 대로 고른 것은? (단, 용수철과 실의 질량은 무시한다.)

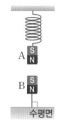

─────| 보기 |─────

ㄱ. A가 B를 당기는 자기력과 실이 B를 당기는 힘은 작용 반작용 관계이다.

ㄴ. 용수철이 A를 당기는 힘의 크기는 A에 작용하는 중력의 크기보다 작다.

ㄷ. 실이 B를 당기는 힘의 크기는 A가 B를 당기는 자기력의 크기보다 작다.

① ㄱ 　② ㄷ 　③ ㄱ, ㄴ 　④ ㄴ, ㄷ 　⑤ ㄱ, ㄴ, ㄷ

024 | 신유형 |

상 중 하

그림과 같이 물체 A가 실로 물체 B와 연결되어 구간 Ⅰ, Ⅱ에서 각각 등가속도 운동을 한다. Ⅱ에서 A에는 운동 방향과 반대 방향으로 일정한 힘이 작용하고, A의 가속도의 크기는 Ⅰ에서가 Ⅱ에서의 3배이며, 가속도의 방향은 Ⅰ에서와 Ⅱ에서가 서로 같다. A, B의 질량은 각각 $3m$, m이다.

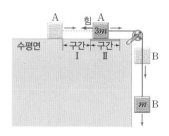

Ⅰ, Ⅱ에서 실이 A를 당기는 힘의 크기를 각각 F_1, F_2라 할 때, $\dfrac{F_1}{F_2}$은? (단, 물체의 크기, 실의 질량, 모든 마찰은 무시한다.)

① $\dfrac{7}{9}$ 　② $\dfrac{4}{5}$ 　③ $\dfrac{9}{11}$ 　④ $\dfrac{5}{6}$ 　⑤ $\dfrac{11}{13}$

025

상 중 하

그림 (가)는 수평면에 놓인 물체 A, B에 수평 방향으로 50 N의 힘을 작용하여 A, B가 함께 등가속도 운동하는 모습을, (나)는 A, B에 연직 방향으로 50 N의 힘을 작용하여 A, B가 함께 등가속도 운동하는 모습을 나타낸 것이다. A, B의 질량은 각각 1 kg, 3 kg이다.

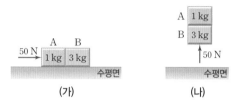

(가)　　　　　(나)

(가), (나)에서 A가 B에 작용하는 힘의 크기를 각각 F_1, F_2라 할 때, $\dfrac{F_1}{F_2}$은? (단, 모든 마찰은 무시한다.)

① 2 　② $\dfrac{5}{2}$ 　③ 3 　④ $\dfrac{7}{2}$ 　⑤ 4

026 | 신유형 |

상 중 하

그림 (가)는 질량이 각각 m, $2m$인 물체 A, B를 실 p로 연결한 후 B를 손으로 잡아 A, B를 정지시킨 모습을 나타낸 것이다. 그림 (나)는 (가)에서 손을 가만히 놓았더니 A와 B가 함께 등가속도 운동하는 모습을 나타낸 것이다. p가 A를 당기는 힘의 크기는 (나)에서가 (가)에서의 2배이다.

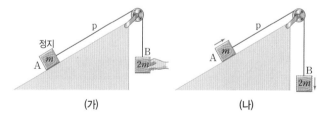

(가)　　　　　(나)

이에 대한 설명으로 옳은 것만을 〈보기〉에서 있는 대로 고른 것은? (단, 중력 가속도는 g이고, 실의 질량, 모든 마찰은 무시한다.)

─────| 보기 |─────

ㄱ. (가)에서 p가 B를 당기는 힘의 크기는 $\dfrac{1}{3}mg$이다.

ㄴ. (나)에서 A의 가속도의 크기는 $\dfrac{1}{2}g$이다.

ㄷ. (나)에서 p를 끊었을 때, 가속도의 크기는 B가 A의 2배이다.

① ㄱ 　② ㄷ 　③ ㄱ, ㄴ 　④ ㄴ, ㄷ 　⑤ ㄱ, ㄴ, ㄷ

027 | 신유형 |

상 중 하

그림 (가)는 물체 A, B, C를 실 p, q로 연결하여 A를 손으로 잡아 정지시킨 모습을 나타낸 것이다. A, B, C의 질량은 각각 3 kg, 1 kg, 1 kg이다. 그림 (나)는 A를 가만히 놓은 순간부터 A의 속력을 시간에 따라 나타낸 것으로, 2초일 때 q가 끊어진다.

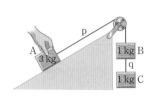
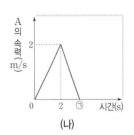

(가)   (나)

이에 대한 설명으로 옳은 것만을 〈보기〉에서 있는 대로 고른 것은? (단, 중력 가속도는 10 m/s²이고, 실의 질량, 모든 마찰은 무시한다.)

| 보기 |

ㄱ. 1초일 때, B의 운동 방향은 연직 아래 방향이다.

ㄴ. ⊙은 3.6이다.

ㄷ. p가 A를 당기는 힘의 크기는 q가 끊어지기 전이 q가 끊어진 후의 $\frac{3}{2}$배이다.

① ㄱ   ② ㄷ   ③ ㄱ, ㄴ   ④ ㄴ, ㄷ   ⑤ ㄱ, ㄴ, ㄷ

028

상 중 하

그림은 질량이 각각 $2m$, $3m$인 물체 A, B를 실로 연결하고 시간 $t=0$일 때 빗면 위의 점 p에 B를 가만히 놓았더니 A, B가 등가속도 운동을 하다가 $t=2t_0$일 때 B가 점 q에 도달하는 순간 실이 끊어지는 모습을 나타낸 것이다. 표는 t에 따른 p와 B 사이의 거리를 나타낸 것이다.

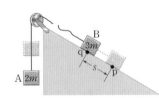

t	p와 B 사이의 거리
$2t_0$	s
$4t_0$	$2s$

이에 대한 설명으로 옳은 것만을 〈보기〉에서 있는 대로 고른 것은? (단, 중력 가속도는 g이고, 실의 질량, 모든 마찰은 무시한다.)

| 보기 |

ㄱ. B의 가속도의 크기는 $t=t_0$일 때가 $t=3t_0$일 때보다 크다.

ㄴ. $t=t_0$일 때, 실이 A를 당기는 힘의 크기는 $\frac{3}{2}mg$이다.

ㄷ. $s=\frac{1}{4}gt_0{}^2$이다.

① ㄱ   ② ㄴ   ③ ㄱ, ㄷ   ④ ㄴ, ㄷ   ⑤ ㄱ, ㄴ, ㄷ

029

상 중 하

다음은 자석의 무게와 자기력을 측정하는 실험이다.

| 실험 과정

(가) 무게가 같은 자석 A, B를 준비한다.

(나) A와 B를 같은 극끼리 마주 보게 한 후 B는 용수철저울에 매달고, A는 저울 위에 올려 정지된 상태에서 각 저울의 측정값을 기록한다.

(다) A와 B를 다른 극끼리 마주 보게 한 후 B는 용수철저울에 매달고, A는 저울 위에 올려 정지된 상태에서 각 저울의 측정값을 기록한다.

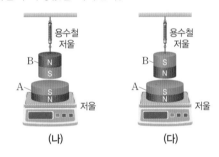

(나)   (다)

| 실험 결과

과정	용수철저울의 측정값	저울의 측정값
(나)	10 N	20 N
(다)	25 N	⊙

이에 대한 설명으로 옳은 것만을 〈보기〉에서 있는 대로 고른 것은? (단, 자기력은 A와 B 사이에서만 작용한다.)

| 보기 |

ㄱ. (나)에서 A에 작용하는 중력과 저울이 A를 떠받치는 힘은 평형 관계이다.

ㄴ. 자석의 무게는 15 N이다.

ㄷ. ⊙은 5이다.

① ㄱ   ② ㄴ   ③ ㄱ, ㄷ   ④ ㄴ, ㄷ   ⑤ ㄱ, ㄴ, ㄷ

030 | 신유형 | 상 중 하

그림 (가)는 물체 A, B, C가 실 p, q에 연결되어 등속도 직선 운동하는 모습을 나타낸 것이다. B, C의 질량은 각각 m, $2m$이다. 그림 (나)는 (가)에서 p가 끊어진 후 A는 등속도 운동, B, C는 등가속도 운동하는 것을 나타낸 것이다. q가 B를 당기는 힘의 크기는 (가)에서가 (나)에서의 2배이다.

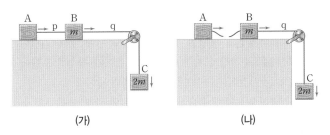

(가)   (나)

이에 대한 설명으로 옳은 것만을 〈보기〉에서 있는 대로 고른 것은? (단, 중력 가속도는 g이고, 실의 질량, 모든 마찰은 무시한다.)

| 보기 |

ㄱ. B의 가속도의 크기는 (가)에서가 (나)에서보다 작다.

ㄴ. A의 질량은 $\frac{3}{2}m$이다.

ㄷ. (가)에서 p가 B를 당기는 힘의 크기는 $\frac{1}{2}mg$이다.

① ㄱ   ② ㄷ   ③ ㄱ, ㄴ   ④ ㄴ, ㄷ   ⑤ ㄱ, ㄴ, ㄷ

031 상 중 하

그림은 질량이 m인 상자 안에 질량이 각각 $1\,kg$, $3\,kg$인 물체 A, B가 놓여 있고, 전동기가 상자와 연결된 실을 연직 위 방향으로 힘 F로 당기는 모습을 나타낸 것으로, 상자의 운동 방향은 연직 위 방향으로 일정하다. 표는 F의 크기에 따른 상자의 가속도의 크기를 나타낸 것이다.

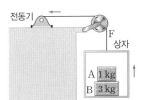

F의 크기	가속도의 크기
40 N	a
80 N	a

이에 대한 설명으로 옳은 것만을 〈보기〉에서 있는 대로 고른 것은? (단, 중력 가속도는 $10\,m/s^2$이고, 실의 질량, 모든 마찰은 무시한다.)

| 보기 |

ㄱ. $m = 2\,kg$이다.

ㄴ. $a = \frac{20}{3}\,m/s^2$이다.

ㄷ. F의 크기가 80 N일 때, 상자 바닥이 B를 떠받치는 힘의 크기는 $\frac{160}{3}\,N$이다.

① ㄱ   ② ㄴ   ③ ㄱ, ㄷ   ④ ㄴ, ㄷ   ⑤ ㄱ, ㄴ, ㄷ

032 | 신유형 | 상 중 하

그림 (가)는 질량이 각각 m, m, m_C인 물체 A, B, C가 실 Ⅰ, Ⅱ로 연결되어 정지해 있는 것을 나타낸 것으로 A, B는 빗면의 점 p, q에 놓여 있다. 그림 (나)는 (가)에서 Ⅰ을 끊었을 때, A, B, C가 각각 등가속도 직선 운동하는 모습을 나타낸 것이다. A가 p로부터 $5d$만큼 운동하는 동안 B는 q로부터 $2d$만큼 운동한다. Ⅱ가 B를 당기는 힘의 크기는 (가)에서가 (나)에서보다 $\frac{3}{10}mg$만큼 크다.

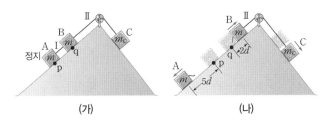

(가)   (나)

이에 대한 설명으로 옳은 것만을 〈보기〉에서 있는 대로 고른 것은? (단, 중력 가속도는 g이고, 물체의 크기, 실의 질량, 모든 마찰은 무시한다.)

| 보기 |

ㄱ. $m_C = \frac{5}{3}m$이다.

ㄴ. (나)에서 B의 가속도의 크기는 $\frac{1}{5}g$이다.

ㄷ. (나)에서 Ⅱ가 C를 당기는 힘의 크기는 $\frac{4}{5}mg$이다.

① ㄱ   ② ㄴ   ③ ㄱ, ㄷ   ④ ㄴ, ㄷ   ⑤ ㄱ, ㄴ, ㄷ

03 운동량과 충격량

출제 개념
- 위치-시간 그래프를 분석하여 운동량 비교
- 힘-시간 그래프와 충격량의 관계
- 힘을 받는 시간에 따른 평균 힘의 크기
- 운동량 보존 법칙 적용

1 운동량과 충격량

(1) **운동량**: 물체가 운동하는 정도를 나타내며, 크기와 방향을 모두 가진 물리량

> 운동량=질량×속도, $p=mv$ [단위: kg·m/s]

① 운동량의 방향: 속도의 방향과 항상 같음
② 운동량 변화량: 운동량 변화량의 방향은 물체에 작용한 알짜힘의 방향과 같음

> 운동량 변화량=나중 운동량−처음 운동량
> $\Delta p = p - p_0 = mv - mv_0$ [단위: kg·m/s]

처음 운동 방향과 같은 방향으로 힘이 작용하는 경우

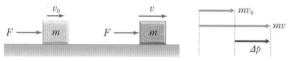

➡ 운동량 변화량의 크기 $\Delta p = |mv| - |mv_0|$

처음 운동 방향과 반대 방향으로 힘이 작용하는 경우

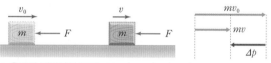

➡ 운동량 변화량의 크기 $\Delta p = |mv_0| - |mv|$

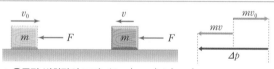

➡ 운동량 변화량의 크기 $\Delta p = |mv_0| + |mv|$

(2) **충격량**: 물체가 충돌할 때 받는 충격의 정도를 나타내며, 크기와 방향을 모두 가진 물리량

> 충격량=힘×시간, $I = F\Delta t$ [단위: N·s]

① 충격량의 방향: 물체에 작용하는 힘의 방향과 같음
② 힘-시간 그래프와 충격량: 그래프와 시간 축이 이루는 면적은 충격량을 의미함

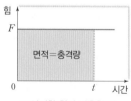

⬆ 일정한 힘이 작용할 때   ⬆ 힘이 시간에 따라 변할 때

(3) **운동량과 충격량의 관계**: 물체가 받은 충격량은 운동량 변화량과 같음

> 충격량=운동량 변화량, $F\Delta t = mv - mv_0$

2 충돌과 충격 완화

(1) **충격력(평균 힘)**: 물체가 충돌할 때 받는 힘

> 충격력 = $\dfrac{\text{충격량}}{\text{시간}}$ = $\dfrac{\text{운동량 변화량}}{\text{시간}}$

- 충격력의 방향: 운동량 변화량의 방향과 같음

(2) 충돌할 때 받는 힘과 시간의 관계

① 충격력이 일정할 때 충돌 시간과 충격량의 관계: 충돌 시간이 길어질수록 충격량이 커짐 **예** 포신의 길이가 길수록 포탄이 힘을 받는 시간이 증가하므로 포탄이 멀리 날아감
② 충격량이 일정할 때 충돌 시간과 충격력의 관계: 충돌 시간이 길어질수록 충격력이 작아짐 **예** 자동차의 범퍼나 에어백은 힘을 받는 시간을 길게 하여 충격력을 감소시킴

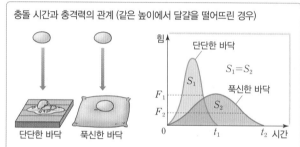

충돌 시간과 충격력의 관계 (같은 높이에서 달걀을 떨어뜨린 경우)

- 달걀이 받은 충격량의 크기: 단단한 바닥=푹신한 바닥
- 달걀이 힘을 받은 시간: 단단한 바닥<푹신한 바닥
- 달걀이 받은 평균 힘의 크기: 단단한 바닥>푹신한 바닥

3 운동량 보존 법칙

(1) **운동량 보존 법칙**: 물체가 충돌, 분열 등과 같은 상호 작용을 할 때 외부에서 힘이 작용하지 않으면 상호 작용 전후 물체들의 운동량의 합은 일정하게 보존됨

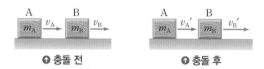

⬆ 충돌 전   ⬆ 충돌 후

> 충돌 전 운동량의 합=충돌 후 운동량의 합
> $m_A v_A + m_B v_B = m_A v_A' + m_B v_B'$

(2) **충돌의 종류**

탄성 충돌	비탄성 충돌
충돌 과정에서 운동 에너지가 보존되는 충돌로, 직선상에서 운동하는 질량이 같은 두 물체가 탄성 충돌을 하면 두 물체는 충돌 과정에서 속도 교환이 일어남	충돌 과정에서 운동 에너지가 손실되는 충돌로, 충돌 후 두 물체의 운동량의 합은 보존되지만 운동 에너지는 보존되지 않음

대표 기출 문제

033

그림 (가)와 같이 마찰이 없는 수평면에서 등속도 운동을 하던 수레가 벽과 충돌한 후, 충돌 전과 반대 방향으로 등속도 운동을 한다. 그림 (나)는 수레의 속도와 수레가 벽으로부터 받은 힘의 크기를 시간 t에 따라 나타낸 것이다. 수레와 벽이 충돌하는 0.4초 동안 힘의 크기를 나타낸 곡선과 시간 축이 만드는 면적은 $10 \text{ N} \cdot \text{s}$이다.

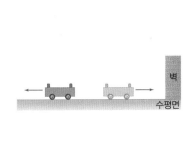 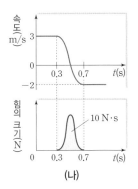

(가)   (나)

이에 대한 설명으로 옳은 것만을 〈보기〉에서 있는 대로 고른 것은?

| 보기 |

ㄱ. 충돌 전후 수레의 운동량 변화량의 크기는 $10 \text{ kg} \cdot \text{m/s}$이다.
ㄴ. 수레의 질량은 2 kg이다.
ㄷ. 충돌하는 동안 벽이 수레에 작용한 평균 힘의 크기는 40 N이다.

① ㄱ   ② ㄷ   ③ ㄱ, ㄴ   ④ ㄴ, ㄷ   ⑤ ㄱ, ㄴ, ㄷ

034

그림 (가)와 같이 마찰이 없는 수평면에서 물체 A, B, C가 등속도 운동을 한다. A, B, C의 운동량의 크기는 각각 $4p$, $4p$, p이다. 그림 (나)는 A와 B 사이의 거리(S_{AB}), B와 C 사이의 거리(S_{BC})를 시간 t에 따라 나타낸 것이다.

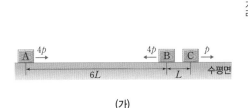 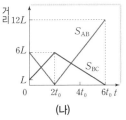

(가)   (나)

이에 대한 설명으로 옳은 것만을 〈보기〉에서 있는 대로 고른 것은? (단, A, B, C는 동일 직선상에서 운동하고, 물체의 크기는 무시한다.) [3점]

| 보기 |

ㄱ. $t=t_0$일 때, 속력은 A와 B가 같다.
ㄴ. B와 C의 질량은 같다.
ㄷ. $t=4t_0$일 때, B의 운동량의 크기는 $4p$이다.

① ㄱ   ② ㄷ   ③ ㄱ, ㄴ   ④ ㄴ, ㄷ   ⑤ ㄱ, ㄴ, ㄷ

035

상 중 하

그림은 충격량과 관련된 여러 가지 예를 나타낸 것이다.

A. 라켓으로 공을 친다.　B. 글러브를 뒤로 빼면 서 공을 받는다.　C. 총을 이용해서 표적을 맞힌다.

이에 대한 설명으로 옳은 것만을 〈보기〉에서 있는 대로 고른 것은?

| 보기 |

ㄱ. A에서 라켓이 공으로부터 받는 충격량의 크기와 공이 라 켓으로부터 받은 충격량의 크기는 서로 같다.

ㄴ. B에서는 충돌 시간이 감소하여 글러브가 받는 평균 힘의 크기가 작아진다.

ㄷ. C에서 같은 크기의 힘을 총알에 작용할 때, 총신의 길이 가 짧을수록 총알이 멀리 날아간다.

① ㄱ　② ㄷ　③ ㄱ, ㄴ　④ ㄴ, ㄷ　⑤ ㄱ, ㄴ, ㄷ

036　| 신유형 |

상 중 하

그림 (가)는 질량이 0.5 kg인 공이 수평 방향으로 3 m/s의 속력으로 다가오다가 발로부터 수평 방향으로 힘을 받아 처음 운동 방향과 반 대 방향으로 5 m/s의 속력으로 운동하는 모습을 나타낸 것이다. 그림 (나)는 (가)에서 공의 속도를 시간에 따라 나타낸 것으로, 발이 공에 힘 을 작용하는 시간은 0.3초부터 0.5초까지이다.

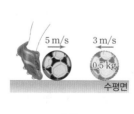 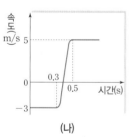

(가)　(나)

이에 대한 설명으로 옳은 것만을 〈보기〉에서 있는 대로 고른 것은? (단, 공의 크기, 모든 마찰과 공기 저항은 무시한다.)

| 보기 |

ㄱ. 발에 닿기 전 공의 운동량 크기는 1.5 kg·m/s이다.

ㄴ. 공이 발로부터 받은 충격량의 크기는 4 N·s이다.

ㄷ. 공이 발로부터 받은 평균 힘의 크기는 80 N이다.

① ㄱ　② ㄷ　③ ㄱ, ㄴ　④ ㄴ, ㄷ　⑤ ㄱ, ㄴ, ㄷ

037

상 중 하

다음은 자동차 충돌 실험에 대한 내용이다.

자동차가 충돌할 때, 자 동차 앞부분의 범퍼는 잘 찌그러져 ⓐ자동차의 속력 이 0이 될 때까지 벽으로 부터 받는 　ㄱ　의 크기를 줄여준다. 또한 충돌과 동시에 작동하는 에어백은 운전자가 충격을 받는 시간을 늘려, 운전 자의 운동량 변화량의 크기가 같을 때 　ㄱ　의 크기를 줄 여 운전자를 안전하게 보호한다.

이에 대한 설명으로 옳은 것만을 〈보기〉에서 있는 대로 고른 것은?

| 보기 |

ㄱ. ⓐ가 클수록 자동차의 운동량 크기가 크다.

ㄴ. '충격량'은 ㄱ으로 적절하다.

ㄷ. 권투 선수의 머리 보호대는 에어백과 같은 원리로 머리 를 보호한다.

① ㄱ　② ㄴ　③ ㄱ, ㄷ　④ ㄴ, ㄷ　⑤ ㄱ, ㄴ, ㄷ

038　| 신유형 |

상 중 하

그림 (가)는 마찰이 없는 수평면 위에 정지해 있는 질량이 2 kg인 물 체에 수평면과 나란한 방향으로 힘을 작용하는 모습을 나타낸 것이고, 그림 (나)는 물체에 힘을 작용한 순간부터 물체에 작용하는 힘의 크기 를 시간에 따라 나타낸 것이다.

 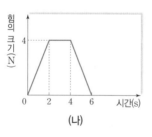

(가)　(나)

이에 대한 설명으로 옳은 것만을 〈보기〉에서 있는 대로 고른 것은? (단, 공기 저항은 무시한다.)

| 보기 |

ㄱ. 0초부터 2초까지 물체가 받은 충격량의 크기는 8 N·s이다.

ㄴ. 3초일 때, 물체의 가속도의 크기는 2 m/s²이다.

ㄷ. 4초부터 6초까지 물체의 속력은 감소한다.

① ㄱ　② ㄴ　③ ㄱ, ㄷ　④ ㄴ, ㄷ　⑤ ㄱ, ㄴ, ㄷ

039 | 신유형 | 　상 중 하

그림 (가)는 수평 방향으로 힘을 받아 운동하는 질량이 5 kg인 물체가 시간 $t=0$일 때 속력이 2 m/s인 모습을 나타낸 것이다. 그림 (나)는 (가) 이후 물체의 운동 방향과 같은 방향으로 작용하는 힘의 크기를 t에 따라 나타낸 것이다. 물체의 운동량의 크기는 $t=4$초일 때가 $t=0$일 때의 3배이다.

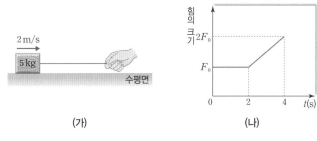

(가)　　　　　　　　(나)

F_0은? (단, 모든 마찰과 공기 저항은 무시한다.)

① 2 N　　② 3 N　　③ 4 N　　④ 5 N　　⑤ 6 N

040 　상 중 하

그림 (가)와 같이 마찰이 없는 수평면에서 질량이 각각 m인 물체 A, B가 속력 v_0으로 등속도 운동하다가 풀 더미와 벽으로부터 힘을 받은 후 A는 충돌 전과 같은 방향으로, B는 충돌 전과 반대 방향으로 속력 v로 운동한다. 그림 (나)는 A, B가 각각 풀 더미와 벽으로부터 받은 힘을 시간에 따라 나타낸 것으로, 곡선이 시간 축과 이루는 면적이 Q가 P의 3배이다. P, Q는 A, B를 순서 없이 나타낸 것이다.

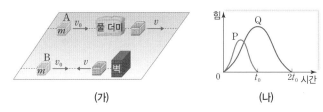

(가)　　　　　　　　(나)

이에 대한 설명으로 옳은 것만을 〈보기〉에서 있는 대로 고른 것은?

| 보기 |
ㄱ. P는 A이다.

ㄴ. $v=\dfrac{1}{3}v_0$이다.

ㄷ. 충돌하는 동안 A가 풀 더미로부터 받은 평균 힘의 크기는 B가 벽으로부터 받은 평균 힘의 크기의 $\dfrac{2}{3}$배이다.

① ㄱ　　② ㄴ　　③ ㄱ, ㄷ　　④ ㄴ, ㄷ　　⑤ ㄱ, ㄴ, ㄷ

041 　상 중 하

그림 (가)는 마찰이 없는 수평면에서 물체 A가 정지한 물체 B를 향해 속력 v_0으로 등속도 운동하는 모습을 나타낸 것이다. 그림 (나)는 A와 B가 충돌한 후 한 덩어리가 되어 속력 v로 운동하는 것을 나타낸 것이다. A, B의 질량은 각각 $2m$, $3m$이다.

(가)　　　　　　　　(나)

이에 대한 설명으로 옳은 것만을 〈보기〉에서 있는 대로 고른 것은?

| 보기 |
ㄱ. $v=\dfrac{2}{3}v_0$이다.

ㄴ. 충돌하는 동안 A가 B로부터 받은 충격량의 크기는 B가 A로부터 받은 충격량의 크기보다 크다.

ㄷ. 충돌하는 동안 A가 B로부터 받은 충격량의 크기는 $\dfrac{6}{5}mv_0$이다.

① ㄱ　　② ㄷ　　③ ㄱ, ㄴ　　④ ㄴ, ㄷ　　⑤ ㄱ, ㄴ, ㄷ

042 | 신유형 | 　상 중 하

그림은 수평면에 정지해 있던 질량이 각각 m, $2m$인 물체 A, B가 구간 Ⅰ, Ⅱ에서 서로 반대 방향으로 힘을 받은 후 등속도 운동을 하다가 충돌하여 정지한 모습을 나타낸 것이다. Ⅰ, Ⅱ의 길이는 각각 s_1, s_2이다.

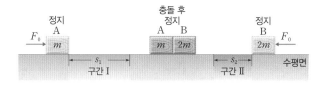

이에 대한 설명으로 옳은 것만을 〈보기〉에서 있는 대로 고른 것은? (단, 물체의 크기, 모든 마찰과 공기 저항은 무시한다.)

| 보기 |
ㄱ. 가속도의 크기는 A가 Ⅰ을 지나는 동안이 B가 Ⅱ를 지나는 동안의 2배이다.

ㄴ. A가 Ⅰ을 지나는 데 걸리는 시간과 B가 Ⅱ를 지나는 데 걸리는 시간은 서로 같다.

ㄷ. $\dfrac{s_1}{s_2}=2$이다.

① ㄱ　　② ㄴ　　③ ㄱ, ㄷ　　④ ㄴ, ㄷ　　⑤ ㄱ, ㄴ, ㄷ

043

상 중 하

그림 (가)는 마찰이 없는 수평면에서 질량이 각각 m_A, m_B인 물체 A, B가 등속도 운동하는 모습을 나타낸 것으로, A의 속력은 1 m/s이다. 그림 (나)는 A와 B 사이의 거리를 시간에 따라 나타낸 것이다. 충돌 이후 A와 B의 속력은 같다.

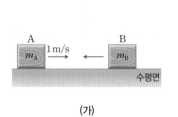

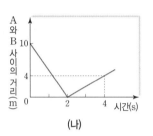

(가)   (나)

이에 대한 설명으로 옳은 것만을 〈보기〉에서 있는 대로 고른 것은? (단, A, B는 동일 직선상에서 운동하고, 물체의 크기는 무시한다.)

| 보기 |

ㄱ. 충돌 후, A와 B의 운동 방향은 서로 반대이다.
ㄴ. 충돌 후, A의 속력은 1 m/s이다.
ㄷ. $\dfrac{m_A}{m_B} = \dfrac{5}{2}$이다.

① ㄱ   ② ㄴ   ③ ㄱ, ㄷ   ④ ㄴ, ㄷ   ⑤ ㄱ, ㄴ, ㄷ

044

| 신유형 |

상 중 하

그림 (가)는 마찰이 없는 수평면에서 물체 A, B가 각각 $+x$방향, $-x$방향으로 등속도 운동하는 것을 나타낸 것이다. A, B의 질량은 각각 $3m$, $2m$이다. 그림 (나)는 A의 위치를 시간에 따라 나타낸 것이다. A와 B는 시간 t일 때 충돌한 후 한 덩어리가 되어 운동한다.

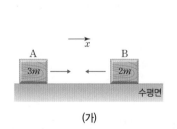

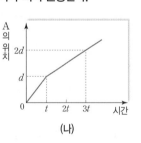

(가)   (나)

이에 대한 설명으로 옳은 것만을 〈보기〉에서 있는 대로 고른 것은? (단, A, B의 크기는 무시한다.)

| 보기 |

ㄱ. 충돌 전, B의 속력은 $\dfrac{d}{6t}$이다.
ㄴ. B의 운동량 크기는 충돌 후가 충돌 전의 2배이다.
ㄷ. 충돌 과정에서 A의 운동 에너지 감소량은 B의 운동 에너지 증가량의 6배이다.

① ㄱ   ② ㄴ   ③ ㄱ, ㄷ   ④ ㄴ, ㄷ   ⑤ ㄱ, ㄴ, ㄷ

045

| 신유형 |

상 중 하

다음은 운동량 보존에 대한 실험이다.

| 실험 과정

(가) 그림과 같이 마찰이 없는 수평한 실험대에 수레 멈춤용 막대를 설치하고, 수레 A와 용수철이 달린 수레 B를 맞대어 용수철을 압축시킨 후 A, B를 실로 연결한다. A, B의 질량은 각각 1 kg, 0.5 kg이다.

(나) 실을 끊은 후 A, B의 운동을 동영상으로 촬영하여 A, B가 분리된 후 A가 0.2 m만큼 운동하는 동안 B가 운동한 거리를 측정한다.

(다) B에 올려 고정시키는 동일한 추의 개수를 증가시키면서 과정 (가), (나)를 반복한다.

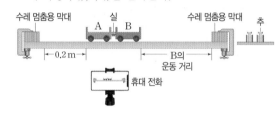

| 실험 결과

B에 올린 추의 개수	0	1	2
A의 운동 거리	0.2 m	0.2 m	0.2 m
B의 운동 거리	0.4 m	0.2 m	㉠

이에 대한 설명으로 옳은 것만을 〈보기〉에서 있는 대로 고른 것은?

| 보기 |

ㄱ. (나)에서 분리된 후 운동량의 크기는 B가 A의 2배이다.
ㄴ. 추의 질량은 0.5 kg이다.
ㄷ. ㉠은 0.1 m이다.

① ㄱ   ② ㄴ   ③ ㄱ, ㄷ   ④ ㄴ, ㄷ   ⑤ ㄱ, ㄴ, ㄷ

046 | 신유형 | 상 중 하

그림 (가)는 마찰이 없는 수평면에서 질량이 m으로 같은 물체 A, B, C가 각각 v, $2v$, $4v$의 속력으로 등속도 운동하는 모습을 나타낸 것이다. A의 운동 방향은 B와 같고, C와 반대이다. 그림 (나)는 (가) 이후 B의 속력을 시간에 따라 나타낸 것이다. 시간 $4t$ 이후 속력은 A가 C의 4배이다.

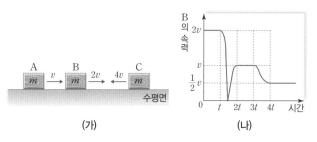

(가) (나)

이에 대한 설명으로 옳은 것만을 〈보기〉에서 있는 대로 고른 것은? (단, 물체는 동일 직선상에서 운동하고, 물체의 크기는 무시한다.)

| 보기 |

ㄱ. t부터 $2t$까지 C가 B로부터 받은 충격량의 크기는 $3mv$이다.

ㄴ. $4t$ 이후 A의 속력은 $\frac{1}{2}v$이다.

ㄷ. $3t$부터 $4t$까지 B가 A로부터 받은 충격량의 크기는 B가 C로부터 받은 충격량의 크기의 $\frac{7}{5}$배이다.

① ㄱ　　② ㄷ　　③ ㄱ, ㄴ　　④ ㄴ, ㄷ　　⑤ ㄱ, ㄴ, ㄷ

047 상 중 하

그림 (가)는 마찰이 없는 수평면에서 운동량의 크기가 각각 $2p_0$, p_0, p_0인 물체 A, B, C가 각각 등속도 운동하는 것을 나타낸 것이다. 그림 (나)는 (가) 이후 모든 충돌이 끝났을 때 A는 정지하고, B, C는 각각 크기가 p, $3p$인 운동량으로 등속도 운동하는 것을 나타낸 것으로 B, C의 운동 방향은 서로 같다. (가) → (나) 과정에서 B가 받은 충격량의 크기는 C가 받은 충격량의 크기의 3배이다.

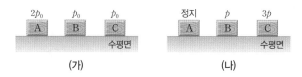

(가) (나)

이에 대한 설명으로 옳은 것만을 〈보기〉에서 있는 대로 고른 것은? (단, A, B, C는 동일 직선상에서 운동한다.)

| 보기 |

ㄱ. B의 운동 방향은 (가)에서와 (나)에서가 서로 같다.

ㄴ. $p = \frac{1}{2}p_0$이다.

ㄷ. (가) → (나) 과정에서 B가 A로부터 받은 충격량의 크기는 B가 C로부터 받은 충격량의 크기의 4배이다.

① ㄱ　　② ㄴ　　③ ㄱ, ㄷ　　④ ㄴ, ㄷ　　⑤ ㄱ, ㄴ, ㄷ

048 | 신유형 | 상 중 하

그림 (가)는 마찰이 없는 수평면에서 물체 A, C가 정지해 있는 물체 B를 향해 반대 방향으로 각각 속력 v로 등속도 운동하는 모습을 나타낸 것이다. A, B, C의 질량은 각각 $2m$, m, m_C이다. 그림 (나)는 (가) 이후 A와 C 사이의 거리 s_{AC}를 시간에 따라 나타낸 것으로, A와 B는 시간 t일 때, B와 C는 시간 $2t$일 때 충돌하고, B와 C는 충돌한 후 한 덩어리가 되어 운동한다.

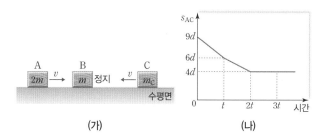

(가) (나)

이에 대한 설명으로 옳은 것만을 〈보기〉에서 있는 대로 고른 것은? (단, A, B, C는 동일 직선상에서 운동하고, 물체의 크기는 무시한다.)

| 보기 |

ㄱ. B와 충돌한 후, A는 충돌 전과 같은 방향으로 운동한다.

ㄴ. B가 받은 충격량의 크기는 A와 충돌하는 동안이 C와 충돌하는 동안의 $\frac{4}{3}$배이다.

ㄷ. $m_C = \frac{2}{3}m$이다.

① ㄱ　　② ㄷ　　③ ㄱ, ㄴ　　④ ㄴ, ㄷ　　⑤ ㄱ, ㄴ, ㄷ

1 일과 에너지

(1) **일**: 에너지를 만드는 행위를 일이라고 함. 물체에 힘이 작용하여 물체가 힘의 방향으로 이동했을 때, 힘이 물체에 일을 하였다고 함

① 일의 양
- 힘의 방향과 물체의 이동 방향이 나란할 때

> 일=힘의 크기×이동 거리, $W=Fs$ [단위: J(줄), N·m]

- 힘의 방향과 물체의 이동 방향이 나란하지 않을 때

> $W=F\cos\theta \cdot s$

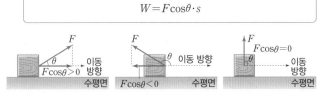

↑ $0 \le \theta < 90°$인 경우: 물체에 가해진 힘은 물체를 더 빠르게 함

↑ $90° < \theta < 180°$인 경우: 물체에 가해진 힘은 물체를 느리게 함

↑ $\theta = 90°$인 경우: 물체에 가해진 힘은 물체의 빠르기를 변화시키지 않음

② 힘—이동 거리 그래프와 일: 그래프가 이동 거리 축과 이루는 면적은 힘이 물체에 한 일과 같음

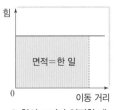

↑ 힘의 크기가 일정할 때   ↑ 힘의 크기가 변할 때

(2) **운동 에너지**: 운동하는 물체가 가진 에너지

> 운동 에너지=$\frac{1}{2}$×질량×속력^2, $E_k=\frac{1}{2}mv^2$ [단위: J(줄)]

(3) **일—운동 에너지 정리**: 물체에 작용하는 알짜힘이 한 일은 물체의 운동 에너지 변화량과 같음

$W>0$일 때	물체에 작용한 알짜힘의 방향과 물체의 운동 방향이 같은 경우 ➡ 물체의 운동 에너지는 증가
$W=0$일 때	• 물체에 작용한 알짜힘이 0인 경우 • 물체의 이동 거리가 0인 경우 • 물체에 작용한 알짜힘의 방향과 물체의 운동 방향이 서로 수직인 경우 ➡ 물체의 운동 에너지는 일정
$W<0$일 때	물체에 작용한 알짜힘의 방향과 물체의 운동 방향이 반대인 경우 ➡ 물체의 운동 에너지는 감소

2 퍼텐셜 에너지

(1) **퍼텐셜 에너지**: 물체가 기준 위치와 다른 위치에 있을 때, 그 물체에 저장되어 있는 잠재적인 에너지

(2) **중력 퍼텐셜 에너지**: 중력이 작용하는 공간에서 물체가 기준면으로부터의 높이에 따라 갖는 에너지

> $E_p = mgh$ [단위: J(줄)]
> (m: 질량, g: 중력 가속도, h: 기준면으로부터의 높이)

(3) **탄성 퍼텐셜 에너지**: 용수철과 같이 변형된 물체가 갖는 에너지

> $E_p = \frac{1}{2}kx^2$ (k: 용수철 상수, x: 변형된 길이) [단위: J(줄)]

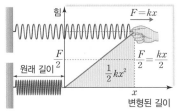
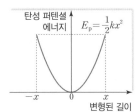

3 역학적 에너지 보존 법칙

(1) **역학적 에너지**: 퍼텐셜 에너지와 운동 에너지의 합

> 역학적 에너지=퍼텐셜 에너지+운동 에너지

(2) **역학적 에너지 보존 법칙**: 마찰력, 공기 저항력 등과 같은 힘이 물체에 일을 하지 않으면 역학적 에너지는 일정하게 보존됨

> 역학적 에너지=운동 에너지+퍼텐셜 에너지=일정

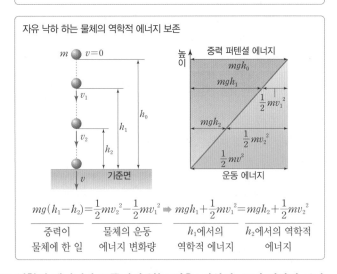

자유 낙하 하는 물체의 역학적 에너지 보존

$$mg(h_1-h_2)=\frac{1}{2}mv_2^2-\frac{1}{2}mv_1^2 \Rightarrow mgh_1+\frac{1}{2}mv_1^2=mgh_2+\frac{1}{2}mv_2^2$$

중력이 물체에 한 일 / 물체의 운동 에너지 변화량 / h_1에서의 역학적 에너지 / h_2에서의 역학적 에너지

(3) **역학적 에너지가 보존되지 않는 경우**: 마찰력, 공기 저항력 등과 같은 힘이 물체에 일을 하면 물체의 역학적 에너지는 열, 소리, 빛 등과 같은 에너지로 전환되어 감소함

대표 기출 문제

049

그림 (가)와 같이 마찰이 없는 수평면에서 물체 A와 B 사이에 용수철을 넣어 압축시킨 후 A와 B를 동시에 가만히 놓았더니, 정지해 있던 A와 B가 분리되어 등속도 운동을 하는 물체 C, D를 향해 등속도 운동을 한다. 이때 C, D의 속력은 각각 $2v$, v이고, 운동 에너지는 C가 B의 2배이다. 그림 (나)는 (가)에서 물체가 충돌하여 A와 C는 정지하고, B와 D는 한 덩어리가 되어 속력 $\frac{1}{3}v$로 등속도 운동을 하는 모습을 나타낸 것이다.

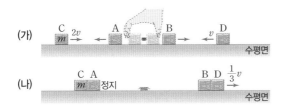

C의 질량이 m일 때, D의 질량은? (단, 물체는 동일 직선상에서 운동하고, 용수철의 질량은 무시한다.) [3점]

① $\frac{1}{2}m$ ② m ③ $\frac{3}{2}m$ ④ $2m$ ⑤ $\frac{5}{2}m$

050

그림 (가)와 같이 질량이 m인 물체 A를 높이 $9h$인 지점에 가만히 놓았더니 A가 마찰 구간 I을 지나 수평면에 정지한 질량이 $2m$인 물체 B와 충돌한다. 그림 (나)는 A와 B가 충돌한 후, A는 다시 I을 지나 높이 H인 지점에서 정지하고, B는 마찰 구간 II를 지나 높이 $\frac{7}{2}h$인 지점에서 정지한 순간의 모습을 나타낸 것이다. A가 I을 한 번 지날 때 손실되는 역학적 에너지는 B가 II를 지날 때 손실되는 역학적 에너지와 같고, 충돌에 의해 손실되는 역학적 에너지는 없다.

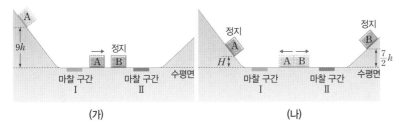

(가)   (나)

H는? (단, 물체는 동일 연직면상에서 운동하고, 물체의 크기, 공기 저항, 마찰 구간 외의 모든 마찰은 무시한다.)

① $\frac{5}{17}h$ ② $\frac{7}{17}h$ ③ $\frac{9}{17}h$ ④ $\frac{11}{17}h$ ⑤ $\frac{13}{17}h$

051 | 신유형 | 　상 중 하

그림과 같이 수평면 위의 점 p에 질량이 m인 물체를 가만히 놓은 후 $+x$방향으로 힘을 작용하였더니, 물체가 점 q를 지나 점 r를 운동 에너지 E로 통과한다. 물체에 작용한 힘의 크기가 p에서 q까지는 $2F$, q에서 r까지는 F이고, p에서 q까지와 q에서 r까지의 거리는 같다.

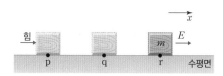

이에 대한 설명으로 옳은 것만을 〈보기〉에서 있는 대로 고른 것은? (단, 물체의 크기, 모든 마찰과 공기 저항은 무시한다.)

| 보기 |

ㄱ. q에서 물체의 운동 에너지는 $\frac{2}{3}E$이다.

ㄴ. r에서 물체의 운동량의 크기는 $\sqrt{mE}$이다.

ㄷ. 물체가 받은 충격량의 크기는 q에서 r까지가 p에서 q까지보다 크다.

① ㄱ　　② ㄷ　　③ ㄱ, ㄴ　　④ ㄱ, ㄷ　　⑤ ㄴ, ㄷ

052 | 신유형 | 　상 중 하

그림 (가)와 같이 수평면 위의 점 p에 물체를 가만히 놓고 점 q까지 수평 방향으로 힘 F를 작용한다. 그림 (나)는 p에서 q까지 F의 크기를 물체의 이동 거리 x에 따라 나타낸 것이다. q에서 물체의 속력은 4 m/s이다.

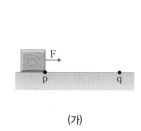
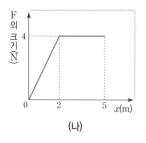

이에 대한 설명으로 옳은 것만을 〈보기〉에서 있는 대로 고른 것은? (단, 물체의 크기, 마찰과 공기 저항은 무시한다.)

| 보기 |

ㄱ. $x=0$에서 $x=2$ m까지 물체가 이동하는 동안 F가 한 일은 4 J이다.

ㄴ. 물체의 질량은 1 kg이다.

ㄷ. $x=2$ m에서 $x=5$ m까지 물체가 이동하는 데 걸린 시간은 2초이다.

① ㄱ　　② ㄷ　　③ ㄱ, ㄴ　　④ ㄱ, ㄷ　　⑤ ㄴ, ㄷ

053 　상 중 하

그림 (가)는 $+x$방향으로 속력 v_0으로 등속도 운동하던 물체 A가 구간 P를 지난 후 속력 $5v_0$으로 등속도 운동하는 것을, (나)는 $+x$방향으로 속력 $5v_0$으로 등속도 운동하던 물체 B가 P를 지난 후 속력 v로 등속도 운동하는 것을 나타낸 것이다. A, B는 질량이 m으로 같고, P에서 $+x$방향으로 크기가 F인 일정한 힘을 받는다.

이에 대한 설명으로 옳은 것만을 〈보기〉에서 있는 대로 고른 것은?

| 보기 |

ㄱ. $v=7v_0$이다.

ㄴ. P의 길이는 $\frac{12mv_0^2}{F}$이다.

ㄷ. P에서 받은 충격량의 크기는 A와 B가 같다.

① ㄱ　　② ㄷ　　③ ㄱ, ㄴ　　④ ㄴ, ㄷ　　⑤ ㄱ, ㄴ, ㄷ

054 | 신유형 | 　상 중 하

그림은 수평면에 물체를 가만히 놓은 후 $+x$방향으로 힘을 작용하는 것을 나타낸 것이다. 표는 물체의 질량 m, 물체에 작용한 힘의 크기 F, 힘을 작용한 거리 s를 나타낸 것이다.

구분	m	F	s
(가)	$2m_0$	F_0	s_0
(나)	m_0	$2F_0$	s_0

이에 대한 설명으로 옳은 것만을 〈보기〉에서 있는 대로 고른 것은? (단, 마찰과 공기 저항은 무시한다.)

| 보기 |

ㄱ. 물체가 받은 일은 (나)에서가 (가)에서의 2배이다.

ㄴ. 물체가 받은 충격량의 크기는 (가)에서와 (나)에서가 같다.

ㄷ. $s=s_0$일 때 물체의 운동량의 크기는 (가)에서가 (나)에서보다 크다.

① ㄱ　　② ㄷ　　③ ㄱ, ㄴ　　④ ㄴ, ㄷ　　⑤ ㄱ, ㄴ, ㄷ

055 | 신유형 | 상 중 하

그림 (가)와 같이 질량이 60 kg인 학생 A가 승강기를 타고 연직 위 방향으로 이동하였다. 그림 (나)는 승강기의 속도를 시간에 따라 나타낸 것이다.

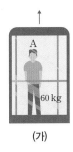
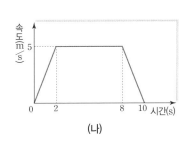

(가)   (나)

이에 대한 설명으로 옳은 것만을 〈보기〉에서 있는 대로 고른 것은? (단, 중력 가속도는 10 m/s^2이다.)

| 보기 |

ㄱ. 1초일 때와 9초일 때 A의 가속도의 방향은 같다.
ㄴ. 0초부터 2초까지 A에 작용한 알짜힘이 한 일은 750 J 이다.
ㄷ. A의 역학적 에너지는 8초일 때가 10초일 때보다 크다.

① ㄴ   ② ㄷ   ③ ㄱ, ㄴ   ④ ㄱ, ㄷ   ⑤ ㄴ, ㄷ

056 | 신유형 | 상 중 하

그림 (가)는 수평면에서 용수철에 연결된 물체에 힘 F를 작용하여 물체의 위치를 평형 위치로부터 x만큼 변화시킨 것을 나타낸 것이다. 그림 (나)는 물체를 용수철 A, B에 각각 연결할 때, F의 크기를 x에 따라 나타낸 것이다.

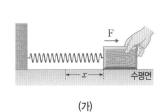
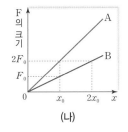

(가)   (나)

이에 대한 설명으로 옳은 것만을 〈보기〉에서 있는 대로 고른 것은? (단, 물체와 수평면 사이의 마찰은 무시한다.)

| 보기 |

ㄱ. 용수철 상수는 A가 B의 2배이다.
ㄴ. $x = x_0$일 때, 용수철에 저장된 탄성 퍼텐셜 에너지는 A가 B의 2배이다.
ㄷ. F의 크기가 $2F_0$일 때, 용수철에 저장된 탄성 퍼텐셜 에너지는 A가 B의 2배이다.

① ㄴ   ② ㄷ   ③ ㄱ, ㄴ   ④ ㄱ, ㄷ   ⑤ ㄱ, ㄴ, ㄷ

057 | 신유형 | 상 중 하

그림 (가)는 수평면 위에서 질량이 각각 m, $2m$인 수레 A, B 사이에 용수철을 끼워 압축시킨 것을, (나)는 A, B를 동시에 가만히 놓았을 때 B가 운동 에너지 E로 운동하는 것을 나타낸 것이다.

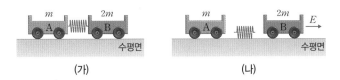

(가)   (나)

(가)에서 용수철에 저장된 탄성 퍼텐셜 에너지는? (단, 용수철의 질량, 모든 마찰과 공기 저항은 무시한다.)

① 1.5E   ② 2E   ③ 2.5E   ④ 3E   ⑤ 3.5E

058

상 중 하

그림과 같이 물체 A, B를 실로 연결하고, A에 연결된 용수철을 원래 길이에서 $3L$만큼 압축시킨 후 A를 점 p에서 가만히 놓았더니, A가 p로부터 $7L$만큼 이동하여 점 r에서 속력이 0이 되었다. A, B의 질량은 m이다.

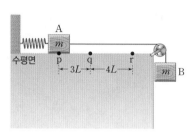

점 q에서 A의 속력은? (단, 중력 가속도는 g이고, 용수철과 실의 질량, 물체의 크기, 모든 마찰과 공기 저항은 무시한다.)

① $4\sqrt{gL}$ ② $6\sqrt{gL}$ ③ $3\sqrt{2gL}$

④ $2\sqrt{3gL}$ ⑤ $4\sqrt{3gL}$

059

상 중 하

그림은 높이 h인 평면에서 용수철 P에 연결된 물체 A에 물체 B를 접촉시키고, P를 원래 길이에서 $2d$만큼 압축시킨 모습을 나타낸 것이다. B를 가만히 놓으면 B는 P의 원래 길이에서 A와 분리되어 면을 따라 운동하고 A는 P에 연결된 채로 직선 운동한다. 이후 B는 높이 차가 h인 마찰 구간을 등속도로 지나 수평면에 놓인 용수철 Q를 원래 길이에서 $\sqrt{2d}$만큼 압축시킬 때 속력이 0이 된다. P, Q의 용수철 상수는 같다.

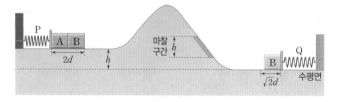

A, B의 질량을 각각 m_A, m_B라 할 때, $\dfrac{m_A}{m_B}$는? (단, 용수철의 질량, 물체의 크기, 공기 저항, 마찰 구간 외의 모든 마찰은 무시한다.)

① 1   ② 2   ③ 3   ④ $\dfrac{1}{2}$ ⑤ $\dfrac{1}{3}$

060

상 중 하

그림 (가)와 같이 빗면의 점 p에 가만히 놓은 물체 A는 빗면의 점 r에서 속력이 0이 되고, (나)와 같이 r에 가만히 놓은 A는 빗면의 점 q에서 속력이 0이 된다. (가), (나)의 마찰 구간에서 A의 속력은 감소하고, 가속도의 크기는 각각 $4a$, $2a$로 일정하며, 손실된 역학적 에너지는 서로 같다. p와 q 사이의 높이차는 h_1, 마찰 구간의 높이차는 h_2이다.

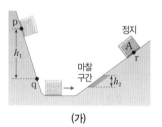 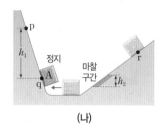

(가)   (나)

$\dfrac{h_1}{h_2}$은? (단, 물체의 크기, 공기 저항, 마찰 구간 외의 모든 마찰은 무시한다.)

① 3   ② 4   ③ 5   ④ 6   ⑤ 7

061

상 중 하

그림 (가)와 같이 빗면을 따라 운동하는 물체 A는 수평한 기준선 P를 속력 $5v$로 지나고, 물체 B는 수평면에 정지해 있다. 그림 (나)는 (가) 이후 A와 B가 충돌하여 서로 반대 방향으로 각각 속력 v_A, $2v$로 운동하는 모습을 나타낸 것이다. A, B의 질량은 각각 m, $3m$이다. A가 마찰 구간을 올라갈 때와 내려갈 때 손실된 역학적 에너지는 같다. (나) 이후 A, B는 P를 각각 속력 $\sqrt{5}v$, $3v$로 지난다.

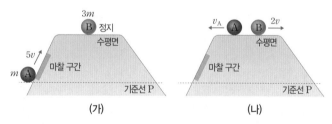

(가)   (나)

v_A는? (단, 물체의 크기, 공기 저항, 마찰 구간 외의 모든 마찰은 무시한다.)

① v ② $2v$ ③ $3v$ ④ $\sqrt{2}v$ ⑤ $\sqrt{3}v$

062 상 중 하

그림은 질량이 각각 m, $3m$인 물체 A, B를 실로 연결하고 서로 다른 빗면의 점 p, r에 정지시킨 모습을 나타낸 것이다. A를 가만히 놓았더니 A가 점 q를 지나는 순간 실이 끊어지고 A, B는 빗면을 따라 가속도의 크기가 각각 $3a$, $2a$인 등가속도 운동을 한다. B는 마찰 구간이 시작되는 점 s부터 등속도 운동을 한다. A가 수평면에 닿기 직전 A의 운동 에너지는 마찰 구간에서 B의 운동 에너지의 $\frac{4}{3}$배이다. p와 s의 높이는 h_1로 같고, q와 r의 높이는 h_2로 같다.

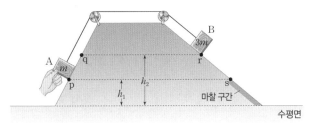

$\frac{h_2}{h_1}$는? (단, 실의 질량, 물체의 크기, 공기 저항, 마찰 구간 외의 모든 마찰은 무시한다.)

① $\frac{19}{13}$ ② $\frac{21}{13}$ ③ $\frac{23}{13}$ ④ $\frac{25}{13}$ ⑤ $\frac{27}{13}$

063 상 중 하

그림은 높이가 $6h$인 점에서 가만히 놓은 물체가 궤도를 따라 운동하여 마찰 구간 Ⅰ, Ⅱ를 지나 최고점 r에 도달하여 속력이 0이 된 순간의 모습을 나타낸 것이다. 점 p, q의 높이는 각각 h, $2h$이고, p, q에서 물체의 속력은 각각 $\sqrt{2}v$, v이다. 마찰 구간에서 손실된 역학적 에너지는 Ⅱ에서가 Ⅰ에서의 3배이다.

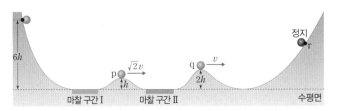

r의 높이는?

① $4h$ ② $\frac{30}{7}h$ ③ $\frac{32}{7}h$ ④ $\frac{34}{7}h$ ⑤ $\frac{36}{7}h$

064 상 중 하

그림과 같이 수평면에서 운동하던 질량이 m인 물체가 언덕을 따라 올라갔다가 내려온다. 높이가 같은 점 p, s에서 물체의 속력은 각각 $2v_0$, 0이고, 최고점 q에서의 속력은 v_0이다. 높이차가 h로 같은 마찰 구간 Ⅰ, Ⅱ에서 물체의 역학적 에너지 감소량은 Ⅱ에서가 Ⅰ에서의 3배이다.

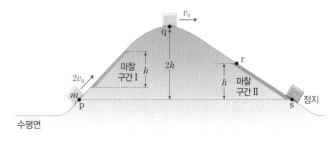

Ⅱ의 시작점 r에서 물체의 속력은? (단, 물체의 크기, 공기 저항, 마찰 구간 외의 모든 마찰은 무시한다.)

① $\frac{3}{2}v_0$ ② $\frac{4}{3}v_0$ ③ $\frac{5}{3}v_0$ ④ $\sqrt{2}v_0$ ⑤ $\sqrt{3}v_0$

1 기체가 하는 일과 내부 에너지

(1) **열에너지**: 물체 내부의 분자 운동에 의해 나타나는 에너지

  ① 온도: 물체의 차갑고 뜨거운 정도를 기준을 정해 수치로 나타낸 것

  ② 열: 온도가 다른 두 물체가 접촉해 있을 때 온도가 높은 물체에서 낮은 물체로 스스로 이동하는 에너지

  ③ 열평형 상태: 온도가 다른 두 물체 사이에서 열이 이동하여 온도가 같아져 더 이상 온도가 변하지 않는 상태

(2) **기체의 내부 에너지**: 기체 분자의 운동 에너지와 퍼텐셜 에너지의 총합

  • 이상 기체의 내부 에너지: 이상 기체는 분자 사이의 인력이 없으므로 퍼텐셜 에너지가 0임. 따라서 이상 기체의 내부 에너지는 운동 에너지만의 총합으로 나타냄. 분자 수가 N인 이상 기체의 내부 에너지는 평균 운동 에너지 E_k에 비례하고, 평균 운동 에너지는 절대 온도 T에 비례함

$$U \propto NE_k \propto NT$$

(3) **기체가 하는 일**: 기체가 팽창하면 외부에 일을 하고, 기체가 외부로부터 일을 받으면 수축함. 기체가 일정한 압력을 유지하면서 일을 할 때 한 일은 다음과 같음

$$W = P\Delta V \text{ [단위: J(줄)]}$$
$$(P: \text{압력}, \Delta V: \text{부피 변화})$$

(4) **압력−부피 그래프와 기체가 한 일**: 기체가 한 일(W)은 압력−부피 그래프에서 그래프 아랫부분의 면적과 같다.

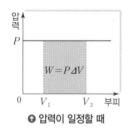
↑ 압력이 일정할 때

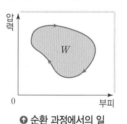
↑ 순환 과정에서의 일

2 열역학 법칙

☆빈출

(1) **열역학 제1법칙**: 기체가 흡수한 열량(Q)은 기체의 내부 에너지 증가량(ΔU)과 기체가 외부에 한 일(W)과 같음 ➡ 열에너지와 역학적 에너지를 포함한 에너지 보존 법칙의 다른 표현으로 하나의 계에 들어가거나 나온 열이 일과 내부 에너지로 전환되어 전체 에너지의 양은 보존됨

$$Q = \Delta U + W$$

  ① 제1종 영구 기관: 외부에서 에너지를 공급받지 않아도 계속 작동하는 열기관으로, 열역학 제1법칙, 즉 에너지 보존 법칙에 위배됨

② 열역학 과정

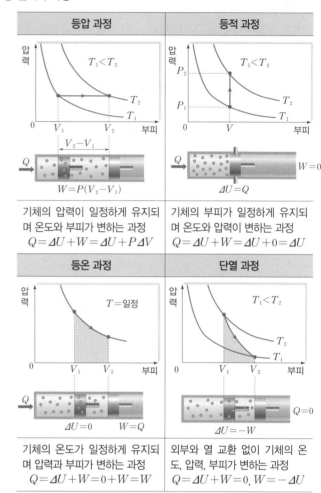

등압 과정	등적 과정
$W = P(V_2 - V_1)$	$W = 0$
기체의 압력이 일정하게 유지되며 온도와 부피가 변하는 과정 $Q = \Delta U + W = \Delta U + P\Delta V$	기체의 부피가 일정하게 유지되며 온도와 압력이 변하는 과정 $Q = \Delta U + W = \Delta U + 0 = \Delta U$
등온 과정	**단열 과정**
$\Delta U = 0$ $W = Q$	$\Delta U = -W$
기체의 온도가 일정하게 유지되며 압력과 부피가 변하는 과정 $Q = \Delta U + W = 0 + W = W$	외부와 열 교환 없이 기체의 온도, 압력, 부피가 변하는 과정 $Q = \Delta U + W = 0,\ W = -\Delta U$

(2) **열역학 제2법칙**: 자연 현상은 대부분 비가역적으로 일어나며, 엔트로피가 증가하는 방향으로 일어남

  ① 가역 현상: 주변을 변화시키지 않고 처음 상태로 돌아갈 수 있는 현상 예 공기 저항이 없는 상태에서 진동하는 진자

  ② 비가역 현상: 주변의 변화 없이는 스스로 처음 상태로 돌아갈 수 없는 현상 예 공기 중에서 진동하는 진자

  ③ 엔트로피: 무질서한 정도를 나타내는 열역학적 용어

3 열기관과 열효율

☆빈출

(1) **열기관**: 고열원으로부터 Q_H의 열을 흡수하여 W의 일을 하고, 남은 Q_L의 열을 저열원으로 방출하는 열기관의 열효율은 다음과 같음

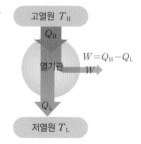

$$e = \frac{W}{Q_H} = \frac{Q_H - Q_L}{Q_H} = 1 - \frac{Q_L}{Q_H}$$

(2) **제2종 영구 기관**: 열효율이 100 %인 열기관으로, 열역학 제1법칙은 만족하지만 열역학 제2법칙에 위배됨

대표 기출 문제

065

평가원 기출

다음은 열의 이동에 따른 기체의 부피 변화를 알아보기 위한 실험이다.

| 실험 과정
  (가) 20 mL의 기체가 들어있는 유리 주사기의 끝을 고무마개로 막는다.
  (나) (가)의 주사기를 뜨거운 물이 든 비커에 담그고, 피스톤이 멈추면 눈금을 읽는다.
  (다) (나)의 주사기를 얼음물이 든 비커에 담그고, 피스톤이 멈추면 눈금을 읽는다.

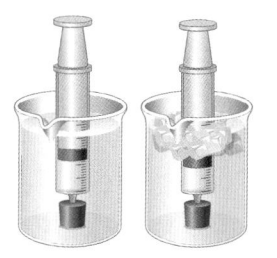

(나) 과정   (다) 과정

| 실험 결과

과정	(가)	(나)	(다)
기체의 부피(mL)	20	23	18

발문과 자료 분석하기
(나)에서 부피는 (가)에서보다 크고, (다)에서 부피는 (가)에서보다 작다는 것을 파악해야 한다.

꼭 기억해야 할 개념
1. 기체의 내부 에너지는 기체 분자의 운동 에너지의 총합과 같으며, 절대 온도에 비례한다.
2. 기체가 외부에 한 일은 기체의 압력과 부피를 곱한 값과 같다.

선지별 선택 비율

①	②	③	④	⑤
67 %	7 %	9 %	8 %	9 %

주사기 속 기체에 대한 설명으로 옳은 것만을 〈보기〉에서 있는 대로 고른 것은? [3점]

| 보기 |
ㄱ. 기체의 내부 에너지는 (가)에서가 (나)에서보다 작다.
ㄴ. (나)에서 기체가 흡수한 열은 기체가 한 일과 같다.
ㄷ. (다)에서 기체가 방출한 열은 기체의 내부 에너지 변화량과 같다.

① ㄱ 　② ㄴ 　③ ㄱ, ㄷ 　④ ㄴ, ㄷ 　⑤ ㄱ, ㄴ, ㄷ

066

수능 기출

그림은 열효율이 0.25인 열기관에서 일정량의 이상 기체가 상태 A → B → C → D → A를 따라 순환하는 동안 기체의 압력과 부피를 나타낸 것이다. B → C는 등온 과정이고, D → A는 단열 과정이다. 기체가 B → C 과정에서 외부에 한 일은 150 J이고, D → A 과정에서 외부로부터 받은 일은 100 J이다.
이에 대한 설명으로 옳은 것만을 〈보기〉에서 있는 대로 고른 것은?

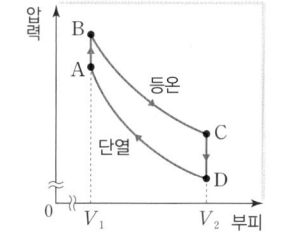

발문과 자료 분석하기
등온 팽창 과정에서는 온도가 일정하므로 내부 에너지가 일정하고, 단열 수축 과정에서는 온도가 높아지므로 내부 에너지가 증가함을 파악해야 한다.

꼭 기억해야 할 개념
열기관이 1번 순환하는 동안 고열원으로부터 열량 Q_1을 흡수하여 W의 일을 하고 저열원으로 열량 Q_2를 방출하면, 열기관의 열효율은 $e = \dfrac{W}{Q_1} = 1 - \dfrac{Q_2}{Q_1}$이다.

선지별 선택 비율

①	②	③	④	⑤
5 %	14 %	5 %	67 %	9 %

| 보기 |
ㄱ. 기체의 온도는 A에서가 C에서보다 높다.
ㄴ. A → B 과정에서 기체가 흡수한 열량은 50 J이다.
ㄷ. C → D 과정에서 기체의 내부 에너지 감소량은 150 J이다.

① ㄱ 　② ㄷ 　③ ㄱ, ㄴ 　④ ㄴ, ㄷ 　⑤ ㄱ, ㄴ, ㄷ

067 | 신유형 |

그림 (가), (나)는 절대 온도가 T_0인 같은 양의 동일한 이상 기체의 상태를 변화시켰을 때, 압력, 부피, 절대 온도가 각각 P, V, T가 된 것을 나타낸 것이다. (가)에서 기체가 외부로부터 받은 일은 W이다. (나)에서는 기체의 부피가 일정하고 기체에 가한 열량이 Q_0이다. (가), (나)에서 기체 분자의 질량과 개수는 같다.

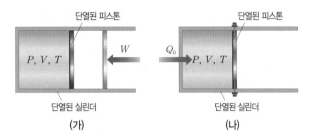

단열된 피스톤 단열된 피스톤
P, V, T W Q_0 P, V, T
단열된 실린더 단열된 실린더
(가) (나)

이에 대한 설명으로 옳은 것만을 〈보기〉에서 있는 대로 고른 것은?

| 보기 |

ㄱ. (가)에서 기체의 온도가 높아진다.
ㄴ. (나)에서 기체의 내부 에너지 증가량은 Q_0이다.
ㄷ. $W = Q_0$이다.

① ㄱ ② ㄴ ③ ㄱ, ㄷ ④ ㄴ, ㄷ ⑤ ㄱ, ㄴ, ㄷ

068 | 신유형 | 상 중 하

그림은 일정량의 이상 기체가 상태 A → B → C → A를 따라 변할 때 기체의 압력과 부피를 나타낸 것이다. A → B 과정은 단열 과정, B → C 과정은 압력이 일정한 과정, C → A 과정은 부피가 일정한 과정이다.
이에 대한 설명으로 옳은 것만을 〈보기〉에서 있는 대로 고른 것은?

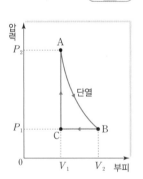

| 보기 |

ㄱ. A → B 과정에서 기체가 외부에 일을 한다.
ㄴ. B → C 과정에서 기체의 내부 에너지는 감소한다.
ㄷ. A → B 과정에서 외부에 한 일은 C → A 과정에서 증가한 내부 에너지와 같다.

① ㄴ ② ㄷ ③ ㄱ, ㄴ ④ ㄱ, ㄷ ⑤ ㄱ, ㄴ, ㄷ

069 상 중 하

그림과 같이 물에 잉크 방울을 떨어뜨렸더니 상태 A에서 상태 B로 변하였다.

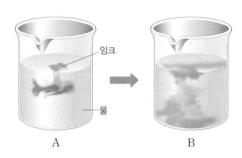

잉크
물
A B

이에 대한 설명으로 옳은 것만을 〈보기〉에서 있는 대로 고른 것은?

| 보기 |

ㄱ. 가역 변화이다.
ㄴ. B의 상태가 A의 상태보다 확률이 크다.
ㄷ. B → A 방향으로 변화가 일어나는 것은 열역학 제1법칙에 위배된다.

① ㄴ ② ㄷ ③ ㄱ, ㄴ ④ ㄱ, ㄷ ⑤ ㄴ, ㄷ

070 상 중 하

그림 (가), (나)는 서로 다른 열기관에서 같은 양의 동일한 이상 기체가 각각 상태 A → B → C → A, A → B → D → A를 따라 순환하는 동안 기체의 압력과 부피를 나타낸 것이다. (가)의 C → A 과정은 등온 과정, (나)의 D → A 과정은 단열 과정이다.

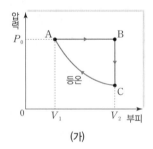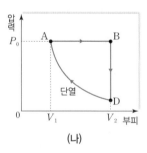

(가) (나)

이에 대한 설명으로 옳은 것만을 〈보기〉에서 있는 대로 고른 것은?

| 보기 |

ㄱ. 기체의 압력은 (나)의 D에서가 (가)의 C에서보다 크다.
ㄴ. 기체가 한 번 순환하는 동안 한 일은 (가)의 열기관에서가 (나)의 열기관에서보다 크다.
ㄷ. 열효율은 (나)의 열기관이 (가)의 열기관보다 크다.

① ㄱ ② ㄷ ③ ㄱ, ㄴ ④ ㄱ, ㄷ ⑤ ㄴ, ㄷ

071

상 중 하

그림은 열기관에서 일정량의 이상 기체가 과정 Ⅰ~Ⅳ를 따라 순환하는 동안 기체의 압력과 부피를 나타낸 것이다. 표는 각 과정에서 기체가 외부에 한 일 또는 외부로부터 받은 일을 나타낸 것이다. Ⅰ, Ⅲ은 등온 과정이고, Ⅱ에서 기체가 방출한 열량은 E_0이다.

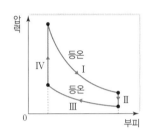

과정	Ⅰ	Ⅱ	Ⅲ	Ⅳ
외부에 한 일 또는 외부로부터 받은 일	$4E_0$	0	$2E_0$	0

이에 대한 설명으로 옳은 것만을 〈보기〉에서 있는 대로 고른 것은?

| 보기 |

ㄱ. Ⅰ에서 기체의 내부 에너지는 감소한다.
ㄴ. Ⅳ에서 기체가 흡수한 열량은 E_0이다.
ㄷ. 열기관의 열효율은 0.6이다.

① ㄴ ② ㄷ ③ ㄱ, ㄴ ④ ㄱ, ㄷ ⑤ ㄴ, ㄷ

072 | 신유형 |

상 중 하

그림은 열기관 A, B에서 같은 양의 동일한 이상 기체의 상태 변화를 기체의 압력과 부피로 나타낸 것이다.

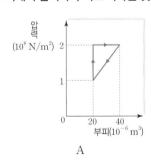

A

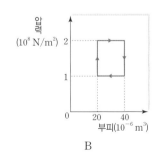

B

A, B의 **열효율을 각각 e_A, e_B라 할 때, $\dfrac{e_B}{e_A}$는?**

① 0.25 ② 0.5 ③ 1 ④ 2 ⑤ 4

073

상 중 하

그림은 열효율이 0.2인 열기관에서 일정량의 이상 기체가 상태 A → B → C → D → A를 따라 순환하는 동안 기체의 압력과 부피를 나타낸 것이고, 표는 각 과정에서 기체가 흡수 또는 방출하는 열량을 나타낸 것이다. A → B 과정과 C → D 과정은 부피가 일정한 과정, B → C 과정은 등온 과정이다.

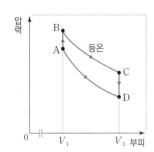

과정	흡수 또는 방출하는 열량(J)
A → B	50
B → C	100
C → D	㉠
D → A	0

이에 대한 설명으로 옳은 것만을 〈보기〉에서 있는 대로 고른 것은?

| 보기 |

ㄱ. ㉠은 120이다.
ㄴ. A → B 과정에서 증가한 내부 에너지와 C → D 과정에서 감소한 내부 에너지는 같다.
ㄷ. D → A 과정에서 기체가 외부로부터 받은 일은 70 J이다.

① ㄱ ② ㄴ ③ ㄷ ④ ㄱ, ㄷ ⑤ ㄱ, ㄴ, ㄷ

074 | 신유형 |

상 중 하

그림은 열기관에서 일정량의 이상 기체가 상태 A → B → C → D → A를 따라 순환하는 동안 기체의 부피 V와 절대 온도 T를 나타낸 것이다. A에서 기체의 압력은 $2P_0$이고, B → C 과정에서 흡수한 열량은 $10P_0V_0$이며, 내부 에너지 증가량은 B → C 과정에서가 A → B 과정에서의 2배이다.

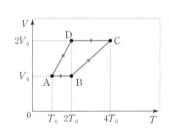

이에 대한 설명으로 옳은 것만을 〈보기〉에서 있는 대로 고른 것은?

| 보기 |

ㄱ. A → B 과정에서 기체는 외부에 일을 한다.
ㄴ. D → A 과정에서 기체의 압력은 일정하다.
ㄷ. 열기관의 열효율은 $\dfrac{2}{13}$이다.

① ㄱ ② ㄴ ③ ㄷ ④ ㄱ, ㄷ ⑤ ㄴ, ㄷ

075

상 중 하

그림은 열효율이 0.2인 열기관에서 일정량의 이상 기체가 상태 A → B → C → D → A를 따라 순환하는 동안 기체의 부피와 절대 온도를 나타낸 것이다. 기체가 흡수한 열량은 A → B 과정, B → C 과정에서 각각 4Q, 2Q 이다.

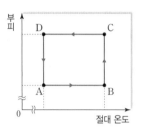

이에 대한 설명으로 옳은 것만을 〈보기〉에서 있는 대로 고른 것은?

| 보기 |

ㄱ. 기체의 내부 에너지는 C에서가 B에서보다 크다.
ㄴ. C → D 과정에서 기체의 내부 에너지 감소량은 4Q이다.
ㄷ. D → A 과정에서 기체가 방출한 열량은 0.8Q이다.

① ㄱ   ② ㄴ   ③ ㄷ   ④ ㄱ, ㄴ   ⑤ ㄴ, ㄷ

076 | 신유형 |

상 중 하

그림은 열기관에서 일정량의 이상 기체가 상태 A → B → C → A를 따라 순환하는 동안 기체의 압력과 부피를 나타낸 것이다. A → B 과정은 압력이 일정한 과정, B → C 과정은 단열 과정, C → A 과정은 등온 과정이다. 표는 각 과정에서 기체가 외부에 한 일 또는 외부로부터 받은 일을 나타낸 것이다.

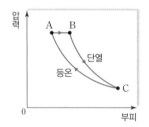

과정	기체가 외부에 한 일 또는 외부로부터 받은 일(J)
A → B	60
B → C	90
C → A	120

이에 대한 설명으로 옳은 것만을 〈보기〉에서 있는 대로 고른 것은?

| 보기 |

ㄱ. 열기관의 열효율은 0.2이다.
ㄴ. A → B 과정에서 기체의 내부 에너지 증가량은 60 J이다.
ㄷ. C → A 과정에서 기체가 방출한 열량은 120 J이다.

① ㄱ   ② ㄴ   ③ ㄱ, ㄷ   ④ ㄴ, ㄷ   ⑤ ㄱ, ㄴ, ㄷ

077 | 신유형 |

상 중 하

그림 (가)는 고열원에서 Q_1의 열을 흡수하여 W의 일을 하고, 저열원으로 Q_2의 열을 방출하는 열기관을 나타낸 것이다. 그림 (나)는 같은 양의 동일한 이상 기체로 작동하는 열기관 X, Y의 순환 과정을 나타낸 것이다. X, Y는 각각 A → B → D → A, A → C → D → A 과정을 따라 순환한다. B → D 과정은 등온 과정이고 C → D 과정은 단열 과정이다.

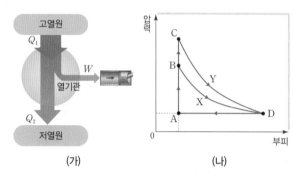

(가)   (나)

이에 대한 설명으로 옳은 것만을 〈보기〉에서 있는 대로 고른 것은?

| 보기 |

ㄱ. A → B 과정에서 기체는 열을 흡수한다.
ㄴ. 기체의 내부 에너지는 C에서가 B에서보다 크다.
ㄷ. 열효율은 Y가 X보다 크다.

① ㄱ   ② ㄴ   ③ ㄱ, ㄷ   ④ ㄴ, ㄷ   ⑤ ㄱ, ㄴ, ㄷ

078

상 중 하

그림은 열효율이 0.25인 열기관에서 일정량의 이상 기체가 상태 A → B → C → D → A를 따라 순환하는 것을 나타낸 것이고, 표는 각 과정에서 흡수 또는 방출하는 열량을 나타낸 것이다. A → B 과정과 C → D 과정에서 기체가 한 일은 0이다.

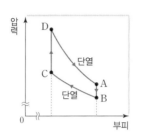

과정	흡수 또는 방출하는 열량
A → B	$12Q_0$
B → C	0
C → D	Q
D → A	0

Q는?

① $6Q_0$ ② $9Q_0$ ③ $12Q_0$ ④ $14Q_0$ ⑤ $16Q_0$

079

상 중 하

그림은 열기관에서 일정량의 이상 기체의 상태 변화를 압력과 부피로 나타낸 것이다. 표는 각 구간에서 이상 기체가 외부에 한 일 W와 내부 에너지 증가량 ΔU를 나타낸 것이다.

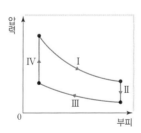

구간	I	II	III	IV
W	E_1	0	$-E_2$	0
ΔU	0	$-E_3$	0	E_4

이에 대한 설명으로 옳은 것만을 〈보기〉에서 있는 대로 고른 것은?

| 보기 |
ㄱ. I 에서 이상 기체의 온도는 일정하다.
ㄴ. $E_3 = E_4$이다.
ㄷ. 열기관의 열효율은 $\dfrac{E_1 - E_2}{E_1}$이다.

① ㄱ   ② ㄷ   ③ ㄱ, ㄴ   ④ ㄴ, ㄷ   ⑤ ㄱ, ㄴ, ㄷ

080

상 중 하

그림은 열기관에서 일정량의 이상 기체의 상태가 A → B → C → D → A를 따라 변할 때 기체의 압력과 부피를 나타낸 것이다. A → B 과정, C → D 과정은 압력이 일정한 과정이고, B → C 과정, D → A 과정은 단열 과정이다. 표는 각 과정에서 기체가 외부에 한 일 또는 외부로부터 받은 일을 나타낸 것이다. A → B 과정에서 기체가 흡수한 열량은 $20W$이다.

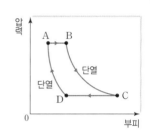

과정	기체가 외부에 한 일 또는 외부로부터 받은 일
A → B	$8W$
B → C	$9W$
C → D	$6W$
D → A	$6W$

이에 대한 설명으로 옳은 것만을 〈보기〉에서 있는 대로 고른 것은?

| 보기 |
ㄱ. 기체의 온도는 C에서가 A에서보다 높다.
ㄴ. C → D 과정에서 기체의 내부 에너지 감소량은 $12W$이다.
ㄷ. 열기관의 열효율은 0.25이다.

① ㄱ   ② ㄴ   ③ ㄱ, ㄷ   ④ ㄴ, ㄷ   ⑤ ㄱ, ㄴ, ㄷ

1 특수 상대성 이론의 기본 원리

(1) **상대 속도**: 물체의 운동 상태는 관찰차의 운동 상태에 따라 다르게 측정되는데, 운동하는 관찰자가 측정하는 상대방의 속도를 상대 속도라고 함

> A에 대한 B의 상대 속도(v_{AB})＝B의 속도(v_B)－A의 속도(v_A)

(2) **관성계**: 정지해 있거나 등속도 운동을 하는 좌표계로, 관성 법칙이 성립함. 한 관성계에 대해 일정한 속도로 움직이는(상대 속도가 일정한) 좌표계는 모두 관성계임

(3) **특수 상대성 이론의 두 가지 가정**
① 상대성 원리: 모든 관성계에서 물리 법칙은 동일하게 성립함. 따라서 관성계가 정지 상태인지 등속도 운동을 하고 있는 상태인지 구분할 수 없음
② 광속 불변 원리: 모든 관성계에서 진공에서 진행하는 빛의 속력은 광원이나 관찰자의 속도에 관계없이 광속 c로 일정함

2 특수 상대성 이론에 의한 현상

고빈출
(1) **동시성의 상대성**: 한 관성계에서 동시에 일어난 두 사건이 다른 관성계에서는 동시에 일어난 사건이 아닐 수 있음
① 우주선 안의 광원에서 방출되는 빛을 관찰할 때

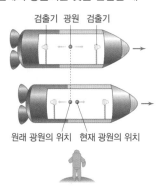

검출기 광원 검출기

원래 광원의 위치   현재 광원의 위치

• 우주선 안에 정지해 있는 관찰자: 광원에서 방출된 빛이 광원으로부터 같은 거리만큼 떨어진 두 검출기에 동시에 도달하는 것으로 관측함
• 우주선 밖에 정지해 있는 관찰자: 관찰자에 대해 우주선이 오른쪽으로 운동하므로 광원에서 방출된 빛이 왼쪽 검출기에 먼저 도달하는 것으로 관측함
② 사건: 특수 상대성 이론에서 사건이란 특정한 시각과 위치에서 발생한 물리적 상황을 뜻함. 사건을 측정한다는 것은 그 사건이 발생한 좌표와 시간을 측정한다는 것임
③ 동시성의 판단 기준: 한 지점에서 발생한 사건은 동시성이 일치하는 것임

빈출
(2) **시간 팽창(시간 지연)**: 관찰자에 대해 운동하고 있는 다른 관찰자를 관측하면 상대방의 시간이 느리게 흐르는 것으로 관측되는데, 이를 시간 팽창(시간의 상대성)이라고 함
① v의 속력으로 운동하는 우주선 안의 빛 시계를 관찰할 때
• 우주선 안의 관찰자 A: 우주선 안의 빛 시계에서 빛이 1회 왕복하는 동안 진행한 거리는 $2L$이므로 A가 측정한 시간은 $T_{고유}=\dfrac{2L}{c}$임

빛 시계

지면

• 우주선 밖의 관찰자 B: 지면에 정지해 있는 관찰자 B가 측정하면, 빛 시계의 빛이 1회 왕복하는 동안 진행한 거리는 $2d$이므로 B가 측정한 시간은 $T=\dfrac{2d}{c}$임

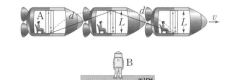

지면

➡ A가 측정한 시간은 고유 시간이고, B가 측정한 시간은 고유 시간보다 큼. 이와 같이 B에 대해 운동하는 A의 시간은 B의 시간보다 느리게 흐름 ➡ $T_{고유}<T$
② 고유 시간: 관찰자에 대해 정지해 있는 시계로 측정한 동일한 장소에서 일어난 두 사건 사이의 시간 간격

빈출
(3) **길이 수축**: 관찰자에 대해 운동하고 있는 물체는 관찰자에 대해 운동 방향으로 그 길이가 줄어드는 것으로 측정됨. 이를 길이 수축(길이의 상대성)이라고 함 ➡ 길이 수축은 운동 방향과 나란한 방향의 길이에서만 일어나며, 운동 방향과 수직인 방향의 길이는 수축되지 않음
① 지구와 행성 사이의 거리 측정

v의 속력으로 운동하는 우주선 안의 관찰자 A	지구에 정지해 있는 관찰자 B
$L=vT_{고유}$	$L_{고유}=vT$
A가 측정할 때 지구와 행성이 각각 v의 속력으로 운동하므로 지구와 행성 사이의 거리는 $L=vT_{고유}$임	B가 측정할 때 우주선은 v의 속력으로 운동하므로 지구와 행성 사이의 거리는 $L_{고유}=vT$임
B가 측정할 때 A는 운동하므로 시간은 $T_{고유}<T$이고, B에 대해 운동하는 A가 측정한 지구와 행성 사이의 거리는 B가 측정한 고유 길이보다 짧음 ➡ $L<L_{고유}$	

② 고유 길이: 물체에 대해 정지해 있는 관찰자가 측정한 물체의 길이 또는 한 관성계에 고정된 두 지점 사이의 거리

대표 기출 문제

081

그림과 같이 관찰자 A에 대해 광원 P, 검출기, 광원 Q가 정지해 있고 관찰자 B, C가 탄 우주선이 각각 광속에 가까운 속력으로 P, 검출기, Q를 잇는 직선과 나란하게 서로 반대 방향으로 등속도 운동을 한다. A의 관성계에서, P, Q에서 검출기를 향해 동시에 방출된 빛은 검출기에 동시에 도달한다. P와 Q 사이의 거리는 B의 관성계에서가 C의 관성계에서보다 크다.
이에 대한 설명으로 옳은 것만을 〈보기〉에서 있는 대로 고른 것은?

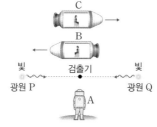

| 보기 |

ㄱ. A의 관성계에서, B의 시간은 C의 시간보다 느리게 간다.
ㄴ. B의 관성계에서, 빛은 P에서가 Q에서보다 먼저 방출된다.
ㄷ. C의 관성계에서, 검출기에서 P까지의 거리는 검출기에서 Q까지의 거리보다 크다.

① ㄱ   ② ㄴ   ③ ㄱ, ㄷ   ④ ㄴ, ㄷ   ⑤ ㄱ, ㄴ, ㄷ

082

그림은 관측자 P에 대해 관측자 Q가 탄 우주선이 $0.8c$의 속력으로 등속도 운동하는 것을 나타낸 것이다. 검출기 O와 광원 A를 잇는 직선은 우주선의 진행 방향과 수직이고, O와 광원 B를 잇는 직선은 우주선의 진행 방향과 나란하다. Q의 관성계에서 A, B에서 동시에 발생한 빛은 O에 동시에 도달한다.
P의 관성계에서 측정할 때, 이에 대한 설명으로 옳은 것만을 〈보기〉에서 있는 대로 고른 것은? (단, c는 빛의 속력이다.)

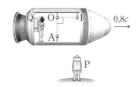

| 보기 |

ㄱ. O에서 A까지의 거리가 O에서 B까지의 거리는 같다.
ㄴ. A와 B에서 발생한 빛은 O에 동시에 도달한다.
ㄷ. 빛은 B에서가 A에서보다 먼저 발생하였다.

① ㄱ   ② ㄴ   ③ ㄱ, ㄷ   ④ ㄴ, ㄷ   ⑤ ㄱ, ㄴ, ㄷ

083 | 신유형 | 　　　　　상 중 하

그림은 관찰자 A에 대해 관찰자 B가 탄 우주선이 0.6c의 속력으로 등속도 운동하는 것을 나타낸 것이다. A의 관성계에서, B가 탄 우주선에서는 우주선의 운동 방향으로 빛을 방출한다.

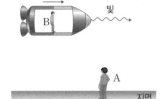

이에 대한 설명으로 옳은 것만을 〈보기〉에서 있는 대로 고른 것은? (단, c는 빛의 속력이다.)

| 보기 |

ㄱ. B의 관성계에서, A의 속력은 0.6c이다.
ㄴ. 빛의 속력은 A의 관성계에서와 B의 관성계에서가 같다.
ㄷ. A의 관성계에서, B가 탄 우주선의 길이는 고유 길이보다 크다.

① ㄱ　　② ㄷ　　③ ㄱ, ㄴ　　④ ㄴ, ㄷ　　⑤ ㄱ, ㄴ, ㄷ

084 | 신유형 | 　　　　　상 중 하

그림은 수평면에 정지해 있는 관찰자 A에 대해 +x방향으로 등속도 운동하는 버스 안에서 관찰자 B가 B에 대해 +y방향으로 공을 던졌다가 다시 받는 모습을 나타낸 것이다.

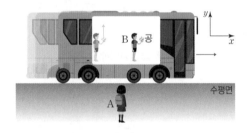

B가 공을 던진 순간부터 다시 받을 때까지, A의 관성계에서가 B의 관성계에서보다 큰 물리량으로 옳은 것만을 〈보기〉에서 있는 대로 고른 것은? (단, 공기 저항은 무시한다.)

| 보기 |

ㄱ. 공의 이동 거리
ㄴ. 공에 작용하는 알짜힘의 크기
ㄷ. 최고점에서 공의 속력

① ㄱ　　② ㄴ　　③ ㄷ　　④ ㄱ, ㄷ　　⑤ ㄴ, ㄷ

085 　　　　　상 중 하

그림과 같이 관찰자에 대해 우주선 P, Q가 각각 서로 반대 방향으로 0.8c, 0.6c의 속력으로 등속도 운동한다. 관찰자의 관성계에서 P, Q의 운동 방향과 나란한 방향으로의 물체 A의 길이는 L이다. 우주선의 고유 길이는 P와 Q가 같다.

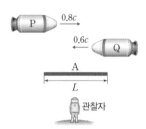

이에 대한 설명으로 옳은 것만을 〈보기〉에서 있는 대로 고른 것은? (단, c는 빛의 속력이다.)

| 보기 |

ㄱ. 관찰자의 관성계에서 P의 시간은 Q의 시간보다 느리게 간다.
ㄴ. A의 길이는 P의 관성계에서가 Q의 관성계에서보다 크다.
ㄷ. P의 관성계에서, Q의 길이는 Q의 관성계에서 P의 길이보다 크다.

① ㄱ　　② ㄴ　　③ ㄷ　　④ ㄱ, ㄴ　　⑤ ㄱ, ㄷ

086 　　　　　상 중 하

그림과 같이 관찰자 P가 탄 우주선이 관찰자 Q에 대해 0.8c의 속력으로 등속도 운동한다. P의 관성계에서, 광원 A, B에서 동시에 방출된 빛은 검출기에 동시에 도달한다. 우주선의 운동 방향은 A, 검출기, B를 잇는 직선과 나란하다.

Q의 관성계에서 측정할 때, 이에 대한 설명으로 옳은 것만을 〈보기〉에서 있는 대로 고른 것은? (단, c는 빛의 속력이다.)

| 보기 |

ㄱ. A와 검출기 사이의 거리와 B와 검출기 사이의 거리는 같다.
ㄴ. A에서 방출된 빛이 검출기까지 진행한 거리는 B에서 방출된 빛이 검출기까지 진행한 거리보다 크다.
ㄷ. 빛은 A에서가 B에서보다 먼저 방출된다.

① ㄱ　　② ㄷ　　③ ㄱ, ㄴ　　④ ㄴ, ㄷ　　⑤ ㄱ, ㄴ, ㄷ

087

<상 중 하>

그림과 같이 관찰자 A에 대해 관찰자 B가 탄 우주선이 $0.8c$의 속력으로 등속도 운동한다. A의 관성계에서, 광원 P, Q에서 동시에 방출된 빛은 검출기에 동시에 도달하고, P, Q, 검출기는 정지해 있으며, P와 검출기를 잇는 직선은 우주선의 운동 방향과 나란하다.

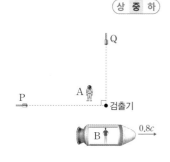

이에 대한 설명으로 옳은 것만을 <보기>에서 있는 대로 고른 것은? (단, c는 빛의 속력이다.)

| 보기 |

ㄱ. B의 관성계에서, Q에서 방출된 빛의 속력은 c보다 크다.
ㄴ. Q에서 방출된 빛이 검출기를 향해 진행하는 방향은 A의 관성계에서와 B의 관성계에서가 같다.
ㄷ. B의 관성계에서, 빛은 Q에서가 P에서보다 먼저 방출된다.

① ㄱ ② ㄷ ③ ㄱ, ㄴ ④ ㄴ, ㄷ ⑤ ㄱ, ㄴ, ㄷ

088

<상 중 하>

그림과 같이 관찰자 A에 대해 관찰자 B가 탄 우주선이 $0.7c$의 속력으로 등속도 운동한다. A의 관성계에서, 정지한 광원에서 방출된 빛은 우주선과 나란한 방향으로 진행하여 정지한 거울에서 반사하여 광원으로 되돌아온다. 광원과 거울 사이의 고유 길이는 L이다.

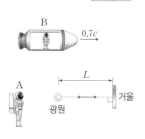

B의 관성계에서 측정할 때, 이에 대한 설명으로 옳은 것만을 <보기>에서 있는 대로 고른 것은? (단, c는 빛의 속력이다.)

| 보기 |

ㄱ. B의 관성계에서, 광원에서 방출된 빛이 거울에 도달할 때까지 걸린 시간은 $\frac{L}{0.7c}$이다.
ㄴ. 광원에서 방출된 빛이 거울까지 진행한 거리는 A의 관성계에서가 B의 관성계에서보다 크다.
ㄷ. 광원에서 방출된 빛이 다시 광원으로 되돌아올 때까지 걸린 시간은 A의 관성계에서가 B의 관성계에서보다 크다.

① ㄱ ② ㄴ ③ ㄷ ④ ㄱ, ㄴ ⑤ ㄱ, ㄷ

089

<상 중 하>

그림과 같이 관찰자 A가 탄 우주선이 관찰자 B에 대해 $0.7c$의 속력으로 $+x$방향으로 등속도 운동한다. A의 관성계에서 광원 P, Q에서 동시에 방출된 빛은 각각 $+y$방향, $-x$방향으로 진행하여 검출기에 동시에 도달한다.

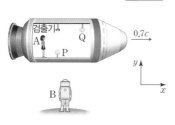

이에 대한 설명으로 옳은 것만을 <보기>에서 있는 대로 고른 것은? (단, c는 빛의 속력이다.)

| 보기 |

ㄱ. P에서 검출기까지의 거리는 A의 관성계에서가 B의 관성계에서보다 크다.
ㄴ. B의 관성계에서, 빛은 P에서가 Q에서보다 먼저 방출된다.
ㄷ. P에서 방출된 빛이 검출기에 도달하는 데 걸린 시간은 A의 관성계에서가 B의 관성계에서보다 크다.

① ㄱ ② ㄴ ③ ㄷ ④ ㄱ, ㄷ ⑤ ㄴ, ㄷ

090

<상 중 하>

그림과 같이 자동차에 대해 우주선 P, Q가 각각 $+x$방향으로 $0.7c$, $+y$방향으로 $0.8c$의 속력으로 등속도 운동을 한다. 자동차의 고유 길이는 L이고, 자동차에서 $+x$방향으로 빛을 방출한다.

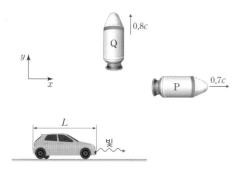

이에 대한 설명으로 옳은 것만을 <보기>에서 있는 대로 고른 것은? (단, c는 빛의 속력이다.)

| 보기 |

ㄱ. Q의 관성계에서, 자동차의 길이는 L보다 작다.
ㄴ. 자동차의 관성계에서 P의 시간은 Q의 시간보다 빠르게 간다.
ㄷ. 자동차에서 방출한 빛의 속력은 P의 관성계에서가 Q의 관성계에서보다 크다.

① ㄴ ② ㄷ ③ ㄱ, ㄴ ④ ㄱ, ㄷ ⑤ ㄴ, ㄷ

091

상 중 하

그림과 같이 관찰자 A가 탄 우주선이 수평면에 있는 관찰자 B에 대해 $+x$방향으로 $0.6c$의 속력으로 등속도 운동한다. 표는 A, B의 관성계에서 광원에서 빛이 $+y$방향으로 방출된 순간부터 거울에 반사되어 다시 광원으로 돌아올 때까지 물리량을 나타낸 것이다. B의 관성계에서 거울과 광원은 정지해 있다.

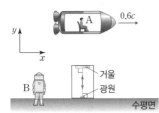

관성계	빛이 진행한 거리	걸린 시간
A	L_A	t_A
B	L_B	t_B

이에 대한 설명으로 옳은 것만을 〈보기〉에서 있는 대로 고른 것은? (단, c는 빛의 속력이다.)

| 보기 |

ㄱ. $L_A < L_B$이다.
ㄴ. $t_A = t_B$이다.
ㄷ. $\dfrac{t_A}{t_B} = \dfrac{L_A}{L_B}$이다.

① ㄱ ② ㄴ ③ ㄷ ④ ㄱ, ㄴ ⑤ ㄴ, ㄷ

092

상 중 하

그림과 같이 관찰자 A에 대해 광원 P, Q가 정지해 있고, 관찰자 B가 탄 우주선이 P, A, Q를 잇는 직선과 나란하게 $0.8c$의 속력으로 등속도 운동을 하고 있다. A의 관성계에서 A에서 P, Q까지의 거리는 각각 L_P, L_Q이고, B의 관성계에서 P, Q에서 동시에 방출된 빛이 A에 동시에 도달한다.

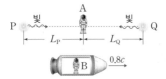

이에 대한 설명으로 옳은 것만을 〈보기〉에서 있는 대로 고른 것은? (단, c는 빛의 속력이다.)

| 보기 |

ㄱ. B의 관성계에서, P에서 방출된 빛의 속력은 c보다 작다.
ㄴ. B의 관성계에서, P가 스친 순간부터 Q가 스치는 순간까지 걸린 시간은 $\dfrac{L_P + L_Q}{0.8c}$보다 작다.
ㄷ. A의 관성계에서, 빛은 Q에서가 P에서보다 먼저 방출된다.

① ㄱ ② ㄴ ③ ㄱ, ㄷ ④ ㄴ, ㄷ ⑤ ㄱ, ㄴ, ㄷ

093

상 중 하

그림은 관찰자 A에 대해 관찰자 B가 탄 우주선이 x축과 나란하게 $0.8c$의 속력으로 등속도 운동하는 모습을 나타낸 것이다. B의 관성계에서, 광원에서 방출된 빛은 검출기 P, Q, R에 동시에 도달한다. P, 광원, Q를 잇는 직선은 x축과 나란하다.

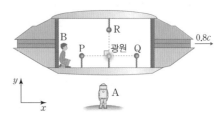

이에 대한 설명으로 옳은 것만을 〈보기〉에서 있는 대로 고른 것은? (단, c는 빛의 속력이다.)

| 보기 |

ㄱ. P에서 Q까지의 거리는 A의 관성계에서가 B의 관성계에서보다 작다.
ㄴ. A의 관성계에서, 광원에서 방출된 빛은 R보다 P에 먼저 도달한다.
ㄷ. A의 관성계에서, P에서 광원까지의 거리는 광원에서 Q까지의 거리와 같다.

① ㄱ ② ㄷ ③ ㄱ, ㄴ ④ ㄴ, ㄷ ⑤ ㄱ, ㄴ, ㄷ

094
상 중 **하**

그림은 관찰자 A에 대해 관찰자 B, C가 탄 우주선이 각각 v, $0.6c$의 속력으로 서로 반대 방향으로 등속도 운동하는 것을 나타낸 것이다. C의 관성계에서, 우주선의 광원에서 방출된 빛은 검출기 P, Q에 동시에 도달한다. B와 C가 탄 우주선의 고유 길이는 같고, A의 관성계에서 우주선의 길이는 B가 탄 우주선이 C가 탄 우주선보다 크다. P, 광원, Q를 잇는 직선은 C가 탄 우주선의 운동 방향과 나란하다.

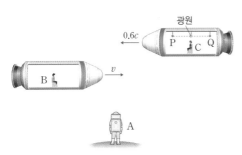

이에 대한 설명으로 옳은 것만을 〈보기〉에서 있는 대로 고른 것은? (단, c는 빛의 속력이다.)

| 보기 |

ㄱ. v는 $0.6c$보다 작다.
ㄴ. B의 관성계에서, 광원에서 발생한 빛은 Q보다 P에 먼저 도달한다.
ㄷ. C의 광원에서 발생한 빛의 속력은 A의 관성계에서가 B의 관성계에서보다 작다.

① ㄱ   ② ㄴ   ③ ㄷ   ④ ㄱ, ㄴ   ⑤ ㄱ, ㄷ

095 | 신유형 |
상 중 **하**

그림과 같이 관찰자 B에 대해 관찰자 A가 탄 우주선이 $0.6c$의 속력으로 등속도 운동을 한다. A의 관성계에서, 기준선 P가 A를 지난 순간부터 기준선 Q가 A를 지날 때까지 걸린 시간은 t_0이다. B의 관성계에서, 서로 나란한 P, Q는 정지해 있다.

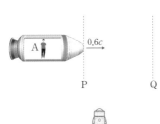

이에 대한 설명으로 옳은 것만을 〈보기〉에서 있는 대로 고른 것은? (단, c는 빛의 속력이다.)

| 보기 |

ㄱ. A의 관성계에서, B의 시간은 A의 시간보다 느리게 간다.
ㄴ. B의 관성계에서, A가 P를 지난 순간부터 Q에 도달할 때까지 걸린 시간은 t_0보다 크다.
ㄷ. B의 관성계에서, P와 Q 사이의 거리는 $0.6ct_0$이다.

① ㄱ   ② ㄷ   ③ ㄱ, ㄴ   ④ ㄴ, ㄷ   ⑤ ㄱ, ㄴ, ㄷ

096 | 신유형 |
상 중 **하**

그림은 A의 관성계에서 B, C가 탄 우주선이 각각 $+x$방향으로 v_1의 속력, $+y$방향으로 v_2의 속력으로 등속도 운동하는 것을 나타낸 것이다. A의 관성계에서, B의 시간은 C의 시간보다 느리게 간다. B의 관성계에서, 빛이 우주선의 광원에서 우주선의 운동 방향에 수직으로 방출된 순간부터 거울에서 반사되어 광원에 다시 되돌아오는 데까지 걸린 시간은 t_0이다. 우주선의 고유 길이는 B가 탄 우주선과 C가 탄 우주선이 같다.

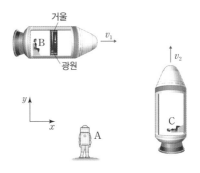

이에 대한 설명으로 옳은 것만을 〈보기〉에서 있는 대로 고른 것은?

| 보기 |

ㄱ. $v_1 < v_2$이다.
ㄴ. A의 관성계에서, 우주선의 길이는 B가 탄 우주선이 C가 탄 우주선보다 작다.
ㄷ. B가 탄 우주선의 광원에서 방출된 빛이 1회 왕복하는 동안 빛이 진행한 거리는 A의 관성계에서가 B의 관성계에서보다 크다.

① ㄱ   ② ㄴ   ③ ㄷ   ④ ㄱ, ㄷ   ⑤ ㄴ, ㄷ

1 질량 에너지 동등성

(1) 질량 증가: 특수 상대성 이론에서 나타나는 현상으로, 물체에 일을 해 주어 물체의 운동 에너지가 증가하면 물체의 속력뿐만 아니라 질량도 증가함. 즉, 물체에 가한 에너지의 일부는 물체의 속력을 증가시키는 데 사용되고, 일부는 물체의 질량을 증가시키는 데 사용됨

➡ 에너지가 질량으로 전환됨. 즉, 질량은 에너지의 또 다른 형태로 볼 수 있음

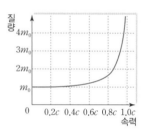

↑ 상대론적 질량-속력 그래프

(2) 질량과 에너지 변환

① 질량 에너지 동등성: 특수 상대성 이론에 따르면 질량과 에너지는 본질적으로 같다는 것임. 즉, 질량은 에너지의 또 다른 형태임 ➡ 질량 m에 해당하는 에너지는 $E=mc^2$(c: 진공에서 빛의 속력)임

② 정지 질량과 상대론적 질량: 물체의 질량이 관성계마다 다르게 측정되는데, 물체에 대해 정지해 있는 관성계에서 측정한 물체의 질량을 정지 질량이라 하고, 물체에 대해 운동하는 관성계에서 측정한 물체의 질량을 상대론적 질량이라고 함
• 물체의 속력이 빠를수록 상대론적 질량이 큼
• 정지 에너지: 정지 질량에 해당하는 에너지 ➡ 정지 질량이 m_0인 물체의 정지 에너지는 $E=m_0c^2$임

③ **질량 결손**: 핵이 분열되거나 융합되는 핵반응 과정에서 핵반응 후의 질량이 핵반응 전의 질량보다 작아지는 질량 결손(Δm)이 발생함. 이때 질량 결손에 해당하는 에너지(ΔE)가 방출됨 ➡ $\Delta E=mc^2$

> **헬륨 원자핵 융합 과정에서의 질량 결손**
> 그림과 같이 양성자 2개와 중성자 2개가 분리되어 있을 때 입자들의 질량의 합은 입자들이 결합하여 헬륨 원자핵을 형성했을 때의 질량보다 큼. 이와 같이 입자들이 결합하는 과정에서 질량이 감소하고 감소한 질량만큼 에너지가 방출됨
>
>
>
> | 입자들의 질량의 총합 | 헬륨 원자핵의 질량 |
> |---|---|
> | $=1.0073\ u\times2+1.0087\ u\times2=4.032\ u$ | $=4.0015\ u$ |

2 핵융합과 핵분열

(1) 원자핵의 표현: 원자핵은 양성자와 중성자로 구성되어 있으며, 원자 번호(Z)는 원자핵 속에 들어 있는 양성자수이고, 질량수(A)는 원자핵 속에 들어있는 양성자수와 중성자수의 합임

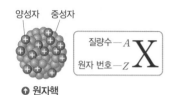

↑ 원자핵

• 동위 원소: 원자 번호는 같지만 질량수가 다른 원소로, 화학적 성질은 같으나 물리적 성질은 다름 예 ^1_1H, ^2_1H, ^3_1H

(2) 핵반응: 핵이 분열하거나 융합하는 것을 말하며, 핵반응 전후 전하량과 질량수는 각각 보존되며, 질량 결손에 해당하는 에너지가 방출됨

$$^a_wA+^b_xB \longrightarrow {}^c_yC+^d_zD+에너지$$

• 전하량 보존: $w+x=y+z$
• 질량수 보존: $a+b=c+d$

(3) 핵융합과 핵분열

① 핵융합: 가벼운 원자핵이 결합하여 무거운 원자핵이 되는 핵반응으로, 핵융합 과정에서 질량 결손이 발생하며 질량 결손에 해당하는 에너지가 방출됨 예 태양의 중심부에서 일어나는 수소 핵융합 반응, 인공 핵융합로에서 일어나는 핵융합 반응

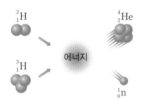

$$^2_1H+^3_1H \longrightarrow {}^4_2He+^1_0n+17.6\ eV$$

↑ 수소 핵융합 반응

② 핵분열: 무거운 원자핵이 두 개의 가벼운 원자핵으로 분열되는 핵반응으로, 핵분열 과정에서 질량 결손이 발생하며 질량 결손에 해당하는 에너지가 방출됨 예 원자력 발전소의 원자로 내부에서 일어나는 우라늄의 핵분열 반응

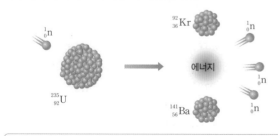

$$^{235}_{92}U+^1_0n \longrightarrow {}^{92}_{36}Kr+^{141}_{56}Ba+3^1_0n+200\ MeV$$

↑ 우라늄의 핵분열 반응

대표 기출 문제

097

다음은 두 가지 핵반응을, 표는 (가)와 관련된 원자핵과 중성자($_0^1$n)의 질량을 나타낸 것이다.

$$(가) \ ⊙ + ⊙ \longrightarrow {}_2^3\text{He} + {}_0^1\text{n} + 3.27 \text{ MeV}$$
$$(나) \ {}_1^3\text{H} + ⊙ \longrightarrow {}_2^4\text{He} + ⓛ + 17.6 \text{ MeV}$$

입자	질량
⊙	M_1
${}_2^3$He	M_2
중성자(${}_0^1$n)	M_3

이에 대한 설명으로 옳은 것만을 〈보기〉에서 있는 대로 고른 것은?

| 보기 |
ㄱ. ⊙은 ${}_1^1$H이다.
ㄴ. ⓛ은 중성자(${}_0^1$n)이다.
ㄷ. $2M_1 = M_2 + M_3$이다.

① ㄱ   ② ㄴ   ③ ㄱ, ㄷ   ④ ㄴ, ㄷ   ⑤ ㄱ, ㄴ, ㄷ

098

그림은 핵분열 과정과 핵반응식을 나타낸 것이다. 중성자의 속력은 A가 B보다 작다.

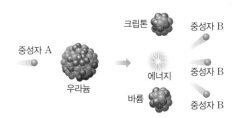

중성자 A   우라늄   크립톤   중성자 B   에너지   중성자 B   바륨   중성자 B

$${}_{92}^{235}\text{U} + {}_0^1\text{n} \longrightarrow {}_{58}^{141}\text{Ba} + {}_{36}^{⊙}\text{Kr} + 3{}_0^1\text{n} + 200 \text{ MeV}$$

이에 대한 설명으로 옳은 것만을 〈보기〉에서 있는 대로 고른 것은?

| 보기 |
ㄱ. ⊙은 92이다.
ㄴ. 핵반응에서 발생하는 에너지는 질량 결손에 의한 것이다.
ㄷ. 상대론적 질량은 A가 B보다 크다.

① ㄱ   ② ㄷ   ③ ㄱ, ㄴ   ④ ㄴ, ㄷ   ⑤ ㄱ, ㄴ, ㄷ

099 | 신유형 | (상 중 하)

그림은 관찰자 A에 대해 정지 질량이 같은 물체 P, Q가 각각 $0.6c$, $0.8c$의 속력으로 등속도 운동하는 것을 나타낸 것이다.

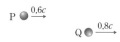

이에 대한 설명으로 옳은 것만을 〈보기〉에서 있는 대로 고른 것은? (단, c는 빛의 속력이다.)

| 보기 |

ㄱ. P는 상대론적 에너지가 정지 에너지보다 크다.
ㄴ. A의 관성계에서, 상대론적 에너지는 P가 Q보다 작다.
ㄷ. A의 관성계에서, P의 시간은 Q의 시간보다 느리게 간다.

① ㄱ   ② ㄷ   ③ ㄱ, ㄴ   ④ ㄴ, ㄷ   ⑤ ㄱ, ㄴ, ㄷ

---

100   (상 중 하)

그림은 중수소($^2_1$H) 원자핵과 삼중수소($^3_1$H) 원자핵이 반응하여 헬륨($^4_2$He) 원자핵, 입자 A, 에너지가 방출되는 것을 모식적으로 나타낸 것이다.

중수소($^2_1$H)
삼중수소($^3_1$H)
에너지
A
헬륨($^4_2$He)

이에 대한 설명으로 옳은 것만을 〈보기〉에서 있는 대로 고른 것은?

| 보기 |

ㄱ. 핵융합 반응이다.
ㄴ. A는 중성자($^1_0$n)이다.
ㄷ. 중수소($^2_1$H)와 삼중수소($^3_1$H)의 질량의 합은 헬륨($^4_2$He) 의 질량보다 크다.

① ㄱ   ② ㄷ   ③ ㄱ, ㄴ   ④ ㄴ, ㄷ   ⑤ ㄱ, ㄴ, ㄷ

---

101 | 신유형 | (상 중 하)

다음은 두 가지 핵반응이다.

(가) $^{15}_7$N + $^1_1$H ⟶ $^{12}_6$C + ㉠ + 4.96 MeV

(나) $^{13}_6$C + ㉡ ⟶ $^{14}_7$N + 7.55 MeV

이에 대한 설명으로 옳은 것만을 〈보기〉에서 있는 대로 고른 것은?

| 보기 |

ㄱ. ㉠의 전하량은 2이다.
ㄴ. ㉡은 중성자($^1_0$n)이다.
ㄷ. 핵반응에서 결손된 질량은 (가)에서가 (나)에서보다 크다.

① ㄱ   ② ㄴ   ③ ㄷ   ④ ㄱ, ㄴ   ⑤ ㄱ, ㄷ

---

102   (상 중 하)

다음은 에너지가 방출되는 두 가지 핵반응이다. (가), (나)에서 방출되는 에너지는 각각 E_1, E_2이고, X, Y는 원자핵이다. 표는 입자와 원자핵의 종류에 따른 질량을 나타낸 것이다.

(가) $^2_1$H + $^3_1$H ⟶ $^4_2$He + X + E_1

(나) $^2_1$H + $^2_1$H ⟶ $^1_1$H + Y + E_2

종류	질량(u)
$^1_0$n	1.009
$^1_1$H	1.007
$^2_1$H	2.014
$^3_1$H	3.016
$^4_2$He	4.003

이에 대한 설명으로 옳은 것만을 〈보기〉에서 있는 대로 고른 것은?

| 보기 |

ㄱ. X는 중성자($^1_0$n)이다.
ㄴ. 질량수는 X가 Y보다 크다.
ㄷ. $E_1 < E_2$이다.

① ㄱ   ② ㄴ   ③ ㄷ   ④ ㄱ, ㄷ   ⑤ ㄴ, ㄷ

103 | 신유형 | 상 중 **하**

다음은 두 가지 핵반응이다. A, B는 원자핵이다.

> (가) $^{238}_{92}\text{U} + ^{1}_{0}\text{n} \longrightarrow ^{239}_{92}\text{U} \longrightarrow \text{A} + ^{0}_{-1}\text{e}$
> (나) $\text{A} \longrightarrow ^{239}_{94}\text{Pu} + \text{B}$

이에 대한 설명으로 옳은 것만을 〈보기〉에서 있는 대로 고른 것은?

> | 보기 |
> ㄱ. A의 중성자수는 146이다.
> ㄴ. $^{238}_{92}\text{U}$은 $^{239}_{92}\text{U}$의 동위 원소이다.
> ㄷ. B는 중수소($^{2}_{1}\text{H}$)이다.

① ㄱ ② ㄷ ③ ㄱ, ㄴ ④ ㄴ, ㄷ ⑤ ㄱ, ㄴ, ㄷ

104   상 중 **하**

다음은 두 가지 핵반응이다. X, Y는 원자핵이다.

> (가) $^{2}_{1}\text{H} + ^{1}_{1}\text{H} \longrightarrow \text{X} + 5.49\,\text{MeV}$
> (나) $\text{X} + \text{X} \longrightarrow \text{Y} + ^{1}_{1}\text{H} + ^{1}_{1}\text{H} + 12.86\,\text{MeV}$

이에 대한 설명으로 옳은 것만을 〈보기〉에서 있는 대로 고른 것은?

> | 보기 |
> ㄱ. (가)는 핵융합 반응이다.
> ㄴ. 중성자수는 X가 Y보다 크다.
> ㄷ. (나)에서 발생한 에너지는 질량 결손에 의한 것이다.

① ㄱ ② ㄴ ③ ㄷ ④ ㄱ, ㄷ ⑤ ㄴ, ㄷ

105 | 신유형 | 상 중 **하**

다음은 두 가지 핵반응이다.

> (가) $^{2}_{1}\text{H} + ^{3}_{1}\text{H} \longrightarrow ^{4}_{2}\text{He} + ^{1}_{0}\text{n} + 17.6\,\text{MeV}$
> (나) $^{235}_{92}\text{U} + ^{1}_{0}\text{n} \longrightarrow ^{141}_{56}\text{Ba} + ^{92}_{36}\text{Kr} + 3\boxed{\,\bigcirc\,} + 200\,\text{MeV}$

이에 대한 설명으로 옳은 것만을 〈보기〉에서 있는 대로 고른 것은?

> | 보기 |
> ㄱ. (가)는 핵융합 반응이다.
> ㄴ. ⊙은 질량수와 중성자수가 같다.
> ㄷ. (나)에서 입자들의 질량의 합은 반응 전이 반응 후보다 작다.

① ㄱ ② ㄷ ③ ㄱ, ㄴ ④ ㄴ, ㄷ ⑤ ㄱ, ㄴ, ㄷ

106 | 신유형 | 상 중 하

다음은 두 가지 핵반응으로, X, Y는 원자핵이다. 표는 원자핵의 질량을 나타낸 것이다.

> (가) $^{2}_{1}\text{H} + \text{X} \longrightarrow ^{4}_{2}\text{He} + 24\,\text{MeV}$
> (나) $^{226}_{88}\text{Ra} \longrightarrow ^{222}_{86}\text{Rn} + \text{Y} + 5\,\text{MeV}$

원자핵	질량
$^{1}_{0}\text{n}$	M_1
$^{2}_{1}\text{H}$	M_2
$^{4}_{2}\text{He}$	M_3
$^{226}_{88}\text{Ra}$	M_4
$^{222}_{86}\text{Rn}$	M_5

이에 대한 설명으로 옳은 것만을 〈보기〉에서 있는 대로 고른 것은?

> | 보기 |
> ㄱ. X는 중성자($^{1}_{0}\text{n}$)이다.
> ㄴ. Y의 중성자수는 2이다.
> ㄷ. $2M_2 + M_5 > M_4$이다.

① ㄱ ② ㄴ ③ ㄷ ④ ㄱ, ㄴ ⑤ ㄴ, ㄷ

107

상 중 하

그림 (가)는 물체 A, B가 빗면 위의 점 p, q를 같은 속력 v로 동시에 지나는 모습을 나타낸 것이다. p와 q 사이의 거리는 L이다. 그림 (나)는 (가)의 A, B가 각각 등가속도 직선 운동하여 점 r에서 만나는 모습을 나타낸 것이다. A와 B의 운동 방향은 같고, 속력은 A가 B의 5배이다. p와 r 사이의 거리는 x이다.

(가)   (나)

x는? (단, A, B의 크기, 모든 마찰은 무시한다.)

① $\frac{3}{4}L$ ② $\frac{4}{5}L$ ③ $\frac{5}{6}L$ ④ $\frac{7}{8}L$ ⑤ $\frac{8}{9}L$

108

상 중 하

그림은 시간 $t=0$일 때, 기준선 P를 같은 속력으로 통과한 물체 A, B가 각각 등가속도 직선 운동을 하여 $t=t_0$일 때 기준선 Q를 서로 반대 방향으로 동시에 지나는 모습을 나타낸 것이다. Q를 지나는 순간 A, B의 속력은 각각 $2v$, v이고, 가속도의 크기는 A가 B의 2배이다. P와 Q 사이의 거리는 L이다.

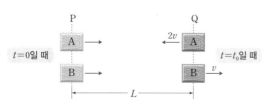

이에 대한 설명으로 옳은 것만을 〈보기〉에서 있는 대로 고른 것은? (단, 물체의 크기는 무시한다.)

───── | 보기 | ─────

ㄱ. $t=0$일 때, A의 속력은 $4v$이다.

ㄴ. B의 가속도의 크기는 $\frac{15v^2}{2L}$이다.

ㄷ. $t=0$부터 $t=t_0$까지 A의 이동 거리는 $\frac{5}{3}L$이다.

① ㄱ   ② ㄴ   ③ ㄱ, ㄷ   ④ ㄴ, ㄷ   ⑤ ㄱ, ㄴ, ㄷ

109

| 신유형 |

상 중 하

그림과 같이 직선 도로에서 자동차 A, B가 기준선 P를 각각 속력 v_0, $2v_0$으로 동시에 통과한 후 크기가 같은 가속도로 도로와 나란하게 등가속도 직선 운동하여 기준선 S와 Q를 동시에 지난다. 이후 A는 등속도 운동, B는 등가속도 직선 운동하여 기준선 T와 R를 동시에 지난다. Q를 지나기 전과 후 B의 가속도 크기가 같고, 방향은 서로 반대이다. A가 P에서 S까지 운동하는 데 걸린 시간은 S에서 T까지 운동하는 데 걸린 시간의 2배이다. P와 Q 사이의 거리와 Q와 S 사이의 거리는 각각 $2L$, L이다.

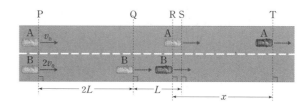

A가 T를 지나는 순간, A와 B 사이의 거리 x는? (단, A, B의 크기는 무시한다.)

① $\frac{11}{5}L$ ② $\frac{9}{4}L$ ③ $\frac{7}{3}L$ ④ $\frac{5}{2}L$ ⑤ $3L$

110

상 중 하

그림 (가)는 물체 A, B, C를 실 p, q로 연결하고 B를 손으로 잡아 정지시킨 모습을 나타낸 것이고, (나)는 (가)에서 B를 가만히 놓은 순간부터 B의 속력을 시간에 따라 나타낸 것이다. A, B, C의 질량은 각각 m, $2m$, m이고, p, q는 각각 시간 $6t$일 때와 시간 $10t$일 때 끊어진다.

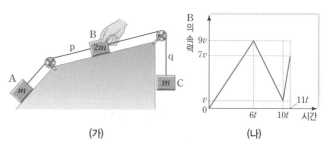

(가)   (나)

이에 대한 설명으로 옳은 것만을 〈보기〉에서 있는 대로 고른 것은? (단, 중력 가속도는 g이고, 실의 질량, 모든 마찰은 무시한다.)

───── | 보기 | ─────

ㄱ. $3t$일 때, C의 운동 방향은 연직 아래 방향이다.

ㄴ. $8t$일 때, B의 가속도의 크기는 $\frac{1}{9}g$이다.

ㄷ. q가 B를 당기는 힘의 크기는 $3t$일 때가 $8t$일 때보다 $\frac{1}{6}mg$만큼 크다.

① ㄱ   ② ㄴ   ③ ㄱ, ㄷ   ④ ㄴ, ㄷ   ⑤ ㄱ, ㄴ, ㄷ

111 | 신유형 | 상 중 하

그림 (가)는 질량이 각각 M, m, m인 물체 A, B, C가 실 p와 q로 연결되어 각각 빗면 위에 놓여 정지해 있는 것을 나타낸 것이다. 그림 (나)는 (가)에서 p와 q가 차례로 끊어져 A, B, C가 각각 등가속도 직선 운동을 할 때 C의 변위를 시간에 따라 나타낸 것으로, 0초일 때 p가 끊어진 후 등가속도 직선 운동을 하던 B는 2초일 때 q가 끊어진 후 크기가 다른 가속도로 등가속도 직선 운동을 한다. 1초일 때, 가속도의 크기는 A와 B가 서로 같다.

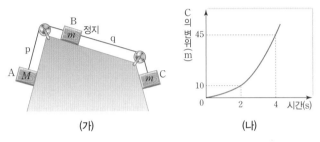

(가)   (나)

이에 대한 설명으로 옳은 것만을 〈보기〉에서 있는 대로 고른 것은? (단, 중력 가속도는 10 m/s^2이고, 물체의 크기, 실의 질량, 모든 마찰과 공기 저항은 무시한다.)

| 보기 |

ㄱ. $M = 3m$이다.

ㄴ. 3초일 때, C의 가속도의 크기는 9 m/s^2이다.

ㄷ. q가 B를 당기는 힘의 크기는 p를 끊기 전이 1초일 때의 3배이다.

① ㄱ   ② ㄷ   ③ ㄱ, ㄴ   ④ ㄴ, ㄷ   ⑤ ㄱ, ㄴ, ㄷ

112 | 신유형 | 상 중 하

그림 (가)와 같이 연직 위 방향으로 크기가 F인 힘을 물체 A에 작용하였더니 A와 물체 B가 함께 연직 아래 방향으로 크기가 $\frac{1}{4}g$인 가속도로 등가속도 운동한다. 그림 (나)는 A, B를 빗면에 놓고 빗면 위 방향으로 크기가 F인 힘을 A에 작용하였더니 A와 B가 함께 빗면 위 방향으로 크기가 $\frac{1}{4}g$인 가속도로 등가속도 운동하는 것을 나타낸 것이다.

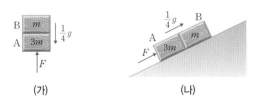

(가)   (나)

(가), (나)에서 A가 B에 작용하는 힘의 크기를 각각 $F_{(가)}$, $F_{(나)}$라 할 때, $\dfrac{F_{(가)}}{F_{(나)}}$는? (단, 중력 가속도는 g이고, 모든 마찰과 공기 저항은 무시한다.)

① $\dfrac{2}{3}$ ② $\dfrac{3}{4}$ ③ $\dfrac{4}{5}$ ④ 1 ⑤ $\dfrac{5}{4}$

113 | 개념 통합 | 상 중 하

그림 (가), (나)는 마찰이 없는 수평면에서 물체 A와 B, A와 C가 서로 반대 방향으로 등속도 운동하는 모습을 나타낸 것이다. A, B, C의 운동량 크기는 각각 p, $2p$, $2p$이다. (가)에서 A, B가 충돌 후 서로 반대 방향으로 운동하고 충돌 후 운동량의 크기는 A가 B의 3배이며, (나)에서 A, C가 충돌 후 C는 정지한다.

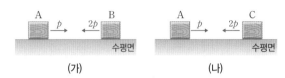

(가)   (나)

이에 대한 설명으로 옳은 것만을 〈보기〉에서 있는 대로 고른 것은? (단, A와 B, A와 C는 동일 직선상에서 운동한다.)

| 보기 |

ㄱ. (가)에서 A의 속력은 충돌 후가 충돌 전의 $\dfrac{3}{2}$배이다.

ㄴ. A로부터 받은 충격량의 크기는 B가 C의 $\dfrac{5}{4}$배이다.

ㄷ. 충돌 후 A의 운동 에너지는 (가)에서가 (나)에서의 $\dfrac{9}{4}$배이다.

① ㄱ   ② ㄴ   ③ ㄱ, ㄷ   ④ ㄴ, ㄷ   ⑤ ㄱ, ㄴ, ㄷ

114 | 신유형 | 개념 통합 | 상 중 하

그림 (가)와 같이 수평면에서 실로 연결되어 압축된 용수철의 양 끝에 접촉된 물체 A, B가 일정한 속력 2 m/s로 운동하고, 물체 C는 A, B와 같은 방향으로 운동한다. 그림 (나)는 (가) 이후 A와 C의 속력 차와 B와 C의 속력 차를 시간에 따라 나타낸 것으로, 1초일 때 실이 끊어진다. A, B, C의 질량은 각각 m, m_B, m_C이다.

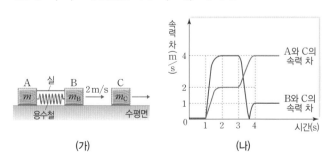

(가)   (나)

m_C는? (단, A, B, C는 동일 직선상에서 운동하고, 용수철의 질량, 모든 마찰과 공기 저항은 무시한다.)

① $\dfrac{1}{2}m$ ② $\dfrac{2}{3}m$ ③ $\dfrac{3}{4}m$ ④ $\dfrac{4}{5}m$ ⑤ $\dfrac{5}{6}m$

115

상 중 하

그림 (가)는 마찰이 없는 수평면에서 물체 A가 정지해 있는 물체 B를 향해 2 m/s의 속력으로 등속도 운동하는 모습을, (나)는 A와 충돌한 B가 벽에 충돌한 후 A, B가 서로를 향해 같은 속력 v로 등속도 운동하는 모습을 나타낸 것이다. A, B의 질량은 각각 3 kg, 1 kg이다. 그림 (다)는 B가 A와 충돌할 때부터 B에 작용하는 힘의 크기를 시간에 따라 나타낸 것으로, 곡선이 시간 축과 만드는 면적은 A와 충돌할 때와 벽과 충돌할 때가 각각 $3S$, $4S$이고 충돌 시간은 A와 충돌할 때와 벽과 충돌할 때가 각각 0.2초, 0.1초이다.

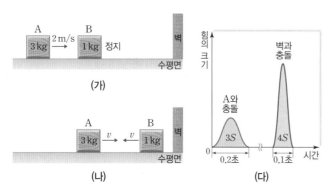

(가)

(나)

(다)

이에 대한 설명으로 옳은 것만을 〈보기〉에서 있는 대로 고른 것은?

| 보기 |

ㄱ. A와 B가 충돌할 때, A가 받은 충격량의 크기는 3 N·s이다.

ㄴ. $v = 1 \text{ m/s}$이다.

ㄷ. B가 벽과 충돌할 때 받은 평균 힘의 크기와 A와 충돌할 때 받은 평균 힘의 크기 차는 15 N이다.

① ㄱ   ② ㄷ   ③ ㄱ, ㄴ   ④ ㄴ, ㄷ   ⑤ ㄱ, ㄴ, ㄷ

116

| 신유형 | 개념 통합 |

상 중 하

그림 (가)는 마찰이 없는 수평면에서 A, B, C가 등속도 운동을 하는 것을 나타낸 것이다. A, B, C의 운동량 크기는 각각 $2p$, p, p이고, 시간 $t=0$일 때 A와 B 사이의 거리와 B와 C 사이의 거리는 각각 $2d$, d이다. 그림 (나)는 B와 C 사이의 거리 S_{BC}를 t에 따라 나타낸 것이다. (가)의 순간부터 B와 C가 만날 때까지, B가 이동한 거리는 $2d$이다.

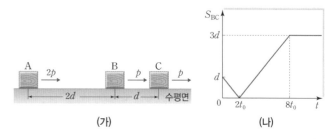

(가)

(나)

이에 대한 설명으로 옳은 것만을 〈보기〉에서 있는 대로 고른 것은? (단, A, B, C는 동일 직선상에서 운동하고, 물체의 크기는 무시한다.)

| 보기 |

ㄱ. $t = t_0$일 때, 속력은 B가 C의 2배이다.

ㄴ. 질량은 A가 C의 $\frac{4}{3}$배이다.

ㄷ. A와 B가 충돌하는 동안, B가 A로부터 받은 충격량의 크기는 $\frac{1}{2}p$이다.

① ㄱ   ② ㄷ   ③ ㄱ, ㄴ   ④ ㄴ, ㄷ   ⑤ ㄱ, ㄴ, ㄷ

117

상 중 하

그림은 수평면에서 용수철 상수가 k인 용수철에 물체 A를 접촉시켜 원래 길이에서 d만큼 압축시킨 후 가만히 놓았더니 A가 수평면에 정지해 있는 물체 B를 향해 운동하다가 B와 충돌 후, A, B가 빗면을 따라 올라가 높이가 각각 $2h$, $7h$인 점 p, q에서 속력이 0이 된 것을 나타낸 것이다. B는 최고점까지 운동하는 과정에서 마찰 구간을 지난다. 질량은 A가 B의 2배이고, A와 B가 충돌하는 동안 A의 역학적 에너지 감소량은 B의 역학적 에너지 증가량의 $\frac{3}{2}$배이다.

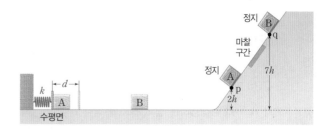

B가 마찰 구간을 지나는 동안 감소한 역학적 에너지는? (단, 용수철의 질량, 물체의 크기, 공기 저항, 마찰 구간 외의 모든 마찰은 무시한다.)

① $\frac{1}{64}kd^2$ ② $\frac{1}{32}kd^2$ ③ $\frac{1}{16}kd^2$ ④ $\frac{3}{32}kd^2$ ⑤ $\frac{1}{8}kd^2$

118 | 신유형 | 개념 통합 | 상 중 하

그림 (가)와 같이 질량이 각각 $2m$, $3m$인 물체 A, B를 실로 연결한 후, A를 빗면 위의 점 p에 가만히 놓았더니 A가 점 q를 지나 마찰 구간의 최고점 r에 도달하는 순간 실이 끊어진다. A는 p에서 q까지 등가속도 운동, 마찰 구간인 q에서 r까지 등속도 운동을 하고, 운동하는 데 걸린 시간은 p에서 q까지와 q에서 r까지가 같다. p와 q 사이의 거리는 L이고, A가 q에서 r까지 운동하는 동안 마찰에 의해 손실된 역학적 에너지는 B의 중력 퍼텐셜 에너지 감소량의 $\frac{2}{3}$배이다. 그림 (나)는 (가) 이후 A가 최고점에 도달한 순간을 나타낸 것이다. A가 p에서 q까지 운동하는 동안 B의 운동 에너지 증가량과 A가 r에서 최고점까지 운동하는 동안 B의 운동 에너지 증가량은 각각 E_1, E_2이다.

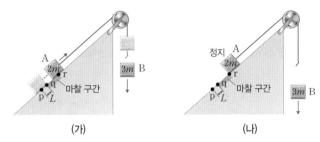

(가)   (나)

$\frac{E_1}{E_2}$은? (단, 물체의 크기, 실의 질량, 공기 저항, 마찰 구간 외의 모든 마찰은 무시한다.)

① $\frac{1}{12}$ ② $\frac{1}{10}$ ③ $\frac{1}{8}$ ④ $\frac{1}{6}$ ⑤ $\frac{1}{4}$

119 | 신유형 | 상 중 하

그림과 같이 수평면에서 물체 A, B를 용수철의 양 끝에 접촉하여 용수철을 압축시킨 후 동시에 가만히 놓으면, A와 B는 높이가 각각 $2h$, $4h$인 수평 구간 Ⅰ, Ⅱ에 놓여진 두 용수철 P, Q를 원래 길이에서 각각 x, $2x$만큼 최대로 압축시킨다. P, Q의 용수철 상수는 서로 같고, 질량은 A가 B의 2배이다. B가 올라가는 빗면의 일부에는 높이차가 $3h$인 마찰 구간이 있으며, B의 역학적 에너지는 마찰 구간을 지난 후가 마찰 구간에 도달하기 전의 $\frac{3}{4}$배이다.

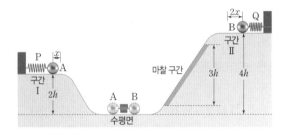

마찰 구간을 지나는 동안, B의 역학적 에너지 감소량과 중력 퍼텐셜 에너지 증가량을 각각 E_1, E_2라 할 때, $\frac{E_1}{E_2}$은? (단, 용수철의 질량, A, B의 크기, 공기 저항, 마찰 구간 외의 모든 마찰은 무시하고, 수평면에서 중력 퍼텐셜 에너지는 0이다.)

① $\frac{1}{2}$ ② $\frac{3}{5}$ ③ $\frac{2}{3}$ ④ $\frac{3}{4}$ ⑤ $\frac{4}{5}$

120 상 중 하

그림 (가)는 높이가 $3h$인 평면에서 물체 A를 용수철 P에 접촉하여 P를 원래 길이에서 $2A$만큼 압축하여 정지시키고, 물체 B는 수평면에 정지해 있는 모습을 나타낸 것이다. 그림 (나)는 (가)에서 A를 가만히 놓았을 때, A와 B가 충돌한 후 A는 충돌 전과 같은 방향으로 속력 v로 운동하고, B는 높이가 h인 평면 위의 용수철 Q를 최대 A만큼 압축시킬 때 속력이 0이 된 모습을 나타낸 것이다. A는 높이차가 h인 마찰 구간 Ⅰ에서 등속도 운동하고, Ⅰ에서 A의 역학적 에너지 감소량은 마찰 구간 Ⅱ에서 B의 역학적 에너지 감소량과 같다. 질량은 A가 B의 2배이고, 충돌 직후 운동 에너지는 B가 A의 2배이며 용수철 상수는 P와 Q가 같다.

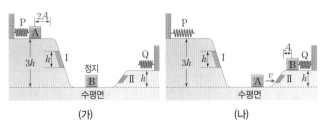

(가)   (나)

h는? (단, 중력 가속도는 g이고, 물체의 크기, 용수철의 질량, 공기 저항, 마찰 구간 외의 모든 마찰은 무시한다.)

① $\frac{v^2}{3g}$ ② $\frac{v^2}{2g}$ ③ $\frac{v^2}{g}$ ④ $\frac{2v^2}{g}$ ⑤ $\frac{3v^2}{g}$

121

상 중 하

그림은 열효율이 0.3인 열기관에서 일정량의 이상 기체가 상태 A → B → C → A를 따라 순환하는 동안 기체의 압력과 부피를 나타낸 것이다. A → B 과정은 등온 과정, B → C 과정은 압력이 일정한 과정이다. 표는 각 과정에서 기체가 흡수 또는 방출한 열량을 나타낸 것이다.

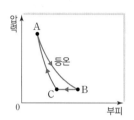

과정	흡수 또는 방출한 열량(J)
A → B	150
B → C	㉠
C → A	0

이에 대한 설명으로 옳은 것만을 〈보기〉에서 있는 대로 고른 것은?

| 보기 |

ㄱ. A → B 과정에서 기체가 외부에 한 일은 45 J이다.
ㄴ. B → C 과정에서 기체의 내부 에너지는 일정하다.
ㄷ. ㉠은 105이다.

① ㄱ   ② ㄷ   ③ ㄱ, ㄴ   ④ ㄴ, ㄷ   ⑤ ㄱ, ㄴ, ㄷ

122

상 중 하

그림은 열효율이 0.3인 열기관에서 일정량의 이상 기체가 상태 A → B → C → A를 따라 순환하는 동안 기체의 압력과 절대 온도를 나타낸 것이다. 기체가 A → B 과정, B → C 과정에서 흡수 또는 방출한 열량은 각각 $5Q$, $3Q$이고, B → C 과정에서 기체의 부피는 일정하다.

이에 대한 설명으로 옳은 것만을 〈보기〉에서 있는 대로 고른 것은?

| 보기 |

ㄱ. 기체의 부피는 A에서가 B에서보다 작다.
ㄴ. A → B 과정에서 기체가 외부에 한 일은 B → C 과정에서 기체의 내부 에너지 감소량의 $\frac{1}{3}$배이다.
ㄷ. C → A 과정에서 기체가 외부로부터 받은 일은 $\frac{2}{3}Q$이다.

① ㄱ   ② ㄷ   ③ ㄱ, ㄴ   ④ ㄴ, ㄷ   ⑤ ㄱ, ㄴ, ㄷ

123 | 신유형 |

상 중 하

그림 (가)는 단열된 실린더에 단열된 피스톤과 열 전달이 잘 되는 금속판이 힘의 평형을 이루며 정지해 있는 것을 나타낸 것이다. 실린더의 세 부분에는 같은 양의 동일한 이상 기체 A, B, C가 채워져 있고, A의 부피는 V_0이며, A와 B의 온도는 같다. 그림 (나)는 (가)에서 C에 열량 Q를 공급하였더니 피스톤과 금속판이 서서히 이동하여 정지한 모습을 나타낸 것이다.

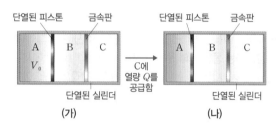

이에 대한 설명으로 옳은 것만을 〈보기〉에서 있는 대로 고른 것은?

| 보기 |

ㄱ. (가)에서 C의 부피는 V_0이다.
ㄴ. B의 압력은 (나)에서가 (가)에서보다 크다.
ㄷ. (가) → (나) 과정에서 C의 내부 에너지 증가량은 $\frac{1}{3}Q$보다 크다.

① ㄱ   ② ㄷ   ③ ㄱ, ㄴ   ④ ㄴ, ㄷ   ⑤ ㄱ, ㄴ, ㄷ

124

상 중 하

그림과 같이 관찰자 A에 대해 관찰자 B가 탄 우주선이 $+x$방향으로 광속에 가까운 속력으로 등속도 운동한다. A의 관성계에서, 정지한 거울로부터 각각 $-x$방향, $+y$방향으로 거리 L만큼 떨어진 광원 P, Q에서 동시에 빛이 방출된다.

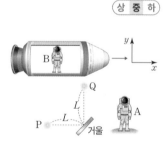

B의 관성계에서 측정할 때, 이에 대한 설명으로 옳은 것만을 〈보기〉에서 있는 대로 고른 것은?

| 보기 |

ㄱ. Q와 거울 사이의 거리는 L보다 작다.
ㄴ. P에서 방출된 빛이 Q에서 방출된 빛보다 거울에서 먼저 반사된다.
ㄷ. Q에서 방출된 빛이 다시 Q에 돌아오는 데까지 걸리는 시간은 $\frac{2L}{c}$보다 크다.

① ㄱ   ② ㄷ   ③ ㄱ, ㄴ   ④ ㄴ, ㄷ   ⑤ ㄱ, ㄴ, ㄷ

125 | 신유형 | 개념 통합 | 상 중 하

그림과 같이 A의 관성계에서, 정지 질량이 같은 물체 P, Q가 각각 v_1, v_2의 속력으로 등속도 운동한다. A의 관성계에서, 서로 나란한 기준선 X와 Y는 정지해 있고, P와 Q의 운동 방향은 X에 수직인 방향이다. X와 Y 사이의 거리는 P의 관성계에서가 Q의 관성계에서보다 크다.

이에 대한 설명으로 옳은 것만을 〈보기〉에서 있는 대로 고른 것은?

| 보기 |

ㄱ. $v_1 < v_2$이다.
ㄴ. A의 관성계에서, 상대론적 에너지는 P가 Q보다 크다.
ㄷ. A의 관성계에서, 시간은 P에서가 Q에서보다 느리게 간다.

① ㄱ　　② ㄴ　　③ ㄷ　　④ ㄱ, ㄴ　　⑤ ㄴ, ㄷ

126 | 신유형 | 상 중 하

그림은 관찰자 A에 대해 관찰자 B, C가 탄 우주선이 각각 $0.8c$, $0.6c$의 속력으로 $+x$방향, $-x$방향으로 등속도 운동하는 모습을 나타낸 것이다. A의 관성계에서, B, C가 탄 우주선은 각각 y축과

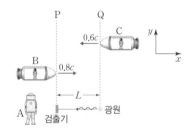

나란한 기준선 P, Q를 동시에 통과하고, 정지해 있는 광원과 검출기를 잇는 직선은 x축과 나란하며 길이는 L이다. B, C가 탄 우주선의 운동 방향으로의 고유 길이는 서로 같다.
이에 대한 설명으로 옳은 것만을 〈보기〉에서 있는 대로 고른 것은? (단, c는 빛의 속력이다.)

| 보기 |

ㄱ. A의 관성계에서, 우주선의 운동 방향으로의 길이는 B가 탄 우주선이 C가 탄 우주선보다 짧다.
ㄴ. B의 관성계에서, Q가 B를 지난 후 C가 P를 지난다.
ㄷ. C의 관성계에서, 빛이 광원에서 방출된 순간부터 검출기에 도달할 때까지 걸린 시간은 $\frac{L}{c}$보다 크다.

① ㄱ　　② ㄷ　　③ ㄱ, ㄴ　　④ ㄴ, ㄷ　　⑤ ㄱ, ㄴ, ㄷ

127 | 신유형 | 상 중 하

다음은 두 가지 핵반응으로 ㉠, ㉡, ㉢은 원자핵이다. 그림은 ㉠, ㉡, ㉢의 양성자수와 질량수를 나타낸 것으로, X, Y, Z는 ㉠, ㉡, ㉢을 순서 없이 나타낸 것이다.

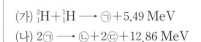
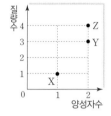

(가) $^2_1\text{H} + ^1_1\text{H} \longrightarrow ㉠ + 5.49\,\text{MeV}$
(나) $2㉠ \longrightarrow ㉡ + 2㉢ + 12.86\,\text{MeV}$

이에 대한 설명으로 옳은 것만을 〈보기〉에서 있는 대로 고른 것은?

| 보기 |

ㄱ. ㉠은 Z이다.
ㄴ. Y는 양성자수가 중성자수보다 1만큼 크다.
ㄷ. 질량 결손은 (가)에서가 (나)에서보다 작다.

① ㄱ　　② ㄷ　　③ ㄱ, ㄴ　　④ ㄴ, ㄷ　　⑤ ㄱ, ㄴ, ㄷ

128 상 중 하

다음 (가), (나)는 두 가지 핵반응을 나타낸 것이다. ㉠과 ㉡은 임의의 원자핵이다. 표는 양성자수와 중성자수에 따른 원자핵의 질량을 나타낸 것이다.

(가) $^2_1\text{H} + ^2_1\text{H} \longrightarrow ㉠ + ^1_0\text{n} + 3.27\,\text{MeV}$
(나) $㉠ + ^3_1\text{H} \longrightarrow ^4_2\text{He} + ㉡ + ^1_0\text{n} + 12.1\,\text{MeV}$

양성자수	1			2	
중성자수	0	1	2	1	2
질량	M_1	M_2	M_3	M_4	M_5

이에 대한 설명으로 옳은 것만을 〈보기〉에서 있는 대로 고른 것은?

| 보기 |

ㄱ. (가)는 핵융합 반응이다.
ㄴ. 중성자수는 ^2_1H와 ㉠이 같다.
ㄷ. $M_1 + 2M_2 + M_5 < M_3 + 2M_4$이다.

① ㄱ　　② ㄷ　　③ ㄱ, ㄴ　　④ ㄴ, ㄷ　　⑤ ㄱ, ㄴ, ㄷ

II 물질과 전자기장

◆ 이렇게 출제되었다!

2015 개정 교육과정이 적용된 수능, 평가원, 교육청 기출 문제를 철저히 분석했습니다.

● 단원별 출제 비율

I단원 45.2%
II단원 28.7%
III단원 26.1%

1. 물질의 전기적 특성 14.1 %
- 08 원자와 전기력, 스펙트럼 《 고빈출
- 09 에너지띠와 반도체

2. 물질의 자기적 특성 14.6 %
- 10 전류에 의한 자기 작용
- 11 물질의 자성과 전자기 유도 《 고빈출

1. 물질의 전기적 특성 | 원자와 전기력, 스펙트럼에 대한 문제가 가장 많이 출제되었고, 에너지띠와 반도체에 대한 문제도 꾸준히 출제되고 있다.

2. 물질의 자기적 특성 | 물질의 자성과 전자기 유도에 대한 문제가 자주 출제되고 있으며, 전류에 의한 자기 작용과 관련된 문제도 꾸준히 출제되고 있다.

◆ 어떻게 공부해야 할까?

08 원자와 전기력, 스펙트럼

전기력과 관련되어 고난도 문제가 출제되는 단원이므로 두 전하 사이에 작용하는 전기력을 알고 다양한 형태의 문제에 적용할 수 있어야 한다. 또 수소 원자 모형에서 전자의 전이와 스펙트럼을 연관지어 해석할 수 있어야 한다.

09 에너지띠와 반도체

고체의 에너지띠 구조를 설명할 수 있어야 한다. 도체, 반도체, 절연체의 에너지띠 구조의 특성을 이해하고 있는지를 물어보는 문항이 자주 출제되므로 차이점을 명확히 알고 있어야 한다.

10 전류에 의한 자기 작용

매년 출제되는 개념이므로 직선 전류에 의한 자기장, 원형 전류에 의한 자기장, 직선 도선과 원형 도선이 함께 놓인 상황에서 전류에 의한 자기장의 특징을 이해하고 관련된 문제를 많이 풀어보아야 한다.

11 물질의 자성과 전자기 유도

자성체의 종류를 구분할 수 있어야 하고, 전자기 유도와 관련지어 코일을 통과하는 자기장의 세기가 변하거나 자기장 영역을 통과하는 코일의 면적이 변하는 다양한 상황에서 유도 전류의 방향이나 세기를 분석하는 연습을 충분히 해야 한다.

08 원자와 전기력, 스펙트럼

1 원자와 원자핵

(1) 원자 모형의 변천

톰슨 원자 모형(1904년)	러더퍼드 원자 모형(1911년)	보어 원자 모형(1913년)
양(+)전하를 띤 물질 속에 전자들이 띄엄띄엄 박혀 있음	전자가 원자핵을 중심으로 임의의 궤도에서 원운동을 함	전자가 원자핵을 중심으로 특정한 궤도에서 원운동을 함

(2) 원자의 구성 입자: 원자는 전자와 원자핵으로 이루어져 있음

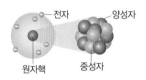

① 전자의 발견: 톰슨의 음극선 실험으로 발견하였고, 음(−)전하를 띰
② 원자핵의 발견: 러더퍼드의 알파(α) 입자 산란 실험으로 발견하였고, 양(+)전하를 띠며, 원자 질량의 대부분을 차지함

톰슨의 음극선 실험	러더퍼드의 알파(α) 입자 산란 실험
음극선에 전기장을 걸어 주면 전기력에 의해 음극선은 (+)극 쪽으로 휘어짐 ➡ 음극선은 음(−)전하를 띤 입자의 흐름	일부 알파(α) 입자가 큰 각도로 산란되거나 입사 방향에 대해 거의 정반대 방향으로 되돌아옴 ➡ 원자의 중심에 양(+)전하를 띤 입자가 좁은 공간에 존재함

2 전기력

(1) **전기력**: 전하 사이에 작용하는 힘
(2) **전기력의 종류**: 다른 종류의 전하 사이에는 서로 당기는 전기력(인력)이 작용하고, 같은 종류의 전하 사이에는 서로 밀어내는 전기력(척력)이 작용함

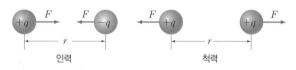

(3) **전기력의 크기(쿨롱 법칙)**: 두 전하의 전하량 q_1, q_2의 곱에 비례하고, 두 전하 사이의 거리 r의 제곱에 반비례함

$$F=k\frac{q_1q_2}{r^2} \text{ (진공 중에서 쿨롱 상수 } k=8.99\times10^9\,\text{N·m}^2/\text{C}^2)$$

3 원자의 스펙트럼

(1) **스펙트럼**: 빛이 파장에 따라 분리되어 나타나는 색의 띠
(2) **스펙트럼의 종류**
① 연속 스펙트럼: 색의 띠가 모든 파장에서 연속적으로 나타남
② 선 스펙트럼: 특정 위치에 밝은 색의 선이 나타나며, 원소의 종류에 따라 밝은 선의 위치, 개수가 다름
③ 흡수 스펙트럼: 기체가 특정한 파장의 빛을 흡수하여 연속 스펙트럼에 검은 선이 나타남

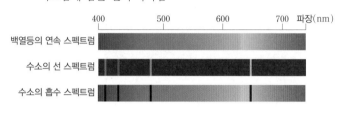

4 원자의 에너지 준위

(1) **보어 원자 모형**: 원자핵을 중심으로 전자가 특정 궤도에서 원운동하며, 양자수 n이 커질수록 에너지 준위도 커짐

❶ 전자의 궤도

(2) **전자의 전이와 선 스펙트럼**: 전자가 전이할 때 방출되는 빛의 에너지가 불연속적이고, 선 스펙트럼이 나타남

① 진동수가 f인 광자 1개의 에너지는 다음과 같음

$$E=hf=\frac{hc}{\lambda}\;(h:\text{플랑크 상수, } c:\text{진공에서 빛의 속력})$$

② 전자가 양자수가 m, n인 에너지 준위 사이를 전이할 때, 방출 또는 흡수하는 빛의 파장은 다음과 같음

$$hf=\frac{hc}{\lambda}=|E_m-E_n|\Rightarrow \lambda=\frac{hc}{|E_m-E_n|}$$

(3) **수소의 선 스펙트럼**
① 수소 원자의 에너지 준위

$$E_n=-\frac{13.6}{n^2}\,\text{eV (단, } n=1, 2, 3, \cdots)$$

② 수소의 선 스펙트럼 계열

구분	전자의 전이	방출되는 빛
라이먼 계열	전자가 $n\geq2$인 궤도에서 $n=1$인 궤도로 전이할 때	자외선 영역
발머 계열	전자가 $n\geq3$인 궤도에서 $n=2$인 궤도로 전이할 때	가시광선을 포함하는 영역
파셴 계열	전자가 $n\geq4$인 궤도에서 $n=3$인 궤도로 전이할 때	적외선 영역

대표 기출 문제

129

그림 (가), (나)와 같이 점전하 A, B, C를 각각 x축상에 고정시켰다. (가)에서 B가 받는 전기력은 0이고, (가), (나)에서 C는 각각 $+x$방향과 $-x$방향으로 크기가 F_1, F_2인 전기력을 받는다. $F_1 > F_2$이다.

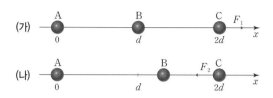

이에 대한 옳은 설명만을 〈보기〉에서 있는 대로 고른 것은? [3점]

| 보기 |

ㄱ. 전하량의 크기는 A와 C가 같다.
ㄴ. A와 B 사이에는 서로 당기는 전기력이 작용한다.
ㄷ. (나)에서 A가 받는 전기력의 크기는 F_2보다 작다.

① ㄴ   ② ㄷ   ③ ㄱ, ㄴ   ④ ㄱ, ㄷ   ⑤ ㄱ, ㄴ, ㄷ

130

그림 (가)는 보어의 수소 원자 모형에서 양자수 n에 따른 에너지 준위의 일부와 전자의 전이 A~D를 나타낸 것이다. 그림 (나)는 (가)의 A, B, C에서 방출되는 빛의 스펙트럼을 파장에 따라 나타낸 것이다.

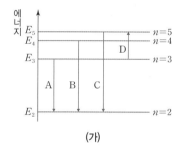 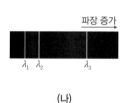

(가)   (나)

이에 대한 설명으로 옳은 것만을 〈보기〉에서 있는 대로 고른 것은? (단, 빛의 속력은 c이다.) [3점]

| 보기 |

ㄱ. B에서 방출되는 광자 1개의 에너지는 $|E_4 - E_2|$이다.
ㄴ. C에서 방출되는 빛의 파장은 λ_1이다.
ㄷ. D에서 흡수되는 빛의 진동수는 $\left(\dfrac{1}{\lambda_1} + \dfrac{1}{\lambda_3}\right)c$이다.

① ㄱ   ② ㄷ   ③ ㄱ, ㄴ   ④ ㄴ, ㄷ   ⑤ ㄱ, ㄴ, ㄷ

131

상 중 하

그림 (가), (나)는 보어의 수소 원자 모형에서 전자가 각각 양자수 $n=1$, $n=3$인 궤도에 있는 모습을 나타낸 것이다.

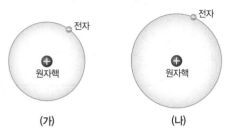

(가)   (나)

이에 대한 설명으로 옳은 것만을 〈보기〉에서 있는 대로 고른 것은?

| 보기 |

ㄱ. 전자의 에너지 준위는 불연속적이다.

ㄴ. 전자와 원자핵 사이에 작용하는 전기력의 크기는 (가)에서가 (나)에서보다 크다.

ㄷ. 전자가 (가)에서 (나)로 전이할 때 에너지를 흡수한다.

① ㄱ   ② ㄴ   ③ ㄱ, ㄷ   ④ ㄴ, ㄷ   ⑤ ㄱ, ㄴ, ㄷ

132

상 중 하

그림 (가)는 알파(α) 입자를 얇은 금박에 쏘았더니 대부분의 알파(α) 입자가 직진하고 일부분의 알파(α) 입자는 산란되는 것을, (나)는 음극선에 작용하는 전기력에 의해 음극선이 휘어지는 것을 나타낸 것이다.

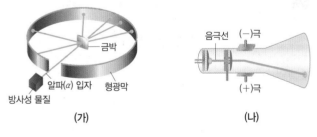

(가)   (나)

이에 대한 설명으로 옳은 것만을 〈보기〉에서 있는 대로 고른 것은?

| 보기 |

ㄱ. (가)를 통해 원자핵의 존재를 알게 되었다.

ㄴ. (가)에서 알파(α) 입자와 원자핵 사이에는 서로 당기는 전기력이 작용한다.

ㄷ. (나)에서 음극선은 음($-$)전하를 띤다.

① ㄱ   ② ㄴ   ③ ㄷ   ④ ㄱ, ㄷ   ⑤ ㄴ, ㄷ

133 | 신유형 |

상 중 하

그림 (가)는 톰슨의 원자 모형을 나타낸 것이고, (나)는 직선 운동하는 음극선이 $-x$방향으로 걸어준 자기장을 통과한 후 운동 경로가 $+y$ 방향으로 휘어진 것을 나타낸 것이다.

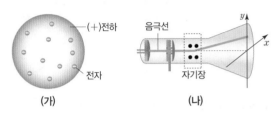

(가)   (나)

이에 대한 설명으로 옳은 것만을 〈보기〉에서 있는 대로 고른 것은?

| 보기 |

ㄱ. (가)에서는 원자가 전기적으로 양성인 것을 설명할 수 있다.

ㄴ. (가)를 통해 수소 원자에서 방출되는 빛의 스펙트럼을 설명할 수 있다.

ㄷ. (나)에서 자기장의 세기를 크게 하면 음극선은 $+y$방향으로 더 많이 휘어진다.

① ㄱ   ② ㄴ   ③ ㄷ   ④ ㄱ, ㄷ   ⑤ ㄴ, ㄷ

134

상 중 하

그림과 같이 점전하 A, B, C를 x축상에 고정하였다. 전하량의 크기는 A가 B의 2배이고, B와 C가 A로부터 받는 전기력의 크기는 F로 같다. A와 B 사이에는 서로 당기는 전기력이 작용하고, B와 C 사이에는 서로 밀어내는 전기력이 작용한다.

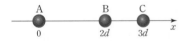

이에 대한 설명으로 옳은 것만을 〈보기〉에서 있는 대로 고른 것은?

| 보기 |

ㄱ. 전하의 종류는 A와 C가 같다.

ㄴ. 전하량의 크기는 B가 C보다 작다.

ㄷ. B가 C에 작용하는 전기력의 크기는 $\frac{9}{2}F$이다.

① ㄱ   ② ㄴ   ③ ㄷ   ④ ㄱ, ㄴ   ⑤ ㄴ, ㄷ

135

상 중 하

그림 (가)와 같이 점전하 A, B, C를 x축상에 고정시켰더니 양($+$)전하인 C에 작용하는 전기력이 0이 되었다. 그림 (나)와 같이 B를 $x=d$로 옮겨 고정시켰더니 C에 작용하는 전기력의 방향이 $-x$방향이 되었다. B에 작용하는 전기력의 크기는 (나)에서가 (가)에서의 2배이다.

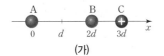 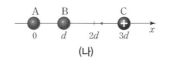

(가)   (나)

이에 대한 설명으로 옳은 것만을 〈보기〉에서 있는 대로 고른 것은?

| 보기 |

ㄱ. A와 C 사이에는 서로 밀어내는 전기력이 작용한다.

ㄴ. (나)에서 A에 작용하는 전기력의 크기는 C에 작용하는 전기력의 크기보다 크다.

ㄷ. 전하량의 크기는 C가 B의 $\frac{18}{7}$배이다.

① ㄱ   ② ㄴ   ③ ㄷ   ④ ㄱ, ㄴ   ⑤ ㄴ, ㄷ

136 | 신유형 |

상 중 하

그림 (가)는 점전하 A, B를 각각 x축상의 $x=0$, $x=3d$에 고정시키고 전하량이 Q인 양($+$)전하 P를 $x=-d$에 고정시킨 것을 나타낸 것이다. 이때 B에 작용하는 전기력은 0이다. 그림 (나)는 (가)에서 P를 $x=d$로 옮긴 후 고정시킨 것을 나타낸 것이다. (가), (나)에서 P에 작용하는 전기력의 방향은 모두 $+x$방향이다.

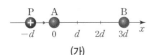 

(가)   (나)

이에 대한 설명으로 옳은 것만을 〈보기〉에서 있는 대로 고른 것은?

| 보기 |

ㄱ. A와 B 사이에는 서로 밀어내는 전기력이 작용한다.

ㄴ. B의 전하량의 크기는 $\frac{1}{4}Q$보다 작다.

ㄷ. P에 작용하는 전기력의 크기는 (가)에서가 (나)에서보다 크다.

① ㄱ   ② ㄴ   ③ ㄷ   ④ ㄱ, ㄷ   ⑤ ㄴ, ㄷ

137 | 신유형 |

상 중 하

그림은 점전하 A, B, C가 각각 x축상의 $x=0$, $x=3d$, $x=4d$에 고정되어 있는 것을 나타낸 것이다. 이때 A, B, C에 작용하는 전기력은 모두 0이다. A, B, C의 전하량은 각각 q_A, q_B, q_C이다.

이에 대한 설명으로 옳은 것만을 〈보기〉에서 있는 대로 고른 것은?

| 보기 |

ㄱ. A가 B에 작용하는 전기력의 방향은 $+x$방향이다.

ㄴ. A가 B에 작용하는 전기력의 크기는 C가 A에 작용하는 전기력의 크기와 같다.

ㄷ. $q_A : q_B : q_C = 9 : 16 : 1$이다.

① ㄱ   ② ㄴ   ③ ㄷ   ④ ㄱ, ㄴ   ⑤ ㄴ, ㄷ

138 | 신유형 |

상 중 하

그림은 점전하 A, B를 각각 x축상의 $x=0$, $x=3d$에 고정시키고 음($-$)전하인 P를 x축상의 임의의 위치에 고정시킨 것을 나타낸 것이다. 표는 P의 위치에 따른 P에 작용하는 전기력의 크기와 방향을 나타낸 것이다.

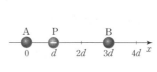

위치	P에 작용하는 전기력	
	크기	방향
$x=d$	F_1	$-x$
$x=2d$	0	
$x=4d$	F_2	㉠

이에 대한 설명으로 옳은 것만을 〈보기〉에서 있는 대로 고른 것은?

| 보기 |

ㄱ. B는 양($+$)전하이다.

ㄴ. $\frac{F_1}{F_2}=3$이다.

ㄷ. ㉠은 $+x$이다.

① ㄱ   ② ㄷ   ③ ㄱ, ㄴ   ④ ㄴ, ㄷ   ⑤ ㄱ, ㄴ, ㄷ

139 | 신유형 |
상 중 하

그림과 같이 x축상에 점전하 A, B, C가 같은 거리만큼 떨어져 고정되어 있다. 음($-$)전하인 A에 작용하는 전기력은 0이고, C에 작용하는 전기력의 방향은 $+x$방향이다.

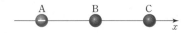

이에 대한 설명으로 옳은 것만을 〈보기〉에서 있는 대로 고른 것은?

───────── | 보기 | ─────────

ㄱ. A와 B 사이에는 서로 밀어내는 전기력이 작용한다.

ㄴ. 전하량의 크기는 A가 C보다 크다.

ㄷ. B에 작용하는 전기력의 방향은 $-x$방향이다.

① ㄱ   ② ㄴ   ③ ㄷ   ④ ㄱ, ㄴ   ⑤ ㄴ, ㄷ

140
상 중 하

그림 (가), (나)는 기체 X가 들어 있는 방전관에서 방출되는 빛의 스펙트럼과 백열등에서 방출되는 빛이 기체 Y로 이루어진 저온의 기체를 통과한 빛의 스펙트럼을 순서 없이 나타낸 것이다.

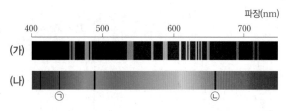

이에 대한 설명으로 옳은 것만을 〈보기〉에서 있는 대로 고른 것은?

───────── | 보기 | ─────────

ㄱ. (가)는 X가 들어 있는 방전관에서 방출되는 빛의 스펙트럼이다.

ㄴ. X, Y에는 같은 원소가 들어있다.

ㄷ. (나)에서 전이하는 전자의 에너지 준위 차는 ㉠에 해당하는 빛이 ㉡에 해당하는 빛보다 크다.

① ㄱ   ② ㄴ   ③ ㄷ   ④ ㄱ, ㄷ   ⑤ ㄴ, ㄷ

141
상 중 하

그림 (가)는 보어의 수소 원자 모형에서 양자수 n에 따른 에너지 준위 일부와 전자의 전이 a~d를 나타낸 것이다. 그림 (나)는 a~d에서 방출 또는 흡수되는 빛의 스펙트럼을 파장에 따라 나타낸 것이다.

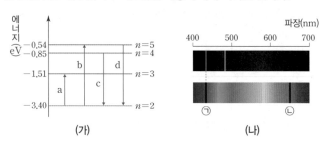

이에 대한 설명으로 옳은 것만을 〈보기〉에서 있는 대로 고른 것은?

───────── | 보기 | ─────────

ㄱ. 수소 원자 내의 전자가 갖는 에너지 준위는 연속적이다.

ㄴ. ㉠은 d에 의해 나타난 스펙트럼선이다.

ㄷ. 방출되거나 흡수되는 빛의 진동수는 a에서가 c에서보다 작다.

① ㄱ   ② ㄴ   ③ ㄷ   ④ ㄱ, ㄴ   ⑤ ㄴ, ㄷ

142 | 신유형 |
상 중 하

그림 (가)는 보어의 수소 원자 모형에서 양자수 n에 따른 에너지 준위의 일부와 전자의 전이 a, b, c를 나타낸 것이다. 그림 (나)는 (가)에서 a, b에 의한 빛의 선 스펙트럼을 진동수에 따라 나타낸 것이다.

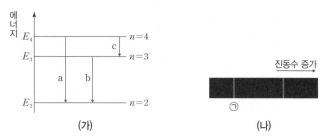

이에 대한 설명으로 옳은 것만을 〈보기〉에서 있는 대로 고른 것은? (단, 플랑크 상수는 h이다.)

───────── | 보기 | ─────────

ㄱ. ㉠은 a에 의한 스펙트럼선이다.

ㄴ. c에서 방출되는 빛의 진동수는 $\dfrac{E_4 - E_3}{h}$이다.

ㄷ. 방출되는 빛의 파장은 a에서가 c에서보다 길다.

① ㄱ   ② ㄴ   ③ ㄷ   ④ ㄱ, ㄴ   ⑤ ㄴ, ㄷ

143 | 신유형 | 상 중 **하**

그림은 보어의 수소 원자 모형에서 양자수 n에 따른 전자 궤도의 일부와 전자의 전이 a, b를 나타낸 것이다. a, b에서 방출되는 빛의 파장은 각각 λ_1, λ_2이다.

원자핵

이에 대한 설명으로 옳은 것만을 〈보기〉에서 있는 대로 고른 것은?

| 보기 |

ㄱ. $\lambda_1 > \lambda_2$이다.

ㄴ. a에서 방출되는 빛은 가시광선 영역에 속한다.

ㄷ. 전자가 원자핵으로부터 받는 전기력의 크기는 $n=2$일 때가 $n=1$일 때보다 크다.

① ㄱ ② ㄷ ③ ㄱ, ㄴ ④ ㄴ, ㄷ ⑤ ㄱ, ㄴ, ㄷ

144 상 중 **하**

그림 (가)는 보어의 수소 원자 모형에서 양자수 n에 따른 전자의 에너지 준위의 일부와 전자의 전이 a, b, c를 나타낸 것이다. 그림 (나)는 a, b, c에서 방출 또는 흡수되는 빛의 스펙트럼을 X, Y로 순서 없이 나타낸 것이다.

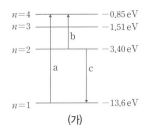
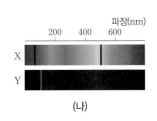

(가) (나)

이에 대한 설명으로 옳은 것만을 〈보기〉에서 있는 대로 고른 것은?

| 보기 |

ㄱ. X는 방출 스펙트럼이다.

ㄴ. $n=1$인 상태의 전자는 광자 1개의 에너지가 10.2 eV인 광자를 흡수할 수 있다.

ㄷ. 전자가 전이할 때 방출 또는 흡수되는 빛의 진동수는 b에서가 c에서보다 크다.

① ㄱ ② ㄴ ③ ㄷ ④ ㄱ, ㄴ ⑤ ㄴ, ㄷ

145 | 신유형 | 상 중 **하**

그림은 보어의 수소 원자 모형에서 양자수 n에 따른 에너지 준위의 일부와 전자의 전이 a, b, c를 나타낸 것이다. a, b, c에서 방출되는 빛의 파장은 각각 λ_1, λ_2, λ_3이다.

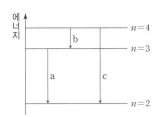

이에 대한 설명으로 옳은 것만을 〈보기〉에서 있는 대로 고른 것은?

| 보기 |

ㄱ. 방출되는 빛의 진동수는 a에서가 c에서보다 작다.

ㄴ. $\lambda_1 > \lambda_2$이다.

ㄷ. $\lambda_3 = \dfrac{2\lambda_1\lambda_2}{\lambda_1+\lambda_2}$이다.

① ㄱ ② ㄴ ③ ㄷ ④ ㄱ, ㄴ ⑤ ㄴ, ㄷ

146 | 신유형 | 상 중 **하**

그림은 보어의 수소 원자 모형에서 양자수 n에 따른 에너지 준위의 일부와 전자의 전이 a, b, c를 나타낸 것이다. a, b, c에서 방출되거나 흡수되는 빛의 진동수는 각각 f_1, f_2, f_3이다.

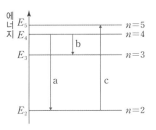

이에 대한 설명으로 옳은 것만을 〈보기〉에서 있는 대로 고른 것은?

| 보기 |

ㄱ. c에서 빛이 방출된다.

ㄴ. f_2는 적외선 영역에 속하는 진동수이다.

ㄷ. $f_1 > f_3 - f_2$이다.

① ㄱ ② ㄷ ③ ㄱ, ㄴ ④ ㄴ, ㄷ ⑤ ㄱ, ㄴ, ㄷ

에너지띠와 반도체

1 고체의 에너지띠

(1) 고체의 에너지 준위: 원자 사이의 거리가 매우 가까워 인접한 원자들의 전자 궤도가 겹치게 되어 에너지 준위가 겹침

(2) 고체의 에너지띠 구조

① 허용된 띠: 전자가 존재할 수 있는 영역

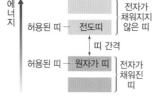

- 원자가 띠: 전자가 존재하는 영역 중에서 에너지 준위가 가장 높은 상태의 에너지띠
- 전도띠: 원자가 띠 바로 위의 에너지띠로, 전자가 채워져 있지 않음. 원자가 띠에 있는 전자는 띠 간격 이상의 에너지를 흡수하여 전도띠로 전이할 수 있음

② 띠 간격: 에너지띠 사이의 간격으로, 전자가 존재할 수 없음

2 고체의 전기 전도성

★ 빈출

(1) 고체의 에너지띠 구조와 전기 전도도

구분	도체	절연체(부도체)	반도체
성질	전기가 잘 통하는 물질로, 전기 저항이 매우 작음	전기가 잘 통하지 않는 물질로, 전기 저항이 매우 큼	전기 저항이 절연체보다 작음
에너지띠 구조	원자가 띠의 일부분만 전자로 채워져 있거나, 원자가 띠와 전도띠가 일부 겹쳐 있음	원자가 띠가 모두 전자로 채워져 있고, 원자가 띠와 전도띠 사이의 띠 간격이 매우 큼	원자가 띠가 모두 전자로 채워져 있고, 원자가 띠와 전도띠 사이의 띠 간격이 작음
전기 전도도	큼 ➡ 전류가 잘 흐름	매우 작음 ➡ 전류가 잘 흐르지 않음	도체와 절연체의 중간 ➡ 경우에 따라 전류가 흐를 수 있음
예	은, 구리, 알루미늄	나무, 고무, 유리	규소(Si), 저마늄(Ge)

(2) 고체의 전기 전도성: 물질 내에서 전류가 얼마나 잘 흐르는지를 나타내는 성질

- 전기 전도도(σ): 물질의 전기 전도성을 정량적으로 나타낸 물리량으로 비저항(ρ)의 역수와 같음

$$\sigma = \frac{1}{\rho} = \frac{l}{RA} \text{ [단위: } \Omega^{-1} \cdot m^{-1}]$$

(R: 물체의 저항, A: 물체의 단면적, l: 물체의 길이)

(3) 자유 전자와 양공: 고체에서는 자유 전자와 양공에 의해 전류가 흐름

① 자유 전자: 원자가 띠의 전자가 띠 간격 이상의 에너지를 얻어 전도띠로 전이된 전자

② 양공: 원자가 띠에 전자가 채워질 수 있는 빈자리

3 반도체와 다이오드

(1) 고유 반도체(순수 반도체): 원자가 전자가 4개인 규소(Si), 저마늄(Ge)과 같은 반도체로, 인접한 원자들과 공유 결합을 하여 안정된 구조를 이룸

(2) 불순물 반도체: 순수 반도체에 불순물을 도핑한 반도체

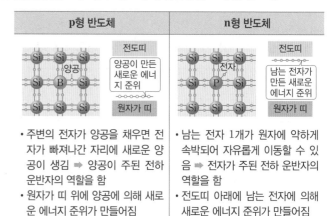

p형 반도체	n형 반도체
• 주변의 전자가 양공을 채우면 전자가 빠져나간 자리에 새로운 양공이 생김 ➡ 양공이 주된 전하 운반자의 역할을 함 • 원자가 띠 위에 양공에 의해 새로운 에너지 준위가 만들어짐	• 남는 전자 1개가 원자에 약하게 속박되어 자유롭게 이동할 수 있음 ➡ 전자가 주된 전하 운반자의 역할을 함 • 전도띠 아래에 남는 전자에 의해 새로운 에너지 준위가 만들어짐

(3) p-n 접합 다이오드: p형 반도체와 n형 반도체를 접합시켜 양쪽에 전극을 붙인 것

★ 빈출

① 순방향 전압과 역방향 전압

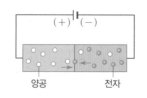
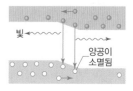

순방향 전압	역방향 전압
p형 반도체에 전원의 (+)극을, n형 반도체에 전원의 (−)극을 연결함 ➡ 전자와 양공들이 접합면 쪽으로 이동하여 공핍층이 점점 얇아짐	p형 반도체에 전원의 (−)극을, n형 반도체에 전원의 (+)극을 연결함 ➡ 전자와 양공들이 접합면에서 멀어지면서 공핍층이 더욱 두꺼워짐

② 정류 작용: 다이오드는 순방향 전압일 때만 전류를 흐르게 함 ➡ 한쪽 방향으로만 전류가 흐름

③ 발광 다이오드(LED): 순방향 전압에 의해 전류가 흐를 때 전도띠의 전자가 원자가 띠로 전이하면서 띠 간격에 해당하는 만큼의 에너지가 빛으로 방출됨

대표 기출 문제

147

그림 (가)는 동일한 p-n 접합 발광 다이오드(LED) A와 B, 고체 막대 P와 Q로 회로를 구성하고, 스위치를 a 또는 b에 연결할 때 A, B의 빛의 방출 여부를 나타낸 것이다. P, Q는 도체와 절연체를 순서 없이 나타낸 것이고, Y는 p형 반도체와 n형 반도체 중 하나이다. 그림 (나)의 ㉠, ㉡은 각각 P 또는 Q의 에너지띠 구조를 나타낸 것으로 음영으로 표시된 부분까지 전자가 채워져 있다.

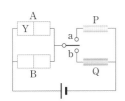

스위치	A	B
a에 연결	○	×
b에 연결	×	×

(○ : 방출됨, × : 방출되지 않음)

(가)

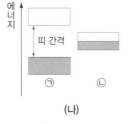

(나)

이에 대한 설명으로 옳은 것만을 〈보기〉에서 있는 대로 고른 것은?

| 보기 |
| ㄱ. Y는 주로 양공이 전류를 흐르게 하는 반도체이다.
| ㄴ. (나)의 ㉠은 Q의 에너지띠 구조이다.
| ㄷ. 스위치를 a에 연결하면 B의 n형 반도체에 있는 전자는 p-n 접합면으로 이동한다. |

① ㄱ   ② ㄷ   ③ ㄱ, ㄴ   ④ ㄴ, ㄷ   ⑤ ㄱ, ㄴ, ㄷ

수능 기출

🖉 문항 분석
LED에 순방향 전압이 걸리면 빛이 방출되며, 고체의 띠 간격이 작을수록 전기 전도성이 좋다는 것을 알아야 한다.

🖉 꼭 기억해야 할 개념
LED의 p형 반도체가 전원 장치의 (+)극에 연결되고 n형 반도체가 전원 장치의 (-)극에 연결되면 LED에는 순방향 전압이 걸린다.

🖉 선지별 선택 비율
①	②	③	④	⑤
5 %	2 %	82 %	3 %	5 %

148

그림 (가)는 동일한 p-n 접합 다이오드 A와 B, 전구, 스위치 S, 직류 전원 장치를 이용하여 구성한 회로를 나타낸 것이다. S를 a에 연결할 때 전구에 불이 켜지고, S를 b에 연결할 때 전구에 불이 켜지지 않는다. 그림 (나)는 (가)의 X를 구성하는 원소와 원자가 전자의 배열을 나타낸 것이다.

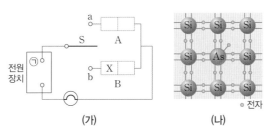

(가)   (나)

이에 대한 설명으로 옳은 것만을 〈보기〉에서 있는 대로 고른 것은?

| 보기 |
| ㄱ. S를 a에 연결할 때, A에 역방향 전압이 걸린다.
| ㄴ. 직류 전원 장치의 단자 ㉠은 (+)극이다.
| ㄷ. S를 b에 연결할 때, X에 있는 전자는 p-n 접합면 쪽으로 이동한다. |

① ㄱ   ② ㄴ   ③ ㄱ, ㄷ   ④ ㄴ, ㄷ   ⑤ ㄱ, ㄴ, ㄷ

교육청 기출

🖉 문항 분석
p-n 접합 다이오드에 전류가 흐르는 조건과 (나)에서 공유 결합에 참여하지 못한 전자가 있다는 것을 이용해서 X의 반도체 종류를 파악할 수 있어야 한다.

🖉 꼭 기억해야 할 개념
1. p-n 접합 다이오드는 순방향 전압이 걸릴 때에만 전류가 흐른다.
2. p형 반도체는 양공이 주로 전류를 흐르게 하고, n형 반도체는 전자가 주로 전류를 흐르게 한다.

🖉 선지별 선택 비율
①	②	③	④	⑤
2 %	77 %	5 %	9 %	4 %

149 | 신유형 | 상 중 하

그림은 고체 A, B의 에너지띠 구조를 나타낸 것으로 A와 B는 도체와 반도체를 순서 없이 나타낸 것이다. 색칠된 부분에는 전자가 채워져 있다.

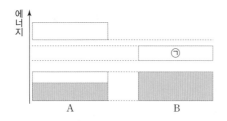

이에 대한 설명으로 옳은 것만을 〈보기〉에서 있는 대로 고른 것은?

| 보기 |

ㄱ. A에 해당하는 고체에는 규소(Si)가 있다.
ㄴ. 상온에서 전기 전도성은 A가 B보다 좋다.
ㄷ. 온도가 높을수록 B의 ㉠에 존재하는 전자의 수가 증가한다.

① ㄱ　　② ㄴ　　③ ㄷ　　④ ㄱ, ㄴ　　⑤ ㄴ, ㄷ

150 상 중 하

그림 (가)는 규소(Si)의 에너지띠 구조를, (나)는 규소(Si)에 비소(As)를 첨가한 반도체 X를 구성하는 원소와 원자가 전자의 배열을 나타낸 것이다.

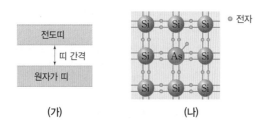

이에 대한 설명으로 옳은 것만을 〈보기〉에서 있는 대로 고른 것은?

| 보기 |

ㄱ. (가)에서 원자가 띠에 있는 전자의 에너지는 모두 같다.
ㄴ. X는 n형 반도체이다.
ㄷ. 상온에서 전기 전도성은 규소(Si)가 X보다 좋다.

① ㄱ　　② ㄴ　　③ ㄷ　　④ ㄱ, ㄴ　　⑤ ㄴ, ㄷ

151 | 신유형 | 상 중 하

그림 (가)는 순수 반도체의 에너지띠 구조를, (나)는 순수 반도체에 불순물을 도핑한 반도체 X의 에너지띠 구조를 나타낸 것이다. X는 p형 반도체와 n형 반도체 중 하나이다.

이에 대한 설명으로 옳은 것만을 〈보기〉에서 있는 대로 고른 것은?

| 보기 |

ㄱ. X는 양공이 주된 전하 운반자 역할을 한다.
ㄴ. 전기 전도성은 (가)의 구조를 가진 반도체가 X보다 좋다.
ㄷ. X에 전류를 흐르게 할 때, 양공은 전류의 방향과 같은 방향으로 이동한다.

① ㄱ　　② ㄴ　　③ ㄷ　　④ ㄱ, ㄷ　　⑤ ㄴ, ㄷ

152 상 중 하

그림과 같이 p-n 접합 발광 다이오드(LED), p-n 접합 다이오드 A와 B를 전원 장치에 연결하여 회로를 구성하였다. 스위치를 b에 연결할 때에만 LED에서 빛이 방출되었다. X, Y는 각각 p형 반도체와 n형 반도체 중 하나이다.

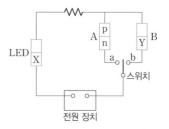

이에 대한 설명으로 옳은 것만을 〈보기〉에서 있는 대로 고른 것은?

| 보기 |

ㄱ. X, Y는 모두 p형 반도체이다.
ㄴ. 스위치를 a에 연결하면 A의 p형 반도체에 있는 양공은 p-n 접합면에서 멀어지는 쪽으로 이동한다.
ㄷ. 스위치를 b에 연결하면 LED에는 순방향 전압이 걸린다.

① ㄱ　　② ㄴ　　③ ㄷ　　④ ㄱ, ㄷ　　⑤ ㄴ, ㄷ

153 | 신유형 | 　　상 중 하

그림은 직류 전원, 교류 전원, 스위치, 전구, 동일한 p-n 접합 다이오드 2개를 이용하여 구성한 회로를 나타낸 것이다. 표는 스위치를 p, q에 각각 연결하고 전구를 관찰한 결과를 나타낸 것이다. A, B는 규소(Si)에 원자가 전자가 각각 a개, b개인 원소를 도핑한 반도체이다.

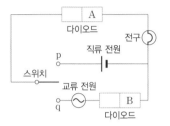

스위치	전구
p에 연결	켜지지 않음
q에 연결	깜빡임

이에 대한 설명으로 옳은 것만을 〈보기〉에서 있는 대로 고른 것은?

| 보기 |

ㄱ. 스위치를 p에 연결했을 때, A에서 p-n 접합면에서 멀어지는 쪽으로 이동하는 것은 양공이다.
ㄴ. B는 n형 반도체이다.
ㄷ. $a>b$이다.

① ㄱ　　② ㄷ　　③ ㄱ, ㄴ　　④ ㄴ, ㄷ　　⑤ ㄱ, ㄴ, ㄷ

154 | 신유형 | 　　상 중 하

그림은 직류 전원, p-n 접합 발광 다이오드(LED), 동일한 p-n 접합 다이오드 A와 B, 스위치 S_1과 S_2를 이용하여 구성한 회로를 나타낸 것이다. X는 p형 반도체와 n형 반도체 중 하나이다. 표는 S_1, S_2의 연결에 따라 LED에서 빛의 방출 여부를 나타낸 것이다.

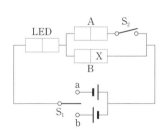

S_1	S_2	LED에서 빛의 방출 여부
a에 연결	열림	방출되지 않음
	닫음	㉠
b에 연결	열림	방출되지 않음
	닫음	방출됨

이에 대한 설명으로 옳은 것만을 〈보기〉에서 있는 대로 고른 것은?

| 보기 |

ㄱ. S_1을 b에 연결하고 S_2를 닫으면 A에는 순방향 전압이 걸린다.
ㄴ. X는 주로 양공이 전류를 흐르게 하는 반도체이다.
ㄷ. ㉠은 '방출됨'이다.

① ㄱ　　② ㄷ　　③ ㄱ, ㄴ　　④ ㄴ, ㄷ　　⑤ ㄱ, ㄴ, ㄷ

155 | 신유형 | 　　상 중 하

다음은 p-n 접합 다이오드의 특성을 알아보기 위한 실험이다.

| 실험 과정

(가) 그림과 같이 동일한 p-n 접합 다이오드 4개, 전구, 스위치, 전압이 일정한 동일한 전지 2개를 이용하여 회로를 구성한다. X는 p형 반도체와 n형 반도체 중 하나이다.

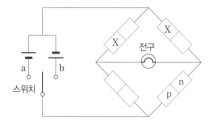

(나) 스위치를 a에 연결하고, 전구를 관찰한다.
(다) 스위치를 b에 연결하고, 전구를 관찰한다.

| 실험 결과

과정	전구
(나)	켜짐
(다)	㉠

이에 대한 설명으로 옳은 것만을 〈보기〉에서 있는 대로 고른 것은?

| 보기 |

ㄱ. X는 n형 반도체이다.
ㄴ. ㉠은 '켜짐'이다.
ㄷ. 전구에 흐르는 전류의 방향은 (나)에서와 (다)에서가 반대이다.

① ㄴ　　② ㄷ　　③ ㄱ, ㄴ　　④ ㄱ, ㄷ　　⑤ ㄴ, ㄷ

✔ 출제 개념
• 직선 전류에 의한 자기장의 세기와 방향
• 솔레노이드에 흐르는 전류에 의한 자기장 비교
• 직선 전류와 원형 전류에 의한 자기장의 세기와 방향

1 자기장과 자기력선

(1) **자기장**: 자석이나 전류 주위에 자기력이 작용하는 공간

(2) **자기력선**: 자기장의 모양과 방향을 선으로 나타낸 것으로, 자침의 N극이 가리키는 방향을 연속적으로 연결한 선
　① **자기력선의 특징**: 간격이 좁을수록 자기장의 세기가 크고, 도중에 갈라지거나 끊어지지 않음
　② 자석 주위의 자기력선

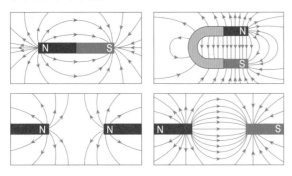

2 직선 전류에 의한 자기장

(1) **자기장의 방향**: 직선 전류에 의한 자기장의 방향은 오른손의 엄지손가락을 전류의 방향으로 향하게 할 때 나머지 네 손가락으로 감아쥐는 방향 ➡ 앙페르 법칙

⊕ 직선 도선에 흐르는 전류와 자기장의 방향

(2) **자기장의 세기**: 전류가 흐르는 직선 도선 주위에서 자기장의 세기 B는 전류의 세기 I에 비례하고 도선으로부터의 거리 r에 반비례

$$B \propto \frac{I}{r}$$

3 원형 전류에 의한 자기장

(1) **자기장의 방향**: 원형 전류에 의한 자기장의 방향은 오른손의 엄지손가락을 전류의 방향으로 향하게 할 때 나머지 네 손가락으로 감아쥐는 방향

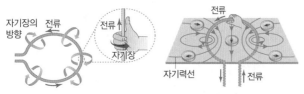

⊕ 원형 도선에 흐르는 전류와 자기장의 방향

(2) **원형 도선 중심에서의 자기장의 세기**: 전류가 흐르는 원형 도선 중심에서 자기장의 세기 B는 전류의 세기 I에 비례하고 도선이 만드는 원의 반지름 r에 반비례

$$B \propto \frac{I}{r}$$

4 솔레노이드에 흐르는 전류에 의한 자기장

(1) **솔레노이드 내부에서 자기장의 방향**: 오른손의 네 손가락을 전류의 방향으로 감아쥘 때 엄지손가락이 가리키는 방향

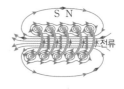

⊕ 솔레노이드에 흐르는 전류와 자기장의 방향

(2) **솔레노이드 내부에서 자기장의 세기**: 무한히 긴 솔레노이드 내부의 자기장은 균일함. 솔레노이드 내부에서 자기장의 세기 B는 전류의 세기 I에 비례하고 단위 길이당 도선의 감은 수 n에 비례

$$B \propto nI$$

5 전류에 의한 자기장의 이용

(1) **전자석**: 코일 내부에 철심을 넣은 것으로, 코일에 전류가 흐를 때만 자석의 성질을 가짐

⊕ 전자석

　① **전자석의 원리**: 영구 자석과 달리 전류의 세기와 방향을 조절하여 자기장을 조절
　② **전자석의 이용**: 전자석 기중기, 스피커, 자기 부상 열차, 초인종, 자기 공명 영상(MRI) 장치 등

(2) **전동기**: 전류의 자기 작용을 이용하여 회전 운동을 하는 장치
　① **전동기의 원리**: 자석 사이에 들어 있는 코일에 전류가 흐를 때 코일이 자기력을 받아 회전하게 만든 장치
　② **코일이 받는 자기력의 크기**: 코일의 단위 길이당 감은 수가 많을수록, 코일에 흐르는 전류의 세기가 클수록 자기력의 크기가 큼
　③ **전동기의 이용**: 세탁기, 선풍기, 진공 청소기, 헤어드라이어, 전기 자동차 등

대표 기출 문제

156

그림과 같이 가늘고 무한히 긴 직선 도선 A, B, C가 정삼각형을 이루며 xy 평면에 고정되어 있다. A, B, C에는 방향이 일정하고 세기가 각각 I_0, I_0, I_C인 전류가 흐른다. A에 흐르는 전류의 방향은 $+x$방향이다. 점 O는 A, B, C가 교차하는 점을 지나는 반지름이 $2d$인 원의 중심이고, 점 p, q, r는 원 위의 점이다. O에서 A에 흐르는 전류에 의한 자기장의 세기는 B_0이고, p, q에서 A, B, C에 흐르는 전류에 의한 자기장의 세기는 각각 0, $3B_0$이다.

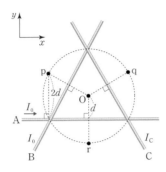

r에서 A, B, C에 흐르는 전류에 의한 자기장의 세기는? [3점]

① 0 ② $\frac{1}{2}B_0$ ③ B_0 ④ $2B_0$ ⑤ $3B_0$

수능 기출

✎ **문항 분석**
B, C에 흐르는 전류의 방향이 주어지지 않았으므로 p, q에서 A, B, C에 흐르는 전류에 의한 자기장의 세기가 각각 0, $3B_0$이라는 조건을 이용해서 B, C에 흐르는 전류의 방향을 찾아야 한다.

✎ **꼭 기억해야 할 개념**
직선 도선에 흐르는 전류에 의한 자기장의 세기는 전류의 세기에 비례하고 도선으로부터 떨어진 거리에 반비례한다.

✎ **선지별 선택 비율**

①	②	③	④	⑤
10 %	16 %	13 %	22 %	38 %

157

그림과 같이 전류가 흐르는 가늘고 무한히 긴 직선 도선 A, B가 xy 평면의 $x=0$, $x=d$에 각각 고정되어 있다. A, B에는 각각 세기가 I_0, $2I_0$인 전류가 흐르고 있다.

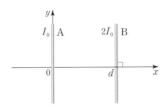

A, B에 흐르는 전류의 방향이 같을 때와 서로 반대일 때 x축상에서 A, B의 전류에 의한 자기장이 0인 점을 각각 p, q라고 할 때, p와 q 사이의 거리는?

① d ② $\frac{4}{3}d$ ③ $\frac{3}{2}d$ ④ $\frac{5}{3}d$ ⑤ $2d$

교육청 기출

✎ **문항 분석**
A와 B에 흐르는 전류의 방향이 같을 때 자기장이 0인 지점은 A와 B 사이에 있다. 전류의 세기는 A가 B보다 작으므로 A와 B에 흐르는 전류의 방향이 반대일 때 자기장이 0이 되는 지점은 B보다 A에 더 가깝다는 것을 파악할 수 있어야 한다.

✎ **꼭 기억해야 할 개념**
직선 도선에 흐르는 전류에 의한 자기장의 세기는 전류의 세기에 비례하고 도선으로부터 떨어진 거리에 반비례한다.

✎ **선지별 선택 비율**

①	②	③	④	⑤
3 %	77 %	7 %	9 %	3 %

158 | 신유형 | 상 중 하

그림은 xy 평면에 수직으로 고정되어 있는 무한히 긴 직선 도선 A, B에 전류가 흐를 때 도선 주위에 형성되는 자기장을 자기력선으로 나타낸 것으로, 화살표는 A에 흐르는 전류에 의한 자기력선의 방향이다. 점 P, Q는 xy 평면상의 점이다.

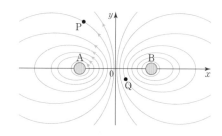

이에 대한 설명으로 옳은 것만을 〈보기〉에서 있는 대로 고른 것은?

| 보기 |

ㄱ. B에 흐르는 전류의 방향은 xy 평면에서 나오는 방향이다.
ㄴ. 전류의 세기는 A가 B보다 크다.
ㄷ. 전류에 의한 자기장의 세기는 P에서가 Q에서보다 작다.

① ㄱ   ② ㄴ   ③ ㄷ   ④ ㄱ, ㄴ   ⑤ ㄴ, ㄷ

159 | 신유형 | 상 중 하

그림 (가)와 (나)는 각각 동일한 자석 A와 B, C와 D를 같은 거리만큼 떨어진 수평면에 고정시킨 후 자석 주위에 철가루를 뿌렸을 때의 모습을 나타낸 것이다. 점 p와 q는 각각 A와 B, C와 D 사이의 중간 지점이다.

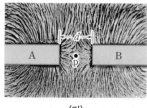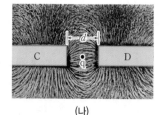

(가)   (나)

이에 대한 설명으로 옳은 것만을 〈보기〉에서 있는 대로 고른 것은?

| 보기 |

ㄱ. A와 B 사이에는 서로 밀어내는 자기력이 작용한다.
ㄴ. 자석이 받는 자기력의 방향은 B와 D가 같다.
ㄷ. 자기장의 세기는 p에서가 q에서보다 작다.

① ㄱ   ② ㄴ   ③ ㄷ   ④ ㄱ, ㄴ   ⑤ ㄱ, ㄷ

160 | 신유형 | 상 중 하

그림 (가)는 일정한 전류가 흐르는 무한히 긴 직선 도선 A, B가 xy 평면의 원점에 수직으로 고정되어 있는 것을 나타낸 것이다. 그림 (나)는 (가)에서 A를 제거하고 무한히 긴 직선 도선 C를 xy 평면에 수직으로 고정시킨 것을 나타낸 것이다. 점 p, q는 y축상의 점이고 점 r는 x축상의 점이다. (가)의 p에서 A, B의 전류에 의한 자기장의 방향은 $+x$ 방향이다. A에 흐르는 전류의 방향은 xy 평면에 수직으로 들어가는 방향이고, C에 흐르는 전류의 방향은 xy 평면에서 수직으로 나오는 방향이다. 전류의 세기는 A와 C가 같다.

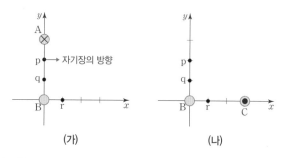

(가)   (나)

이에 대한 설명으로 옳은 것만을 〈보기〉에서 있는 대로 고른 것은?

| 보기 |

ㄱ. B에 흐르는 전류의 방향은 xy 평면에 수직으로 들어가는 방향이다.
ㄴ. (나)의 r에서 B와 C의 전류에 의한 자기장의 방향은 $-y$ 방향이다.
ㄷ. (가)의 q에서 A와 B의 전류에 의한 자기장의 세기는 (나)의 r에서 B와 C의 전류에 의한 자기장의 세기보다 작다.

① ㄱ   ② ㄷ   ③ ㄱ, ㄴ   ④ ㄴ, ㄷ   ⑤ ㄱ, ㄴ, ㄷ

161

상 중 하

그림은 일정한 전류가 흐르는 무한히 긴 직선 도선 A, B, C가 xy 평면에 고정된 것을 나타낸 것이다. 점 p, q, r는 xy 평면상의 점이고, A에는 $+y$방향으로 전류가 흐른다. A, B, C에 흐르는 전류에 의한 자기장의 세기는 p에서가

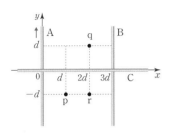

q에서의 2배이고, r에서 자기장의 방향은 xy 평면에 수직으로 들어가는 방향이다. q에서 A, B에 흐르는 전류에 의한 자기장은 0이다. 이에 대한 설명으로 옳은 것만을 〈보기〉에서 있는 대로 고른 것은?

| 보기 |

ㄱ. C에 흐르는 전류의 방향은 $+x$방향이다.

ㄴ. p에서 A, B, C에 흐르는 전류에 의한 자기장의 방향은 xy 평면에 수직으로 들어가는 방향이다.

ㄷ. 전류의 세기는 B가 C의 $\frac{1}{3}$배이다.

① ㄱ   ② ㄷ   ③ ㄱ, ㄴ   ④ ㄴ, ㄷ   ⑤ ㄱ, ㄴ, ㄷ

162

상 중 하

그림은 일정한 전류가 흐르는 무한히 긴 직선 도선 A, B가 x축상에 수직으로 고정된 것을 나타낸 것이다. A에 흐르는 전류의 방향은 xy 평면에서 수직으로 나오는 방향이고, A와 B 사이의 중간 지점에서 A, B에 흐르는 전류에 의한 자기장의 방향은 $-y$방향이다.

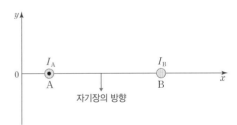

이에 대한 설명으로 옳은 것만을 〈보기〉에서 있는 대로 고른 것은?

| 보기 |

ㄱ. B에 흐르는 전류의 방향은 xy 평면에서 수직으로 나오는 방향이다.

ㄴ. 전류의 세기는 A가 B보다 크다.

ㄷ. x축상의 A와 B 사이에서 A, B에 흐르는 전류에 의한 자기장이 0인 지점이 있다.

① ㄱ   ② ㄴ   ③ ㄷ   ④ ㄱ, ㄴ   ⑤ ㄱ, ㄷ

163 | 신유형 |

상 중 하

그림은 일정한 전류가 흐르는 무한히 긴 직선 도선 A, B, C가 xy 평면에 고정된 것을 나타낸 것이다. B와 C에 흐르는 전류의 세기는 I_0으로 같고, B에 흐르는 전류의 방향은 $+y$방향이다. $x=0$에서 A, B, C에 흐르는 전류에 의한 자기장은 0이다. $x=2d$에서 C에 흐르는 전류에 의한 자기장의 세기는 B_0이다.

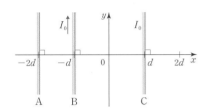

이에 대한 설명으로 옳은 것만을 〈보기〉에서 있는 대로 고른 것은?

| 보기 |

ㄱ. 전류의 방향은 A와 C가 같다.

ㄴ. A에 흐르는 전류의 세기는 $3I_0$이다.

ㄷ. $x=2d$에서 A, B, C에 흐르는 전류에 의한 자기장의 세기는 $\frac{4}{3}B_0$이다.

① ㄱ   ② ㄴ   ③ ㄷ   ④ ㄱ, ㄴ   ⑤ ㄱ, ㄷ

164 | 신유형 |

상 중 하

그림과 같이 무한히 긴 직선 직선 도선 A, B, C가 xy 평면에 고정되어 있다. A, B, C에는 방향이 일정하고 세기가 각각 I_0, $3I_0$, I_C인 전류가 흐르고 있다. A, B에 흐르는 전류의 방향은 $+y$방향이다. 표는 P, Q에서 A, B, C의 전류에 의한 자기장의 세기를 나타낸 것이다. P에서 A의 전류에 의한 자기장의 세기는 B_0이다.

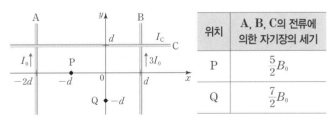

위치	A, B, C의 전류에 의한 자기장의 세기
P	$\frac{5}{2}B_0$
Q	$\frac{7}{2}B_0$

이에 대한 설명으로 옳은 것만을 〈보기〉에서 있는 대로 고른 것은?

| 보기 |

ㄱ. C에 흐르는 전류의 세기는 $\frac{3}{2}I_0$이다.

ㄴ. C에 흐르는 전류의 방향은 $-x$방향이다.

ㄷ. P에서 A, B, C의 전류에 의한 자기장의 방향은 xy 평면에서 수직으로 나오는 방향이다.

① ㄱ   ② ㄴ   ③ ㄷ   ④ ㄱ, ㄷ   ⑤ ㄴ, ㄷ

165 | 신유형 | 상 중 하

그림 (가)는 종이면에 고정된 반지름이 r인 원형 도선 A에 세기가 I인 전류가 화살표 방향으로 흐르는 것을 나타낸 것이다. 점 O는 A의 중심이다. 그림 (나)는 (가)에서 일정한 전류가 흐르는 반지름이 $2r$인 원형 도선 B를 중심이 O로 같도록 추가로 종이면에 고정시킨 것을 나타낸 것이다. (가)의 O에서 A의 전류에 의한 자기장의 세기와 (나)의 O에서 A, B의 전류에 의한 자기장의 세기는 같다.

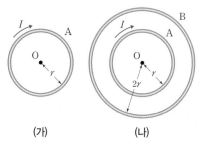

(가)   (나)

이에 대한 설명으로 옳은 것만을 〈보기〉에서 있는 대로 고른 것은?

| 보기 |

ㄱ. (가)의 O에서 A의 전류에 의한 자기장의 방향은 종이면에서 수직으로 나오는 방향이다.
ㄴ. 원형 도선에 흐르는 전류의 방향은 A와 B가 반대이다.
ㄷ. B에 흐르는 전류의 세기는 $3I$이다.

① ㄱ   ② ㄴ   ③ ㄷ   ④ ㄱ, ㄷ   ⑤ ㄴ, ㄷ

166 상 중 하

그림은 중심이 O로 같은 원형 도선 A, B가 종이면에 고정되어 있는 것을 나타낸 것이다. A에는 세기가 I인 전류가 화살표 방향으로 흐른다. 표는 B에 흐르는 전류의 방향은 유지하며 세기만을 변화시킬 때 O에서 A, B의 전류에 의한 자기장의 세기를 나타낸 것이다.

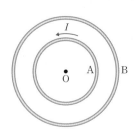

B에 흐르는 전류의 세기	O에서 A, B의 전류에 의한 자기장의 세기
0	B_0
I_1	0
$3I_1$	㉠

이에 대한 설명으로 옳은 것만을 〈보기〉에서 있는 대로 고른 것은?

| 보기 |

ㄱ. 원형 도선에 흐르는 전류의 방향은 A, B가 서로 반대이다.
ㄴ. ㉠은 $3B_0$이다.
ㄷ. B에 흐르는 전류의 세기가 $3I_1$일 때, O에서 A, B의 전류에 의한 자기장의 방향은 종이면에 수직으로 들어가는 방향이다.

① ㄱ   ② ㄴ   ③ ㄱ, ㄴ   ④ ㄱ, ㄷ   ⑤ ㄴ, ㄷ

167 | 신유형 | 상 중 하

그림은 원형 도선 A와 무한히 긴 직선 도선 B가 xy 평면에 고정되어 있는 것을 나타낸 것이다. y축상의 점 P, Q의 위치는 각각 d, $-2d$이다. A, B에는 일정한 전류가 흐르고 있으며, B에 흐르는 전류의 방향은 $-x$방향이다. P에서 B의 전류에 의한 자기장의 세기는 B_0이다. 표는 A의 중심 위치를 P, Q에 고정시킬 때, A의 중심에서 A, B의 전류에 의한 자기장의 방향과 세기를 나타낸 것이다.

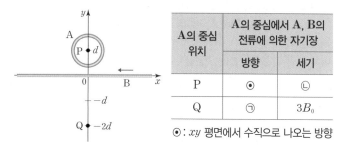

A의 중심 위치	A의 중심에서 A, B의 전류에 의한 자기장	
	방향	세기
P	⊙	㉡
Q	㉠	$3B_0$

⊙ : xy 평면에서 수직으로 나오는 방향

이에 대한 설명으로 옳은 것만을 〈보기〉에서 있는 대로 고른 것은?

| 보기 |

ㄱ. A에 흐르는 전류의 방향은 시계 방향이다.
ㄴ. ㉠은 ⊙이다.
ㄷ. ㉡은 $2B_0$이다.

① ㄱ   ② ㄴ   ③ ㄷ   ④ ㄱ, ㄴ   ⑤ ㄴ, ㄷ

168 | 신유형 | 상 중 하

그림은 동일한 원통에 감은 수가 각각 $2N$, N인 솔레노이드 A, B를 가까이 놓고 고정시킨 것을 나타낸 것이다. 점 p, q는 두 솔레노이드의 중심을 지나는 x축상의 점이다. A에는 화살표 방향으로 전류가 흐르고, B에는 ⓐ 또는 ⓑ 중 한 방향으로 전류가 흐른다. q는 A와 B의 중간 지점이며, q에서 A, B의 전류에 의한 자기장은 0이다.

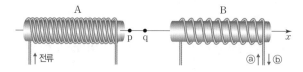

이에 대한 설명으로 옳은 것만을 〈보기〉에서 있는 대로 고른 것은?

| 보기 |

ㄱ. 전류의 세기는 A에서가 B에서보다 크다.
ㄴ. p에서 A, B의 전류에 의한 자기장의 방향은 $-x$방향이다.
ㄷ. B에 흐르는 전류의 방향은 ⓐ이다.

① ㄱ   ② ㄴ   ③ ㄷ   ④ ㄱ, ㄴ   ⑤ ㄴ, ㄷ

169 상 중 하

그림과 같이 솔레노이드, 저항, 스위치, 전압이 V_1과 V_2인 전원을 이용하여 회로를 구성하였다. 점 p는 솔레노이드 외부에 위치하고, 점 q는 솔레노이드의 중심을 지나는 x축상에 위치한다. $V_1 > V_2$이다.

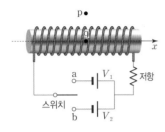

이에 대한 설명으로 옳은 것만을 〈보기〉에서 있는 대로 고른 것은?

| 보기 |

ㄱ. 스위치를 a에 연결할 때, q에서 전류에 의한 자기장의 방향은 $+x$방향이다.
ㄴ. 스위치를 b에 연결할 때, 전류에 의한 자기장의 세기는 p에서가 q에서보다 크다.
ㄷ. p에서 전류에 의한 자기장의 세기는 스위치를 a에 연결할 때가 b에 연결할 때보다 크다.

① ㄱ   ② ㄴ   ③ ㄷ   ④ ㄱ, ㄷ   ⑤ ㄴ, ㄷ

170 | 신유형 | 상 중 하

그림은 반지름이 $2d$인 원형 도선 A와 무한히 긴 직선 도선 B를 xy 평면에 고정시킨 것을 나타낸 것이다. A에는 일정한 전류가 흐르고, A의 중심은 원점 O이다. 표는 B에 흐르는 전류에 따라 O에서 A, B의 전류에 의한 자기장을 나타낸 것이다.

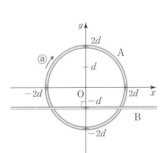

B에 흐르는 전류		O에서 A, B의 전류에 의한 자기장	
방향	세기	방향	세기
해당 없음	0	⊙	B_0
$+x$	I_0	㉠	㉢
$-x$	$2I_0$	㉡	$4B_0$

⊙ : xy 평면에서 수직으로 나오는 방향

이에 대한 설명으로 옳은 것만을 〈보기〉에서 있는 대로 고른 것은?

| 보기 |

ㄱ. A에 흐르는 전류의 방향은 ⓐ이다.
ㄴ. ㉠과 ㉡은 같다.
ㄷ. ㉢은 $\frac{7}{2}B_0$이다.

① ㄱ   ② ㄴ   ③ ㄷ   ④ ㄱ, ㄷ   ⑤ ㄴ, ㄷ

171 상 중 하

그림은 중심이 점 p로 같고 일정한 전류가 흐르는 원형 도선 A, B와 무한히 긴 직선 도선 C가 xy 평면에 고정되어 있는 것을 나타낸 것이다. 원형 도선에 흐르는 전류는 방향이 A에서와 B에서가 반대이고 세기는 A에서와 B에서가 같다. 표는 p에서 A~C의 전류에 의한 자기장의 세기를 C에 흐르는 전류에 따라 나타낸 것이다.

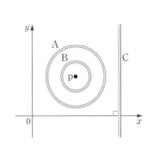

C에 흐르는 전류		p에서 A~C의 전류에 의한 자기장	
세기	방향	세기	방향
0	해당 없음	B_0	⊙
I_0	$+y$	$2B_0$	⊙
$2I_0$	$-y$	㉠	㉡

⊙ : xy 평면에서 수직으로 나오는 방향

이에 대한 설명으로 옳은 것만을 〈보기〉에서 있는 대로 고른 것은?

| 보기 |

ㄱ. A에 흐르는 전류의 방향은 시계 방향이다.
ㄴ. ㉠은 B_0이다.
ㄷ. ㉡은 ⊙이다.

① ㄱ   ② ㄷ   ③ ㄱ, ㄴ   ④ ㄴ, ㄷ   ⑤ ㄱ, ㄴ, ㄷ

172 상 중 하

그림 (가)는 무한히 긴 직선 도선 A와 반지름이 d인 원형 도선 B가 xy 평면에 고정되어 있는 것을 나타낸 것이다. 그림 (나)는 (가)에서 A만 옮겨 고정시킨 모습을 나타낸 것이다. A와 B에는 화살표 방향으로 일정한 전류가 흐르며, B의 중심에서 B의 전류에 의한 자기장의 세기는 B_0이다. B의 중심에서 A, B의 전류에 의한 자기장은 방향이 (가)에서와 (나)에서가 같고, 세기는 (가)에서가 (나)에서의 2배이다.

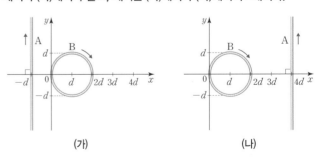

(가)   (나)

(가)의 $x = 3d$에서 A의 전류에 의한 자기장의 세기는?

① $\frac{3}{14}B_0$ ② $\frac{2}{7}B_0$ ③ $\frac{5}{14}B_0$ ④ $\frac{3}{7}B_0$ ⑤ $\frac{1}{2}B_0$

N 11 물질의 자성과 전자기 유도

✓ 출제 개념
• 자성체의 특징 구분
• 솔레노이드에서의 전자기 유도와 자성체
• 솔레노이드에서의 전자기 유도
• 움직이는 도선에서의 전자기 유도

1 자성체의 종류와 특징

(1) 물질의 자성

① 자기화(자화): 외부 자기장의 영향으로 원자 자석들이 일정한 방향으로 정렬되는 현상

② 자성: 물질이 자석에 반응하는 성질

★빈출
(2) 자성체의 종류

① 강자성체: 외부 자기장의 방향과 같은 방향으로 자기화되는 비율이 높은 물질로, 외부 자기장이 없어지더라도 자성을 오래 유지
  예 철, 니켈, 코발트 등

외부 자기장이 없을 때	외부 자기장을 걸 때	외부 자기장을 제거할 때
자기 구역의 자기장이 다양하게 분포함	자기 구역이 외부 자기장의 방향으로 정렬되어 강하게 자기화됨	자기화된 상태가 오랫동안 유지됨

② 상자성체: 외부 자기장과 같은 방향으로 자기화되지만 그 비율이 일반적으로 강자성체보다 낮음. 외부 자기장이 사라지면 자성이 바로 사라짐
  예 종이, 알루미늄, 마그네슘 등

외부 자기장이 없을 때	외부 자기장을 걸 때	외부 자기장을 제거할 때
원자들의 자기장 방향이 불규칙하게 분포되어 자성을 나타내지 않음	외부 자기장의 방향으로 약하게 자기화됨	원자들의 자기장 방향이 흐트러져 자기화된 상태가 바로 사라짐

③ 반자성체: 외부 자기장이 없을 때는 자성을 갖는 원자가 없고, 외부 자기장에서는 외부 자기장과 반대 방향으로 자기화됨
  예 구리, 유리, 물 등

외부 자기장이 없을 때	외부 자기장을 걸 때	외부 자기장을 제거할 때
자기장을 갖는 원자가 없어 자기장을 갖지 않음	외부 자기장과 반대 방향으로 약하게 자기화됨	자기화된 상태가 바로 사라짐

(3) 자성체의 활용

① 자성체의 이용: 실생활에는 강자성체가 많이 이용됨
  예 전자석, 액체 자석, 네오디뮴 자석, 하드 디스크 등

② 반자성체의 이용: 초전도체, 자기 부상 열차 등

2 전자기 유도

(1) 자기 선속(Φ)
자기장에 수직인 단면을 통과하는 자기력선의 수로, 자기장의 세기(B)와 단면적(S)의 곱과 같음

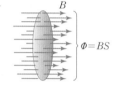

$$\Phi = BS \text{ (단위: Wb)}$$

(2) 전자기 유도
코일을 통과하는 자기 선속이 시간에 따라 변할 때, 코일에 유도 기전력이 발생하여 유도 전류가 흐르는 현상

① 유도 기전력: 전자기 유도에 의해 발생하는 전압

② 유도 전류: 전자기 유도에 의해 흐르는 전류

★고빈출
(3) 렌츠 법칙과 패러데이 법칙

① 렌츠 법칙: 전자기 유도가 일어날 때 유도 전류에 의한 자기장이 자기 선속의 변화를 방해하는 방향으로 형성되도록 유도 전류가 흐름

N극이 접근할 때	N극이 멀어질 때	S극이 접근할 때	S극이 멀어질 때
N극이 접근하면 위쪽에 N극을 만들어 척력이 작용하도록 유도 전류 흐름	N극이 멀어지면 위쪽에 S극을 만들어 인력이 작용하도록 유도 전류 흐름	S극이 접근하면 위쪽에 S극을 만들어 척력이 작용하도록 유도 전류 흐름	S극이 멀어지면 위쪽에 N극을 만들어 인력이 작용하도록 유도 전류 흐름

② 패러데이 법칙: 유도 기전력(V)은 코일의 감은 수(N)와 자기 선속의 시간에 따른 변화율$\left(\dfrac{\Delta\Phi}{\Delta t}\right)$에 비례하고 방향은 자기 선속의 변화를 방해하는 방향

$$V = -N\frac{\Delta\Phi}{\Delta t} \text{ (단위: V)}$$

(4) 전자기 유도의 이용
발전기, 다이나믹 마이크, 교통 카드 판독기, 스마트폰 무선 충전기, 마그네틱 카드, 불이 켜지는 바퀴 등

대표 기출 문제

173

그림은 자성체 P와 Q, 솔레노이드가 x축상에 고정되어 있는 것을 나타낸 것이다. 솔레노이드에 흐르는 전류의 방향이 a일 때, P와 Q가 솔레노이드에 작용하는 자기력의 방향은 $+x$방향이다. P와 Q는 상자성체와 반자성체를 순서 없이 나타낸 것이다.
이에 대한 설명으로 옳은 것만을 〈보기〉에서 있는 대로 고른 것은?

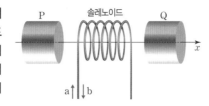

| 보기 |

ㄱ. P는 반자성체이다.
ㄴ. Q가 자기화되는 방향은 전류의 방향이 a일 때와 b일 때가 같다.
ㄷ. 전류의 방향이 b일 때, P와 Q가 솔레노이드에 작용하는 자기력의 방향은 $-x$ 방향이다.

① ㄱ　　② ㄴ　　③ ㄱ, ㄷ　　④ ㄴ, ㄷ　　⑤ ㄱ, ㄴ, ㄷ

174

그림과 같이 한 변의 길이가 $2d$인 정사각형 금속 고리가 xy 평면에서 균일한 자기장 영역 Ⅰ~Ⅲ을 $+x$방향으로 등속도 운동을 하며 지난다. 금속 고리의 한 변의 중앙에 고정된 점 p가 $x=d$와 $x=5d$를 지날 때, p에 흐르는 유도 전류의 세기는 같고 방향은 $-y$방향이다. Ⅰ, Ⅱ에서 자기장의 세기는 각각 B_0이

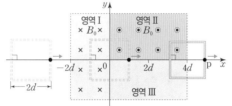

◉ : xy 평면에서 수직으로 나오는 방향
× : xy 평면에 수직으로 들어가는 방향

고, Ⅲ에서 자기장의 세기는 일정하고 방향은 xy 평면에 수직이다.
p에 흐르는 유도 전류를 p의 위치에 따라 나타낸 그래프로 가장 적절한 것은? (단, p에 흐르는 유도 전류의 방향은 $+y$방향이 양($+$)이다.) [3점]

① 　　②

③ 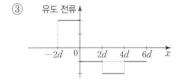　　④

⑤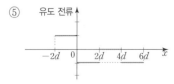

175 | 신유형 | 　상 중 하

다음은 자성체 A, B, C를 기준에 따라 분류한 것이다. A, B, C는 각각 강자성체, 반자성체, 상자성체 중 하나이다.

기준	A	B	C
외부 자기장의 방향으로 자기화된다.	○	×	○
외부 자기장이 사라져도 자성을 유지한다.	×	×	○

(○ : 해당함　× : 해당하지 않음)

A, B, C로 옳은 것은?

	A	B	C
①	강자성체	반자성체	상자성체
②	강자성체	상자성체	반자성체
③	상자성체	강자성체	반자성체
④	상자성체	반자성체	강자성체
⑤	반자성체	상자성체	강자성체

176 | 신유형 | 　상 중 하

그림 (가)는 솔레노이드 속에 자기화되지 않은 자성체 A를 넣고 자기화시킨 것을 나타낸 것이다. 그림 (나)는 (가)에서 A를 제거하고 자기화되지 않은 자성체 B를 넣어 자기화시킨 것을 나타낸 것이다. 점 p는 솔레노이드의 중심축상의 점이고, p에서 자기장의 세기는 (가)에서가 (나)에서보다 작다. A, B는 강자성체와 상자성체를 순서 없이 나타낸 것이다.

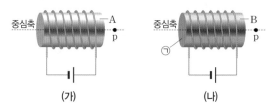

(가)　　　　(나)

이에 대한 설명으로 옳은 것만을 〈보기〉에서 있는 대로 고른 것은? (단, 지구 자기장은 무시한다.)

| 보기 |

ㄱ. A는 강자성체이다.
ㄴ. p에서 자기장의 방향은 (가)에서와 (나)에서가 같다.
ㄷ. (나)에서 B의 ㉠면은 N극으로 자기화된다.

① ㄱ　　② ㄴ　　③ ㄷ　　④ ㄱ, ㄴ　　⑤ ㄴ, ㄷ

177 | 신유형 | 　상 중 하

다음은 자성체의 특성을 알아보기 위한 실험이다.

| 실험 과정

(가) 그림과 같이 동일한 전원 장치 2개, 코일, 스위치 S를 연결하여 회로를 구성한 뒤, 코일의 양 끝에 자기화되지 않은 자성체 A, B를 실에 매달아 솔레노이드의 중심을 지나는 x축상에 정지시킨다. A, B는 강자성체와 반자성체를 순서 없이 나타낸 것이다.

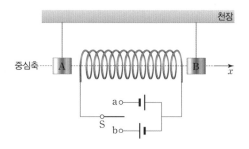

(나) S를 a에 연결하는 순간 A와 B의 운동 방향을 관찰한다.
(다) (나)에서 충분한 시간이 지난 후, S를 열고 A와 B를 정지시킨다.
(라) S를 b에 연결하는 순간 A와 B의 운동 방향을 관찰한다.

| 실험 결과

과정	A의 운동 방향	B의 운동 방향
(나)	$+x$	$+x$
(라)	㉠	㉡

이에 대한 설명으로 옳은 것만을 〈보기〉에서 있는 대로 고른 것은? (단, A와 B의 상호 작용은 무시한다.)

| 보기 |

ㄱ. A는 강자성체이다.
ㄴ. (나)에서 A와 B는 같은 방향으로 자기화된다.
ㄷ. ㉠과 ㉡은 같다.

① ㄱ　　② ㄴ　　③ ㄷ　　④ ㄱ, ㄴ　　⑤ ㄱ, ㄷ

178

상 중 하

그림 (가)는 실에 매달린 자석에 자기화되지 않은 물체 P, Q를 접촉시켰더니 자석에 붙어 정지해 있는 것을 나타낸 것이다. 그림 (나)는 마찰이 없는 수평면에서 (가)의 자석에서 분리한 P, Q와 자기화되지 않는 물체 R를 각각 가까이 놓은 것을 나타낸 것이다. P와 Q 사이에는 자기력이 작용하고, Q와 R 사이에는 자기력이 작용하지 않는다. P, Q, R는 반자성체, 강자성체, 상자성체를 순서 없이 나타낸 것이다.

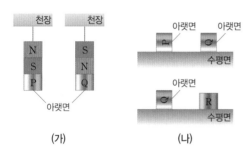

(가)　　　　　　　　(나)

이에 대한 설명으로 옳은 것만을 〈보기〉에서 있는 대로 고른 것은? (단, 지구 자기장은 무시한다.)

| 보기 |

ㄱ. (가)에서 자기화되는 방향은 P와 Q가 같다.
ㄴ. R는 반자성체이다.
ㄷ. (나)에서 P와 Q 사이에는 서로 당기는 자기력이 작용한다.

① ㄱ　　② ㄴ　　③ ㄷ　　④ ㄱ, ㄴ　　⑤ ㄴ, ㄷ

179

상 중 하

그림 (가)는 자기화되지 않은 물체 A의 자기 구역과 원자 자석의 배열을 나타낸 것이다. 그림 (나)는 (가)의 A에 외부 자기장을 걸어 주었을 때, (다)는 (나)에서 외부 자기장을 제거했을 때 A의 자기 구역과 원자 자석의 배열을 나타낸 것이다. A는 강자성체, 반자성체, 상자성체 중 하나이다.

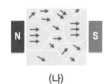

(가)　　　　　(나)　　　　　(다)

이에 대한 설명으로 옳은 것만을 〈보기〉에서 있는 대로 고른 것은? (단, 지구 자기장은 무시한다.)

| 보기 |

ㄱ. A는 반자성체이다.
ㄴ. (나)에서 A는 외부 자기장과 반대 방향으로 자기화된다.
ㄷ. A의 자기적 성질은 정보 저장 장치에 사용될 수 있다.

① ㄱ　　② ㄴ　　③ ㄷ　　④ ㄱ, ㄴ　　⑤ ㄴ, ㄷ

180

| 개념 통합 |

상 중 하

그림 (가)는 자기화되지 않은 물체 A를 균일한 자기장 영역에 넣어 자기화시키는 것을 나타낸 것이다. 그림 (나)는 (가)에서 자기화된 물체를 연직 아래 방향으로 코일에 가까이 접근시켰더니 p-n 접합 발광 다이오드(LED)에서 빛이 방출되는 것을 나타낸 것이다. X는 p형 반도체와 n형 반도체 중 하나이다.

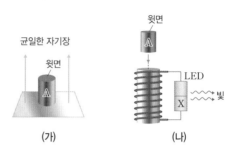

(가)　　　　　　　　(나)

이에 대한 설명으로 옳은 것만을 〈보기〉에서 있는 대로 고른 것은?

| 보기 |

ㄱ. A는 강자성체이다.
ㄴ. X는 p형 반도체이다.
ㄷ. (나)에서 A를 연직 위 방향으로 코일에서 멀어지게 하면, A와 코일 사이에는 서로 당기는 자기력이 작용한다.

① ㄴ　　② ㄷ　　③ ㄱ, ㄴ　　④ ㄱ, ㄷ　　⑤ ㄱ, ㄴ, ㄷ

181

| 신유형 |

상 중 하

그림은 xy 평면에 수직인 방향의 자기장 영역 Ⅰ, Ⅱ의 경계면에서 동일한 정사각형 금속 고리 A, B, C가 같은 속력으로 운동하는 순간의 모습을 나타낸 것이다. A, B, C의 운동 방향은 각각 $-x$, $+y$, $+x$ 방향이고, 점 p, q, r는 각각 A, B, C의 한 점이다. Ⅰ과 Ⅱ에서 자기장의 방향은 서로 반대이고, Ⅰ과 Ⅱ에서 자기장의 세기는 각각 B, $2B$이다.

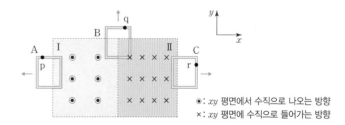

⊙: xy 평면에서 수직으로 나오는 방향
×: xy 평면에 수직으로 들어가는 방향

이에 대한 설명으로 옳은 것만을 〈보기〉에서 있는 대로 고른 것은?

| 보기 |

ㄱ. 유도 전류의 세기는 p에서가 r에서보다 크다.
ㄴ. r에 흐르는 유도 전류의 방향은 $-y$방향이다.
ㄷ. 유도 전류의 방향은 p에서와 q에서가 같다.

① ㄱ　　② ㄴ　　③ ㄷ　　④ ㄱ, ㄴ　　⑤ ㄴ, ㄷ

182 | 신유형 |
상 중 하

그림 (가)와 같이 균일한 자기장 영역 Ⅰ, Ⅱ에 정사각형 금속 고리 P, Q가 고정되어 있다. 자기장의 방향은 Ⅰ에서와 Ⅱ에서가 반대 방향이다. 그림 (나)는 Ⅰ과 Ⅱ에서 자기장의 세기를 시간에 따라 나타낸 것이다.

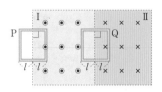

⦿ : 종이면에서 수직으로 나오는 방향
× : 종이면에 수직으로 들어가는 방향

(가)   (나)

이에 대한 설명으로 옳은 것만을 〈보기〉에서 있는 대로 고른 것은?

| 보기 |
ㄱ. P를 통과하는 자기 선속은 t_0일 때가 $2t_0$일 때보다 작다.
ㄴ. t_0일 때, 유도 전류의 방향은 P에서와 Q에서가 같다.
ㄷ. t_0일 때, 유도 전류의 세기는 P에서가 Q에서보다 작다.

① ㄱ   ② ㄴ   ③ ㄷ   ④ ㄴ, ㄷ   ⑤ ㄱ, ㄴ, ㄷ

183
상 중 하

그림은 x축과 나란한 방향으로 한 변의 길이가 $2d$인 직사각형 금속 고리가 xy 평면에서 $+x$방향으로 운동하는 것을 나타낸 것이다. 금속 고리는 등속도 운동을 하면서 각각 균일한 자기장 영역 Ⅰ, Ⅱ, Ⅲ을 통과한다. Ⅰ, Ⅱ, Ⅲ에서 자기장의 방향은 xy 평면에 수직인 방향이다. 표는 금속 고리 위의 한 점 p의 위치에 따라 p에 흐르는 유도 전류의 방향을 나타낸 것이다.

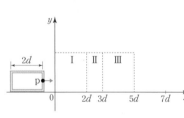

p의 위치	p에 흐르는 유도 전류의 방향
$x=d$	$-y$
$x=2.5d$	흐르지 않음
$x=3.5d$	$-y$
$x=6d$	㉠

이에 대한 설명으로 옳은 것만을 〈보기〉에서 있는 대로 고른 것은?

| 보기 |
ㄱ. Ⅰ에서 자기장의 방향은 xy 평면에서 수직으로 나오는 방향이다.
ㄴ. 자기장의 세기는 Ⅰ에서가 Ⅲ에서보다 크다.
ㄷ. ㉠은 '$-y$'이다.

① ㄱ   ② ㄴ   ③ ㄷ   ④ ㄱ, ㄴ   ⑤ ㄱ, ㄷ

184
상 중 하

그림은 가만히 놓은 막대자석이 금속 고리의 중심축을 따라 운동하며 점 p, q를 지나는 것을 나타낸 것이다. 금속 고리의 중심으로부터 p, q까지의 거리는 같고, 자석의 속력은 p에서가 q에서보다 작다. 이에 대한 설명으로 옳은 것만을 〈보기〉에서 있는 대로 고른 것은?

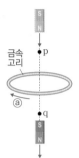

| 보기 |
ㄱ. 자석이 p를 지난 순간부터 고리에 가까워지는 동안, 고리를 통과하는 자기 선속은 증가한다.
ㄴ. 자석이 코일로부터 받는 자기력의 방향은 p에서와 q에서가 같다.
ㄷ. 자석이 q를 지날 때, 고리에 흐르는 유도 전류의 방향은 ⓐ이다.

① ㄱ   ② ㄷ   ③ ㄱ, ㄴ   ④ ㄴ, ㄷ   ⑤ ㄱ, ㄴ, ㄷ

185 | 신유형 |
상 중 하

그림 (가)와 같이 xy 평면에서 한 변의 길이가 d인 정사각형 금속 고리가 $+x$방향으로 운동하며 xy 평면에 수직인 방향의 자기장 영역 Ⅰ, Ⅱ, Ⅲ을 통과한다. Ⅰ, Ⅱ, Ⅲ에서 자기장의 세기는 각각 $2B$, B, $2B$이고, 자기장의 방향은 모두 같다. 그림 (나)는 금속 고리의 한 점 p의 위치 x에 따라 금속 고리의 속력을 나타낸 것이다. p가 $x=0.5d$를 지날 때 p에 흐르는 유도 전류의 방향은 $+y$방향이다.

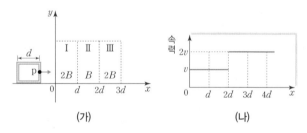

(가)   (나)

이에 대한 설명으로 옳은 것만을 〈보기〉에서 있는 대로 고른 것은?

| 보기 |
ㄱ. 유도 전류의 세기는 p가 $x=0.5d$를 지날 때가 $x=3.5d$를 지날 때보다 작다.
ㄴ. Ⅱ에서 자기장의 방향은 xy 평면에 수직으로 들어가는 방향이다.
ㄷ. 유도 전류의 방향은 p가 $x=1.5d$를 지날 때와 $x=2.5d$를 지날 때가 같다.

① ㄱ   ② ㄷ   ③ ㄱ, ㄴ   ④ ㄴ, ㄷ   ⑤ ㄱ, ㄴ, ㄷ

186 | 신유형 | 상 중 **하**

다음은 전자기 유도 현상을 알아보기 위한 실험이다.

| 실험 과정

(가) 그림과 같이 검류계에 코일을 연결하고 코일의 중심
축상에 막대자석을 정지시킨다. 점 p는 중심축상의 점
이다.

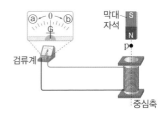

(나) 자석의 아래를 N극으로 하여 중심축을 따라 코일에 가
까워지는 방향으로 p를 속력 v로 지날 때, 검류계 바늘
이 움직이는 방향을 관찰한다.

(다) 자석의 아래를 N극으로 하여 중심축을 따라 코일에서
멀어지는 방향으로 p를 속력 v로 지날 때, 검류계 바늘
이 움직이는 방향을 관찰한다.

(라) 자석의 아래를 S극으로 하여 중심축을 따라 코일에서
멀어지는 방향으로 p를 속력 $2v$로 지날 때, 검류계 바
늘이 움직이는 방향을 관찰한다.

| 실험 결과

과정	검류계 바늘이 움직이는 방향
(나)	ⓐ
(다)	ⓑ
(라)	㉠

이에 대한 설명으로 옳은 것만을 〈보기〉에서 있는 대로 고른 것은?

| 보기 |

ㄱ. (나)에서 막대자석과 코일 사이에는 서로 당기는 자기력
이 작용한다.
ㄴ. ㉠은 'ⓐ'이다.
ㄷ. 코일에 흐르는 유도 전류의 세기는 (다)에서가 (라)에서
보다 크다.

① ㄴ ② ㄷ ③ ㄱ, ㄴ ④ ㄱ, ㄷ ⑤ ㄱ, ㄴ, ㄷ

187 | 개념 통합 | 상 **중** 하

그림은 빗면에 가만히 놓은 자석이 솔레노이드의 중심축에 놓인 마
찰이 없는 수평 레일을 따라 운동하는 모습을 나타낸 것이다. 점 a, b
는 수평 레일 위에 있고, 솔레노이드에는 p-n 접합 발광 다이오드
(LED)가 연결되어 있다. 자석이 b를 지날 때 LED에서 빛이 방출
된다. X는 p형 반도체와 n형 반도체 중 하나이다.

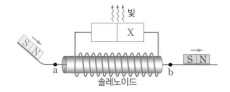

이에 대한 설명으로 옳은 것만을 〈보기〉에서 있는 대로 고른 것은?
(단, 공기 저항은 무시한다.)

| 보기 |

ㄱ. 자석이 a를 지날 때, 자석과 솔레노이드 사이에는 서로
미는 자기력이 작용한다.
ㄴ. 자석의 역학적 에너지는 a에서가 b에서보다 크다.
ㄷ. X는 p형 반도체이다.

① ㄱ ② ㄴ ③ ㄷ ④ ㄱ, ㄴ ⑤ ㄴ, ㄷ

188 | 신유형 | 상 **중** 하

그림은 사각형 금속 고리가 균일한 자기장 영역 Ⅰ, Ⅱ, Ⅲ을 향해 $+x$
방향으로 운동하는 것을 나타낸 것이다. Ⅰ, Ⅱ, Ⅲ에서 자기장의 세기
는 B로 같고, 자기장의 방향은 xy 평면에 수직인 방향이다. 점 p는
고리 위에 있으며, p에 $+y$방향으로 흐르는 유도 전류를 양($+$)으로
표시한다.

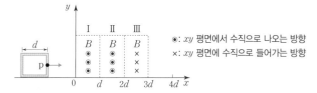

p의 위치에 따라 고리에 흐르는 유도 전류를 나타낸 것으로 가장 적절
한 것은?

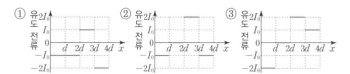

189

그림은 x축상에 점전하 A, B, C를 고정하고, 양$(+)$전하인 P를 $x=3d$로 옮겨 고정시켰더니 P에 작용하는 전기력이 0인 것을 나타낸 것이다. B와 C는 양$(+)$전하이고, 전하량의 크기는 C가 B의 2배이다. 표는 P를 옮기며 고정할 때, P의 위치에 따라 P에 작용하는 전기력의 방향을 나타낸 것이다.

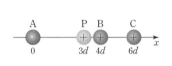

P의 위치	P에 작용하는 전기력의 방향
$x=2d$	$+x$
$x=5d$	㉠

이에 대한 설명으로 옳은 것만을 〈보기〉에서 있는 대로 고른 것은?

| 보기 |

ㄱ. A는 양$(+)$전하이다.
ㄴ. 전하량의 크기는 A가 B의 10배이다.
ㄷ. ㉠은 $-x$이다.

① ㄱ ② ㄴ ③ ㄱ, ㄷ ④ ㄴ, ㄷ ⑤ ㄱ, ㄴ, ㄷ

190 | 신유형 |

그림은 x축상에 점전하 A, B, C를 고정한 것을 나타낸 것이다. 그림 (나)는 (가)에서 A와 C의 위치를 바꾸어 고정한 것을 나타낸 것이다. (가)에서 B에 작용하는 전기력은 0이고, (나)에서 B에 작용하는 전기력의 방향은 $+x$방향이다.

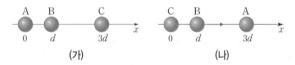

(가)   (나)

이에 대한 설명으로 옳은 것만을 〈보기〉에서 있는 대로 고른 것은?

| 보기 |

ㄱ. 전하량의 크기는 C가 A의 4배이다.
ㄴ. B와 C 사이에는 서로 당기는 전기력이 작용한다.
ㄷ. (나)에서 C에 작용하는 전기력의 크기는 A에 작용하는 전기력의 크기보다 크다.

① ㄱ ② ㄴ ③ ㄱ, ㄷ ④ ㄴ, ㄷ ⑤ ㄱ, ㄴ, ㄷ

191

그림 (가)는 보어의 수소 원자 모형에서 양자수 n에 따른 에너지 준위의 일부와 전자의 전이 A~D를 나타낸 것이다. 그림 (나)는 (가)에서 전자의 전이가 일어날 때 흡수되는 빛의 선 스펙트럼을 파장에 따라 나타낸 것이다. p, q는 각각 A~D 중 하나에 의해 나타난 스펙트럼선이다.

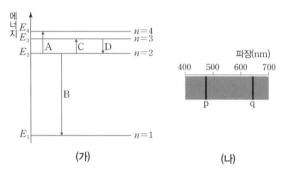

(가)   (나)

이에 대한 설명으로 옳은 것만을 〈보기〉에서 있는 대로 고른 것은?

| 보기 |

ㄱ. p는 A에서 흡수된 스펙트럼선이다.
ㄴ. 흡수되거나 방출되는 광자 1개의 에너지는 B에서가 C에서보다 크다.
ㄷ. 흡수되거나 방출되는 빛의 진동수는 A에서가 D에서보다 크다.

① ㄱ ② ㄷ ③ ㄱ, ㄴ ④ ㄴ, ㄷ ⑤ ㄱ, ㄴ, ㄷ

192 | 신유형 |

그림은 보어의 수소 원자 모형에서 양자수 n에 따른 에너지 준위의 일부와 전자의 전이 a, b, c를 나타낸 것이다. a에서 방출된 빛의 파장은 λ_0이다.
이에 대한 설명으로 옳은 것만을 〈보기〉에서 있는 대로 고른 것은?

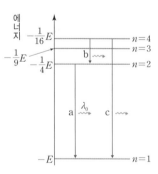

| 보기 |

ㄱ. 전자가 원자핵으로부터 받는 전기력의 크기는 $n=1$인 궤도에서가 $n=3$인 궤도에서보다 크다.
ㄴ. 방출되는 광자 1개의 에너지는 a에서가 b에서보다 작다.
ㄷ. c에서 방출되는 빛의 파장은 $\frac{4}{5}\lambda_0$이다.

① ㄱ ② ㄴ ③ ㄷ ④ ㄱ, ㄷ ⑤ ㄴ, ㄷ

193 | 신유형 |
상 중 하

그림 (가)는 고체 A의 에너지띠 구조를 나타낸 것이다. A는 도체와 절연체 중 하나이다. 그림 (나)는 p−n 접합 다이오드, 저항, A, 직류 전원 장치로 구성된 회로를 나타낸 것이다. X는 p형 반도체와 n형 반도체 중 하나이다. 스위치를 열거나 닫을 때 한 경우에만 저항에 전류가 흐른다.

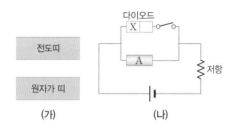

(가) (나)

이에 대한 설명으로 옳은 것만을 〈보기〉에서 있는 대로 고른 것은?

| 보기 |

ㄱ. 스위치를 열면 회로에 전류가 흐른다.
ㄴ. 스위치를 닫으면 다이오드의 n형 반도체에 있는 전자는 p−n 접합면 쪽으로 이동한다.
ㄷ. X는 p형 반도체이다.

① ㄱ ② ㄴ ③ ㄷ ④ ㄱ, ㄴ ⑤ ㄴ, ㄷ

194 | 신유형 |
상 중 하

그림 (가)는 저마늄(Ge)에 인듐(In)을 첨가한 반도체 X의 원자가 전자의 배열을 나타낸 것이고, (나)는 X, 반도체 Y를 접합하여 만든 p−n 접합 다이오드를 이용하여 구성한 회로를 나타낸 것이다.

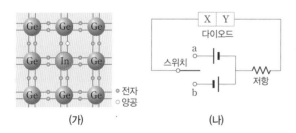

(가) (나)

이에 대한 설명으로 옳은 것만을 〈보기〉에서 있는 대로 고른 것은?

| 보기 |

ㄱ. Y는 주로 양공이 전류를 흐르게 한다.
ㄴ. 스위치를 a에 연결하면 다이오드에는 순방향 전압이 걸린다.
ㄷ. 스위치를 b에 연결하면 다이오드의 p형 반도체에 있는 양공은 p−n 접합면에서 멀어지는 쪽으로 이동한다.

① ㄴ ② ㄷ ③ ㄱ, ㄴ ④ ㄱ, ㄷ ⑤ ㄴ, ㄷ

195
상 중 하

그림은 동일한 p−n 접합 다이오드 4개, 저항, 전지를 이용하여 구성한 회로에서 스위치를 a에 연결했더니 저항에 화살표 방향으로 전류가 흐르는 것을 나타낸 것이다. X와 Y는 p형 반도체와 n형 반도체를 순서 없이 나타낸 것이다. 표는 X와 Y에 도핑한 원소의 원자가 전자의 수를 나타낸 것이다.

반도체	원자가 전자의 수
X	n_X
Y	n_Y

이에 대한 설명으로 옳은 것만을 〈보기〉에서 있는 대로 고른 것은?

| 보기 |

ㄱ. X는 p형 반도체이다.
ㄴ. 저항에 흐르는 전류의 방향은 스위치를 a에 연결할 때와 b에 연결할 때가 같다.
ㄷ. $n_X > n_Y$이다.

① ㄱ ② ㄷ ③ ㄱ, ㄴ ④ ㄴ, ㄷ ⑤ ㄱ, ㄴ, ㄷ

196 | 신유형 |
상 중 하

그림 (가)는 p−n 접합 발광 다이오드 A와 B, 저항, 스위치를 전압이 일정한 직류 전원에 연결한 것을 나타낸 것이다. A, B는 순방향 전압이 걸리면 각각 빨간색 빛, 초록색 빛을 방출한다. 그림 (나)의 X, Y는 A, B의 에너지띠 구조를 순서 없이 나타낸 것이다.

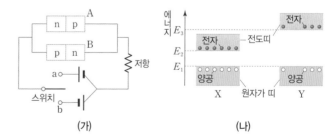

(가) (나)

이에 대한 설명으로 옳은 것만을 〈보기〉에서 있는 대로 고른 것은?

| 보기 |

ㄱ. X는 A의 에너지띠 구조를 나타낸 것이다.
ㄴ. 스위치를 a에 연결하면, 회로에서는 빨간색 빛이 방출된다.
ㄷ. (나)에서 원자가 띠의 전자가 전도띠로 전이할 때, 흡수하는 에너지는 X가 Y보다 크다.

① ㄱ ② ㄴ ③ ㄷ ④ ㄱ, ㄷ ⑤ ㄴ, ㄷ

197 | 신유형 |
상 중 하

그림 (가)는 일정한 전류가 흐르는 무한히 긴 직선 도선 A, B가 xy 평면에 고정되어 있는 것을 나타낸 것이다. A에는 $+y$방향으로 전류가 흐른다. 그림 (나)는 x축상의 $x=0$과 $x=3d$ 사이에서 A, B에 흐르는 전류에 의한 자기장을 x에 따라 나타낸 것이다.

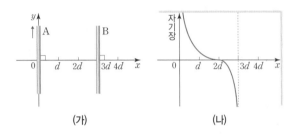

(가)   (나)

이에 대한 설명으로 옳은 것만을 〈보기〉에서 있는 대로 고른 것은?

| 보기 |

ㄱ. 전류의 세기는 A에서가 B에서의 2배이다.

ㄴ. 전류에 의한 자기장의 방향은 $x=d$에서와 $x=4d$에서가 반대이다.

ㄷ. 전류에 의한 자기장의 세기는 $x=d$에서가 $x=4d$에서의 $\frac{3}{2}$배이다.

① ㄱ　　② ㄴ　　③ ㄷ　　④ ㄱ, ㄷ　　⑤ ㄴ, ㄷ

198
상 중 하

그림은 무한히 긴 직선 도선 A와 C, 원형 도선 B가 xy 평면에 고정되어 있는 것을 나타낸 것이다. B의 중심은 $x=3d$이다. A에는 $+y$ 방향으로 세기가 I_0인 전류가 흐르고, B에는 일정한 전류가 흐른다. 표는 C에 흐르는 전류에 따라 $x=3d$에서 A~C의 전류에 의한 자기장의 세기를 나타낸 것이다.

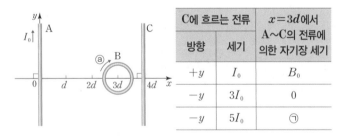

C에 흐르는 전류		$x=3d$에서 A~C의 전류에 의한 자기장 세기
방향	세기	
$+y$	I_0	B_0
$-y$	$3I_0$	0
$-y$	$5I_0$	㉠

이에 대한 설명으로 옳은 것만을 〈보기〉에서 있는 대로 고른 것은?

| 보기 |

ㄱ. B에 흐르는 전류의 방향은 ⓐ이다.

ㄴ. $x=3d$에서 B의 전류에 의한 자기장의 세기는 $\frac{5}{6}B_0$이다.

ㄷ. ㉠은 $\frac{1}{3}B_0$이다.

① ㄱ　　② ㄴ　　③ ㄷ　　④ ㄱ, ㄷ　　⑤ ㄴ, ㄷ

199 | 신유형 |
상 중 하

그림 (가)는 일정한 전류가 흐르는 무한히 긴 직선 도선 A와 화살표 방향으로 전류가 흐르는 반지름이 d인 원형 도선 B가 xy 평면에 고정되어 있는 것을 나타낸 것이다. 그림 (나)는 (가)에서 B를 제거하고 반지름이 $2d$인 원형 도선 C를 xy 평면에 고정시킨 것을 나타낸 것이다. B의 중심은 $x=3d$이고, C의 중심은 $x=-4d$이다. (가), (나)에서 각각 B, C의 중심에서 전류에 의한 자기장은 0이다.

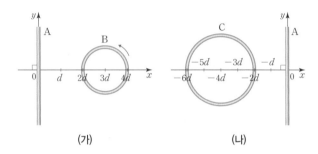

(가)   (나)

이에 대한 설명으로 옳은 것만을 〈보기〉에서 있는 대로 고른 것은?

| 보기 |

ㄱ. A에 흐르는 전류의 방향은 $+y$방향이다.

ㄴ. 원형 도선에 흐르는 전류의 방향은 B에서와 C에서가 반대이다.

ㄷ. 전류의 세기는 C에서가 B에서의 $\frac{4}{3}$배이다.

① ㄱ　　② ㄷ　　③ ㄱ, ㄴ　　④ ㄴ, ㄷ　　⑤ ㄱ, ㄴ, ㄷ

200 | 신유형 |
상 중 하

그림과 같이 일정한 전류가 흐르는 무한히 긴 직선 도선 A, B가 xy 평면에 수직으로 고정되어 있다. 점 p, q는 x축상에 위치한다. 표는 p, q에서 A, B의 전류에 의한 자기장의 세기와 방향을 나타낸 것이다.

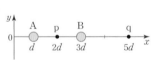

위치	A, B의 전류에 의한 자기장	
	세기	방향
p	0	해당 없음
q	B_0	$-y$

이에 대한 설명으로 옳은 것만을 〈보기〉에서 있는 대로 고른 것은?

| 보기 |

ㄱ. 전류의 방향은 A에서와 B에서가 같다.

ㄴ. 전류에 의한 자기장의 방향은 $x=0$에서와 $x=4d$에서가 반대이다.

ㄷ. $x=0$에서 전류에 의한 자기장의 세기는 $\frac{16}{9}B_0$이다.

① ㄱ　　② ㄷ　　③ ㄱ, ㄴ　　④ ㄴ, ㄷ　　⑤ ㄱ, ㄴ, ㄷ

201

상 중 하

그림 (가)는 자기화되어 있지 않고 무게가 w로 같은 자성체 A, B, C를 균일하고 강한 자기장 영역에 놓아 자기화시키는 것을 나타낸 것이다. 그림 (나)는 (가)의 B를 저울에 놓고 (가)의 A를 B 위에 고정시킨 것을 나타낸 것이다. 그림 (다)는 (나)에서 A를 제거하고 (가)의 C를 B 위에 고정시킨 것을 나타낸 것이다. (나), (다)에서 저울의 측정값은 각각 w, $0.9w$이다. A, B, C는 강자성체, 상자성체, 반자성체를 순서 없이 나타낸 것이다.

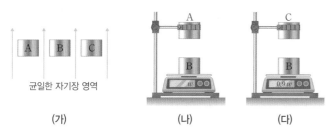

(가)   (나)   (다)

이에 대한 설명으로 옳은 것만을 〈보기〉에서 있는 대로 고른 것은?

| 보기 |

ㄱ. B는 상자성체이다.
ㄴ. (나)에서 B 대신 C를 저울에 놓으면, 저울의 측정값은 w보다 크다.
ㄷ. (다)에서 C에 작용하는 중력과 자기력의 방향은 같다.

① ㄱ   ② ㄷ   ③ ㄱ, ㄴ   ④ ㄴ, ㄷ   ⑤ ㄱ, ㄴ, ㄷ

202

| 신유형 |

상 중 하

그림과 같이 한 변의 길이가 $2d$인 직사각형 금속 고리가 $+x$방향으로 일정한 속력으로 운동하며 균일한 자기장 영역 Ⅰ, Ⅱ를 통과한다. Ⅰ, Ⅱ에서 자기장의 세기는 각각 B, $2B$이고, 자기장의 방향은 xy 평면에 수직이다. 점 p는

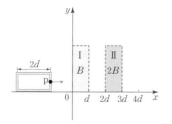

금속 고리상에 위치한다. p가 $x=0.5d$를 지날 때와 $x=2.5d$를 지날 때, p에 흐르는 유도 전류의 방향은 $+y$방향으로 같다.
이에 대한 설명으로 옳은 것만을 〈보기〉에서 있는 대로 고른 것은?

| 보기 |

ㄱ. Ⅰ에서 자기장의 방향은 xy 평면에 수직으로 들어가는 방향이다.
ㄴ. p에 흐르는 유도 전류의 세기는 $x=0.5d$를 지날 때가 $x=3.5d$를 지날 때보다 크다.
ㄷ. p가 $x=4.5d$를 지날 때, p에 흐르는 유도 전류의 방향은 $+y$방향이다.

① ㄱ   ② ㄷ   ③ ㄱ, ㄴ   ④ ㄴ, ㄷ   ⑤ ㄱ, ㄴ, ㄷ

203

| 신유형 |

상 중 하

그림 (가)는 자기장의 방향이 xy 평면에서 수직으로 나오는 방향으로 균일한 자기장 영역에 금속 고리가 고정되어 있는 것을 나타낸 것이다. 그림 (나)는 금속 고리의 점 p에 흐르는 유도 전류의 세기를 시간에 따라 나타낸 것이다. 1초일 때, p에는 $-x$방향으로 유도 전류가 흐른다. 0초일 때와 3초일 때 고리를 통과하는 자기 선속은 각각 Φ_1, Φ_2이고, 4초일 때와 8초일 때 자기장의 세기는 각각 B_1, B_2이다.

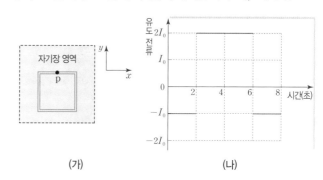

(가)   (나)

Φ_1과 Φ_2, B_1과 B_2를 비교한 것으로 옳은 것은?

① $\Phi_1 > \Phi_2$ $B_1 > B_2$ ② $\Phi_1 = \Phi_2$ $B_1 > B_2$
③ $\Phi_1 < \Phi_2$ $B_1 > B_2$ ④ $\Phi_1 < \Phi_2$ $B_1 = B_2$
⑤ $\Phi_1 < \Phi_2$ $B_1 < B_2$

204

상 중 하

그림 (가)는 한 변의 길이가 $2d$인 정사각형 금속 고리가 균일한 자기장 영역 Ⅰ, Ⅱ가 있는 xy 평면에 고정되어 있는 것을 나타낸 것이다. 점 p는 금속 고리의 점이다. 그림 (나)는 Ⅰ, Ⅱ의 자기장의 세기를 시간에 따라 나타낸 것이다.

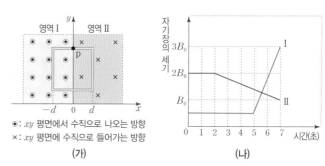

●: xy 평면에서 수직으로 나오는 방향
×: xy 평면에서 수직으로 들어가는 방향

(가)   (나)

p에 흐르는 유도 전류에 대한 설명으로 옳은 것만을 〈보기〉에서 있는 대로 고른 것은?

| 보기 |

ㄱ. 1초일 때, 유도 전류가 흐르지 않는다.
ㄴ. 4초일 때, 유도 전류의 방향은 $+x$방향이다.
ㄷ. 유도 전류의 세기는 4초일 때가 6초일 때보다 크다.

① ㄱ   ② ㄷ   ③ ㄱ, ㄴ   ④ ㄴ, ㄷ   ⑤ ㄱ, ㄴ, ㄷ

III 파동과 정보 통신

◆ 이렇게 출제되었다!

2015 개정 교육과정이 적용된 수능, 평가원, 교육청 기출 문제를 철저히 분석했습니다.

• 단원별 출제 비율

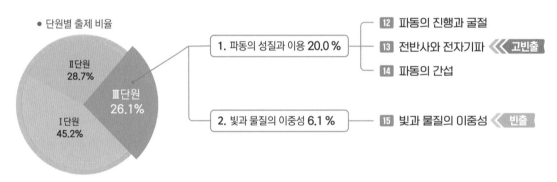

Ⅱ단원 28.7%

Ⅲ단원 26.1%

Ⅰ단원 45.2%

1. 파동의 성질과 이용 20.0 %
- 12 파동의 진행과 굴절
- 13 전반사와 전자기파 《 고빈출
- 14 파동의 간섭

2. 빛과 물질의 이중성 6.1 %
- 15 빛과 물질의 이중성 《 빈출

1. 파동의 성질과 이용	전반사와 전자기파에 대한 문제가 가장 많이 출제되었고, 파동의 굴절 중에서 특히 빛의 굴절에 대한 문제도 꾸준히 출제되고 있다.
2. 빛과 물질의 이중성	빛의 이중성이나 물질의 이중성에 대한 문제가 자주 출제되고 있으며, 전자 현미경이나 물질파와 관련된 문제도 출제되고 있다.

✦ 어떻게 공부해야 할까?

12 파동의 진행과 굴절

파동의 기본 요소를 이해하고 파동의 진동수, 파장, 속력 사이의 관계를 알고 있어야 한다. 또한 파동 그래프를 해석하여 임의의 지점에서 파동의 변위가 시간에 따라 어떻게 변하는지 파악할 수 있어야 한다.

13 전반사와 전자기파

전반사와 관련하여 고난도 문제가 출제되는 단원이므로 빛의 굴절과 더불어 빛의 전반사 원리를 이해하고 전반사가 일어날 수 있는 조건과 임계각의 의미를 알고 있어야 한다. 다양한 전자기파를 스펙트럼의 종류에 따라 구분하고 각 전자기파를 사용하는 예를 기억하고 있어야 한다.

14 파동의 간섭

파동의 중첩 및 간섭 현상을 이해하고, 파동의 간섭이 활용되는 예를 설명할 수 있어야 한다. 또한 소리나 물결파의 간섭과 관련된 이미지 자료를 보고 보강 간섭 및 소멸 간섭을 연관지어 설명할 수 있어야 한다.

15 빛과 물질의 이중성

광전 효과와 관련지어 빛의 이중성을 알고, 전하 결합 소자(CCD)에 영상 정보가 기록되는 원리를 설명할 수 있어야 한다. 또한 물질의 이중성을 알고 전자 현미경의 원리를 설명할 수 있어야 한다.

12 파동의 진행과 굴절

✅ 출제 개념
- 파동의 진행 속력 구하기
- 파동의 진동수, 파장, 속력 관계
- 파동 그래프 해석
- 파동의 반사와 굴절

1 파동

(1) 파동의 종류

① 파동: 공간이나 물질의 한 부분에서 발생한 진동이 주위로 퍼져 나가는 현상

② 파동의 종류
- 횡파: 파동의 진행 방향과 매질의 진동 방향이 수직인 파동
  예 물결파, 전자기파, 지진파의 S파

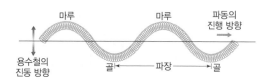

- 종파: 파동의 진행 방향과 매질의 진동 방향이 나란한 파동
  예 음파, 지진파의 P파

(2) 파동의 속력

⭐빈출

① 파동의 진행 속력: 파동은 한 주기 동안 한 파장만큼 진행하므로 파동의 주기를 T, 파장을 λ, 진동수를 f라고 하면 파동의 진행 속력은 다음과 같음

$$v = \frac{\lambda}{T} = f\lambda \text{ (단위: m/s)}$$

② 매질에 따른 파동의 속력
- 음파의 속력: 음파의 속력은 고체에서 가장 빠르고, 기체에서 가장 느림
- 물결파의 속력: 물의 깊이가 깊을수록 물결파의 파장이 길고 속력이 빠름
- 줄에서 파동의 속력(줄의 재질이 같은 경우): 줄이 가늘고 팽팽할수록 파동의 속력이 빠름

(3) 매질의 위상: 매질의 각 점들의 위치와 진동 상태를 나타내는 물리량

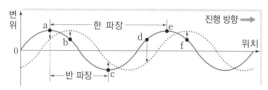

- 위상이 같은 점: a와 e, b와 f
- 위상이 반대인 점: a와 c, c와 e
- 위상이 다른 점: a와 b, b와 c, b와 d, c와 d 등

⭐고빈출

(4) 파동 그래프: 파동은 매질의 변위를 위치 또는 시간에 따라 그래프로 나타낼 수 있음

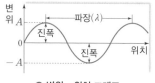
⬆ 변위-위치 그래프

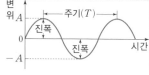
⬆ 변위-시간 그래프

2 파동의 굴절

(1) 파동의 반사: 파동이 진행하다가 장애물이나 성질이 다른 매질을 만났을 때, 경계면에서 처음 매질로 되돌아오는 현상

입사각=반사각

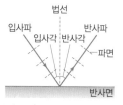

(2) 파동의 굴절: 파동이 진행할 때 속력이 다른 매질의 경계면에서 진행 방향이 변하는 현상

① 굴절의 원인: 매질의 종류와 상태에 따라 파동의 진행 속력이 변하기 때문

② 입사각과 굴절각
- 법선: 두 매질의 경계면에 수직인 직선
- 입사각(i): 입사한 파동의 진행 방향과 법선이 이루는 각
- 굴절각(r): 굴절한 파동의 진행 방향과 법선이 이루는 각

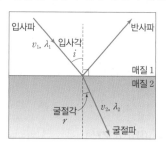

⭐빈출

③ 파동의 굴절
- 파동이 매질 1에서 매질 2로 진행할 때 입사각과 굴절각의 사인값의 비는 일정함. 또한 두 매질에서 파동의 속력과 파장의 비도 일정함

$$\frac{\sin i}{\sin r} = \frac{\lambda_1}{\lambda_2} = \frac{v_1}{v_2} = 일정$$

- 파동이 굴절할 때 속력과 파장은 변하지만 진동수는 변하지 않음

(3) 생활 속 굴절 현상

① 굴절 현상: 신기루나 아지랑이의 발생, 물에 잠긴 물체가 꺾여 보이는 현상, 소리의 굴절 등

② 굴절 현상의 이용: 안경이나 광학 기기 등

대표 기출 문제

205

그림은 주기가 2초인 파동이 x축과 나란하게 매질 Ⅰ에서 매질 Ⅱ로 진행할 때, 시간 $t=0$인 순간과 $t=3$초인 순간의 파동의 모습을 각각 나타낸 것이다. 실선과 점선은 각각 마루와 골이다.

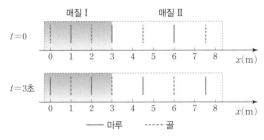

이에 대한 설명으로 옳은 것만을 〈보기〉에서 있는 대로 고른 것은? [3점]

| 보기 |

ㄱ. Ⅰ에서 파동의 파장은 1 m이다.

ㄴ. Ⅱ에서 파동의 진행 속력은 $\frac{3}{2}$ m/s이다.

ㄷ. $t=0$부터 $t=3$초까지, $x=7$ m에서 파동이 마루가 되는 횟수는 2회이다.

① ㄱ   ② ㄴ   ③ ㄷ   ④ ㄴ, ㄷ   ⑤ ㄱ, ㄴ, ㄷ

206

그림은 시간 $t=0$일 때, x축과 나란하게 매질 A에서 매질 B로 진행하는 파동의 변위를 위치 x에 따라 나타낸 것이다. $x=3$ cm인 지점 P에서 변위는 y_P이고, A에서 파동의 진행 속력은 4 cm/s이다.

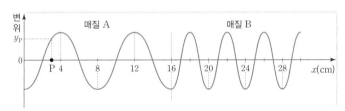

이에 대한 설명으로 옳은 것만을 〈보기〉에서 있는 대로 고른 것은?

| 보기 |

ㄱ. 파동의 주기는 2초이다.

ㄴ. B에서 파동의 진행 속력은 8 cm/s이다.

ㄷ. $t=0.1$초일 때, P에서 파동의 변위는 y_P보다 작다.

① ㄱ   ② ㄴ   ③ ㄷ   ④ ㄱ, ㄷ   ⑤ ㄱ, ㄴ, ㄷ

207

(상 중 하)

그림은 시간 $t=0$일 때 매질 P, Q에서 $-x$방향으로 진행하는 파동의 변위를 위치 x에 따라 나타낸 것이다. P에서 파동의 속력은 5 m/s이다.

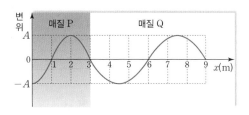

이에 대한 설명으로 옳은 것만을 〈보기〉에서 있는 대로 고른 것은?

| 보기 |

ㄱ. 파동의 진동수는 1 Hz이다.

ㄴ. Q에서 파동의 속력은 $\frac{15}{2}$ m/s이다.

ㄷ. $t=0.6$초일 때, $x=1$ m에서 변위는 A이다.

① ㄴ   ② ㄷ   ③ ㄱ, ㄴ   ④ ㄱ, ㄷ   ⑤ ㄴ, ㄷ

208 | 신유형 |

(상 중 하)

그림은 시간 $t=0$일 때, 줄을 따라 속력 v로 진행하는 파동의 모습을 나타낸 것이다. p, q는 줄에 고정된 점이고, 모눈의 간격은 d로 일정하다.

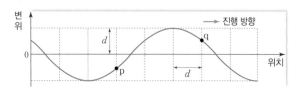

이 파동에 대한 설명으로 옳은 것만을 〈보기〉에서 있는 대로 고른 것은?

| 보기 |

ㄱ. 종파이다.

ㄴ. 진동수는 $\frac{v}{6d}$이다.

ㄷ. $t=0$일 때 p, q의 운동 방향은 반대이다.

① ㄱ   ② ㄷ   ③ ㄱ, ㄴ   ④ ㄱ, ㄷ   ⑤ ㄴ, ㄷ

209

(상 중 하)

그림 (가)는 시간 $t=0$일 때, x축에 나란하게 진행하는 파동의 변위 y를 위치 x에 따라 나타낸 것이다. 점 P, Q는 x축상의 지점이다. 그림 (나)는 P의 y를 t에 따라 나타낸 것이다.

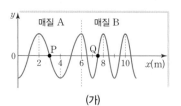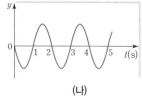

(가)   (나)

이에 대한 설명으로 옳은 것만을 〈보기〉에서 있는 대로 고른 것은?

| 보기 |

ㄱ. 파동의 진행 방향은 $+x$방향이다.

ㄴ. $t=0$일 때 Q에서 매질의 운동 방향은 $+y$방향이다.

ㄷ. 매질 B에서 파동의 진행 속력은 1 cm/s이다.

① ㄱ   ② ㄴ   ③ ㄷ   ④ ㄱ, ㄷ   ⑤ ㄴ, ㄷ

210 | 신유형 |

(상 중 하)

그림 (가)는 스피커에서 나오는 음파를 오실로스코프에 연결된 마이크로 측정하는 것을, (나)는 오실로스코프에 나타난 음파의 파형을 시간에 따라 나타낸 것이다.

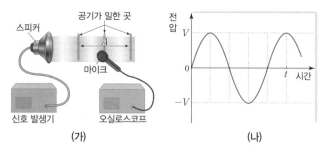

(가)   (나)

측정한 음파에 대한 설명으로 옳은 것만을 〈보기〉에서 있는 대로 고른 것은?

| 보기 |

ㄱ. 매질의 진동 방향은 음파의 진행 방향에 수직이다.

ㄴ. 파장은 $0.5A$이다.

ㄷ. 진행 속력은 $\frac{5A}{4t}$이다.

① ㄱ   ② ㄴ   ③ ㄱ, ㄴ   ④ ㄱ, ㄷ   ⑤ ㄴ, ㄷ

211

상 중 하

그림은 5 m/s의 속력으로 x축과 나란하게 진행하는 파동의 변위를 위치 x에 따라 나타낸 것으로, 어떤 순간에는 파동의 모양이 (가)와 같고, 다른 어떤 순간에는 파동의 모양이 (나)와 같았다. 표는 파동의 모양이 (가)에서 (나)로, (나)에서 (가)로 바뀌는 데 걸리는 최소 시간을 나타낸 것이다.

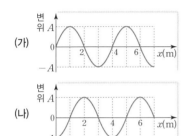

구분	최소 시간(초)
(가)에서 (나)	㉠
(나)에서 (가)	0.2

이에 대한 설명으로 옳은 것만을 〈보기〉에서 있는 대로 고른 것은?

| 보기 |

ㄱ. ㉠은 0.2이다.
ㄴ. 파동은 $-x$방향으로 진행한다.
ㄷ. 파동의 모양이 (가)일 때, $x=2$ m와 $x=4$ m에서 매질의 운동 방향은 서로 반대이다.

① ㄱ　　② ㄴ　　③ ㄷ　　④ ㄱ, ㄷ　　⑤ ㄴ, ㄷ

212 | 신유형 |

상 중 하

그림은 줄 A와 B를 연결한 후 A의 한쪽 끝을 일정한 진동수와 진폭으로 흔들 때, A, B를 따라 $+x$방향으로 진행하는 파동을 나타낸 것이다. 이웃한 마루 사이의 간격은 B에서가 A에서보다 크고, p는 B에 고정된 점이다.

이에 대한 설명으로 옳은 것만을 〈보기〉에서 있는 대로 고른 것은?

| 보기 |

ㄱ. p는 x축에 나란한 방향으로 진동한다.
ㄴ. 파동의 진동수는 A에서가 B에서보다 크다.
ㄷ. 파동의 진행 속력은 B에서가 A에서보다 크다.

① ㄱ　　② ㄷ　　③ ㄱ, ㄴ　　④ ㄴ, ㄷ　　⑤ ㄱ, ㄴ, ㄷ

213

상 중 하

그림은 시간 $t=0$일 때, 매질 Ⅰ에서 매질 Ⅱ로 진행하는 파동의 변위를 위치 x에 따라 나타낸 것이다. Ⅰ에서 파동의 속력은 2 cm/s이다.

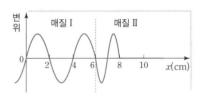

$x=9$ cm에서 파동의 변위를 t에 따라 나타낸 그래프로 옳은 것은?

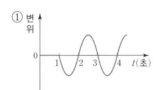 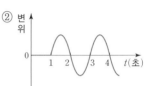

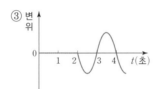 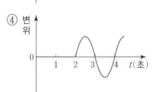

214 | 신유형 |

상 중 하

그림은 매질 A에서 매질 B로 진행하는 파동의 진행 방향을 나타낸 것이다. ㉠, ㉡, ㉢은 파동의 진행 방향과 법선이 이루는 각이다.

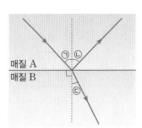

이에 대한 설명으로 옳은 것만을 〈보기〉에서 있는 대로 고른 것은?

| 보기 |

ㄱ. ㉠과 ㉡은 크기가 같다.
ㄴ. 굴절각이 입사각보다 작다.
ㄷ. 파동의 속력은 A에서가 B에서보다 작다.

① ㄱ　　② ㄴ　　③ ㄷ　　④ ㄱ, ㄴ　　⑤ ㄴ, ㄷ

전반사와 전자기파

1 전반사

(1) 빛의 굴절

① 굴절률(n) : 매질에서 빛의 속력 v에 대한 진공에서의 빛의 속력 c의 비

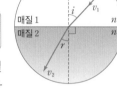

$$n=\frac{c}{v}$$

② 굴절 법칙 : 빛이 굴절률이 n_1인 물질에서 굴절률이 n_2인 물질로 진행할 때 입사각과 굴절각을 각각 i, r라고 하면 다음 식이 성립한다.

$$\frac{\sin i}{\sin r}=\frac{v_1}{v_2}=\frac{n_2}{n_1}$$

(2) 전반사 : 한 매질에서 다른 매질로 빛이 진행할 때 굴절하지 않고 전부 반사하는 현상

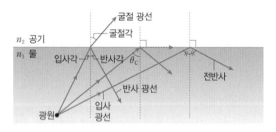

① 임계각(i_C) : 굴절각이 $90°$일 때의 입사각

$$\frac{\sin i_C}{\sin 90°}=\frac{n_2}{n_1} \Rightarrow \sin i_C=\frac{n_2}{n_1} \text{ (단, } n_1>n_2)$$

② 빛의 전반사
• 입사각≤임계각 : 빛의 일부는 반사하고 일부는 굴절함
• 입사각>임계각 : 빛이 전반사함

③ 전반사 조건
• 빛이 굴절률이 큰 물질에서 굴절률이 작은 물질로 진행해야 하고 입사각이 임계각보다 커야 함
• 굴절률 차이가 클수록 임계각이 작음

④ 이용 : 쌍안경, 내시경, 잠수함 등

2 광통신

(1) 광섬유 : 전반사를 통해 빛의 손실 없이 전달시키는 섬유로, 굴절률이 큰 코어와 굴절률이 작은 클래딩의 이중 구조로 되어 있음

(2) 광통신 : 음성, 영상 등의 정보를 담은 전기 신호를 빛 신호로 변환하여 빛을 통해 정보를 주고받는 통신 방식

3 전자기파

(1) 전자기파의 발생과 특징

① 전자기파의 발생과 진행 : 시간에 따라 변하는 전기장은 자기장을 유도하고, 이 자기장은 전기장을 유도함

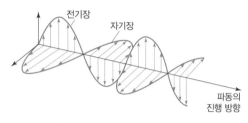

② 전자기파의 특징
• 매질이 없는 진공에서도 진행
• 진공에서 속력은 진동수에 관계없이 $c(≒3×10^8 \text{ m/s})$로 같음
• 전기장과 자기장의 방향은 모두 전자기파의 진행 방향에 수직임

(2) 전자기파의 종류 : 전자기파는 파장이나 진동수에 따라 분류할 수 있고, 가시광선은 우리 눈으로 감지할 수 있음

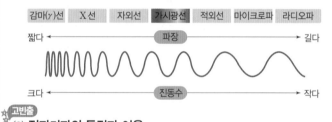

(3) 전자기파의 특징과 이용

① 감마(γ)선 : 파장이 가장 짧은 전자기파로, 핵융합, 핵분열, 방사성 붕괴와 같이 주로 원자핵이 변환될 때 발생
• 이용 : 암치료, 비파괴 검사, 감마(γ)선 망원경 등

② X선 : 감마(γ)선보다는 파장이 길고 자외선보다는 파장이 짧은 전자기파로, 고속의 전자가 금속과 충돌할 때 발생
• 이용 : 의료용 X선 사진, 보안 검색, 고체 결정 구조 연구, 현미경 등

③ 자외선 : 보라색 빛보다 파장이 짧은 전자기파
• 이용 : 자외선 소독기, 위조지폐 감별 등

④ 가시광선 : 파장 380 nm~780 nm 범위로, 사람의 눈에 보임
• 이용 : 광학기구, 가시광선 레이저, 라이파이 등

⑤ 적외선 : 빨간색 빛보다 파장이 긴 전자기파
• 이용 : 적외선 열화상 카메라, 적외선 물리치료기, 리모컨, 적외선 망원경, 비접촉식 체온계 등

⑥ 마이크로파 : 적외선보다 파장이 긴 전자기파로 전자의 진동에 의해 발생
• 이용 : 전자레인지, 와이파이, 블루투스, 위성 통신 등

⑦ 라디오파 : 파장이 가장 긴 전자기파 영역
• 이용 : 라디오의 방송, TV 방송 등

대표 기출 문제

215

다음은 빛의 성질을 알아보는 실험이다.

| 실험 과정 및 결과

(가) 반원형 매질 A, B, C를 준비한다.

(나) 그림과 같이 반원형 매질을 서로 붙여 놓고, 단색광 P의 입사각(i)을 변화시키면서 굴절각(r)을 측정하여 $\sin r$ 값을 $\sin i$ 값에 따라 나타낸다.

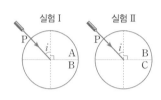
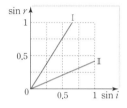

이에 대한 설명으로 옳은 것만을 〈보기〉에서 있는 대로 고른 것은?

| 보기 |

ㄱ. 굴절률은 A가 B보다 크다.

ㄴ. P의 속력은 B에서가 C에서보다 작다.

ㄷ. I에서 $\sin i_0 = 0.75$인 입사각 i_0으로 P를 입사시키면 전반사가 일어난다.

① ㄱ   ② ㄴ   ③ ㄱ, ㄷ   ④ ㄴ, ㄷ   ⑤ ㄱ, ㄴ, ㄷ

216

그림은 버스에서 이용하는 전자기파를 나타낸 것이다.

ⓒ 무선 공유기에 이용하는 진동수가 2.41×10^9 Hz인 마이크로파

㉠ 전광판에 이용하는 진동수가 4.54×10^{14} Hz인 빨간색 빛

ⓒ 교통카드 시스템에 이용하는 진동수가 1.36×10^7 Hz인 라디오파

이에 대한 설명으로 옳은 것만을 〈보기〉에서 있는 대로 고른 것은?

| 보기 |

ㄱ. ㉠은 가시광선 영역에 해당한다.

ㄴ. 진공에서 속력은 ㉠이 ⓒ보다 크다.

ㄷ. 진공에서 파장은 ⓒ이 ⓒ보다 짧다.

① ㄱ   ② ㄴ   ③ ㄱ, ㄴ   ④ ㄱ, ㄷ   ⑤ ㄴ, ㄷ

217

그림 (가), (나)는 각각 매질 A와 B, 매질 B와 C에서 진행하는 단색광 P의 진행 경로의 일부를 나타낸 것이다. 표는 (가), (나)에서 입사각과 굴절각을 나타낸 것이다.

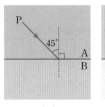

(가)   (나)

구분	(가)	(나)
입사각	45°	40°
굴절각	35°	45°

A, B, C의 굴절률을 각각 n_A, n_B, n_C라고 할 때, 크기를 비교한 것으로 옳은 것은?

① $n_A > n_B > n_C$ ② $n_B > n_A > n_C$ ③ $n_B > n_C > n_A$

④ $n_C > n_A > n_B$ ⑤ $n_C > n_B > n_A$

218

그림은 매질 A, B에 연필을 넣어 연필이 꺾여 보이는 것을 나타낸 것이다. 점 P는 연필의 끝점의 위치, 점 P′는 P가 보이는 위치이고, 점 Q는 P′와 눈동자를 잇는 직선이 A, B의 경계면과 만나는 점이다.

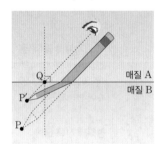

이에 대한 설명으로 옳은 것만을 〈보기〉에서 있는 대로 고른 것은?

───── | 보기 | ─────

ㄱ. P에서 방출된 빛이 눈동자에 들어올 때까지, 빛은 P → Q → 눈동자 경로를 따라 진행한다.

ㄴ. 빛이 B에서 A로 진행할 때, 굴절각이 입사각보다 작다.

ㄷ. 빛의 속력은 B에서가 A에서보다 크다.

① ㄱ   ② ㄴ   ③ ㄱ, ㄴ   ④ ㄱ, ㄷ   ⑤ ㄴ, ㄷ

219 | 신유형 |

다음은 빛의 굴절 실험이다.

| 실험 과정

(가) 모눈종이에 반원통과 반지름이 같은 원과 x축, y축을 그린다.

(나) 물을 채운 반원통의 중심이 원의 중심에, 물의 평평한 면이 x축에 일치하도록 놓는다.

(다) 원의 중심에 레이저 빛을 비추고, 빛의 진행 경로와 원이 만나는 점으로부터 y축까지의 거리 a, b를 측정한다.

(라) 빛의 방향을 변화시키면서 (다)를 반복한다.

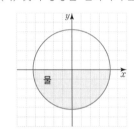 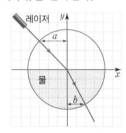

| 실험 결과

실험	a	b
I	a_0	b_0
II	$2a_0$	㉠

이에 대한 설명으로 옳은 것만을 〈보기〉에서 있는 대로 고른 것은?

───── | 보기 | ─────

ㄱ. ㉠은 $2b_0$이다.

ㄴ. 빛의 파장은 물에서가 공기에서보다 짧다.

ㄷ. 빛의 진행 속력은 물에서가 공기에서보다 크다.

① ㄱ   ② ㄴ   ③ ㄷ   ④ ㄱ, ㄴ   ⑤ ㄱ, ㄷ

220 | 신유형 | 　　　　상 중 **하**

그림은 단색광이 물질 A, B, C에서 진행하는 것을 나타낸 것이다.

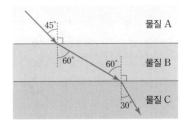

A와 C의 굴절률을 각각 n_A, n_C라고 할 때, $\dfrac{n_C}{n_A}$는?

① $\sqrt{2}$　　② $\sqrt{3}$　　③ $\dfrac{\sqrt{2}}{2}$　　④ $\dfrac{\sqrt{6}}{2}$　　⑤ $\dfrac{\sqrt{6}}{3}$

221 | 신유형 | 　　　　상 중 **하**

그림은 동일한 광섬유에 사용되는 물질 A와 B의 경계면에 단색광 X 가 입사각 $60°$로 입사하여 굴절각 $30°$로 굴절한 후, A와 B의 경계면 상의 점 P로 진행하는 것을 나타낸 것이다.

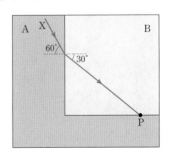

이에 대한 설명으로 옳은 것만을 〈보기〉에서 있는 대로 고른 것은?

| 보기 |

ㄱ. X의 속력은 A에서가 B에서보다 크다.
ㄴ. 광섬유의 코어로 사용되는 물질은 A이다.
ㄷ. X는 P에서 전반사한다.

① ㄱ　　② ㄷ　　③ ㄱ, ㄴ　　④ ㄱ, ㄷ　　⑤ ㄴ, ㄷ

222 　　　　상 중 **하**

다음은 빛의 성질을 알아보는 실험이다.

| **실험 과정**
(가) 그림과 같이 반원형 매질 A 와 B를 서로 붙여 놓는다.
(나) 단색광을 A에서 B를 향해 원의 중심을 지나도록 입사 시킨다.
(다) (나)에서 입사각을 변화시키 면서 굴절각과 반사각을 측정 한다.

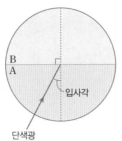

| **실험 결과**

실험	입사각	굴절각	반사각
I	$30°$	㉠	$30°$
II	㉡	$59°$	$50°$

이에 대한 설명으로 옳은 것만을 〈보기〉에서 있는 대로 고른 것은?

| 보기 |

ㄱ. ㉠은 $30°$보다 크다.
ㄴ. $\dfrac{\sin 30°}{\sin ㉠} = \dfrac{\sin ㉡}{\sin 59°}$ 이다.
ㄷ. 단색광의 속력은 A에서가 B에서보다 크다.

① ㄴ　　② ㄷ　　③ ㄱ, ㄴ　　④ ㄱ, ㄷ　　⑤ ㄱ, ㄴ, ㄷ

223

상 중 하

그림은 매질 A와 원형 매질 B의 경계상의 점 X에 입사각 θ_1로 입사한 단색광 P가 B와 매질 C의 경계면에 임계각 θ_C로 입사하는 모습을 나타낸 것이다.

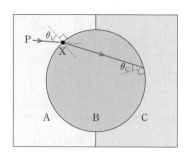

이에 대한 설명으로 옳은 것만을 〈보기〉에서 있는 대로 고른 것은?

| 보기 |

ㄱ. 굴절률은 A가 C보다 크다.
ㄴ. P의 속력은 A에서가 B에서보다 크다.
ㄷ. P를 입사각 $2\theta_1$로 X에 입사시키면, P는 B와 C의 경계면에서 전반사한다.

① ㄱ   ② ㄷ   ③ ㄱ, ㄴ   ④ ㄴ, ㄷ   ⑤ ㄱ, ㄴ, ㄷ

225

상 중 하

그림은 동일한 단색광 A, B를 각각 매질 Ⅰ, Ⅱ에서 중심이 O인 원형 모양의 매질 Ⅲ으로 동일한 입사각 θ로 입사시켰더니, A와 B가 굴절하여 점 p에 입사하는 모습을 나타낸 것이다.

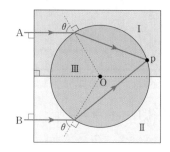

이에 대한 설명으로 옳은 것만을 〈보기〉에서 있는 대로 고른 것은?

| 보기 |

ㄱ. p에서 입사각은 A가 B보다 크다.
ㄴ. 굴절률은 Ⅱ가 Ⅰ보다 크다.
ㄷ. p에서 B의 입사각은 Ⅰ과 Ⅲ의 임계각보다 크다.

① ㄱ   ② ㄴ   ③ ㄱ, ㄴ   ④ ㄱ, ㄷ   ⑤ ㄴ, ㄷ

224 | 신유형 |

상 중 하

그림은 회전 원판에 반원형의 투명한 물체를 고정시키고 반원의 중심 O에 레이저 빛을 비출 때, 입사 광선과 굴절 광선을 나타낸 것이다. 반원형 물체의 중심은 원판의 회전 중심과 일치한다.

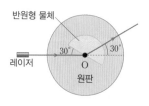

원판을 회전시키면서 물체의 중심에 레이저 빛을 비출 때, 전반사가 일어나는 경우만을 〈보기〉에서 있는 대로 고른 것은?

| 보기 |

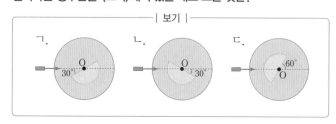

① ㄴ   ② ㄷ   ③ ㄱ, ㄴ   ④ ㄱ, ㄷ   ⑤ ㄴ, ㄷ

226 | 신유형 |

상 중 하

그림 (가)와 같이 공기에서 물질 A로 입사한 단색광이 물질 B를 통과하여 공기로 진행한다. 그림 (나)는 A, B를 사용하여 만든 광섬유에서 단색광이 임계각 θ_C로 입사한 후 전반사하여 진행하는 것을 나타낸 것이다. X, Y는 A 또는 B이다.

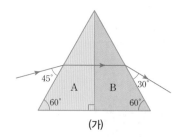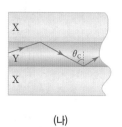

(가)   (나)

이에 대한 설명으로 옳은 것만을 〈보기〉에서 있는 대로 고른 것은?

| 보기 |

ㄱ. X는 A이다.
ㄴ. 단색광의 속력은 B에서가 A에서보다 빠르다.
ㄷ. $\sin\theta_C = \dfrac{\sqrt{3}}{2}$이다.

① ㄴ   ② ㄷ   ③ ㄱ, ㄴ   ④ ㄱ, ㄷ   ⑤ ㄴ, ㄷ

227 | 신유형 | (상 중 하)

그림 (가)는 물질 A에 수직으로 입사한 단색광의 진행 경로의 일부를 나타낸 것이다. 단색광은 q에서 전반사한다. 그림 (나)는 A, B로 만든 광섬유 안에서 단색광이 전반사하면서 진행하는 것을 나타낸 것이다.

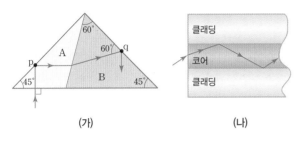

(가)   (나)

이에 대한 설명으로 옳은 것만을 〈보기〉에서 있는 대로 고른 것은?

─── | 보기 | ───

ㄱ. 단색광은 p에서 전반사한다.

ㄴ. (나)에서 코어를 이루는 물질은 A이다.

ㄷ. 단색광이 A에서 공기로 진행할 때 임계각은 45°보다 크다.

① ㄱ   ② ㄷ   ③ ㄱ, ㄴ   ④ ㄱ, ㄷ   ⑤ ㄴ, ㄷ

228 | 신유형 | (상 중 하)

다음은 전자기파에 대한 설명이다.

O 그림과 같이 전자기파는 전기장과 ⊙ 이(가) 진동하면서 공간으로 퍼져 나가는 파동이다.

O 전기장과 ⊙ 의 진동 방향은 전자기파의 진행 방향에 ⓒ .

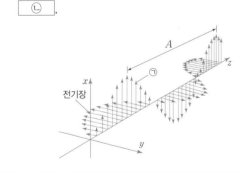

이에 대한 설명으로 옳은 것만을 〈보기〉에서 있는 대로 고른 것은?

─── | 보기 | ───

ㄱ. ⊙은 자기장이다.

ㄴ. ⓒ에는 '나란하다'가 적절하다.

ㄷ. 진공에서 진행 속력은 A가 클수록 크다.

① ㄱ   ② ㄷ   ③ ㄱ, ㄴ   ④ ㄱ, ㄷ   ⑤ ㄴ, ㄷ

229 (상 중 하)

다음은 전자기파 A와 B를 사용하는 예에 대한 설명이다.

전자레인지에 사용되는 A는 음식물 속의 물 분자를 운동시키고, 물 분자가 주위의 분자와 충돌하면서 음식물을 데운다. A보다 파장이 짧은 B는 전자레인지가 작동하는 동안 내부를 비춰 작동 여부를 눈으로 확인할 수 있게 한다.

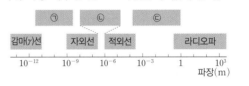

이에 대한 설명으로 옳은 것만을 〈보기〉에서 있는 대로 고른 것은?

─── | 보기 | ───

ㄱ. A는 ⓒ에 해당한다.

ㄴ. B는 ⓒ에 해당한다.

ㄷ. 진동수는 ⊙이 ⓒ보다 크다.

① ㄴ   ② ㄷ   ③ ㄱ, ㄴ   ④ ㄱ, ㄷ   ⑤ ㄱ, ㄴ, ㄷ

230 | 신유형 | (상 중 하)

다음은 실생활에서 전자기파가 이용되는 사례를 설명한 것이다.

의료기구나 식기를 살균하는 데 사용하는 ⊙ 은 형광 물질에 흡수되면 ⓒ 을 방출하기 때문에 지폐의 진위를 판별하는 데 사용된다.

이에 대한 설명으로 옳은 것만을 〈보기〉에서 있는 대로 고른 것은?

─── | 보기 | ───

ㄱ. ⊙은 적외선이다.

ㄴ. ⓒ은 ⊙보다 파장이 길다.

ㄷ. 피부에 쪼일 때, ⓒ은 ⊙보다 세포를 잘 파괴한다.

① ㄴ   ② ㄷ   ③ ㄱ, ㄴ   ④ ㄱ, ㄷ   ⑤ ㄴ, ㄷ

1 파동의 간섭

(1) 파동의 중첩과 독립성
① 중첩 원리: 두 파동이 서로 겹쳐서 만들어지는 합성파의 변위는 각 파동의 변위의 합과 같음
② 파동의 독립성: 중첩이 끝난 뒤 각각의 파동은 다른 파동의 영향을 받지 않고 만나기 전과 같은 성질을 유지하면서 진행

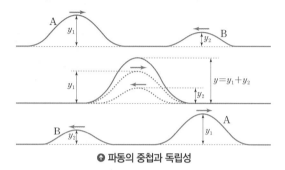
↑ 파동의 중첩과 독립성

(2) 파동의 간섭: 두 파동이 중첩되어 진폭이 커지거나 작아지는 현상
① 보강 간섭: 두 파동의 변위의 방향이 같아서 중첩되기 전보다 진폭이 커지는 간섭
② 상쇄 간섭: 두 파동의 변위의 방향이 반대여서 중첩되기 전보다 진폭이 작아지는 간섭

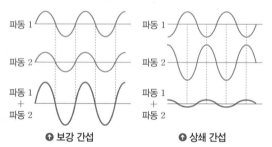
↑ 보강 간섭   ↑ 상쇄 간섭

③ 평면파의 간섭: 두 파동의 변위의 방향이 같으면 중첩되기 전보다 진폭이 커지는 보강 간섭이 일어남

2 소리의 간섭과 물결파의 간섭

★ 빈출

(1) 소리의 간섭: 두 스피커 A, B에서 발생하는 소리가 크게 들리는 지점에서는 보강 간섭이, 작게 들리는 지점에서는 상쇄 간섭이 일어남

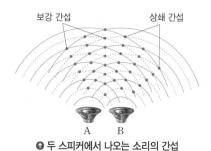
↑ 두 스피커에서 나오는 소리의 간섭

★ 고빈출

(2) 물결파의 간섭: 두 점 S_1, S_2에서 진동수와 진폭이 같은 물결파를 같은 위상으로 발생시키면 간섭무늬가 나타남

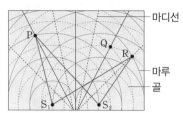

① 보강 간섭(P, Q 지점): 마루와 골이 번갈아 생기므로 밝은 무늬와 어두운 무늬가 번갈아 나타남
② 상쇄 간섭(R 지점): 물결파의 진폭이 거의 0이어서 희미한 무늬가 나타나며, 밝기가 변하지 않음

3 빛의 간섭

(1) 이중 슬릿을 이용한 빛의 간섭: 이중 슬릿을 통과한 빛의 위상이 같으면 스크린에 밝은 무늬가 나타나고, 위상이 반대이면 어두운 무늬가 나타남

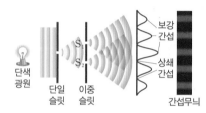

★ 빈출

(2) 얇은 막에 의한 빛의 간섭: 기름막의 윗면과 아랫면에서 각각 반사한 빛의 위상이 같으면 보강 간섭을, 위상이 반대이면 상쇄 간섭을 함
例 비눗방울, 모르포 나비의 날개

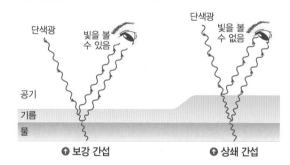
↑ 보강 간섭   ↑ 상쇄 간섭

4 간섭의 활용

(1) 능동 소음 제거: 외부 소음과 위상이 반대인 소리를 발생시켜 소리가 서로 상쇄되어 소음이 줄어듦
(2) 렌즈의 코팅: 빛의 반사를 최소화하여 자연광과 동일한 빛이 필름이나 망막에 도달
(3) 악기에서 소리의 간섭: 악기의 울림통에서 보강 간섭을 하면 더 큰 소리가 남

대표 기출 문제

231

그림은 줄에서 연속적으로 발생하는 두 파동 P, Q가 서로 반대 방향으로 x축과 나란하게 진행할 때, 두 파동이 만나기 전 시간 $t=0$인 순간의 줄의 모습을 나타낸 것이다. P와 Q의 진동수는 0.25 Hz로 같다.

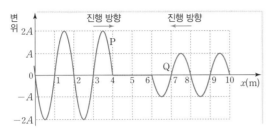

$t=2$초부터 $t=6$초까지, $x=5$ m에서 중첩된 파동의 변위의 최댓값은?

① 0
② A
③ $\frac{3}{2}A$
④ $2A$
⑤ $3A$

232

그림은 진동수와 진폭이 같고 위상이 반대인 두 물결파를 발생시키고 있을 때, 시간 $t=0$인 순간의 모습을 나타낸 것이다. 두 물결파는 진행 속력이 20 cm/s로 같고, 서로 이웃한 마루와 마루 사이의 거리는 20 cm이다.
이에 대한 설명으로 옳은 것만을 〈보기〉에서 있는 대로 고른 것은? (단, 점 P, Q, R는 평면상에 고정된 지점이다.) [3점]

| 보기 |

ㄱ. P에서는 상쇄 간섭이 일어난다.
ㄴ. Q에서 중첩된 물결파의 변위는 시간에 따라 일정하다.
ㄷ. R에서 중첩된 물결파의 변위는 $t=1$초일 때와 $t=2$초일 때가 같다.

① ㄱ
② ㄷ
③ ㄱ, ㄴ
④ ㄱ, ㄷ
⑤ ㄴ, ㄷ

233

상 중 하

그림은 시간 $t=0$일 때 파원 S_1, S_2에서 발생한 물결파의 마루와 골을 나타낸 것이다. 물결파의 파장은 λ이고, S_1, S_2를 잇는 직선상의 점 P, Q에서는 상쇄 간섭이 일어난다.

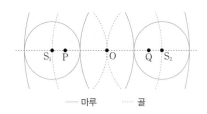

—— 마루 ---- 골

이에 대한 설명으로 옳은 것만을 〈보기〉에서 있는 대로 고른 것은?

| 보기 |
ㄱ. $t=0$일 때 수면의 높이는 O에서가 P에서보다 높다.
ㄴ. 선분 $\overline{PQ}$의 길이는 1.5λ이다.
ㄷ. 선분 $\overline{PQ}$상에서 보강 간섭이 일어나는 지점의 개수는 2개이다.

① ㄴ   ② ㄷ   ③ ㄱ, ㄴ   ④ ㄱ, ㄷ   ⑤ ㄴ, ㄷ

234 | 신유형 |

상 중 하

그림은 두 점 S_1, S_2에서 발생한 진폭, 파장, 진동수가 같은 두 물결파의 간섭을 나타낸 것이다. 실선과 점선은 각각 물결파의 마루와 골이고, P, Q, R는 평면상에 고정된 점이다.

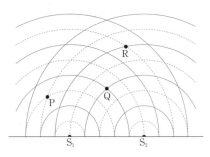

이에 대한 설명으로 옳은 것만을 〈보기〉에서 있는 대로 고른 것은?

| 보기 |
ㄱ. P에서 상쇄 간섭이 일어난다.
ㄴ. 진폭은 Q에서가 R에서보다 크다.
ㄷ. 선분 $\overline{S_1S_2}$상에서 보강 간섭이 일어나는 지점의 개수는 5개이다.

① ㄱ   ② ㄴ   ③ ㄷ   ④ ㄱ, ㄴ   ⑤ ㄴ, ㄷ

235

상 중 하

그림과 같이 파원 S_1, S_2에서 진폭과 위상이 같은 물결파를 발생시키고 있다. 실선과 점선은 각각 마루와 골이고, 물결파의 속력은 4 m/s로 일정하다.
이에 대한 설명으로 옳은 것만을 〈보기〉에서 있는 대로 고른 것은?

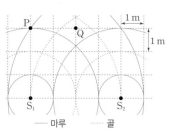

| 보기 |
ㄱ. 물결파의 진동수는 2 Hz이다.
ㄴ. P에서 보강 간섭이 일어난다.
ㄷ. Q에서 일어나는 간섭은 소음 제거 이어폰에 이용된다.

① ㄱ   ② ㄴ   ③ ㄷ   ④ ㄱ, ㄴ   ⑤ ㄴ, ㄷ

236 | 신유형 |

상 중 하

다음은 음파의 간섭 실험이다.

| 실험 과정
(가) y축 위에 스피커 A, B를 간격 d로 설치하고, A, B에서 진폭과 진동수가 일정한 동일한 음파를 발생시킨다.

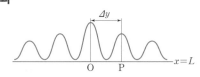

(나) 소음 측정기를 $x=L$인 직선상에서 이동시키면서 소리의 크기를 측정한다.

| 실험 결과

Δy: 큰 소리가 측정되는 이웃한 두 지점 사이의 간격

이에 대한 설명으로 옳은 것만을 〈보기〉에서 있는 대로 고른 것은?

| 보기 |
ㄱ. O에서 보강 간섭이 일어난다.
ㄴ. P에서 두 음파는 반대 위상으로 중첩한다.
ㄷ. d와 L을 일정하게 유지하고 음파의 진동수를 증가시키면 Δy도 증가한다.

① ㄱ   ② ㄷ   ③ ㄱ, ㄴ   ④ ㄱ, ㄷ   ⑤ ㄴ, ㄷ

237

상 중 **하**

그림은 소리의 간섭 실험의 과정을 나타낸 것이다.

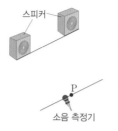

두 개의 스피커에서 동일한 진폭과 진동수의 소리를 같은 위상으로 발생시키고, 소음 측정기로 소리의 세기를 측정한다. P에서 두 스피커까지의 거리는 같다.

스피커

소음 측정기

이에 대한 설명으로 옳은 것만을 〈보기〉에서 있는 대로 고른 것은?

| 보기 |

ㄱ. P에서는 보강 간섭이 일어난다.
ㄴ. 보강 간섭이 일어나는 지점에서는 큰 소리가 측정된다.
ㄷ. 상쇄 간섭이 일어나는 지점에서는 두 스피커에서 발생한 소리가 반대 위상으로 중첩한다.

① ㄴ　　② ㄷ　　③ ㄱ, ㄴ　　④ ㄱ, ㄷ　　⑤ ㄱ, ㄴ, ㄷ

238 | 신유형 |

상 중 **하**

그림은 파장이 λ인 레이저 빛이 이중 슬릿을 통과한 후 스크린에 간섭무늬를 만든 것을 나타낸 것이다. 간섭무늬는 y축에 대칭이고, P, Q는 y축으로부터 각각 첫 번째 밝은 무늬와 세 번째 어두운 무늬의 중심의 위치이다.

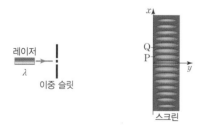

레이저

λ

이중 슬릿

스크린

이에 대한 설명으로 옳은 것만을 〈보기〉에서 있는 대로 고른 것은?

| 보기 |

ㄱ. P에서 보강 간섭이 일어난다.
ㄴ. Q에서 두 슬릿을 통과한 빛은 같은 위상으로 중첩한다.
ㄷ. 간섭무늬는 빛의 입자성으로 설명할 수 있다.

① ㄱ　　② ㄴ　　③ ㄷ　　④ ㄱ, ㄴ　　⑤ ㄱ, ㄷ

239

상 중 **하**

그림은 코팅 렌즈의 원리를 나타낸 것으로, 빛 ㉠과 ㉡은 상쇄 간섭한다.

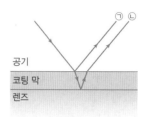

㉠ ㉡

공기

코팅 막

렌즈

이에 대한 설명으로 옳은 것만을 〈보기〉에서 있는 대로 고른 것은?

| 보기 |

ㄱ. ㉠과 ㉡은 위상이 반대이다.
ㄴ. ㉠과 ㉡의 상쇄 간섭은 렌즈를 통과하는 빛의 세기를 감소시킨다.
ㄷ. 코팅 렌즈는 빛의 입자성을 이용한다.

① ㄱ　　② ㄷ　　③ ㄱ, ㄴ　　④ ㄴ, ㄷ　　⑤ ㄱ, ㄴ, ㄷ

240

상 **중** 하

그림은 스피커 A, B에서 발생한 진동수가 f_0인 음파를 나타낸 것이다. 실선과 점선은 각각 음파의 밀한 곳과 소한 곳이고, P, Q는 동일한 수평면상의 고정된 점이며, A, B에서 P까지 거리는 같다.

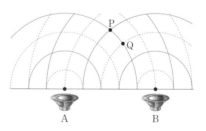

P

Q

A

B

이에 대한 설명으로 옳은 것만을 〈보기〉에서 있는 대로 고른 것은? (단, 음파의 진행 속력은 음파의 진동수에 관계없이 일정하다.)

| 보기 |

ㄱ. 음파의 세기는 P에서가 Q에서보다 크다.
ㄴ. 능동형 소음 제거 헤드폰에서는 Q에서 일어나는 간섭을 이용한다.
ㄷ. A, B에서 발생하는 음파의 진동수를 $2f_0$으로 변화시키면, P에서 상쇄 간섭이 일어난다.

① ㄱ　　② ㄷ　　③ ㄱ, ㄴ　　④ ㄴ, ㄷ　　⑤ ㄱ, ㄴ, ㄷ

15 빛과 물질의 이중성

1 빛의 이중성

(1) 광전 효과: 금속 표면에 빛을 비출 때 금속에서 전자(광전자)가 방출되는 현상

① **문턱 진동수(한계 진동수)**
  - 금속에서 전자가 방출되기 위한 빛의 최소 진동수이며 f_0으로 표시
  - 문턱 진동수보다 진동수가 큰 빛을 비출 때에만 광전자가 방출
  - 금속에 따라 값이 다름

② **일함수**: 금속판으로부터 전자를 떼어내기 위해 필요한 최소 에너지

③ 광전자의 최대 운동 에너지는 빛의 진동수에 의해 결정, 광전자 전체 개수는 빛알갱이 개수에 의해 결정

(2) 광자 이론

① **광양자설**
  - 아인슈타인은 빛은 진동수에 비례하는 에너지를 가진 입자들의 흐름이라는 광양자설로 광전 효과를 설명함
  - 광양자설에 의하면 진동수 f인 광자 1개의 에너지 E는 다음과 같음

$$E = hf \ (h : \text{플랑크 상수})$$

② **광전자의 최대 운동 에너지(E_k)**: 금속판에 비춘 광자 1개의 에너지에서 일함수(W)를 뺀 값

$$E_k = hf - W$$

(3) 빛의 이중성: 빛은 간섭이나 회절과 같은 파동성을 가지는 동시에 광전 효과와 같은 입자성을 가짐

2 영상 정보 기록

(1) 전하 결합 소자(CCD, Charge Coupled Device)

① 수많은 광 다이오드가 규칙적으로 배열되어 빛 신호를 전기 신호로 전환하는 반도체 소자

② 디지털 카메라가 사진을 저장하는 과정

빛 ➡ 렌즈 ➡ CCD ➡ 전기 신호 ➡ 메모리카드

(2) 광 다이오드(태양 전지): 빛 신호를 전기 신호로 전환시키는 광전 소자의 한 종류로, p형 반도체와 n형 반도체를 접합시켜 만듦

3 물질의 이중성

(1) 물질파

① **물질파(드브로이파)**: 물질 입자가 나타내는 파동을 물질파 또는 드브로이파라고 함

② **드브로이 파장**: 질량이 m인 입자가 속력 v로 운동할 때 입자의 파장 λ는 다음과 같음

$$\lambda = \frac{h}{p} = \frac{h}{mv} \ (h : \text{플랑크 상수})$$

(2) 물질파의 실험적 증거: 톰슨은 금속 박막에 전자선을 입사시켜 회절 무늬를 얻었으며 이것은 X선의 회절 무늬와 비슷한 결과를 보임

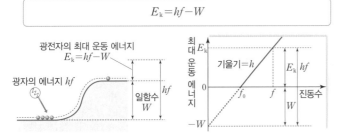

↑ X선 　　↑ 전자선

4 전자 현미경

(1) 분해능과 파장

① **분해능**: 광학기구를 사용할 때 빛의 회절 때문에 가까이 있는 두 점을 구분하는 데 한계가 있는데, 이 한계를 분해능이라고 함

② **분해능과 파장**: 파장이 짧을수록 회절이 잘 일어나지 않으므로 분해능이 좋음

(2) 전자 현미경

① **자기렌즈**: 코일로 만든 원통형의 전자석, 전자가 자기장에 의해 진행 경로가 휘어지는 성질을 이용

② 전자 현미경의 종류

투과 전자 현미경(TEM)	주사 전자 현미경(SEM)
• 세포의 내부 구조를 관찰하는 데 주로 사용 • 전자가 시료를 통과하는 동안 속력이 느려지는 것을 방지하기 위해 시료를 얇게 만들어야 함	• 시료의 3차원 표면 구조를 관찰할 수 있음 • 전자가 모이지 않도록 시료를 전기 전도성이 좋은 금속 등으로 얇게 코팅하여 관찰

대표 기출 문제

241

그림과 같이 단색광 A를 금속판 P에 비추었을 때 광전자가 방출되지 않고, 단색광 B, C를 각각 P에 비추었을 때 광전자가 방출된다. 방출된 광전자의 최대 운동 에너지는 B를 비추었을 때가 C를 비추었을 때보다 크다.

이에 대한 설명으로 옳은 것만을 〈보기〉에서 있는 대로 고른 것은? [3점]

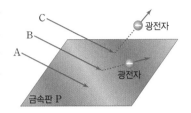

| 보기 |

ㄱ. A의 세기를 증가시키면 광전자가 방출된다.
ㄴ. P의 문턱 진동수는 B의 진동수보다 작다.
ㄷ. 단색광의 진동수는 B가 C보다 크다.

① ㄱ   ② ㄴ   ③ ㄱ, ㄷ   ④ ㄴ, ㄷ   ⑤ ㄱ, ㄴ, ㄷ

242

그림은 입자 P, Q의 물질파 파장의 역수를 입자의 속력에 따라 나타낸 것이다. P, Q는 각각 중성자와 헬륨 원자를 순서 없이 나타낸 것이다.

이에 대한 설명으로 옳은 것만을 〈보기〉에서 있는 대로 고른 것은? (단, h는 플랑크 상수이다.)

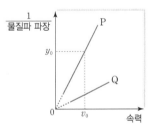

| 보기 |

ㄱ. P의 질량은 $h\dfrac{y_0}{v_0}$이다.
ㄴ. Q는 중성자이다.
ㄷ. P와 Q의 물질파 파장이 같을 때, 운동 에너지는 P가 Q보다 작다.

① ㄱ   ② ㄷ   ③ ㄱ, ㄴ   ④ ㄴ, ㄷ   ⑤ ㄱ, ㄴ, ㄷ

243

상 중 하

그림 (가)는 금속판 P에 단색광 A, B를 비출 때 광전자가 방출되지 않는 것을, (나)는 금속판 Q에 A를 비출 때 광전자가 방출되지 않는 것을, (다)는 Q에 B를 비출 때 광전자가 방출되는 것을 나타낸 것이다.

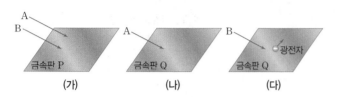

(가) (나) (다)

이에 대한 설명으로 옳은 것만을 〈보기〉에서 있는 대로 고른 것은?

| 보기 |
ㄱ. 진동수는 B가 A보다 크다.
ㄴ. 문턱 진동수는 P가 Q보다 크다.
ㄷ. (다)에서 B의 세기를 증가시키면, 광전자의 최대 운동 에너지가 증가한다.

① ㄱ   ② ㄷ   ③ ㄱ, ㄴ   ④ ㄴ, ㄷ   ⑤ ㄱ, ㄴ, ㄷ

244 | 신유형 |

상 중 하

그림과 같이 금속박 검전기 위에 금속판 A를 올려놓고, A를 대전시킨 후 단색광 P를 비추었더니 금속박이 오므라들었다.

이에 대한 설명으로 옳은 것만을 〈보기〉에서 있는 대로 고른 것은?

| 보기 |
ㄱ. P의 진동수는 A의 문턱 진동수보다 작다.
ㄴ. P를 비추기 전, A를 음(−)전하로 대전시켰다.
ㄷ. 이 현상은 P의 파동성으로 설명할 수 있다.

① ㄱ   ② ㄴ   ③ ㄷ   ④ ㄱ, ㄴ   ⑤ ㄴ, ㄷ

245

상 중 하

그림 (가)는 전하 결합 소자(CCD)의 광 다이오드를, (나)는 전자 현미경을 나타낸 것이다.

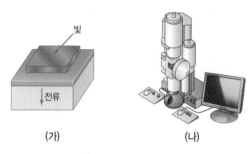

(가) (나)

이에 대한 설명으로 옳은 것만을 〈보기〉에서 있는 대로 고른 것은?

| 보기 |
ㄱ. (가)는 빛의 파동성을 이용한다.
ㄴ. (나)는 전자의 파동성을 이용한다.
ㄷ. (나)에서 전자의 속력이 빠를수록 분해능이 좋은 상을 얻을 수 있다.

① ㄱ   ② ㄴ   ③ ㄱ, ㄷ   ④ ㄴ, ㄷ   ⑤ ㄱ, ㄴ, ㄷ

246 | 신유형 |

상 중 하

그림 (가)는 광전관의 금속판 A 또는 B에 단색광을 비추면서 금속판으로부터 방출되는 광전자의 최대 운동 에너지 E_k를 측정하는 것을, (나)는 E_k를 단색광의 진동수 f에 따라 나타낸 것이다.

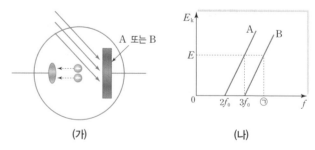

(가) (나)

$f = \bigcirc$일 때 A, B에서 방출되는 광전자의 E_k를 각각 E_A, E_B라고 할 때, $\dfrac{E_A}{E_B}$는?

① $\dfrac{3}{2}$ ② 2   ③ $\dfrac{5}{2}$ ④ 3   ⑤ $\dfrac{7}{2}$

247

그림 (가)는 진동수가 f인 단색광이 이중 슬릿을 지나 금속판에 도달하여 광전자를 방출시키는 실험을, (나)는 (가)의 금속판에서의 위치에 따라 방출된 광전자의 개수를 나타낸 것이다. 점 O, P, Q는 금속판 위의 지점이다.

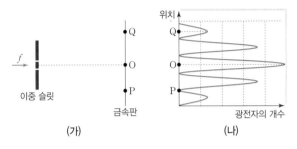

(가)   (나)

이에 대한 설명으로 옳은 것만을 〈보기〉에서 있는 대로 고른 것은?

| 보기 |

ㄱ. 금속판의 문턱 진동수는 f보다 작다.
ㄴ. P에서 단색광의 상쇄 간섭이 일어난다.
ㄷ. 금속판에 도달하는 빛의 세기는 O에서가 Q에서보다 크다.

① ㄱ   ② ㄷ   ③ ㄱ, ㄴ   ④ ㄴ, ㄷ   ⑤ ㄱ, ㄴ, ㄷ

248 | 신유형 |

그림은 금속판에 단색광을 비추는 것을, 표는 단색광의 진동수와 세기에 따른 최대 운동 에너지 E_k와 금속판에서 1초 동안 방출되는 전자의 개수 n을 나타낸 것이다.

진동수	세기	E_k	n
f	I	×	×
$2f$	I	E_0	㉠
$2f$	$2I$	㉡	n_0

×: 전자가 방출되지 않음

이에 대한 설명으로 옳은 것만을 〈보기〉에서 있는 대로 고른 것은?

| 보기 |

ㄱ. ㉠은 n_0보다 작다.
ㄴ. ㉡은 E_0보다 크다.
ㄷ. 금속판의 문턱 진동수는 f보다 작다.

① ㄱ   ② ㄷ   ③ ㄱ, ㄴ   ④ ㄴ, ㄷ   ⑤ ㄴ, ㄷ

249

그림은 금속판 P, Q에 단색광을 비추었을 때, P, Q에서 방출되는 광전자의 최대 운동 에너지 E_k를 단색광의 진동수에 따라 나타낸 것이다.

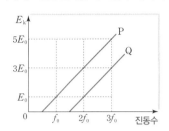

P, Q의 문턱 진동수를 각각 f_P, f_Q라고 할 때, $\dfrac{f_Q}{f_P}$는?

① 2   ② $\dfrac{5}{2}$ ③ 3   ④ $\dfrac{7}{2}$ ⑤ 4

250 | 신유형 |

다음은 전하 결합 소자(CCD)의 작동 원리를 설명한 자료이다.

마당에 양동이를 일정한 간격으로 배열해 놓았다고 생각해 보자. 비가 온 후 양동이들은 컨베이어 벨트에 의해 각각에 담긴 물의 양을 측정하는 계량기로 보내진다. 그러면 컴퓨터가 마당의 각 부분에 얼마만큼의 비가 왔는지를 나타낼 수 있다. CCD에서는 이 빗방울들이 ㉠ 에 해당하는 것이다.

이에 대한 설명으로 옳은 것만을 〈보기〉에서 있는 대로 고른 것은?

| 보기 |

ㄱ. ㉠에는 '전자'가 적절하다.
ㄴ. 전하 결합 소자는 빛의 파동성을 이용한다.
ㄷ. 전하 결합 소자의 화소에 도달한 빛의 세기가 클수록 화소에 저장된 전자의 개수가 많다.

① ㄱ   ② ㄴ   ③ ㄷ   ④ ㄱ, ㄷ   ⑤ ㄴ, ㄷ

251

상 중 하

그림은 단색광 A 또는 B를 광 다이오드에 비추는 것을 나타낸 것이다. 표는 광 다이오드에 흐르는 전류의 세기를 A, B의 세기에 따라 나타낸 것이다.

단색광 A 또는 B
전류

단색광	단색광의 세기	전류의 세기
A	I	I_0
	$2I$	㉠
B	I	0
	$2I$	㉡

이에 대한 설명으로 옳은 것만을 〈보기〉에서 있는 대로 고른 것은?

| 보기 |

ㄱ. ㉠은 I_0보다 크다.
ㄴ. ㉡은 0보다 크다.
ㄷ. 광 다이오드에 전류가 흐르는 현상은 빛의 파동성으로 설명할 수 있다.

① ㄱ ② ㄷ ③ ㄱ, ㄴ ④ ㄱ, ㄷ ⑤ ㄴ, ㄷ

252

| 신유형 |

상 중 하

그림은 알루미늄 박막에 운동 에너지가 E인 전자를 쪼일 때와 파장이 λ인 X선을 쪼일 때, 사진 건판에 나타나는 원형의 무늬를 나타낸 것이다. 전자선과 X선에 의해 생긴 무늬의 간격은 같다.

❶ 전자선

❶ X선

이에 대한 설명으로 옳은 것만을 〈보기〉에서 있는 대로 고른 것은? (단, 플랑크 상수는 h이다.)

| 보기 |

ㄱ. 전자를 쪼일 때 나타나는 무늬는 전자의 파동성으로 설명할 수 있다.
ㄴ. 전자의 운동량의 크기는 $\frac{h}{\lambda}$이다.
ㄷ. 전자의 질량을 m이라고 할 때 $\lambda = \frac{h}{\sqrt{mE}}$이다.

① ㄱ ② ㄴ ③ ㄷ ④ ㄱ, ㄴ ⑤ ㄴ, ㄷ

253

| 신유형 |

상 중 하

다음은 전자의 성질을 알아보기 위한 실험이다.

| 실험 과정

그림과 같이 장치하고 전자를 한 번에 1개씩 발사하여 이중 슬릿을 통과시킨 후, 전자가 도달하는 스크린의 위치를 확인한다.

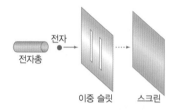
전자총
전자
이중 슬릿
스크린

| 실험 결과

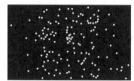
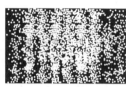

(가) 전자 100개를 쏠 때   (나) 전자 10000개를 쏠 때

이에 대한 설명으로 옳은 것만을 〈보기〉에서 있는 대로 고른 것은?

| 보기 |

ㄱ. (가)에서 전자의 입자성이 나타난다.
ㄴ. (나)에서 전자의 파동성이 나타난다.
ㄷ. 전자의 속력을 증가시키면, (나)에서 무늬 간격이 넓어진다.

① ㄱ ② ㄷ ③ ㄱ, ㄴ ④ ㄴ, ㄷ ⑤ ㄱ, ㄴ, ㄷ

254 | 신유형 | 　　상 중 하

그림과 같이 입자 가속 장치에서 발생한 입자를 단일 슬릿과 이중 슬릿에 통과시킨 후, 스크린에 만들어지는 간섭무늬의 간격 Δx를 측정하였다. 표는 입자 A, B의 운동량과 운동 에너지에 따른 Δx를 나타낸 것이다.

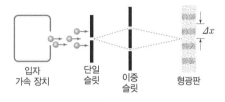

입자
가속 장치　단일
슬릿　이중
슬릿　형광판

구분	운동량	운동 에너지	Δx
A	p	E	l
B	$\frac{1}{2}p$	$2E$	㉠

이에 대한 설명으로 옳은 것만을 〈보기〉에서 있는 대로 고른 것은?

| 보기 |
ㄱ. 물질파 파장은 B가 A의 2배이다.
ㄴ. 질량은 A가 B의 4배이다.
ㄷ. ㉠은 $2l$이다.

① ㄱ　② ㄴ　③ ㄷ　④ ㄱ, ㄷ　⑤ ㄴ, ㄷ

255 　　상 중 하

그림은 질량이 m인 전자 P, Q의 물질파 파장 λ와 운동 에너지 E_k를 나타낸 것이다.

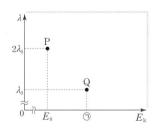

이에 대한 설명으로 옳은 것만을 〈보기〉에서 있는 대로 고른 것은?

| 보기 |
ㄱ. ㉠은 $2E_0$이다.
ㄴ. 운동량의 크기는 Q가 P의 2배이다.
ㄷ. 플랑크 상수는 $\sqrt{2m\lambda_0^2 E_0}$이다.

① ㄴ　② ㄷ　③ ㄱ, ㄴ　④ ㄱ, ㄷ　⑤ ㄴ, ㄷ

256 | 신유형 | 　　상 중 하

다음은 전자 현미경에 대한 설명이다.

○ 수십 킬로볼트의 전압으로 가속된 전자를 사용하는 전자 현미경은 광학 현미경보다 ㉠ 이 좋은 상을 얻을 수 있다.
○ ㉠ 은 서로 가까이 붙어 있는 두 점을 구분해 낼 수 있는 능력이다.
○ (가)전압 V로 가속된 전자의 운동 에너지는 eV이다.

이에 대한 설명으로 옳은 것만을 〈보기〉에서 있는 대로 고른 것은?

| 보기 |
ㄱ. ㉠은 '분해능'이 적절하다.
ㄴ. (가)가 클수록 전자의 물질파 파장이 길다.
ㄷ. 전자 현미경은 전자의 파동성을 이용한다.

① ㄱ　② ㄷ　③ ㄱ, ㄴ　④ ㄱ, ㄷ　⑤ ㄴ, ㄷ

257 상 중 하

그림 (가)는 시간 $t=0$일 때 x축과 나란하게 진행하는 파동의 변위 y를 위치 x에 따라, (나)는 $x=5$ m에서 y를 t에 따라 나타낸 것이다.

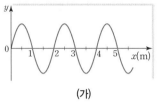 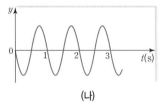

(가)   (나)

이에 대한 설명으로 옳은 것만을 〈보기〉에서 있는 대로 고른 것은? (단, 매질의 진동 방향은 파동의 진행 방향에 수직이다.)

| 보기 |

ㄱ. 파동의 진행 방향은 $+x$방향이다.

ㄴ. 파동의 진행 속력은 2 m/s이다.

ㄷ. $t=0$일 때, $x=2$ m에서 매질의 운동 방향은 $-y$방향이다.

① ㄱ   ② ㄴ   ③ ㄱ, ㄴ   ④ ㄱ, ㄷ   ⑤ ㄴ, ㄷ

258 | 신유형 | 상 중 하

그림 (가)는 x축에 나란하게 진행하는 파동의 시간 $t=0$일 때의 변위 y를 위치 x에 따라, (나)는 점 P의 y를 t에 따라 나타낸 것이다.

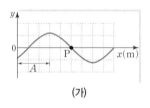 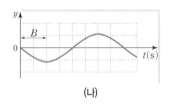

(가)   (나)

이에 대한 설명으로 옳은 것만을 〈보기〉에서 있는 대로 고른 것은?

| 보기 |

ㄱ. 파동의 파장은 $\frac{8}{3}A$이다.

ㄴ. 파동의 진행 방향은 $-x$방향이다.

ㄷ. 파동의 진행 속력은 $\frac{2A}{3B}$이다.

① ㄱ   ② ㄷ   ③ ㄱ, ㄴ   ④ ㄴ, ㄷ   ⑤ ㄱ, ㄴ, ㄷ

259 | 신유형 | 상 중 하

그림은 반원형 물통에 액체 X를 채우고 물통의 중앙 O에 레이저 빛을 비추었을 때 빛의 진행 경로를 나타낸 것이다. 원의 점선 부분은 O를 중심으로 하는 원으로, 원의 반지름은 물통의 반지름과 같다.

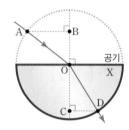

X의 굴절률은? (단, 공기의 굴절률은 1이다.)

① $\dfrac{\overline{AB}}{\overline{CD}}$ ② $\dfrac{\overline{CD}}{\overline{AB}}$ ③ $\dfrac{\overline{OC}}{\overline{OB}}$

④ $\dfrac{\overline{OB}}{\overline{OC}}$ ⑤ $\dfrac{\overline{OA}}{\overline{OD}}$

260 상 중 하

그림 (가)는 단색광이 물에서 매질 A로 입사각 θ_i로 입사한 후, A의 옆면 P에 임계각 θ_c로 입사하는 모습을 나타낸 것이다. 그림 (나)는 단색광이 공기에서 A로 입사각 θ_i로 입사하는 것을 나타낸 것으로, 단색광은 P에 도달한다.

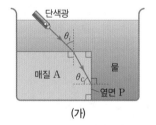 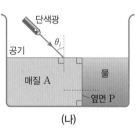

(가)   (나)

이에 대한 설명으로 옳은 것만을 〈보기〉에서 있는 대로 고른 것은? (단, 매질의 진동 방향은 파동의 진행 방향에 수직이다.)

| 보기 |

ㄱ. 굴절률은 A가 물보다 크다.

ㄴ. 단색광의 파장은 A에서가 물에서보다 길다.

ㄷ. (나)에서 단색광은 P에서 전반사한다.

① ㄴ   ② ㄷ   ③ ㄱ, ㄴ   ④ ㄱ, ㄷ   ⑤ ㄴ, ㄷ

261 | 신유형 | 상 중 하

그림 (가)는 단색광이 매질 A, B, C에서 진행하는 것을 나타낸 것이다. 단색광은 B와 C의 경계에서 전반사한다. 그림 (나)는 X와 Y로 만든 광섬유 내에서 단색광이 X와 Y의 경계면에 임계각 i_C로 입사하여 진행하는 것을 나타낸 것이다. X와 Y는 A, B, C 중 하나이다.

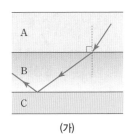
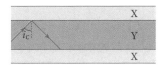

(가)   (나)

i_C가 최소인 X, Y는?

	X	Y		X	Y
①	A	B	②	A	C
③	B	A	④	B	C
⑤	C	A			

262 | 신유형 | 상 중 하

다음은 비접촉식 체온계의 사용 사례이다.

학생 A가 ⓐ 을 이용하여 체온을 측정하는 비접촉식 체온계로 자신과 집에서 키우는 애완견의 체온을 측정했더니, 각각 ⓑ 36.5 ℃, ⓒ 38.5 ℃로 측정되었다.

이에 대한 설명으로 옳은 것만을 〈보기〉에서 있는 대로 고른 것은?

| 보기 |

ㄱ. ⓐ에는 '자외선'이 적절하다.
ㄴ. ⓑ일 때가 ⓒ일 때보다 ⓐ의 파장이 길다.
ㄷ. 비접촉식 체온계는 외부에서 입사한 후 몸에서 반사되는 ⓐ을 이용한다.

① ㄱ   ② ㄴ   ③ ㄷ   ④ ㄱ, ㄴ   ⑤ ㄴ, ㄷ

263 | 개념 통합 | 상 중 하

다음은 진동수에 따른 전자기파의 종류와 전자기파 중 ⓐ 의 이용 사례이다.

| **전자기파의 종류**

다음은 진동수에 따른 전자기파의 종류이다.

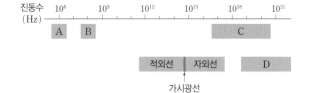

| ⓐ 의 이용 사례

○ ⓐ 은/는 투과력이 ⓑ 인체의 뼈 사진 촬영이나 공항의 수하물 검사에 이용된다.

○ 그림은 DNA의 ⓐ (가)회절 사진이다. 크릭과 왓슨은 이 사진을 분석하여 DNA의 이중 나선 구조를 알아냈다.

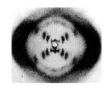

이에 대한 설명으로 옳은 것만을 〈보기〉에서 있는 대로 고른 것은?

| 보기 |

ㄱ. ⓐ은 C에 해당한다.
ㄴ. ⓑ에는 '강해'가 적절하다.
ㄷ. C보다 A에서 (가)가 잘 일어난다.

① ㄴ   ② ㄷ   ③ ㄱ, ㄴ   ④ ㄱ, ㄷ   ⑤ ㄱ, ㄴ, ㄷ

264

상 중 하

그림은 두 점 S_1, S_2에서 진폭과 파장이 같도록 발생시킨 두 물결파의 시간 $t=0$일 때의 모습을 나타낸 것이다. 두 물결파의 주기는 T로 같고, 점 A, B, C는 평면상에 고정된 세 지점이다.

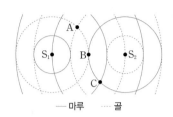

—— 마루 ···· 골

이에 대한 설명으로 옳은 것만을 〈보기〉에서 있는 대로 고른 것은?

| 보기 |

ㄱ. S_1, S_2에서 두 물결파의 위상은 같다.
ㄴ. B에서 중첩된 물결파의 변위는 항상 0이다.
ㄷ. $t=\frac{1}{4}T$일 때 변위의 크기는 A에서가 C에서보다 크다.

① ㄱ ② ㄴ ③ ㄱ, ㄴ ④ ㄱ, ㄷ ⑤ ㄴ, ㄷ

265 | 신유형 |

상 중 하

그림은 스피커 A, B에서 같은 진폭과 파장으로 발생한 두 음파의 시간 $t=0$일 때의 모습을 나타낸 것이다. 실선과 점선은 각각 음파의 마루와 골을 연결한 선이고, 점 P, Q는 공간상에 고정된 점이다.
이에 대한 설명으로 옳은 것만을 〈보기〉에서 있는 대로 고른 것은?

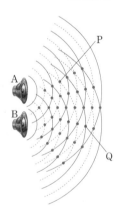

| 보기 |

ㄱ. P에서 보강 간섭이 일어난다.
ㄴ. 음파의 진폭은 P에서가 Q에서보다 크다.
ㄷ. Q에서가 P에서보다 소리가 더 크게 들린다.

① ㄴ ② ㄷ ③ ㄱ, ㄴ ④ ㄱ, ㄷ ⑤ ㄴ, ㄷ

266 | 신유형 |

상 중 하

그림은 두 스피커에서 발생한 파장과 진폭이 같은 음파 A, B가 x축을 따라 서로 반대 방향으로 진행하는 것을 나타낸 것이다.

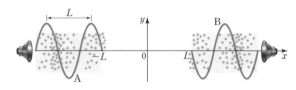

$-L \leq x \leq L$ 영역에서 A, B가 중첩한 후, 이에 대한 설명으로 옳은 것만을 〈보기〉에서 있는 대로 고른 것은?

| 보기 |

ㄱ. $x=0$에서 음파의 상쇄 간섭이 일어난다.
ㄴ. 음파의 상쇄 간섭이 일어나는 지점에서는 소리가 크게 들린다.
ㄷ. $-L \leq x \leq L$ 영역에서 보강 간섭이 일어나는 지점은 네 곳이다.

① ㄱ ② ㄴ ③ ㄱ, ㄴ ④ ㄱ, ㄷ ⑤ ㄴ, ㄷ

267

상 중 하

그림 (가)는 금속판 P에 단색광 A를 비추었을 때는 광전자가 방출되지 않고, B를 비추었을 때는 광전자가 방출되는 것을, (나)는 금속판 Q에 A, B를 각각 비추었을 때 광전자가 방출되는 것을 나타낸 것이다.

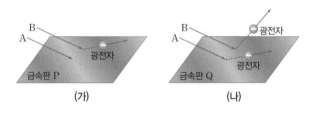

(가)   (나)

이에 대한 설명으로 옳은 것만을 〈보기〉에서 있는 대로 고른 것은?

| 보기 |

ㄱ. A의 진동수는 P의 문턱 진동수보다 크다.
ㄴ. 문턱 진동수는 P가 Q보다 크다.
ㄷ. (나)에서 광전자의 물질파 파장의 최솟값은 A를 비출 때가 B를 비출 때보다 작다.

① ㄱ ② ㄴ ③ ㄷ ④ ㄱ, ㄴ ⑤ ㄴ, ㄷ

268 | 신유형 | 상 중 하

그림은 금속판에 단색광을 비추면서 전자가 방출되는지 알아보는 실험 장치를 나타낸 것이다. 표는 단색광 A, B, C를 금속판 P, Q에 비출 때의 실험 결과이다.

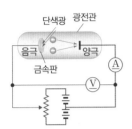

단색광 금속판	A	B	C
P	×	○	㉠
Q	○	○	×

(○ : 전자가 방출됨
× : 전자가 방출되지 않음)

이에 대한 설명으로 옳은 것만을 〈보기〉에서 있는 대로 고른 것은?

| 보기 |

ㄱ. 문턱 진동수는 P가 Q보다 크다.
ㄴ. ㉠은 ×이다.
ㄷ. 진동수는 C가 B보다 크다.

① ㄱ   ② ㄷ   ③ ㄱ, ㄴ   ④ ㄴ, ㄷ   ⑤ ㄱ, ㄴ, ㄷ

269 | 개념 통합 | 상 중 하

그림과 같이 질량이 m인 물체 A와 질량이 $2m$인 물체 B가 각각 운동 에너지 $9E$, $2E$로 운동하다가 정면으로 충돌한다. 충돌 전 A의 물질파 파장은 λ이고, 충돌 후 B의 물질파 파장은 $\frac{3}{4}\lambda$이다.

충돌 후 A의 물질파 파장은? (단, 충돌 전과 후 A, B는 동일한 직선 상에서 운동한다.)

① 2λ ② 3λ ③ 4λ ④ 5λ ⑤ 6λ

270 | 신유형 | 상 중 하

그림 (가), (나)는 각각 광학 현미경과 전자 현미경을 이용하여 동일한 물체를 촬영한 사진을 순서 없이 나타낸 것이다.

 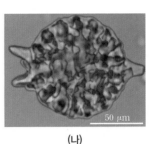

(가)   (나)

이에 대한 설명으로 옳은 것만을 〈보기〉에서 있는 대로 고른 것은?

| 보기 |

ㄱ. 분해능은 (가)가 (나)보다 좋다.
ㄴ. (가)는 전자 현미경으로 촬영한 사진이다.
ㄷ. 전자의 물질파 파장이 길수록 전자 현미경의 분해능이 좋다.

① ㄱ   ② ㄴ   ③ ㄷ   ④ ㄱ, ㄴ   ⑤ ㄱ, ㄷ

실전
모의평가 문제

271

다음은 전자기파 A, B가 이용되는 예에 대한 내용이다.

> ○ A는 리모컨, 야간 투시경 등에 이용된다.
> ○ B는 식기 소독기, ㉠ 등에 이용된다.

이에 대한 설명으로 옳은 것만을 〈보기〉에서 있는 대로 고른 것은?

───── | 보기 | ─────

ㄱ. A는 X선이다.
ㄴ. '위조지폐 감별'은 ㉠에 해당한다.
ㄷ. 진공에서의 파장은 A가 B보다 길다.

① ㄱ　　② ㄴ　　③ ㄱ, ㄷ　　④ ㄴ, ㄷ　　⑤ ㄱ, ㄴ, ㄷ

272

그림은 전자기 유도에 대해 학생 A, B, C가 대화하는 모습을 나타낸 것이다.

제시한 내용이 옳은 학생만을 있는 대로 고른 것은?

① A　　② C　　③ A, B　　④ B, C　　⑤ A, B, C

273

그림과 같이 각각 뜨거운 물과 차가운 얼음물이 들어 있는 수조 사이에서 스피커로 일정한 진동수의 소리를 발생시키면, 공기 중에서 소리는 뜨거운 물의 위쪽에서는 위로 휘어져 진행하고 차가운 얼음물의 위쪽에서는 아래쪽으로 휘어져 진행한다.

스피커에서 발생하여 공기 중에서 진행하는 소리에 대한 설명으로 옳은 것만을 〈보기〉에서 있는 대로 고른 것은?

───── | 보기 | ─────

ㄱ. 진동수는 뜨거운 공기에서가 차가운 공기에서보다 크다.
ㄴ. 진행 속력은 뜨거운 공기에서가 차가운 공기에서보다 크다.
ㄷ. 파장은 뜨거운 공기에서와 차가운 공기에서가 같다.

① ㄱ　　② ㄴ　　③ ㄷ　　④ ㄱ, ㄷ　　⑤ ㄴ, ㄷ

274

다음은 두 가지 핵반응이다.

> (가) $^{235}_{92}U + \boxed{㉠} \longrightarrow ^{141}_{56}Ba + ^{92}_{36}Kr + 3\boxed{㉠} + 200\,\text{MeV}$
>
> (나) $^{13}_{6}C + \boxed{㉡} \longrightarrow ^{14}_{7}N + 7.55\,\text{MeV}$

이에 대한 설명으로 옳은 것만을 〈보기〉에서 있는 대로 고른 것은?

───── | 보기 | ─────

ㄱ. (가)는 핵분열 반응이다.
ㄴ. ㉠과 ㉡은 같은 입자이다.
ㄷ. 질량 결손은 (나)에서가 (가)에서보다 크다.

① ㄱ　　② ㄷ　　③ ㄱ, ㄴ　　④ ㄴ, ㄷ　　⑤ ㄱ, ㄴ, ㄷ

275

그림 (가)와 같이 실에 연결되었으며 자기화되지 않은 막대 A에 자석의 N극을 가까이 하면 A가 자석으로 끌려온다. 그림 (나)와 같이 (가)에서 자석을 제거하고 같은 지점에서 막대 B를 A에 가까이 하면 A는 B로부터 밀려난다. A는 반자성체, 강자성체, 상자성체 중 하나이고, B는 강자성체이다.

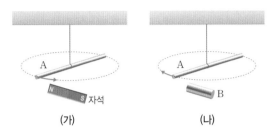

(가)   (나)

이에 대한 설명으로 옳은 것만을 〈보기〉에서 있는 대로 고른 것은? [3점]

| 보기 |

ㄱ. A는 강자성체이다.
ㄴ. (가)에서 A는 자기화된다.
ㄷ. (나)에서 A에 가까이 한 B의 면은 S극을 띤다.

① ㄱ   ② ㄷ   ③ ㄱ, ㄴ   ④ ㄴ, ㄷ   ⑤ ㄱ, ㄴ, ㄷ

276

그림과 같이 실 p, q와 용수철로 연결된 물체 A, B를 저울 위에 놓았더니, A와 B는 정지 상태를 유지하였다. 저울이 측정한 힘의 크기는 50 N이고, p와 q가 A를 당기는 힘의 크기는 같으며, A의 질량은 1 kg이다.

이에 대한 설명으로 옳은 것만을 〈보기〉에서 있는 대로 고른 것은? (단, 중력 가속도는 10 m/s^2이고, 실과 용수철의 질량은 무시한다.) [3점]

| 보기 |

ㄱ. B의 질량은 4 kg이다.
ㄴ. 용수철이 A에 작용하는 힘의 크기는 A의 무게보다 크다.
ㄷ. p가 A를 당기는 힘과 q가 A를 당기는 힘은 평형 관계이다.

① ㄱ   ② ㄷ   ③ ㄱ, ㄴ   ④ ㄴ, ㄷ   ⑤ ㄱ, ㄴ, ㄷ

277

그림은 입자 A, B가 시간 $t=0$부터 $t=t_0$까지 운동하는 모습을 나타낸 것으로, A는 등속도 운동을 하고, B는 등가속도 운동을 하며 $t=0$일 때 B의 속력이 0이다. $t=0$부터 $t=t_0$까지 A, B의 이동 거리는 같고, A의 물질파 파장은 λ이다. 질량은 B가 A의 3배이다.

$t=0$ Ⓐ   Ⓑ

$t=t_0$ Ⓐ   Ⓑ

$t=t_0$일 때 B의 물질파 파장은? (단, 입자의 크기는 무시한다.)

① $\dfrac{\lambda}{6}$ ② $\dfrac{\lambda}{3}$ ③ λ ④ 3λ ⑤ 6λ

278

그림 (가)는 보어의 수소 원자 모형에서 양자수 n에 따른 에너지 준위의 일부와 전자의 전이 a, b, c를 나타낸 것이고, (나)는 (가)의 a, b, c에 의한 빛의 흡수 스펙트럼을 파장에 따라 나타낸 것이다.

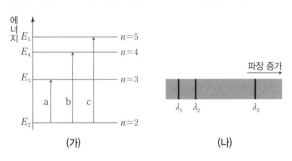

(가)   (나)

이에 대한 설명으로 옳은 것만을 〈보기〉에서 있는 대로 고른 것은?

| 보기 |

ㄱ. 흡수하는 빛의 진동수는 a에서가 b에서보다 작다.
ㄴ. c에서 전자가 흡수하는 빛의 파장은 λ_3이다.
ㄷ. $E_4 - E_3 = hc\left(\dfrac{1}{\lambda_1} - \dfrac{1}{\lambda_2}\right)$이다.

① ㄱ   ② ㄴ   ③ ㄱ, ㄷ   ④ ㄴ, ㄷ   ⑤ ㄱ, ㄴ, ㄷ

279

그림 (가)는 물체 A와 B, 전류계, 스위치, 전원을 연결하여 구성한 회로를 나타낸 것으로, 스위치가 열려 있을 때와 닫혀 있을 때 전류계에 흐르는 전류의 세기는 같다. 그림 (나)는 A와 B의 에너지띠 구조를 순서 없이 X와 Y로 나타낸 것으로, 에너지띠의 색칠한 부분까지 전자가 채워져 있다.

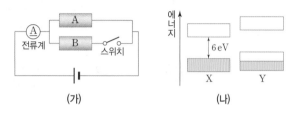

(가)   (나)

이에 대한 설명으로 옳은 것만을 〈보기〉에서 있는 대로 고른 것은? [3점]

| 보기 |
ㄱ. A의 에너지띠 구조는 Y이다.
ㄴ. X에서 원자가 띠에 있는 전자는 광자 1개의 에너지가 5 eV인 빛을 흡수할 수 있다.
ㄷ. 스위치가 닫혀 있을 때, 단위 부피당 전도띠에 있는 전자의 수는 A가 B보다 많다.

① ㄱ   ② ㄴ   ③ ㄱ, ㄷ   ④ ㄴ, ㄷ   ⑤ ㄱ, ㄴ, ㄷ

280

그림은 마찰이 없는 수평면에서 물체가 동일 직선상에 있는 점 p, q, r를 따라 직선 운동을 하는 모습을 나타낸 것이다. 물체는 pq 구간과 qr 구간을 운동하는 동안 각각 일정한 힘을 운동 방향으로 받으며, pq 구간을 통과하는 시간과 qr 구간을 통과하는 시간은 같다. qr 구간의 거리는 pq 구간의 거리의 2배이다. pr 구간에서 물체의 평균 속력은 p에서 물체의 속력의 4배이다.

pq 구간에서와 qr 구간에서 물체가 받은 충격량의 크기를 각각 I_1, I_2라고 할 때, $I_1 : I_2$는? [3점]

① 1 : 1   ② 3 : 4   ③ 3 : 5   ④ 4 : 3   ⑤ 5 : 3

281

다음은 빛의 성질을 알아보는 실험이다.

| 실험 과정
(가) 반원형 매질 A와 직사각형 매질 B, C를 준비한다. B와 C의 긴 변의 길이는 A의 지름과 같게, B와 C의 짧은 변은 각각 A의 반지름, A의 반지름의 $\frac{1}{2}$배와 같게 만든다. B, C는 같은 물질로 만든다.
(나) 그림과 같이 공기 중에서 A와 B를 서로 붙여 놓고, 레이저 빛 X를 A의 점 p에서 A의 면에 수직으로 입사시킨 후, B로 굴절된 X가 B의 점 q에서 전반사하는지 확인한다.
(다) 그림과 같이 공기 중에서 A와 C를 서로 붙여 놓고, X를 p에서 A의 면에 수직으로 입사시킨 후, C로 굴절된 X가 C의 점 r에서 전반사하는지 확인한다.

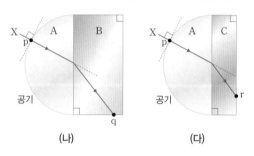

(나)   (다)

| 실험 결과
○ (나)의 결과와 (다)의 결과를 순서 없이 Ⅰ, Ⅱ라고 할 때, Ⅰ은 전반사하며, Ⅱ는 전반사하지 않는다.

이에 대한 설명으로 옳은 것만을 〈보기〉에서 있는 대로 고른 것은? [3점]

| 보기 |
ㄱ. X의 속력은 A에서가 B에서보다 작다.
ㄴ. Ⅰ은 (나)의 결과이다.
ㄷ. Ⅱ에서 X가 q 또는 r에 입사될 때, 입사각은 굴절각보다 작다.

① ㄱ   ② ㄴ   ③ ㄱ, ㄷ   ④ ㄴ, ㄷ   ⑤ ㄱ, ㄴ, ㄷ

282

그림과 같이 수평인 기준선 P를 v의 속력으로 동시에 통과한 물체 A, B가 각각 등가속도 직선 운동을 하여 수평인 기준선 Q를 동시에 통과한다. A, B는 서로 다른 빗면상에서 운동하며, Q를 지날 때 A의 속력은 $2v$이다.

이에 대한 설명으로 옳은 것만을 〈보기〉에서 있는 대로 고른 것은? (단, 물체의 크기, 모든 마찰과 공기 저항은 무시한다.)

| 보기 |

ㄱ. Q를 지날 때 B의 속력은 $3v$이다.

ㄴ. A가 최고점에 도달한 순간 B의 속력은 $\frac{4}{3}v$이다.

ㄷ. P에서 Q까지 운동하는 동안, 변위의 크기는 B가 A의 3배이다.

① ㄱ   ② ㄴ   ③ ㄱ, ㄷ   ④ ㄴ, ㄷ   ⑤ ㄱ, ㄴ, ㄷ

283

그림 (가)는 질량이 m, m_B, $2m$인 물체 A, B, C가 실 p, q에 연결되어 서로 다른 빗면 위에서 정지한 모습을 나타낸 것이다. 그림 (나)는 A와 C의 위치만 바꾸었을 때, A, B, C가 등가속도 운동을 하는 모습을 나타낸 것이다. (나)에서 시간 t가 지난 후 q가 끊어지며, C의 가속도의 크기는 q가 끊어진 후가 끊어지기 전의 $\frac{5}{3}$배이다.

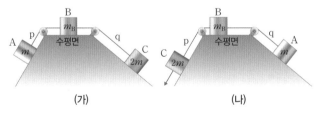

(가)   (나)

이에 대한 설명으로 옳은 것만을 〈보기〉에서 있는 대로 고른 것은? (단, 중력 가속도는 g이고, 실의 질량, 모든 마찰은 무시한다.) [3점]

| 보기 |

ㄱ. (가)에서 q가 C를 당기는 힘의 크기와 p가 A를 당기는 힘의 크기는 같다.

ㄴ. $m_B = 2m$이다.

ㄷ. (가)에서 p가 B를 당기는 힘의 크기와 (나)에서 q가 끊어진 후 p가 B를 당기는 힘의 크기는 서로 같다.

① ㄱ   ② ㄷ   ③ ㄱ, ㄴ   ④ ㄴ, ㄷ   ⑤ ㄱ, ㄴ, ㄷ

284

그림 (가)는 1 m/s의 같은 속력으로 x축과 나란하게 서로 반대 방향으로 진행하는 파동 P와 Q의 변위를 위치 x에 따라 나타낸 것으로, 이 순간에 P와 Q가 $x=0$에 도달하며 직후부터 P와 Q는 중첩하기 시작한다. 그림 (나)는 (가) 이후 $-1\,\text{m} < x < 1\,\text{m}$에서 중첩된 파동의 변위를 위치 x에 따라 나타낸 것으로, $-1\,\text{m} < x < 1\,\text{m}$에서 중첩된 파동의 변위는 시간 T마다 (나)와 같이 나타난다. P와 Q는 진폭이 같다.

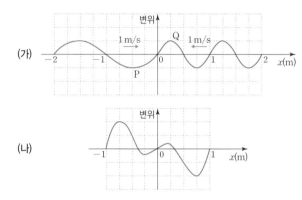

이에 대한 설명으로 옳은 것만을 〈보기〉에서 있는 대로 고른 것은? (단, 모눈 간격은 일정하다.)

| 보기 |

ㄱ. P의 파장은 4 m이다.

ㄴ. Q의 진동수는 1 Hz이다.

ㄷ. T는 1초이다.

① ㄱ   ② ㄴ   ③ ㄱ, ㄷ   ④ ㄴ, ㄷ   ⑤ ㄱ, ㄴ, ㄷ

285

그림은 일정량의 이상 기체가 상태 A → B → C를 따라 변하는 동안 기체의 부피와 압력을 나타낸 것이다. B → C 과정은 등온 과정이다.

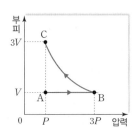

이에 대한 설명으로 옳은 것만을 〈보기〉에서 있는 대로 고른 것은? [3점]

| 보기 |

ㄱ. 기체의 내부 에너지는 B에서가 A에서보다 크다.
ㄴ. A → B 과정에서 기체가 한 일은 0이다.
ㄷ. B → C 과정에서 기체는 외부로부터 열을 흡수한다.

① ㄴ　　② ㄷ　　③ ㄱ, ㄴ　　④ ㄱ, ㄷ　　⑤ ㄱ, ㄴ, ㄷ

286

그림 (가)와 같이 마찰이 없는 수평면에서 운동량의 크기가 각각 p, $2p$, $4p$인 물체 A, B, C가 각각 $+x$, $-x$, $-x$ 방향으로 동일 직선상에서 등속도 운동을 한다. 이때 B는 $x=3L$을 지난다. 그림 (나)는 (가)에서 A와 C의 위치를 시간 t에 따라 나타낸 것이다.

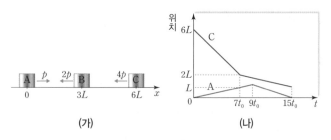

(가)　　　　　　　　(나)

이에 대한 설명으로 옳은 것만을 〈보기〉에서 있는 대로 고른 것은? (단, 물체의 크기는 무시한다.) [3점]

| 보기 |

ㄱ. 질량은 B가 A의 2배이다.
ㄴ. $t=8t_0$일 때, 속력은 B가 C의 $\frac{5}{2}$배이다.
ㄷ. $t=12t_0$일 때, B의 운동량의 크기는 $\frac{5}{2}p$이다.

① ㄱ　　② ㄴ　　③ ㄱ, ㄷ　　④ ㄴ, ㄷ　　⑤ ㄱ, ㄴ, ㄷ

287

그림과 같이 관찰자 A에 대해 광원 P, Q가 검출기 O로부터 같은 거리만큼 떨어져 정지해 있고, 관찰자 B가 탄 우주선이 광속에 가까운 속력으로 P, O, Q를 잇는 직선과 나란하게 등속도 운동을 하고 있다. A의 관성계에서, B가 O를 스쳐 지나는 순간 P, Q에서 방출된 빛이 동시에 O에 도달하고, Q에서 방출된 빛이 O에 도달하는 데 걸리는 시간은 t_0이다.

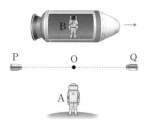

B의 관성계에서, 이에 대한 설명으로 옳은 것만을 〈보기〉에서 있는 대로 고른 것은?

| 보기 |

ㄱ. A의 시간은 B의 시간보다 느리게 간다.
ㄴ. 빛은 P에서가 Q에서보다 먼저 방출된다.
ㄷ. P에서 방출된 빛이 O에 도달하는 데 걸리는 시간은 t_0보다 크다.

① ㄱ　　② ㄴ　　③ ㄱ, ㄷ　　④ ㄴ, ㄷ　　⑤ ㄱ, ㄴ, ㄷ

288

그림과 같이 반지름이 각각 d, $2d$, $3d$이고 일정한 세기의 전류가 흐르는 원형 도선 P, Q, R가 xy 평면에서 원점 O를 중심으로 고정되어 있다. Q에는 세기가 I_0인 전류가 시계 방향으로 흐르고, P에는 전류가 항상 R의 전류와 반대 방향으로 흐른다. 표는 O에서 P, Q, R의 전류에 의한 자기장의 세기와 방향을 R의 전류의 방향에 따라 나타낸 것이다. O에서 Q의 전류에 의한 자기장의 세기는 B_0이다.

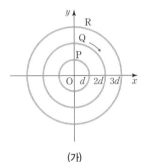

R의 전류의 방향	P, Q, R의 전류에 의한 자기장	
	세기	방향
시계 방향	㉠	×
시계 반대 방향	$3B_0$	㉡

⊙ : xy 평면에서 수직으로 나오는 방향
× : xy 평면에 수직으로 들어가는 방향

(가)   (나)

이에 대한 설명으로 옳은 것만을 〈보기〉에서 있는 대로 고른 것은?

| 보기 |

ㄱ. ㉠은 $5B_0$이다.
ㄴ. ㉡은 ⊙이다.
ㄷ. R의 전류의 세기는 $6I_0$보다 작다.

① ㄱ   ② ㄷ   ③ ㄱ, ㄴ   ④ ㄴ, ㄷ   ⑤ ㄱ, ㄴ, ㄷ

289

그림 (가)는 x축상에 고정된 점전하 A, B, C를 나타낸 것으로, A에 작용하는 전기력은 0이다. 그림 (나)는 (가)에서 C의 위치만 $+x$방향으로 옮겨 고정시킨 것으로, C에 작용하는 전기력의 방향은 (가)에서와 반대 방향이다. A는 양(+)전하이다.

(가)   (나)

이에 대한 설명으로 옳은 것만을 〈보기〉에서 있는 대로 고른 것은? [3점]

| 보기 |

ㄱ. 전하량의 크기는 A가 B보다 크다.
ㄴ. C는 음(−)전하이다.
ㄷ. B에 작용하는 전기력의 방향은 (가)에서와 (나)에서가 서로 같다.

① ㄱ   ② ㄴ   ③ ㄱ, ㄷ   ④ ㄴ, ㄷ   ⑤ ㄱ, ㄴ, ㄷ

290

그림 (가)와 같이 빗면상에 용수철 A, B를 거리 $7d$만큼 떨어뜨려 고정한 후 물체로 A를 원래 길이에서 $3d$만큼 압축시킨 상태에서 물체를 가만히 놓으면 물체가 마찰 구간을 지나 B를 d만큼 압축시킬 때 속력이 0이 된다. 그림 (나)는 (가)에서 물체가 되돌아가 마찰 구간을 일정한 속력으로 지나 A를 $2d$만큼 압축시키며 속력이 0이 되는 순간의 모습을 나타낸 것으로, A가 $2d$만큼 압축되는 동안 물체의 운동 에너지 감소량은 물체의 중력 퍼텐셜 에너지 감소량의 3배이고, 마찰 구간을 올라갈 때와 내려갈 때 물체의 손실된 역학적 에너지는 같다.

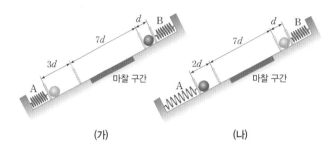

(가)   (나)

이에 대한 설명으로 옳은 것만을 〈보기〉에서 있는 대로 고른 것은? (단, 용수철의 질량, 물체의 크기, 공기 저항, 마찰 구간 외의 모든 마찰은 무시한다.) [3점]

| 보기 |

ㄱ. 용수철 상수는 B가 A보다 크다.
ㄴ. 마찰 구간의 거리는 $\dfrac{9}{2}d$이다.
ㄷ. 물체의 최대 속력은 (가)에서가 (나)에서의 $\dfrac{11}{7}$배이다.

① ㄱ   ② ㄷ   ③ ㄱ, ㄴ   ④ ㄴ, ㄷ   ⑤ ㄱ, ㄴ, ㄷ

291

다음은 파동의 간섭에 대한 내용이다.

> 그림은 파동이 ⑦ 하는 모습을 나타내는 예로, 공기와 기름의 경계에서 반사하여 공기로 진행한 빛 A와 기름과 물의 경계에서 반사하여 공기로 진행한 빛 B가 ⑦ 하면 빛의 세기가 줄어들어 빛을 볼 수 없다.

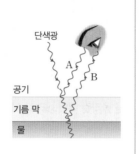

이에 대한 설명으로 옳은 것만을 〈보기〉에서 있는 대로 고른 것은?

| 보기 |
ㄱ. A와 B는 위상이 서로 같다.
ㄴ. '상쇄 간섭'은 ⑦에 해당한다.
ㄷ. ⑦은 안경의 반사광을 제거하는 코팅 기술에 활용된다.

① ㄱ   ② ㄴ   ③ ㄱ, ㄷ   ④ ㄴ, ㄷ   ⑤ ㄱ, ㄴ, ㄷ

292

그림 (가)는 전자기파 A, B를 이용한 예를, (나)는 전자기파 C, D를 이용한 예를 나타낸 것이다.

비접촉 체온계는 체온을 측정하기 위해 A가 이용되고, 화면에서는 B가 나와 측정값을 보여 준다.

위조지폐 감별기에서는 위조지폐를 찾아내기 위해 C가 이용되고, C를 흡수한 형광 물질이 D를 방출한다.

(가)   (나)

이에 대한 설명으로 옳은 것만을 〈보기〉에서 있는 대로 고른 것은? [3점]

| 보기 |
ㄱ. 살균 작용을 하여 식기 소독기에 이용되는 전자기파는 A에 해당한다.
ㄴ. B와 D는 같은 종류의 전자기파이다.
ㄷ. 진공에서의 속력은 C가 가장 크다.

① ㄱ   ② ㄴ   ③ ㄱ, ㄷ   ④ ㄴ, ㄷ   ⑤ ㄱ, ㄴ, ㄷ

293

다음은 두 가지 핵반응을 나타낸 것으로, X는 원자핵이다.

> (가) $^2_1H + X \longrightarrow \,^4_2He + \,^1_1H + 18.3\ MeV$
> (나) $X + X \longrightarrow \,^4_2He + 2\ \boxed{⑦} + 12.86\ MeV$

이에 대한 설명으로 옳은 것만을 〈보기〉에서 있는 대로 고른 것은?

| 보기 |
ㄱ. X의 질량수는 3이다.
ㄴ. ⑦은 중성자이다.
ㄷ. 질량 결손은 (가)에서가 (나)에서보다 크다.

① ㄱ   ② ㄴ   ③ ㄱ, ㄷ   ④ ㄴ, ㄷ   ⑤ ㄱ, ㄴ, ㄷ

294

그림은 광통신 과정에 대해 학생 A, B, C가 대화하는 모습을 나타낸 것이다.

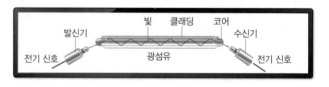

학생 A: 광통신은 정보를 담은 전기 신호를 빛 신호로 전환한 후 빛을 통해 정보를 주고 받는 통신 방식이야.

학생 B: 굴절률은 코어가 클래딩보다 커.

학생 C: 광섬유의 클래딩과 코어의 경계면에서 빛이 전반사할 때 반사각은 임계각보다 작아.

제시한 내용이 옳은 학생만을 있는 대로 고른 것은?

① A   ② C   ③ A, B   ④ B, C   ⑤ A, B, C

295

그림은 마찰이 없는 수평면에서 같은 방향으로 운동하는 스케이팅 선수 A, B가 서로 충돌하기 직전의 모습을 나타낸 것이다. A는 충돌 직전에 팔을 웅크리고, 충돌 후 선수들의 운동 방향은 충돌 전과 같다. 질량은 A가 B보다 크다.

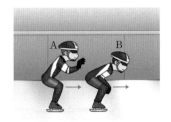

이에 대한 설명으로 옳은 것만을 〈보기〉에서 있는 대로 고른 것은? (단, A와 B는 동일 직선상에서 운동한다.) [3점]

| 보기 |

ㄱ. A의 속력은 충돌 전이 충돌 후보다 크다.
ㄴ. 속도 변화량의 크기는 A가 B보다 크다.
ㄷ. 충돌 전 A가 팔을 편 상태로 충돌하면 B가 A로부터 받는 충격량의 크기가 A가 B로부터 받는 충격량의 크기보다 크다.

① ㄱ   ② ㄴ   ③ ㄱ, ㄷ   ④ ㄴ, ㄷ   ⑤ ㄱ, ㄴ, ㄷ

296

그림 (가)와 같이 단색광 X를 금속판 P에 비추었을 때 광전자가 방출되고, 단색광 Y를 P에 비추었을 때 광전자가 방출되지 않는다. 그림 (나)와 같이 Y를 금속판 Q에 비추었을 때 광전자가 방출된다.

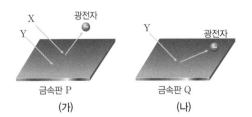

이에 대한 설명으로 옳은 것만을 〈보기〉에서 있는 대로 고른 것은?

| 보기 |

ㄱ. 진공에서 단색광의 파장은 X가 Y보다 길다.
ㄴ. Y의 세기를 증가시키면 P에서 광전자가 방출된다.
ㄷ. X를 Q에 비추면 광전자가 방출된다.

① ㄱ   ② ㄷ   ③ ㄱ, ㄴ   ④ ㄴ, ㄷ   ⑤ ㄱ, ㄴ, ㄷ

297

그림은 xy 평면상에서 x축과 나란하게 매질 A에서 매질 B로 진행하는 파동의 어느 순간의 변위를 위치 x에 따라 나타낸 것이다. 파동은 y축과 나란하게 진동하며, A에서 파동의 진행 속력은 2 m/s이다.

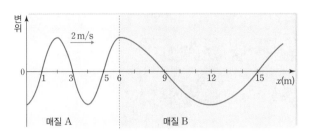

이에 대한 설명으로 옳은 것만을 〈보기〉에서 있는 대로 고른 것은?

| 보기 |

ㄱ. 파동의 진동수는 2 Hz이다.
ㄴ. B에서 파동의 진행 속력은 6 m/s이다.
ㄷ. 이 순간 직후, $x = 9$ m에서 파동의 변위는 $+y$방향이다.

① ㄱ   ② ㄴ   ③ ㄱ, ㄷ   ④ ㄴ, ㄷ   ⑤ ㄱ, ㄴ, ㄷ

298

그림 (가)와 같이 용수철 A, B가 동일 연직선상에서 천장과 바닥면에 연결되어 정지해 있다. 그림 (나)는 물체가 (가)의 용수철 A, B에 연결되어 정지한 모습을 나타낸 것이다.

(나)에 대한 설명으로 옳은 것만을 〈보기〉에서 있는 대로 고른 것은? (단, 용수철의 질량은 무시한다.) [3점]

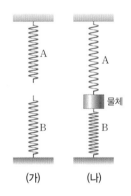

| 보기 |

ㄱ. 물체에 작용하는 알짜힘은 0이다.
ㄴ. A가 물체에 작용하는 힘과 B가 물체에 작용하는 힘은 평형 관계이다.
ㄷ. 물체에 작용하는 중력의 크기는 A가 천장에 작용하는 힘의 크기보다 크다.

① ㄱ   ② ㄴ   ③ ㄱ, ㄷ   ④ ㄴ, ㄷ   ⑤ ㄱ, ㄴ, ㄷ

299

그림 (가)는 불순물 반도체 X, Y의 에너지띠 구조를 나타낸 것이다. 그림 (나)는 X와 Y를 접합한 p-n 접합 다이오드와 전구, 직류 전원 장치를 이용하여 회로를 구성하였을 때, 전구에 불이 들어온 모습을 나타낸 것이다. X와 Y는 각각 p형 반도체와 n형 반도체 중 하나이다.

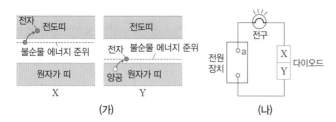

(가)   (나)

이에 대한 설명으로 옳은 것만을 〈보기〉에서 있는 대로 고른 것은?

| 보기 |
ㄱ. X는 p형 반도체이다.
ㄴ. (나)에서 p-n 접합 다이오드에는 순방향 전압이 걸린다.
ㄷ. 전원 장치의 단자 a는 양(+)극이다.

① ㄱ   ② ㄴ   ③ ㄱ, ㄷ   ④ ㄴ, ㄷ   ⑤ ㄱ, ㄴ, ㄷ

300

그림과 같이 등가속도 직선 운동을 하는 자동차 A, B가 기준선 P, Q를 각각 v_0의 속력으로 동시에 지난 후 기준선 R를 동시에 지난다. P에서 Q까지 A의 이동 거리는 L이고, R를 지날 때 속력은 A가 B의 3배이다. A, B의 가속도의 크기는 서로 같다.

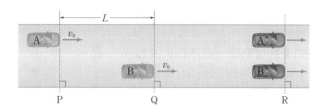

이에 대한 설명으로 옳은 것만을 〈보기〉에서 있는 대로 고른 것은? [3점]

| 보기 |
ㄱ. Q와 R 사이의 거리는 $\frac{3}{2}L$이다.
ㄴ. B의 가속도 크기는 $\frac{v_0^2}{2L}$이다.
ㄷ. A가 Q를 지날 때의 속력은 $\frac{5}{4}v_0$이다.

① ㄱ   ② ㄴ   ③ ㄱ, ㄷ   ④ ㄴ, ㄷ   ⑤ ㄱ, ㄴ, ㄷ

301

다음은 물질의 자성에 대한 실험이다.

| 실험 과정

(가) 그림과 같이 자기화되어 있지 않은 물체 A, B와 나침반, 스위치, 전원 장치를 준비한 후 A를 솔레노이드에 넣고 전원 장치를 연결한다. A, B는 강자성체와 상자성체를 순서 없이 나타낸 것이다.

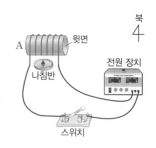

(나) 스위치를 닫고 A 주위에 놓인 나침반 자침의 N극이 가리키는 방향을 관찰한다.
(다) 스위치를 열고 A 주위에 놓인 나침반 자침의 N극이 가리키는 방향을 관찰한다.
(라) (가)에서 A를 B로 바꾸고, (나), (다)를 반복한다.

| 실험 결과

구분	나침반 자침의 N극의 방향	
	A	B
스위치를 닫았을 때	오른쪽	㉠
스위치를 열었을 때	오른쪽	위쪽

이에 대한 설명으로 옳은 것만을 〈보기〉에서 있는 대로 고른 것은? [3점]

| 보기 |
ㄱ. A의 윗면은 S극으로 자기화된다.
ㄴ. '왼쪽'은 ㉠에 해당한다.
ㄷ. B는 강자성체이다.

① ㄱ   ② ㄴ   ③ ㄱ, ㄷ   ④ ㄴ, ㄷ   ⑤ ㄱ, ㄴ, ㄷ

302

그림 (가)는 보어의 수소 원자 모형에서 양자수 n에 따른 에너지 준위의 일부와 전자의 전이 과정 a~e를, (나)는 a~e에 의해 방출되는 빛의 스펙트럼선을 파장에 따라 나타낸 것이다.

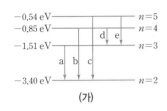
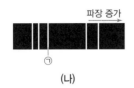

(가)   (나)

이에 대한 설명으로 옳은 것만을 〈보기〉에서 있는 대로 고른 것은?

| 보기 |

ㄱ. ㉠은 c에 의해 나타난 스펙트럼선이다.

ㄴ. d에서 방출되는 빛은 적외선이다.

ㄷ. 방출되는 빛의 진동수는 e에서가 a에서보다 작다.

① ㄱ   ② ㄴ   ③ ㄱ, ㄷ   ④ ㄴ, ㄷ   ⑤ ㄱ, ㄴ, ㄷ

303

그림과 같이 무한히 긴 직선 도선 A, B가 xy 평면에 고정되어 있다. A에는 세기가 I_0인 전류가 $+y$방향으로 흐른다. 점 p, q는 xy 평면 상에 있다. p에서 A, B의 전류에 의한 자기장은 0이고, p에서 A의 전류에 의한 자기장의 세기는 B_0이다.

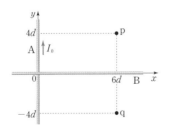

이에 대한 설명으로 옳은 것만을 〈보기〉에서 있는 대로 고른 것은?

| 보기 |

ㄱ. B에 흐르는 전류의 방향은 $+x$방향이다.

ㄴ. B에 흐르는 전류의 세기는 $\frac{2}{3}I_0$이다.

ㄷ. q에서 자기장의 세기는 $2B_0$이다.

① ㄱ   ② ㄷ   ③ ㄱ, ㄴ   ④ ㄴ, ㄷ   ⑤ ㄱ, ㄴ, ㄷ

304

그림 (가)는 물체 A, B가 접촉한 상태로 마찰이 없는 수평면에 정지한 모습을 나타낸 것이다. 그림 (나)는 (가)의 A와 B가 분리된 직후부터 다시 충돌할 때까지 벽면의 점 P로부터 A와 B의 거리를 각각 시간 t에 따라 나타낸 것이다. A, B가 각각 벽면으로부터 받은 충격량의 크기는 I_A, I_B이다.

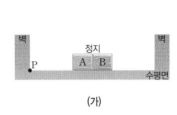
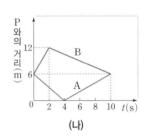

(가)   (나)

이에 대한 설명으로 옳은 것만을 〈보기〉에서 있는 대로 고른 것은? (단, A, B는 동일 직선상에서 운동하고, 물체의 크기는 무시한다.) [3점]

| 보기 |

ㄱ. 질량은 A가 B의 2배이다.

ㄴ. 벽면과 충돌 전후 A의 속도 변화량의 크기는 2.5 m/s 이다.

ㄷ. $I_A : I_B = 4 : 3$이다.

① ㄱ   ② ㄷ   ③ ㄱ, ㄴ   ④ ㄴ, ㄷ   ⑤ ㄱ, ㄴ, ㄷ

305

그림과 같이 물체 A와 B는 용수철로, 물체 B와 C는 실로 연결되어 등가속도 운동을 하고 있다. A와 B는 경사면에서 운동하고, C의 가속도의 크기는 $\frac{3}{4}g$이다. A, B, C의 질량은 각각 $2m$, m, m이고, 용수철 상수는 k이다.

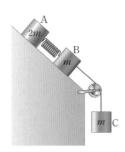

용수철이 원래 길이에서 늘어난 길이는? (단, 중력 가속도는 g이고, 실과 용수철의 질량, 물체의 크기, 모든 마찰은 무시한다.)

① $\frac{mg}{3k}$ ② $\frac{mg}{6k}$ ③ $\frac{mg}{8k}$ ④ $\frac{mg}{9k}$ ⑤ $\frac{mg}{12k}$

306

그림은 열효율이 $\frac{2}{13}$인 열기관에서 일정량의 이상 기체가 상태 A → B → C → D → A를 따라 순환하는 동안 기체의 압력과 부피를 나타낸 것이다. A → B 과정과 C → D 과정은 압력이 일정한 과정이고, D → A 과정에서 기체가 흡수한 열량은 45 J이다. A와 C에서 기체의 온도는 같다. 표는 각 과정에서 기체가 외부에 한 일 또는 외부로부터 받은 일을 나타낸 것이다.

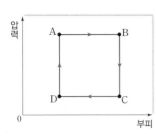

과정	외부에 한 일 또는 외부로부터 받은 일(J)
A → B	60
B → C	0
C → D	30
D → A	0

이에 대한 설명으로 옳은 것만을 〈보기〉에서 있는 대로 고른 것은? [3점]

| 보기 |

ㄱ. B → C 과정에서 기체의 온도는 낮아진다.
ㄴ. A → B 과정에서 기체의 내부 에너지 증가량은 90 J이다.
ㄷ. C → D 과정에서 기체가 방출한 열량은 75 J이다.

① ㄱ   ② ㄷ   ③ ㄱ, ㄴ   ④ ㄴ, ㄷ   ⑤ ㄱ, ㄴ, ㄷ

307

그림은 자기장의 방향이 xy 평면에 수직인 균일한 자기장 영역 Ⅰ, Ⅱ의 경계에서 동일한 정사각형 금속 고리 A, B가 각각 일정한 속력 $2v$, v로 운동하고, 같은 방향으로 놓인 동일한 정삼각형 금속 고리 C, D가 각각 일정한 속력 $3v$, v로 운동하는 어느 순간의 모습을 나타낸 것이다. A∼D는 각각 $+x$, $+x$, $+x$, $-x$ 방향으로 운동한다. 표는 이 순간 A∼D에 흐르는 유도 전류의 세기와 방향을 나타낸 것이다. Ⅰ, Ⅱ에서 자기장의 방향은 서로 같고, 이 순간 C와 D는 정삼각형 높이의 $\frac{1}{4}$만큼 자기장 영역에 들어가 있다.

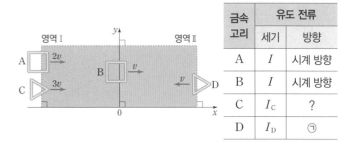

금속 고리	유도 전류	
	세기	방향
A	I	시계 방향
B	I	시계 방향
C	I_C	?
D	I_D	㉠

이에 대한 설명으로 옳은 것만을 〈보기〉에서 있는 대로 고른 것은? [3점]

| 보기 |

ㄱ. 자기장의 세기는 Ⅱ에서가 Ⅰ에서의 3배이다.
ㄴ. $I_C = I_D$이다.
ㄷ. '시계 반대 방향'은 ㉠에 해당한다.

① ㄱ   ② ㄴ   ③ ㄱ, ㄴ   ④ ㄴ, ㄷ   ⑤ ㄱ, ㄴ, ㄷ

308

그림 (가)와 같이 x축상에 점전하 A, B, C를 고정하고 음($-$)전하인 점전하 P를 옮기며 고정한다. 전하량의 크기는 A가 B의 2배이다. 그림 (나)는 P의 위치 x가 $0<x<3d$인 구간에서 P에 작용하는 전기력을 나타낸 것이다. 전기력의 방향은 $+x$방향이 양($+$)이다.

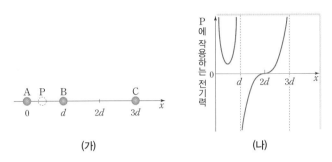

(가)   (나)

이에 대한 설명으로 옳은 것만을 〈보기〉에서 있는 대로 고른 것은? [3점]

| 보기 |

ㄱ. B는 음($-$)전하이다.

ㄴ. 전하량의 크기는 B가 C보다 크다.

ㄷ. $x=4d$에서 P에 작용하는 전기력의 방향은 $-x$방향이다.

① ㄱ   ② ㄷ   ③ ㄱ, ㄴ   ④ ㄴ, ㄷ   ⑤ ㄱ, ㄴ, ㄷ

309

그림은 실로 연결된 물체 A, B, C를 가만히 놓은 순간의 모습을 나타낸 것으로, 이 순간 A와 C는 서로 다른 빗면에 있고, B는 점 p에 있다. 가만히 놓은 후, A, B, C는 각각 등가속도 직선 운동을 하며, B가 점 q에 도달한 순간 C가 마찰 구간에 도달한다. C가 마찰 구간을 지나는 동안, A, B, C는 등속도 운동을 하며, 마찰에 의한 C의 역학적 에너지 감소량은 A의 중력 퍼텐셜 에너지 증가량과 같다. B가 점 r에 도달하는 순간 B와 C를 연결한 실이 끊어지고, 이후 B는 점 s에 도달하는 순간 정지했다가 다시 r, q를 지난다. q에서 B의 운동 에너지는 실이 끊어진 후가 실이 끊어지기 전의 9배이다. A와 B는 질량이 m으로 같고, A, B, C는 동일 연직면상에서 운동하며, q와 r 사이 거리는 p와 q 사이 거리의 2배이다.

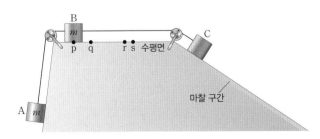

C의 질량은? (단, 실의 질량, 물체의 크기, 공기 저항, 마찰 구간 외의 모든 마찰은 무시한다.) [3점]

① $4m$ ② $5m$ ③ $6m$ ④ $8m$ ⑤ $9m$

310

그림과 같이 관찰자 A의 관성계에서 광원과 거울 p, q, r가 정지해 있고, 빛은 광원으로부터 각각 p, q, r를 향해 $-x$방향, $+x$방향, $+y$방향으로 동시에 방출된다. 관찰자 B, C가 탄 우주선은 A에 대해 각각 $0.8c$의 속력으로 $+y$방향, $+x$방향으로 등속도 운동을 한다. 표는 A, B, C 관성계에서 각각의 경로에 따라 빛이 진행하는 데 걸린 시간을 나타낸 것이다.

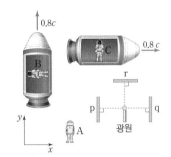

빛의 경로	걸린 시간		
	관성계		
	A	B	C
광원 → p	t_1	t_2	t_3
광원 → q	t_1	t_2	㉠
광원 → r	t_1	㉡	t_2

이에 대한 설명으로 옳은 것만을 〈보기〉에서 있는 대로 고른 것은? (단, c는 빛의 속력이다.)

| 보기 |

ㄱ. $t_1>t_2$이다.

ㄴ. B의 관성계에서, 광원과 p 사이의 거리는 광원과 r 사이의 거리보다 크다.

ㄷ. ㉠은 ㉡보다 크다.

① ㄱ   ② ㄴ   ③ ㄱ, ㄷ   ④ ㄴ, ㄷ   ⑤ ㄱ, ㄴ, ㄷ

MEMO

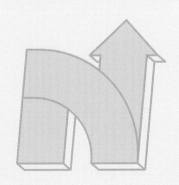

I 역학과 에너지

01 물체의 운동 007~011쪽

대표 기출 문제 001 ④ 002 ④

적중 예상 문제 003 ② 004 ④ 005 ① 006 ④ 007 ⑤
008 ③ 009 ③ 010 ④ 011 ⑤ 012 ③
013 ⑤ 014 ① 015 ⑤ 016 ②

02 뉴턴 운동 법칙 013~017쪽

대표 기출 문제 017 ⑤ 018 ②

적중 예상 문제 019 ⑤ 020 ③ 021 ① 022 ③ 023 ②
024 ③ 025 ③ 026 ④ 027 ③ 028 ②
029 ④ 030 ① 031 ③ 032 ②

03 운동량과 충격량 019~023쪽

대표 기출 문제 033 ③ 034 ④

적중 예상 문제 035 ① 036 ③ 037 ③ 038 ② 039 ③
040 ③ 041 ④ 042 ⑤ 043 ⑤ 044 ④
045 ③ 046 ① 047 ④ 048 ②

04 역학적 에너지 보존 025~029쪽

대표 기출 문제 049 ② 050 ②

적중 예상 문제 051 ① 052 ① 053 ③ 054 ① 055 ①
056 ③ 057 ④ 058 ④ 059 ① 060 ④
061 ② 062 ④ 063 ③ 064 ④

05 열역학 법칙 031~035쪽

대표 기출 문제 065 ① 066 ④

적중 예상 문제 067 ⑤ 068 ③ 069 ① 070 ② 071 ①
072 ④ 073 ④ 074 ① 075 ⑤ 076 ③
077 ⑤ 078 ⑤ 079 ① 080 ③

06 특수 상대성 이론 037~041쪽

대표 기출 문제 081 ② 082 ②

적중 예상 문제 083 ③ 084 ④ 085 ① 086 ⑤ 087 ②
088 ③ 089 ② 090 ① 091 ③ 092 ②
093 ⑤ 094 ① 095 ③ 096 ⑤

07 질량과 에너지 043~045쪽

대표 기출 문제 097 ② 098 ③

적중 예상 문제 099 ③ 100 ⑤ 101 ① 102 ① 103 ③
104 ④ 105 ③ 106 ⑤

I단원 1등급 도전 문제 046~051쪽

107 ④ 108 ⑤ 109 ④ 110 ② 111 ② 112 ④
113 ⑤ 114 ③ 115 ③ 116 ⑤ 117 ② 118 ③
119 ⑤ 120 ② 121 ② 122 ① 123 ⑤ 124 ②
125 ① 126 ② 127 ④ 128 ⑤

II 물질과 전자기장

08 원자와 전기력, 스펙트럼 055~059쪽

대표 기출 문제 129 ③ 130 ③

적중 예상 문제 131 ⑤ 132 ④ 133 ③ 134 ⑤ 135 ⑤
136 ④ 137 ② 138 ③ 139 ⑤ 140 ④
141 ④ 142 ② 143 ③ 144 ② 145 ①
146 ④

09 에너지띠와 반도체 061~063쪽

대표 기출 문제 147 ③ 148 ②

적중 예상 문제 149 ⑤ 150 ② 151 ④ 152 ⑤ 153 ③
154 ③ 155 ①

10 전류에 의한 자기 작용 065~069쪽

대표 기출 문제 156 ⑤ 157 ②

적중 예상 문제 158 ④ 159 ③ 160 ⑤ 161 ③ 162 ⑤
163 ④ 164 ⑤ 165 ② 166 ④ 167 ②
168 ④ 169 ⑤ 170 ③ 171 ③ 172 ①

11 물질의 자성과 전자기 유도 071~075쪽

대표 기출 문제 173 ① 174 ①

적중 예상 문제 175 ④ 176 ③ 177 ① 178 ⑤ 179 ④
180 ③ 181 ④ 182 ⑤ 183 ① 184 ④
185 ③ 186 ① 187 ⑤ 188 ②

II단원 1등급 도전 문제 076~079쪽

189 ③ 190 ③ 191 ⑤ 192 ④ 193 ⑤ 194 ⑤
195 ③ 196 ① 197 ① 198 ② 199 ③ 200 ⑤
201 ⑤ 202 ③ 203 ⑤ 204 ③

III 파동과 정보 통신

12 파동의 진행과 굴절 083~085쪽

대표 기출 문제 205 ④ 206 ④

적중 예상 문제 207 ① 208 ⑤ 209 ⑤ 210 ② 211 ⑤
212 ② 213 ② 214 ④

13 전반사와 전자기파 087~091쪽

대표 기출 문제 215 ③ 216 ④

적중 예상 문제 217 ③ 218 ① 219 ④ 220 ① 221 ④
222 ③ 223 ⑤ 224 ① 225 ① 226 ①
227 ③ 228 ② 229 ⑤ 230 ①

14 파동의 간섭 093~095쪽

대표 기출 문제 231 ② 232 ④

적중 예상 문제 233 ① 234 ④ 235 ④ 236 ① 237 ⑤
238 ① 239 ① 240 ③

15 빛과 물질의 이중성 097~101쪽

대표 기출 문제 241 ④ 242 ⑤

적중 예상 문제 243 ③ 244 ② 245 ④ 246 ② 247 ⑤
248 ① 249 ② 250 ③ 251 ① 252 ④
253 ⑤ 254 ④ 255 ① 256 ④

III단원 1등급 도전 문제 102~105쪽

257 ② 258 ⑤ 259 ① 260 ④ 261 ⑤ 262 ②
263 ⑤ 264 ② 265 ③ 266 ④ 267 ② 268 ④
269 ② 270 ④

1회 실전 모의평가 문제 108~113쪽

271 ④ 272 ② 273 ② 274 ① 275 ⑤ 276 ③
277 ① 278 ① 279 ② 280 ① 281 ② 282 ④
283 ⑤ 284 ④ 285 ② 286 ⑤ 287 ① 288 ④
289 ① 290 ②

2회 실전 모의평가 문제 114~119쪽

291 ④ 292 ② 293 ② 294 ① 295 ① 296 ②
297 ① 298 ③ 299 ② 300 ① 301 ② 302 ④
303 ⑤ 304 ④ 305 ② 306 ⑤ 307 ① 308 ④
309 ③ 310 ②

메가스터디 N제

과학탐구영역 물리학 Ⅰ

수능 완벽 대비 예상 문제집

정답 및 해설

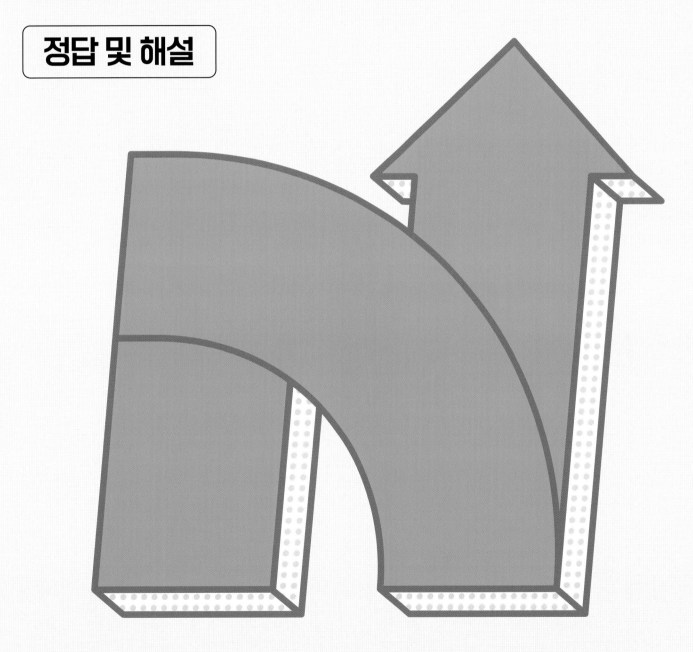

310제

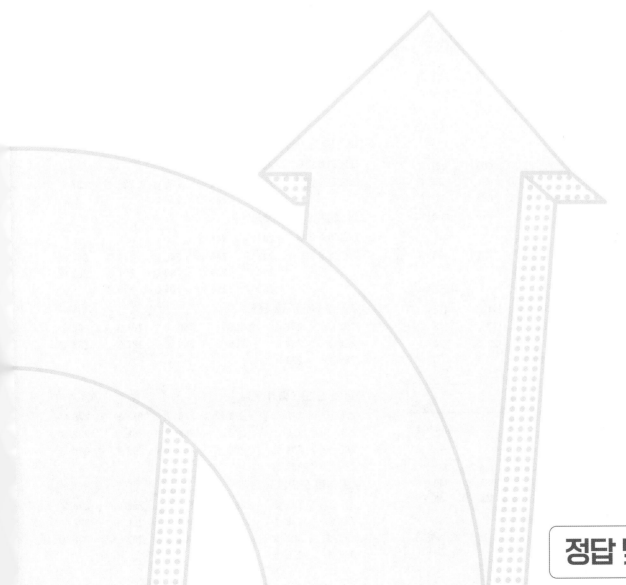

메가스터디 N제

과학탐구영역 물리학 Ⅰ

310제

정답 및 해설

I 역학과 에너지

01 물체의 운동 007~011쪽

대표 기출 문제 001 ④ 002 ④

적중 예상 문제 003 ② 004 ④ 005 ① 006 ④ 007 ⑤
008 ③ 009 ③ 010 ④ 011 ⑤ 012 ③
013 ⑤ 014 ① 015 ⑤ 016 ②

02 뉴턴 운동 법칙 013~017쪽

대표 기출 문제 017 ⑤ 018 ②

적중 예상 문제 019 ⑤ 020 ③ 021 ① 022 ③ 023 ②
024 ③ 025 ③ 026 ④ 027 ③ 028 ②
029 ④ 030 ① 031 ③ 032 ②

03 운동량과 충격량 019~023쪽

대표 기출 문제 033 ③ 034 ④

적중 예상 문제 035 ① 036 ③ 037 ③ 038 ② 039 ⑤
040 ③ 041 ② 042 ⑤ 043 ⑤ 044 ④
045 ⑤ 046 ① 047 ④ 048 ⑤

04 역학적 에너지 보존 025~029쪽

대표 기출 문제 049 ② 050 ②

적중 예상 문제 051 ① 052 ① 053 ③ 054 ③ 055 ①
056 ③ 057 ④ 058 ⑤ 059 ① 060 ④
061 ② 062 ④ 063 ④ 064 ④

05 열역학 법칙 031~035쪽

대표 기출 문제 065 ① 066 ④

적중 예상 문제 067 ⑤ 068 ③ 069 ① 070 ② 071 ①
072 ④ 073 ④ 074 ⑤ 075 ⑤ 076 ③
077 ⑤ 078 ④ 079 ⑤ 080 ③

06 특수 상대성 이론 037~041쪽

대표 기출 문제 081 ② 082 ②

적중 예상 문제 083 ③ 084 ④ 085 ① 086 ⑤ 087 ②
088 ② 089 ② 090 ① 091 ④ 092 ②
093 ⑤ 094 ① 095 ③ 096 ⑤

07 질량과 에너지 043~045쪽

대표 기출 문제 097 ② 098 ③

적중 예상 문제 099 ③ 100 ⑤ 101 ① 102 ① 103 ③
104 ④ 105 ③ 106 ⑤

I단원 1등급 도전 문제 046~051쪽

107 ④ 108 ⑤ 109 ④ 110 ② 111 ② 112 ④
113 ⑤ 114 ③ 115 ③ 116 ⑤ 117 ② 118 ③
119 ⑤ 120 ② 121 ② 122 ① 123 ⑤ 124 ②
125 ① 126 ② 127 ④ 128 ⑤

II 물질과 전자기장

08 원자와 전기력, 스펙트럼 055~059쪽

대표 기출 문제 129 ③ 130 ③

적중 예상 문제 131 ⑤ 132 ④ 133 ③ 134 ⑤ 135 ⑤
136 ④ 137 ② 138 ③ 139 ⑤ 140 ④
141 ④ 142 ① 143 ③ 144 ② 145 ①
146 ④

09 에너지띠와 반도체 061~063쪽

대표 기출 문제 147 ③ 148 ②

적중 예상 문제 149 ⑤ 150 ② 151 ④ 152 ⑤ 153 ③
154 ③ 155 ①

10 전류에 의한 자기 작용 065~069쪽

대표 기출 문제 156 ⑤ 157 ②

적중 예상 문제 158 ③ 159 ③ 160 ⑤ 161 ③ 162 ⑤
163 ① 164 ③ 165 ② 166 ④ 167 ②
168 ③ 169 ④ 170 ③ 171 ③ 172 ①

11 물질의 자성과 전자기 유도 071~075쪽

대표 기출 문제 173 ① 174 ①

적중 예상 문제 175 ④ 176 ③ 177 ① 178 ⑤ 179 ③
180 ① 181 ② 182 ⑤ 183 ① 184 ④
185 ③ 186 ① 187 ⑤ 188 ②

II단원 1등급 도전 문제 076~079쪽

189 ③ 190 ③ 191 ⑤ 192 ④ 193 ⑤ 194 ⑤
195 ③ 196 ① 197 ① 198 ② 199 ③ 200 ⑤
201 ⑤ 202 ③ 203 ⑤ 204 ③

III 파동과 정보 통신

12 파동의 진행과 굴절 083~085쪽

대표 기출 문제 205 ④ 206 ④

적중 예상 문제 207 ① 208 ⑤ 209 ⑤ 210 ② 211 ⑤
212 ② 213 ② 214 ④

13 전반사와 전자기파 087~091쪽

대표 기출 문제 215 ① 216 ④

적중 예상 문제 217 ① 218 ① 219 ④ 220 ① 221 ④
222 ④ 223 ③ 224 ③ 225 ① 226 ①
227 ③ 228 ② 229 ⑤ 230 ①

14 파동의 간섭 093~095쪽

대표 기출 문제 231 ② 232 ②

적중 예상 문제 233 ① 234 ③ 235 ④ 236 ① 237 ⑤
238 ① 239 ① 240 ③

15 빛과 물질의 이중성 097~101쪽

대표 기출 문제 241 ④ 242 ⑤

적중 예상 문제 243 ③ 244 ② 245 ④ 246 ② 247 ⑤
248 ① 249 ② 250 ③ 251 ① 252 ④
253 ③ 254 ④ 255 ① 256 ④

III단원 1등급 도전 문제 102~105쪽

257 ② 258 ⑤ 259 ① 260 ④ 261 ⑤ 262 ②
263 ⑤ 264 ⑤ 265 ③ 266 ④ 267 ② 268 ③
269 ② 270 ④

1회 실전 모의평가 문제 108~113쪽

271 ④ 272 ② 273 ② 274 ① 275 ⑤ 276 ③
277 ① 278 ② 279 ③ 280 ⑤ 281 ⑤ 282 ④
283 ⑤ 284 ④ 285 ⑤ 286 ④ 287 ⑤ 288 ④
289 ① 290 ⑤

2회 실전 모의평가 문제 114~119쪽

291 ④ 292 ② 293 ② 294 ④ 295 ④ 296 ②
297 ④ 298 ③ 299 ② 300 ① 301 ① 302 ②
303 ⑤ 304 ④ 305 ② 306 ⑤ 307 ① 308 ④
309 ③ 310 ②

I. 역학과 에너지

01 물체의 운동
007~011쪽

대표 기출 문제   001 ④   002 ④

적중 예상 문제   003 ②   004 ④   005 ①   006 ④   007 ⑤

           008 ③   009 ③   010 ④   011 ⑤   012 ③

           013 ⑤   014 ①   015 ⑤   016 ②

001 속력－시간 그래프 분석
답 ④

자료 분석

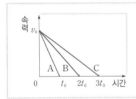

- 그래프의 기울기 절댓값은 가속도의 크기이므로 A, B, C의 가속도 크기의 비는 $a_A : a_B : a_C = 6 : 3 : 2$이다.
- 그래프가 시간 축과 이루는 면적은 이동 거리이므로 최고점에 올라갈 때까지 A, B, C가 이동한 거리의 비는 $s_A : s_B : s_C = 1 : 2 : 3$이다.

알짜 풀이

ㄴ. C의 가속도의 크기가 $\dfrac{v_0}{3t_0}$이고, C의 속력이 감소하고 있으므로 t_0일 때 C의 속력은 $v_0 - \left(\dfrac{v_0}{3t_0}\right) \times t_0 = \dfrac{2}{3}v_0$이다.

ㄷ. 최고점에 도달할 때까지 A, C가 이동한 거리는 각각 $\dfrac{1}{2}v_0 t_0$, $\dfrac{3}{2}v_0 t_0$이다.

바로 알기

ㄱ. A, B의 가속도의 크기는 각각 $\dfrac{v_0}{t_0}$, $\dfrac{v_0}{2t_0}$이다. 따라서 가속도의 크기는 A가 B의 2배이다.

002 등가속도 직선 운동
답 ④

자료 분석

(가) → (나) 과정에서 걸린 시간이 t_0일 때
- 빗면에서 A, B의 가속도의 크기는 $a = \dfrac{v}{t_0}$로 같다.
- p에서 (나)의 A가 있는 지점까지의 거리는 $s = \dfrac{1}{2}vt_0$이다.

알짜 풀이

(가) → (나) 과정에서 걸린 시간을 t_0이라고 할 때, p에서 (나)의 A가 있는 지점까지의 거리는 $\dfrac{1}{2}vt_0$이고, (나) 이후 B의 속력은 A의 속력보다 항상 v만큼 크므로 (나) 이후 시간이 $\dfrac{1}{2}t_0$만큼 지났을 때 A, B는 만난다. 또한 (가) → (나) 과정에서 A의 속력이 v만큼 증가하였으므로 (나) 이후 A, B가 만날 때까지 시간이 $\dfrac{1}{2}t_0$만큼 지나는 동안 A, B의 속력은 $\dfrac{1}{2}v$만큼 커진다. 따라서 $v_A = v + \dfrac{1}{2}v = \dfrac{3}{2}v$, $v_B = 2v + \dfrac{1}{2}v = \dfrac{5}{2}v$이므로 $\dfrac{v_B}{v_A} = \dfrac{5}{3}$이다.

003 운동의 분류
답 ②

알짜 풀이

ㄷ. 수평면에서 비스듬한 방향으로 던져져 포물선 운동하는 농구공에 작용하는 알짜힘은 중력으로, 알짜힘의 방향은 연직 아래 방향으로 일정하고, 속력과 운동 방향이 매 순간 변하므로 C에 해당한다.

바로 알기

ㄱ. 연직 아래 방향으로 등가속도 직선 운동하는 물체의 운동은 B에 해당한다.

ㄴ. 실에 매달려 등속 원운동하는 장난감의 운동은 A에 해당한다.

004 위치－시간 그래프 분석
답 ④

자료 분석

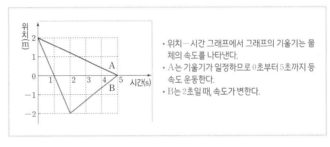

- 위치－시간 그래프에서 그래프의 기울기는 물체의 속도를 나타낸다.
- A는 기울기가 일정하므로 0초부터 5초까지 등속도 운동한다.
- B는 2초일 때, 속도가 변한다.

알짜 풀이

ㄴ. 3초일 때, A, B의 속도의 크기는 각각 $\dfrac{2}{5}$ m/s, $\dfrac{2}{3}$ m/s이므로, 속도의 크기는 A가 B보다 작다.

ㄷ. 0초일 때 A와 B의 위치는 2 m이고, 5초일 때 A와 B의 위치는 0이므로 0초부터 5초까지 변위는 A, B가 -2 m로 같다.

바로 알기

ㄱ. 0초부터 2초까지 B의 운동 방향은 (-)방향으로 일정하고, 2초일 때 운동 방향이 (+)방향으로 바뀐다.

005 평균 속력과 가속도
답 ①

자료 분석

Q를 통과하는 순간 A, B의 속력을 각각 $2v$, v라고 할 때, P에서 Q까지 운동하는 동안 A, B의 평균 속력은 각각 v, $\dfrac{1}{2}v$이다.

알짜 풀이

ㄱ. 평균 속력은 Q를 통과하는 순간의 속력의 $\dfrac{1}{2}$배이므로 P에서 Q까지 운동하는 동안, 평균 속력은 A가 B의 2배이다.

바로 알기

ㄴ. P에서 Q까지 운동하는 동안 평균 속력은 A가 B의 2배이다. 같은 거리를 이동하는 데 걸린 시간은 평균 속력에 반비례하므로 걸린 시간은 B가 A의 2배이다.

ㄷ. P에서 Q까지 운동하는 동안 속도 변화량은 A가 B의 2배이고, 걸린 시간은 B가 A의 2배이므로 가속도의 크기는 A가 B의 4배이다.

006 속력과 가속도
답 ④

자료 분석

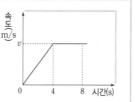

- $t=0$부터 $t=4$초까지 등가속도 운동을 하여 속력이 $t=4$초일 때가 $t=2$초일 때의 2배이므로 $t=0$일 때 물체는 정지한 상태이다.
- $t=4$초 이후 물체가 일정한 속력으로 등속도 운동을 하므로 $t=4$초일 때 물체의 속력을 v라 할 때, 물체의 운동을 속도−시간 그래프로 표현하면 오른쪽 그림과 같다.

알짜 풀이

$t=0$일 때 물체가 정지한 상태에서 출발하므로 $t=4$초일 때 물체의 속력을 v라 할 때, $t=0$부터 $t=4$초까지 물체의 평균 속도의 크기는 $\frac{1}{2}v$이다. $t=0$부터 $t=8$초까지 물체의 이동 거리는 속도−시간 그래프에서 그래프가 시간축과 이루는 면적인 $\frac{1}{2} \times v \times 4 + v \times 4 = 6v = 24$이므로 $v=4$ m/s이다. 따라서 물체의 가속도 크기는 $a = \frac{4 \text{ m/s}}{4 \text{ s}} = 1 \text{ m/s}^2$이므로 ㉠=1, ㉡=4이다.

007 속력−시간 그래프 분석
답 ⑤

자료 분석

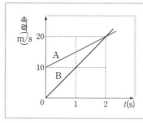

- 속력−시간 그래프의 기울기는 가속도를 나타내므로 A, B의 가속도의 크기는 각각 $a_A = 5 \text{ m/s}^2$, $a_B = 10 \text{ m/s}^2$이다.
- 그래프와 시간 축이 이루는 면적은 이동 거리를 나타내므로 0초부터 2초까지 A, B의 이동 거리는 각각 $s_A = 30$ m, $s_B = 20$ m이다.

알짜 풀이

ㄱ. A, B의 가속도의 크기는 각각 5 m/s², 10 m/s²이므로 가속도의 크기는 B가 A의 2배이다.

ㄴ. $t=0$부터 $t=2$초까지 A, B의 평균 속도의 크기는 각각 15 m/s, 10 m/s이므로, 이 동안 A, B가 이동한 거리는 각각 30 m, 20 m이다. 따라서 $t=0$부터 $t=2$초까지 이동한 거리는 A가 B의 $\frac{3}{2}$배이다.

ㄷ. 2초 동안 A가 B보다 10 m만큼 더 이동하여 $t=2$초일 때 A와 B 사이의 거리가 0이므로 $t=0$일 때 A와 B 사이의 거리 $s=10$ m이다.

008 등가속도 운동과 등속도 운동
답 ③

자료 분석

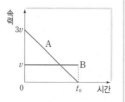

- A가 P에서 R까지, B가 Q에서 R까지 운동하는 동안 A와 B의 속력−시간 그래프는 오른쪽 그림과 같다.
- A가 P에서 R까지 운동하는 동안 A의 평균 속도의 크기는 $\overline{v_A} = \frac{3}{2}v$이다.

알짜 풀이

ㄱ. A의 가속도 크기를 a_A라 할 때, $2a_A L = (3v)^2$이므로 $a_A = \frac{9v^2}{2L}$이다.

ㄴ. A가 P에서 R까지 운동하는 동안 A의 평균 속도의 크기 $\overline{v_A} = \frac{3}{2}v$는 B의 속도의 크기 v의 $\frac{3}{2}$배이므로 B가 운동한 Q에서 R까지의 거리는 A가 운동한 거리 L의 $\frac{2}{3}$배인 $\frac{2}{3}L$이다.

바로 알기

ㄷ. A가 P에서 R까지 속력이 감소하며 등가속도 운동하는 것은 R에 정지해 있던 A가 P를 향해 등가속도 직선 운동하여 P를 $3v$의 속력으로 지나는 운동과 반대의 상황으로 해석할 수 있다. 따라서 A가 P에서 R까지, Q에서 R까지 운동하는 데 걸리는 시간을 각각 t_0, t_1이라 할 때, $\frac{1}{2}a_A t_0^2 = L$, $\frac{1}{2}a_A t_1^2 = \frac{2}{3}L$이므로 $\frac{t_1}{t_0} = \sqrt{\frac{2}{3}}$이다. 따라서 Q에서 R까지 운동하는 데 걸린 시간은 A가 B의 $\sqrt{\frac{2}{3}}$배이다.

009 등가속도 운동과 등속도 운동
답 ③

자료 분석

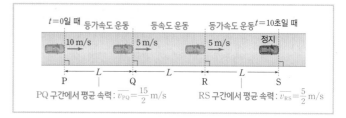

알짜 풀이

ㄱ. 자동차가 P에서 Q까지 운동하는 동안의 평균 속력을 $\overline{v_{PQ}}$, R에서 S까지 운동하는 동안의 평균 속력을 $\overline{v_{RS}}$라 할 때, $\overline{v_{PQ}} = \frac{10+5}{2} = \frac{15}{2}$ (m/s), $\overline{v_{RS}} = \frac{5+0}{2} = \frac{5}{2}$ (m/s)이다. P에서 Q까지 운동하는 동안의 평균 속력이 R에서 S까지 운동하는 동안의 평균 속력의 3배이고, P와 Q 사이의 거리와 R와 S 사이의 거리가 같으므로 P에서 Q까지 운동하는 데 걸린 시간은 R에서 S까지 운동하는 데 걸린 시간의 $\frac{1}{3}$배이다.

ㄴ. P에서 Q까지, Q에서 R까지, R에서 S까지 운동하는 동안의 평균 속력은 각각 $\overline{v_{PQ}} = \frac{15}{2}$ m/s, $\overline{v_{QR}} = 5$ m/s, $\overline{v_{RS}} = \frac{5}{2}$ m/s이다. 자동차가 P에서 Q까지, Q에서 R까지, R에서 S까지 운동하는 데 걸린 시간을 각각 t_{PQ}, t_{QR}, t_{RS}라 할 때 $t_{PQ} : t_{QR} : t_{RS} = 2 : 3 : 6$이고, 자동차가 P에서 S까지 운동하는 데 걸린 시간이 10초이므로 $t_{PQ} = \frac{20}{11}$초, $t_{QR} = \frac{30}{11}$초, $t_{RS} = \frac{60}{11}$초이다. 따라서 R에서 S까지 운동하는 동안 자동차의 가속도 크기는 $a = \frac{\Delta v}{\Delta t} = \frac{|0-5 \text{ m/s}|}{\frac{60}{11} \text{ s}} = \frac{11}{12}$ m/s²이다.

바로 알기

ㄷ. Q에서 R까지 자동차가 5 m/s의 일정한 속력으로 운동하는 데 걸리는 시간은 $t_{QR} = \frac{30}{11}$초이므로 $L = 5$ m/s $\times \frac{30}{11}$ s $= \frac{150}{11}$ m이다.

010 등가속도 직선 운동
답 ④

자료 분석

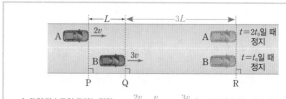

- A, B의 가속도의 크기는 각각 $a_A = \frac{2v}{2t_0} = \frac{v}{t_0}$, $a_B = \frac{3v}{t_0}$이므로 B가 A의 3배이다.
- A의 $2t_0$ 동안 이동 거리는 B의 t_0 동안 이동 거리의 $\frac{4}{3}$배 ⇨ Q에서 R까지의 거리는 $3L$

알짜 풀이

A, B의 가속도 크기를 각각 a, $3a$, A, B의 속력이 같은 순간의 시간을 t'라 할 때, $2v-at'=3v-3at'$에서 $at'=\frac{1}{2}v$이므로 t'일 때 A, B의 속력은 $v_A=v_B=\frac{3}{2}v$로 같다. 따라서 $t=0$일 때부터 $t=t'$일 때까지 A, B의 이동 거리를 각각 s_A, s_B라 할 때, $2as_A=(2v)^2-\left(\frac{3}{2}v\right)^2 \cdots$ (i), $2(3a)s_B=(3v)^2-\left(\frac{3}{2}v\right)^2$ $\cdots$ (ii)이다. 또한 A가 P에서 R에 정지할 때까지 이동한 거리가 $4L$이므로 $2a(4L)=(2v)^2 \cdots$ (iii)이다. (i), (ii), (iii)에 의해 $s_A=\frac{7}{4}L$, $s_B=\frac{9}{4}L$이다. 따라서 A와 B의 속력이 같을 때 A와 B 사이의 거리는 $s_B-s_A+L=\frac{3}{2}L$이다.

011 등가속도 직선 운동   답 ⑤

자료 분석

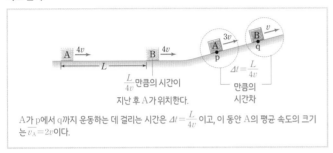

A가 p에서 q까지 운동하는 데 걸리는 시간은 $\Delta t=\frac{L}{4v}$이고, 이 동안 A의 평균 속도의 크기는 $\overline{v_A}=2v$이다.

알짜 풀이

ㄱ. A와 B는 $\frac{L}{4v}$만큼의 시간차로 운동한다. A가 p에서 q까지 운동하는 동안 평균 속도의 크기는 $\frac{3v+v}{2}=2v$이므로 p와 q 사이의 거리는 $2v\times\frac{L}{4v}=\frac{1}{2}L$이다.

ㄴ. 빗면에서 A가 p에서 q까지 $\frac{1}{2}L$만큼 운동하는 동안 속도의 크기가 $3v$에서 v로 감소하였으므로 빗면에서 A의 가속도 크기는 $a=\frac{(3v)^2-v^2}{2\times\left(\frac{1}{2}L\right)}=\frac{8v^2}{L}$이다.

ㄷ. A, B가 각각 p, q를 지난 후 A와 B 사이는 $2v$의 속력으로 가까워지므로 $\frac{L}{4v}$만큼의 시간이 지난 후 A와 B가 충돌한다. 따라서 이때 A의 속력은 $3v-\left(\frac{8v^2}{L}\right)\times\frac{L}{4v}=v$이다.

012 등가속도 직선 운동   답 ③

자료 분석

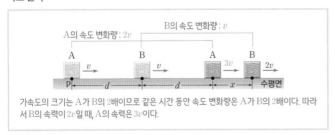

가속도의 크기는 A가 B의 2배이므로 같은 시간 동안 속도 변화량은 A가 B의 2배이다. 따라서 B의 속력이 $2v$일 때, A의 속력은 $3v$이다.

알짜 풀이

B의 속력이 $2v$가 되는 순간 A의 속력은 $3v$이다. A가 $2d$만큼 운동하는 동

안 A, B의 평균 속도의 크기는 각각 $\overline{v_A}=\frac{v+3v}{2}=2v$, $\overline{v_B}=\frac{v+2v}{2}=\frac{3}{2}v$이므로, 이 동안 B가 운동한 거리는 A가 운동한 거리의 $\frac{3}{4}$배이다. 따라서 B가 속력이 v일 때부터 $2v$가 될 때까지 운동한 거리는 $d+x=2d\times\frac{3}{4}=\frac{3}{2}d$이므로, 이때 A와 B 사이의 거리 $x=\frac{1}{2}d$이다.

013 등가속도 직선 운동 실험   답 ⑤

자료 분석

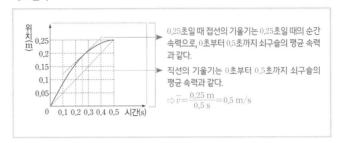

0.25초일 때 접선의 기울기는 0.25초일 때의 순간 속력으로, 0초부터 0.5초까지 쇠구슬의 평균 속력과 같다.

직선의 기울기는 0초부터 0.5초까지 쇠구슬의 평균 속력과 같다.
⇨ $\overline{v}=\frac{0.25\text{ m}}{0.5\text{ s}}=0.5$ m/s

알짜 풀이

ㄱ. 0초부터 0.5초까지 쇠구슬의 평균 속력은 $\overline{v}=\frac{0.25\text{ m}}{0.5\text{ s}}=0.5$ m/s이다.

ㄴ. 쇠구슬은 등가속도 운동을 하므로 0초부터 0.5초까지의 평균 속력은 0초일 때 쇠구슬의 속력의 $\frac{1}{2}$배이다. 따라서 0초일 때 쇠구슬의 속력은 1 m/s이고, 이후 등가속도 직선 운동하여 0.5초일 때 최고점에 도달하여 속력이 0이 되므로 쇠구슬의 가속도의 크기는 $\frac{1\text{ m/s}}{0.5\text{ s}}=2$ m/s^{2}이다.

ㄷ. 0.1초일 때, 쇠구슬의 속력은 $v_{0.1초}=1\text{ m/s}-(2\text{ m/s}^2)\times0.1\text{ s}=0.8$ m/s이다.

014 빗면에서 등가속도 직선 운동   답 ①

자료 분석

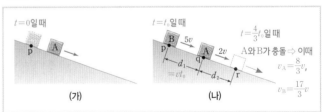

알짜 풀이

(가) → (나) 과정에서 걸린 시간을 t_0이라 할 때, 이 동안 A의 평균 속력은 $\frac{0+2v}{2}=v$이므로 A가 이동한 거리 $d_1=vt_0$이다. (나) 이후 A와 B는 $3v$의 속력 차를 유지하며 계속 가까워지므로 $d_1=vt_0$만큼 떨어져 있던 A와 B는 시간 $\frac{1}{3}t_0$ 후 만난다. 빗면에서 A와 B의 가속도는 같으므로 시간 $\frac{1}{3}t_0$ 동안 A와 B는 각각 $\frac{2}{3}v$만큼 속력이 증가하여 A와 B가 만나는 순간 A, B의 속력은 각각 $v_A=\frac{8}{3}v$, $v_B=\frac{17}{3}v$이다. q에서 r까지 A의 평균 속력의 크기가 $\frac{2v+\frac{8}{3}v}{2}=\frac{7}{3}v$이고, 이 동안 걸린 시간이 $\frac{1}{3}t_0$이므로 A가 $\frac{1}{3}t_0$ 동안 운동한 거리는 q와 r 사이의 거리인 $d_2=\frac{7}{9}vt_0$이다. 따라서 $\frac{d_1}{d_2}=\frac{vt_0}{\frac{7}{9}vt_0}=\frac{9}{7}$이다.

015 빗면에서 등가속도 직선 운동

답 ⑤

자료 분석

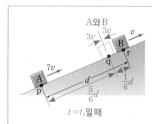

$t=t_0$일 때, A와B는 q에서 같은 속력 $3v$로 만난다. 이 동안 A의 평균 속도의 크기는 $\frac{7v+3v}{2}=5v$ 이고, B의 평균 속도의 크기는 $\frac{3v-v}{2}=v$이다.

알짜 풀이

$t=t_0$일 때, q에서 A, B가 같은 속력으로 만나므로 A, B는 서로 반대 방향으로 운동하여 만난다. 이때 A, B의 속력을 각각 v'라 할 때, A, B의 속도 변화량의 크기는 각각 $7v-v'$, $v'+v$이고, A, B의 가속도가 같으므로 $7v-v'=v'+v$에서 $v'=3v$이다. 따라서 A가 p에서 q까지 운동하는 동안 변위의 크기는 B가 r에서 q까지 운동하는 동안 변위의 크기의 5배이므로 p와 q 사이의 거리와 q와 r 사이의 거리는 각각 $5vt_0=\frac{5}{6}d$, $vt_0=\frac{1}{6}d$이다.

또한 $t=\frac{1}{2}t_0$일 때까지 A, B의 속도 변화량의 크기는 $2v$로 같으므로 이때 A의 속도는 빗면 위 방향으로 $5v$, B의 속도는 빗면 아래 방향으로 v이다. 따라서 $t=0$부터 $t=\frac{1}{2}t_0$까지 A의 평균 속도의 크기는 $\frac{7v+5v}{2}=6v$이므로 A의 변위의 크기는 $6v\left(\frac{1}{2}t_0\right)=3vt_0=\frac{1}{2}d$이고, B는 $t=\frac{1}{2}t_0$일 때 r를 다시 지난다. 따라서 q와 A 사이의 거리는 $d_A=\frac{5}{6}d-\frac{1}{2}d=\frac{1}{3}d$이고, q와 B 사이의 거리는 $d_B=\frac{1}{6}d$이므로 $\frac{d_A}{d_B}=2$이다.

016 등가속도 직선 운동과 변위－시간 그래프 분석

답 ②

자료 분석

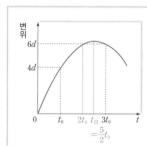

• $t=t_H$일 때, 물체의 속력은 0이고, 물체는 최고점에 도달한다.
• $t=t_H$를 기준으로 그래프는 좌우대칭이다. 즉, t_H-t'일 때 물체의 변위와 t_H+t'일 때 물체의 변위는 서로 같다.
• $0=v-\left(\frac{2v}{5t_0}\right)t_H$에서 $t_H=\frac{5}{2}t_0$이다.

알짜 풀이

ㄴ. $t=\frac{5}{2}t_0$일 때, 물체는 최고점에 도달하고 이후 빗면을 내려온다. 따라서 $t=2t_0$일 때와 $t=3t_0$일 때의 변위는 $6d$로 같다.

바로 알기

ㄱ. 물체의 가속도의 크기를 a라 하고, 등가속도 직선 운동 식을 적용하면
$vt_0-\frac{1}{2}at_0^2=4d$ $\cdots$ (i), $v(3t_0)-\frac{1}{2}a(3t_0)^2=6d$ $\cdots$ (ii)이다.

(i), (ii)를 연립하면 $a=\frac{2v}{5t_0}$이므로 $t=t_0$일 때 속도의 크기는
$v-at_0=v-\left(\frac{2v}{5t_0}\right)t_0=\frac{3}{5}v$이다.

ㄷ. 가속도의 크기는 $a=\frac{v^2-\left(\frac{3}{5}\right)^2}{2\times4d}=\frac{2v^2}{25d}$이다.

대표 기출 문제	017 ⑤	018 ②			
적중 예상 문제	019 ⑤	020 ③	021 ①	022 ③	023 ②
	024 ③	025 ③	026 ④	027 ③	028 ②
	029 ④	030 ①	031 ③	032 ②	

017 힘의 평형

답 ⑤

자료 분석

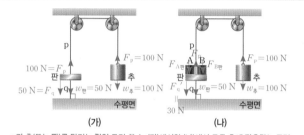

• p가 추(또는 판)를 당기는 힘의 크기 F_p는 (가)에서와 (나)에서 모두 추에 작용하는 중력 $w_{추}$와 같다.
• (가)에서 q가 판을 당기는 힘의 크기 F_q와 판에 작용하는 중력 $w_{판}$의 합은 F_p와 같고, (나)에서 q가 판을 당기는 힘의 크기 F_q'와 $w_{판}$, A, B가 판을 누르는 힘 $F_{A판}$, $F_{B판}$의 합은 F_p와 같다.

알짜 풀이

ㄱ. (가)에서 p가 판을 당기는 힘이 연직 위 방향으로 100 N, 판에 작용하는 중력이 50 N이므로 q가 판을 연직 아래 방향으로 당기는 힘의 크기는 50 N이다.

ㄴ. p가 판을 당기는 힘의 크기는 (가), (나)에서 100 N으로 같다.

ㄷ. (나)에서는 A, B가 판을 각각 10 N의 힘으로 누르므로 q가 판을 당기는 힘의 크기는 (가)에서가 (나)에서보다 크다. 판이 q를 당기는 힘의 크기는 q가 판을 당기는 힘의 크기와 같으므로 판이 q를 당기는 힘의 크기는 (가)에서가 (나)에서보다 크다.

018 힘의 평형

답 ②

자료 분석

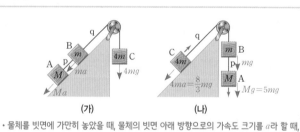

• 물체를 빗면에 가만히 놓았을 때, 물체의 빗면 아래 방향으로의 가속도 크기를 a라 할 때, (가)에서 $Ma+ma=4mg$이고, p가 B를 당기는 힘의 크기가 $\frac{10}{3}mg$이므로 $Ma=\frac{10}{3}mg$, $ma=\frac{2}{3}mg$이다. 따라서 $M=5m$이다.
• (나)에서 A, B, C를 한 물체로 가정할 때, 작용하는 알짜힘의 크기는 $Mg+mg-4ma=5mg+mg-\frac{8}{3}mg=\frac{10}{3}mg$이다.

알짜 풀이

(가)에서 중력에 의해 A, B에 빗면 아래 방향으로 작용하는 힘의 크기를 각각 Ma, ma라 할 때 $(M+m)a=4mg$ $\cdots$ (i)이고, p가 B를(A를) 당기는 힘의 크기가 $\frac{10}{3}mg$이므로 $Ma=\frac{10}{3}mg$이다. 따라서 질량은 A가 B의 5배이므로 $M=5m$이다. (나)에서 물체의 가속도의 크기는

$$a' = \frac{6mg - \frac{8}{3}mg}{5m + m + 4m} = \frac{1}{3}g$$ 이고, (나)에서 q가 C를 당기는 힘의 크기는

$$F_q = 4ma' + \frac{8}{3}mg = \frac{4}{3}mg + \frac{8}{3}mg = 4mg \text{이다.}$$

019 속도−시간 그래프 분석과 뉴턴 운동 제2법칙　　답 ⑤

자료 분석

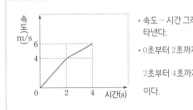

- 속도−시간 그래프에서 기울기는 물체의 가속도를 나타낸다.
- 0초부터 2초까지 가속도의 크기는 $\frac{4 \text{ m/s}}{2 \text{ s}} = 2 \text{ m/s}^2$, 2초부터 4초까지 가속도의 크기는 $\frac{2 \text{ m/s}}{2 \text{ s}} = 1 \text{ m/s}^2$ 이다.

알짜 풀이

ㄱ. 1초일 때, 물체의 가속도 크기는 2 m/s^2이다.

ㄴ. 2초부터 4초까지 물체의 평균 속도의 크기는 5 m/s이므로, 이 동안 이동 거리는 10 m이다.

ㄷ. 3초일 때, 물체의 가속도 크기는 1 m/s^2이다. 따라서 물체에 작용하는 힘의 크기는 $F = 3 \text{ kg} \times 1 \text{ m/s}^2 = 3 \text{ N}$이다.

020 등가속도 직선 운동과 뉴턴 운동 제2법칙　　답 ③

자료 분석

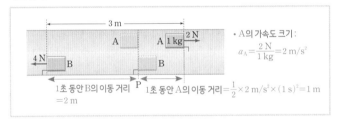

- A의 가속도 크기: $a_A = \frac{2 \text{ N}}{1 \text{ kg}} = 2 \text{ m/s}^2$

알짜 풀이

$t = 0$ 이후 A의 가속도 크기는 2 m/s^2이므로 1초 동안 A가 운동한 거리는 1 m이다. 이 동안 B가 운동한 거리는 2 m이므로 B의 가속도 크기는 4 m/s^2이다. 따라서 B의 질량은 $m_B = \frac{4 \text{ N}}{4 \text{ m/s}^2} = 1 \text{ kg}$이다.

021 힘의 평형　　답 ①

자료 분석

- A에는 A에 작용하는 중력 w와 실이 A를 당기는 힘 $T = w$가 평형을 이루고 있다.
- B에는 B에 작용하는 중력 $2w$가 실이 B를 당기는 힘 $T = w$, 저울이 B를 떠받치는 힘 $F = w$의 합과 평형을 이루고 있다.
- 저울의 측정값은 B가 저울을 누르는 힘의 크기로, 저울이 B를 떠받치는 힘의 크기와 같다.

알짜 풀이

ㄱ. A, B의 무게를 각각 w, $2w$라 할 때, 저울의 측정값은 저울이 B를 떠받치는 힘의 크기로 $2w - w = w$와 같다. 따라서 A의 무게는 5 N이다.

바로 알기

ㄴ. B에 작용하는 중력의 크기는 실이 B를 당기는 힘과 저울이 B를 떠받치는 힘의 합과 같다.

ㄷ. B가 저울을 누르는 힘의 크기와 실이 B를 당기는 힘의 크기는 5 N으로 같다.

022 힘의 평형　　답 ③

자료 분석

알짜 풀이

ㄱ. B의 무게는 (가)에서 용수철저울의 측정값과 같은 10 N이고, (나)에서 A, B가 정지해 있으므로 A와 B의 무게는 같다. 즉, A의 무게는 10 N 이다.

ㄴ. (가)에서 천장에 연결된 실이 A를 당기는 힘의 크기는 A와 B의 무게 합인 20 N이다.

바로 알기

ㄷ. (나)에서 용수철저울 양쪽 방향으로 10 N의 힘이 작용하여 평형을 이루고 있으므로 용수철저울의 측정값은 10 N이다.

023 힘의 평형과 작용 반작용　　답 ②

자료 분석

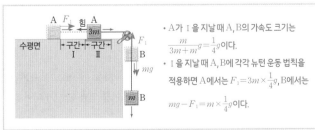

- A에 작용하는 힘의 평형: 용수철이 A를 당기는 힘($F_{탄성}$) = A의 중력(w_A) + B가 A에 작용하는 자기력($F_{자기}$)
- B에 작용하는 힘의 평형: A가 B에 작용하는 자기력($F_{자기}$) = B의 중력(w_B) + 실이 B를 당기는 힘($F_{실}$)

알짜 풀이

ㄷ. 실이 B를 당기는 힘의 크기는 A가 B를 당기는 자기력의 크기와 B에 작용하는 중력의 크기의 차와 같다. 따라서 실이 B를 당기는 힘의 크기는 A가 B를 당기는 자기력의 크기보다 작다.

바로 알기

ㄱ. A가 B를 당기는 자기력의 반작용은 B가 A를 당기는 자기력이다.

ㄴ. 용수철이 A를 당기는 힘의 크기는 A에 작용하는 중력의 크기와 B가 A에 작용하는 자기력의 크기의 합과 같다. 따라서 용수철이 A를 당기는 힘의 크기는 A에 작용하는 중력의 크기보다 크다.

024 뉴턴 운동 법칙　　답 ③

자료 분석

- A가 Ⅰ을 지날 때 A, B의 가속도 크기는 $\frac{m}{3m + m}g = \frac{1}{4}g$이다.
- Ⅰ을 지날 때 A, B에 각각 뉴턴 운동 법칙을 적용하면 A에서는 $F_1 = 3m \times \frac{1}{4}g$, B에서는 $mg - F_1 = m \times \frac{1}{4}g$이다.

알짜 풀이

I 에서 A의 가속도 크기는 $\dfrac{m}{3m+m}g=\dfrac{1}{4}g$이므로 II에서 A의 가속도 크기는 $\dfrac{1}{12}g$이다. I, II에서 각각 A와 B의 가속도 크기는 서로 같으므로 B에 뉴턴 운동 법칙을 적용하면 I에서 $mg-F_1=\dfrac{1}{4}mg$, II에서 $mg-F_2=\dfrac{1}{12}mg$이므로 $F_1=\dfrac{3}{4}mg$, $F_2=\dfrac{11}{12}mg$이다. 따라서 $\dfrac{F_1}{F_2}=\dfrac{9}{11}$이다.

025 뉴턴 운동 법칙   답 ③

자료 분석

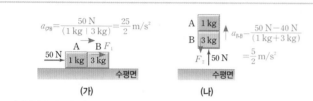

- (가)에서 A가 B에 작용하는 힘(F_1)은 B에 작용하는 알짜힘이다.
- (나)에서 A가 B에 작용하는 힘(F_2)과 B가 A에 작용하는 힘은 작용 반작용 관계로, 방향은 반대이고 크기가 같다. 또한 A에 작용하는 알짜힘은 B가 A에 작용하는 힘(A가 B에 작용하는 힘의 반작용)과 A에 작용하는 중력의 차와 같다.

알짜 풀이

(가)에서 F_1은 B에 작용하는 알짜힘의 크기와 같으므로 $F_1=3\,\mathrm{kg}\times\dfrac{25}{2}\,\mathrm{m/s^2}=\dfrac{75}{2}\,\mathrm{N}$이고, (나)에서 F_2와 A에 작용하는 중력의 차는 A에 작용하는 알짜힘과 같으므로 $F_2-10\,\mathrm{N}=1\,\mathrm{kg}\times\dfrac{5}{2}\,\mathrm{m/s^2}=\dfrac{5}{2}\,\mathrm{N}$에서 $F_2=\dfrac{25}{2}\,\mathrm{N}$이다. 따라서 $\dfrac{F_1}{F_2}=3$이다.

026 뉴턴 운동 법칙   답 ④

자료 분석

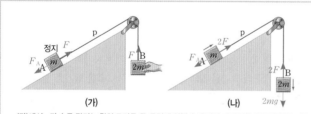

- (가)에서 p가 A를 당기는 힘의 크기를 F, 중력에 의해 A에 빗면 아래 방향으로 작용하는 힘의 크기를 F_A라 할 때 $F=F_A$ … (i)이다.
- (나)에서 p가 A를 당기는 힘의 크기는 (가)에서 2배인 $2F$이다. (나)에서 A, B의 가속도 크기를 a라 할 때, $2mg-F_A=3ma$ … (iii)이고, A, B에 각각 뉴턴 운동 법칙을 적용하면 $2F-F_A=ma$ … (iii), $2mg-2F=2ma$ … (iv)이다.

알짜 풀이

ㄴ. $F_A=\dfrac{1}{2}mg$이므로 (ii)에 의해 (나)에서 A의 가속도의 크기는 $a=\dfrac{1}{2}g$이다.

ㄷ. (나)에서 p를 끊었을 때, A의 가속도는 빗면 아래 방향으로 $F_A=\dfrac{1}{2}mg=ma_A$에서 $a_A=\dfrac{1}{2}g$, B의 가속도는 연직 아래 방향으로 크기가 g이므로 가속도의 크기는 B가 A의 2배이다.

바로 알기

ㄱ. (가), (나)에서 $F=F_A$ … (i), $2mg-F_A=3ma$ … (ii), $2F-F_A=ma$ … (iii), $2mg-2F=2ma$ … (iv)이다. 이를 연립하면 (가)에서 p가 B를 당기는 힘의 크기 $F=F_A=\dfrac{1}{2}mg$이다.

027 뉴턴 운동 법칙과 속력-시간 그래프 분석   답 ③

자료 분석

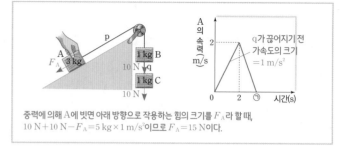

중력에 의해 A에 빗면 아래 방향으로 작용하는 힘의 크기를 F_A라 할 때, $10\,\mathrm{N}+10\,\mathrm{N}-F_A=5\,\mathrm{kg}\times1\,\mathrm{m/s^2}$이므로 $F_A=15\,\mathrm{N}$이다.

알짜 풀이

ㄱ. q가 끊어지기 전과 후 A의 가속도 방향이 반대이므로 q가 끊어지기 진 A의 운동 방향은 빗면 위 방향, B와 C의 운동 방향은 연직 아래 방향이다.

ㄴ. q가 끊어지기 전 A의 가속도의 크기가 $1\,\mathrm{m/s^2}$이므로 중력에 의해 A에 빗면 아래 방향으로 작용하는 힘의 크기는 $15\,\mathrm{N}$이다. 따라서 2초 이후 A의 가속도의 크기는 $\dfrac{15\,\mathrm{N}-10\,\mathrm{N}}{(3\,\mathrm{kg}+1\,\mathrm{kg})}=\dfrac{5}{4}\,\mathrm{m/s^2}$이고, ㉠은 3.6(초)이다.

바로 알기

ㄷ. q가 끊어지기 전과 후 p가 A를 당기는 힘의 크기를 각각 F_1, F_2라 할 때,
[q가 끊어지기 전] $F_1-15\,\mathrm{N}=3\,\mathrm{kg}\times1\,\mathrm{m/s^2}$
[q가 끊어진 후] $15\,\mathrm{N}-F_2=3\,\mathrm{kg}\times\dfrac{5}{4}\,\mathrm{m/s^2}$
이므로 $F_1=18\,\mathrm{N}$, $F_2=\dfrac{45}{4}\,\mathrm{N}$이고 $\dfrac{F_1}{F_2}=\dfrac{8}{5}$이다. 따라서 p가 A를 당기는 힘의 크기는 q가 끊어지기 전이 q가 끊어진 후의 $\dfrac{8}{5}$배이다.

028 운동 방정식   답 ②

자료 분석

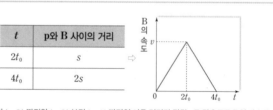

t	p와 B 사이의 거리
$2t_0$	s
$4t_0$	$2s$

$t=0$부터 $t=2t_0$까지와 $t=2t_0$부터 $t=4t_0$까지의 이동 거리가 각각 s로 같으므로 B의 가속도는 실이 끊어지기 전과 후가 방향이 반대이고, 크기가 같다. 따라서 B의 속도를 t에 따라 나타내면 그림과 같다.

알짜 풀이

ㄴ. 실이 끊어지기 전과 후 B의 가속도 크기를 a, 중력에 의해 B에 빗면 아래 방향으로 작용하는 힘의 크기를 F_B라 할 때, 운동 방정식은 다음과 같다.
[실이 끊어지기 전] $2mg-F_B=5ma$ … (i)
[실이 끊어진 후] $F_B=3ma$ … (ii)
(i), (ii)에 의해 $a=\dfrac{1}{4}g$, $F_B=\dfrac{3}{4}mg$이다. 또한 $t=t_0$일 때, 실이 A를 당기는 힘의 크기를 T라 할 때, A의 운동 방정식은 $2mg-T=2ma=\dfrac{1}{2}mg$이므로 $T=\dfrac{3}{2}mg$이다.

바로 알기

ㄱ. B의 가속도의 크기는 $t=t_0$일 때와 $t=3t_0$일 때가 같다.

ㄷ. 실이 끊어지기 전 B의 이동 거리는 $s=\dfrac{1}{2}a(2t_0)^2=\dfrac{1}{2}\left(\dfrac{1}{4}g\right)(2t_0)^2=\dfrac{1}{2}gt_0^2$이다.

029 힘의 평형과 작용 반작용   답 ④

자료 분석

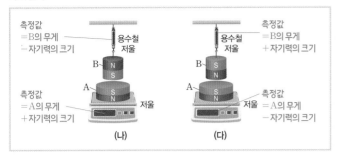

측정값
=B의 무게
−자기력의 크기

용수철 저울

측정값
=A의 무게
+자기력의 크기

저울

(나)

측정값
=B의 무게
+자기력의 크기

용수철 저울

측정값
=A의 무게
−자기력의 크기

저울

(다)

알짜 풀이

ㄴ. 자석의 무게를 w, (나)에서 A와 B 사이에 작용하는 자기력의 크기를 F 라 할 때, 용수철저울의 측정값은 $10 \text{ N} = w - F \cdots$ (i), 저울의 측정값은 $20 \text{ N} = w + F \cdots$ (ii)이다. 따라서 (i), (ii)에 의해 $w = 15 \text{ N}$이다.

ㄷ. (다)에서 용수철저울의 측정값이 25 N이므로 A와 B 사이에 서로 당기는 자기력의 크기는 10 N이다. 따라서 ㉠$= 15 - 10 = 5(\text{N})$이다.

바로 알기

ㄱ. (나)에서 A에 작용하는 중력과 B가 A에 작용하는 자기력의 합은 저울이 A를 떠받치는 힘과 평형 관계이다.

030 뉴턴 운동 법칙   답 ①

자료 분석

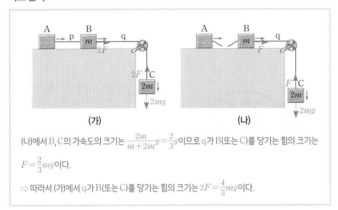

(나)에서 B, C의 가속도의 크기는 $\dfrac{2m}{m + 2m}g = \dfrac{2}{3}g$이므로 q가 B(또는 C)를 당기는 힘의 크기는

$F = \dfrac{2}{3}mg$이다.

⇨ 따라서 (가)에서 q가 B(또는 C)를 당기는 힘의 크기는 $2F = \dfrac{4}{3}mg$이다.

알짜 풀이

ㄱ. q가 C를 당기는 힘의 크기는 (가)에서가 (나)에서보다 크므로, C의 가속도의 크기는 (가)에서가 (나)에서보다 작다. 따라서 B의 가속도의 크기는 (가)에서가 (나)에서보다 작다.

바로 알기

ㄴ. (나)에서 q가 B를 당기는 힘의 크기가 $\dfrac{2}{3}mg$이므로 (가)에서 q가 B를 당기는 힘의 크기는 $\dfrac{4}{3}mg$이다. 따라서 (가)에서 C의 가속도의 크기를 a라 할 때, C에 뉴턴 운동 법칙을 적용하면 $2mg - \dfrac{4}{3}mg = 2ma$이므로 $a = \dfrac{1}{3}g$이다. A의 질량을 m_A라 하고, A, B, C에 뉴턴 운동 법칙을 적용하면 $a = \dfrac{1}{3}g = \dfrac{2m}{m_A + m + 2m}g$이므로 $m_A = 3m$이다.

ㄷ. (가)에서 p가 B가 당기는 힘의 크기는 p가 A를 당기는 힘의 크기와 같다. (가)에서 p가 A를 당기는 힘의 크기를 F_p라 할 때, A에 뉴턴 운동 법칙을 적용하면 $F_p = m_A a = mg$이다.

031 운동 방정식   답 ③

자료 분석

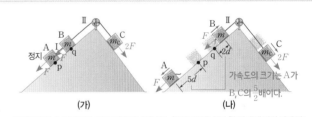

F의 크기	가속도의 크기
40 N	a
80 N	a

- F의 크기가 40 N일 때와 80 N일 때 가속도의 크기가 같으므로 40 N일 때 가속도의 방향은 연직 아래 방향, 80 N일 때 가속도의 방향은 연직 위 방향이다.
- F의 크기가 80 N일 때, B에 작용하는 알짜힘의 크기는 '상자 바닥이 B를 떠받치는 힘의 크기−B에 작용하는 중력의 크기−A가 B를 누르는 힘의 크기'이다.

알짜 풀이

ㄱ. 상자의 질량은 m이고, F의 크기가 40 N, 80 N일 때 가속도의 방향이 서로 반대이므로 다음 식이 성립한다.
[F의 크기가 40 N일 때] $(4 + m) \times 10 - 40 = (4 + m)a \cdots$ (i)
[F의 크기가 80 N일 때] $80 - (4 + m) \times 10 = (4 + m)a \cdots$ (ii)
(i), (ii)에서 $m = 2 \text{ kg}$이다.

ㄷ. F의 크기가 80 N일 때, B가 A를 떠받치는 힘의 크기(A가 B를 누르는 힘의 크기)는 $F_{BA} = 10 \text{ N} + \dfrac{10}{3} \text{ N} = \dfrac{40}{3} \text{ N}$이다. 또한 상자 바닥이 B를 떠받치는 힘의 크기를 F_N이라 할 때, B에 작용하는 알짜힘의 크기는 $F_N - 30 \text{ N} - \dfrac{40}{3} \text{ N} = 3 \text{ kg} \times \dfrac{10}{3} \text{ m/s}^2 = 10 \text{ N}$이므로 $F_N = \dfrac{160}{3} \text{ N}$이다.

바로 알기

ㄴ. (i), (ii)에서 $a = \dfrac{10}{3} \text{ m/s}^2$이다.

032 등가속도 직선 운동과 뉴턴 운동 법칙   답 ②

자료 분석

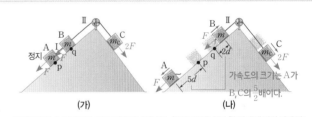

(가)

가속도의 크기는 A가 B, C의 $\dfrac{5}{2}$배이다.

(나)

- 중력에 의해 A, B에 빗면 아래 방향으로 작용하는 힘의 크기를 F라 할 때, C에 빗면 아래 방향으로 작용하는 힘의 크기는 $2F$이다.
- Ⅰ이 끊어졌을 때, A에 작용하는 알짜힘의 크기, B와 C에 작용하는 알짜힘의 크기는 F로 서로 같다.

알짜 풀이

ㄴ. (나)에서 C에 작용하는 알짜힘의 크기는 (가)와 (나)에서 Ⅱ가 B를 당기는 힘의 크기의 차와 같다. 따라서 $\dfrac{3}{10}mg = \dfrac{3}{2}ma_C$이므로 $a_C = \dfrac{1}{5}g$이다. 그러므로 (나)에서 B의 가속도의 크기는 $\dfrac{1}{5}g$이다.

바로 알기

ㄱ. Ⅰ이 끊어진 순간 A에 작용하는 알짜힘의 크기와 B와 C에 작용하는 알짜힘의 크기가 서로 같고, 가속도의 크기는 A가 B와 C의 $\dfrac{5}{2}$배이다. 따라서 B와 C의 질량의 합은 A의 $\dfrac{5}{2}$배이므로 $m_C = \dfrac{3}{2}m$이다.

ㄷ. (가)에서 중력에 의해 A, B에 빗면 아래 방향으로 작용하는 힘의 크기를 F라 할 때, (가)에서 Ⅱ가 C를 당기는 힘의 크기는 $2F$이다. 또한 (나)에서 A의 가속도의 크기는 B와 C의 $\dfrac{5}{2}$배인 $\dfrac{1}{2}g$이므로 $F = \dfrac{1}{2}mg$이다. 따라서 (나)에서 Ⅱ가 C를 당기는 힘의 크기는 $F_Ⅱ = F + \dfrac{1}{5}mg = \dfrac{7}{10}mg$이다.

03 운동량과 충격량

대표 기출 문제	033 ③	034 ④		
적중 예상 문제	035 ①	036 ③	037 ③	038 ②	039 ③
	040 ③	041 ②	042 ⑤	043 ⑤	044 ④
	045 ②	046 ①	047 ④	048 ③	

033 운동량과 충격량　　답 ③

자료 분석

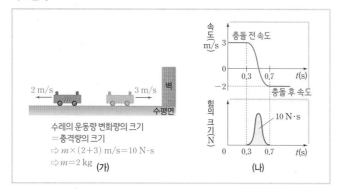

알짜 풀이

ㄱ. 수레의 운동량 변화량의 크기는 충격량의 크기, 즉 힘−시간 그래프에서 곡선과 시간 축이 만드는 면적과 같으므로 10 kg·m/s이다.

ㄴ. 수레의 질량은 $m = \dfrac{10 \text{ kg·m/s}}{(3+2) \text{ m/s}} = 2$ kg이다.

바로 알기

ㄷ. 벽이 수레에 작용한 평균 힘의 크기는 $F = \dfrac{10 \text{ N·s}}{0.4 \text{ s}} = 25$ N이다.

034 운동량 보존 법칙　　답 ④

알짜 풀이

ㄴ. B와 C 사이의 거리가 $t=t_0$일 때는 속력 $\dfrac{5}{2}v$로 멀어지고, $t=4t_0$일 때는 속력 $\dfrac{3}{2}v$로 가까워지므로, A, B의 충돌에 의해 B의 속도는 오른쪽으로 $4v$만큼 변한다. 그런데 A와 충돌하기 전과 후 B의 운동량의 크기가 같으므로, A와 충돌하기 전과 후 B의 속력은 $2v$이고 C의 속력은 $\dfrac{1}{2}v$이다. $t=t_0$일 때 속력과 운동량의 크기 모두 B가 C의 4배이므로, B와 C의 질량은 같다.

ㄷ. A, B가 충돌하기 전 가까워지는 속력과 충돌 후 멀어지는 속력이 같다. 따라서 충돌 후 A, B 각각의 운동량의 크기를 p'라고 하면 $p' = 4p$이다.

바로 알기

ㄱ. $v = \dfrac{L}{t_0}$이라고 하자. A와 B는 충돌 전 $3v$의 속력으로 가까워지고, $t=t_0$일 때 B의 속력은 $2v$이므로 A의 속력은 v이다. 따라서 $t=t_0$일 때 A, B의 속력은 같지 않다.

035 충격량　　답 ①

알짜 풀이

ㄱ. 작용 반작용 법칙에 의해 라켓과 공이 받는 충격량의 크기는 서로 같고, 방향은 반대이다.

036 운동량과 충격량　　답 ③

자료 분석

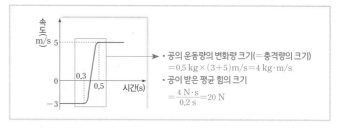

알짜 풀이

ㄱ. 발에 닿기 전 공의 운동량의 크기는 $p = 0.5$ kg × 3 m/s = 1.5 kg·m/s이다.

ㄴ. 공이 발로부터 받은 충격량의 크기는 공의 운동량 변화량의 크기와 같다. 따라서 공이 받은 충격량의 크기는 $I = 0.5$ kg × (5 m/s + 3 m/s) = 4 kg·m/s = 4 N·s이다.

바로 알기

ㄷ. 공이 받은 평균 힘의 크기는 $F = \dfrac{4 \text{ N·s}}{0.2 \text{ s}} = 20$ N이다.

037 운동량과 충격량　　답 ③

자료 분석

자동차가 충돌할 때, 범퍼와 에어백은 자동차가 충격을 받는 시간을 길게 하여 같은 충격량을 받을 때 자동차에 작용하는 평균 힘의 크기를 감소시켜 준다.

알짜 풀이

ㄱ. 운동량의 크기는 물체의 질량과 속력의 곱이므로 ⓐ가 클수록 자동차의 운동량 크기가 크다.

ㄷ. 권투 선수의 머리 보호대는 충격을 받는 시간을 늘려 평균 힘의 크기를 감소시키므로 에어백과 같은 원리로 머리를 보호한다.

바로 알기

ㄴ. 운동량 변화량의 크기가 같을 때 충격량의 크기는 같다. 충돌 시간이 늘어날수록 평균 힘의 크기가 감소하므로 '평균 힘'이 ㉠으로 적절하다.

038 뉴턴 운동 제2법칙과 힘−시간 그래프 분석　　답 ②

자료 분석

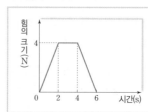

• 힘의 크기−시간 그래프에서 그래프가 시간 축과 이루는 면적은 물체가 받은 충격량의 크기와 같다.

• 0~2초와 4~6초 동안 물체가 받은 충격량의 크기는 각각 4 N·s이고, 2~4초 동안 물체가 받은 충격량의 크기는 8 N·s이다.

알짜 풀이

ㄴ. 3초일 때, 물체에 작용하는 힘의 크기가 4 N이므로 물체의 가속도의 크기는 $a=\dfrac{4\text{ N}}{2\text{ kg}}=2\text{ m/s}^2$이다.

바로 알기

ㄱ. 0초부터 2초까지 물체가 받은 충격량의 크기는 4 N·s이다.

ㄷ. 0초부터 6초까지 물체에 작용하는 힘의 방향이 일정하므로 물체의 속력은 계속 증가한다.

039 힘─시간 그래프 분석　　　답 ③

자료 분석

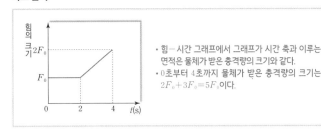

· 힘─시간 그래프에서 그래프가 시간 축과 이루는 면적은 물체가 받은 충격량의 크기와 같다.
· 0초부터 4초까지 물체가 받은 충격량의 크기는 $2F_0+3F_0=5F_0$이다.

알짜 풀이

$t=0$일 때 물체의 운동량의 크기가 5 kg × 2 m/s = 10 kg·m/s이므로 $t=4$초일 때 물체의 운동량의 크기는 30 kg·m/s이다. 따라서 0초부터 4초까지 물체가 받은 충격량의 크기는 20 N·s이며, 이는 (나)의 힘의 크기─시간 그래프에서 그래프가 시간 축과 이루는 면적과 같으므로 20 N·s$=5F_0$에서 $F_0=4$ N이다.

040 운동량과 충격량, 힘─시간 그래프 분석　　　답 ③

자료 분석

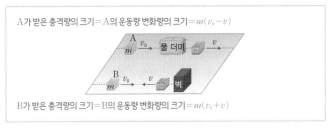

A가 받은 충격량의 크기=A의 운동량 변화량의 크기=$m(v_0-v)$

B가 받은 충격량의 크기=B의 운동량 변화량의 크기=$m(v_0+v)$

알짜 풀이

ㄱ. 충돌하는 동안 A, B의 운동량 변화량의 크기는 각각 $\varDelta p_A=m(v_0-v)$, $\varDelta p_B=m(v_0+v)$으로 $\varDelta p_A<\varDelta p_B$이다. 따라서 곡선이 시간 축과 이루는 면적이 작은 P는 A이다.

ㄷ. A, B가 각각 풀 더미와 벽으로부터 받은 평균 힘의 크기는 $F_A=\dfrac{mv_0}{2t_0}$, $F_B=\dfrac{3mv_0}{4t_0}$이다. 따라서 충돌하는 동안 A가 풀 더미로부터 받은 평균 힘의 크기는 B가 벽으로부터 받은 평균 힘의 크기의 $\dfrac{2}{3}$배이다.

바로 알기

ㄴ. 힘─시간 그래프에서 그래프가 시간 축과 이루는 면적은 충격량이고, 충격량은 운동량의 변화량과 같다. $\varDelta p_B=3\varDelta p_A$이므로 $m(v_0+v)=3m(v_0-v)$이다. 따라서 $v=\dfrac{1}{2}v_0$이다.

041 운동량 보존 법칙　　　답 ②

자료 분석

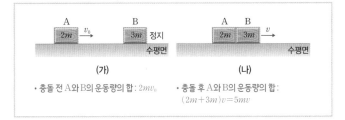

· 충돌 전 A와 B의 운동량의 합 : $2mv_0$
· 충돌 후 A와 B의 운동량의 합 : $(2m+3m)v=5mv$

알짜 풀이

ㄷ. 충돌하는 동안 A가 B로부터 받은 충격량의 크기는 A의 운동량 변화량의 크기와 같으므로 $I=|\varDelta p_A|=2m\left(v_0-\dfrac{2}{5}v_0\right)=\dfrac{6}{5}mv_0$이다.

바로 알기

ㄱ. 운동량 보존 법칙에 의해 충돌 전 A의 운동량과 충돌 후 A, B의 운동량의 합이 같다. 따라서 $2mv_0=5mv$에서 $v=\dfrac{2}{5}v_0$이다.

ㄴ. 충돌하는 동안 A가 B에 작용하는 힘과 B가 A에 작용하는 힘은 작용 반작용 관계이므로, 충돌하는 동안 A가 B로부터 받은 충격량의 크기는 B가 A로부터 받은 충격량의 크기와 같다.

042 운동량 보존 법칙　　　답 ⑤

자료 분석

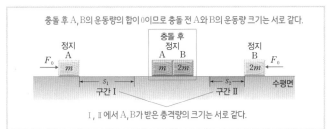

충돌 후 A, B의 운동량의 합이 0이므로 충돌 전 A와 B의 운동량 크기는 서로 같다.

I, II에서 A, B가 받은 충격량의 크기는 서로 같다.

알짜 풀이

ㄱ. A, B가 I, II를 지나는 동안의 가속도의 크기는 각각 $a_A=\dfrac{F_0}{m}$, $a_B=\dfrac{F_0}{2m}$이므로 가속도의 크기는 A가 I을 지나는 동안이 B가 II를 지나는 동안의 2배이다.

ㄴ. A, B가 충돌한 후 정지하므로 I을 지나는 동안 A가 받은 충격량의 크기와 II를 지나는 동안 B가 받은 충격량의 크기는 서로 같다. A, B가 받는 힘의 크기가 같으므로 A가 I을 지나는 데 걸리는 시간과 B가 II를 지나는 데 걸리는 시간은 서로 같다.

ㄷ. 가속도의 크기는 A가 I을 지나는 동안이 B가 II를 지나는 동안의 2배이고, 구간을 지나는 데 걸리는 시간은 A와 B가 같으므로 $\dfrac{s_1}{s_2}=2$이다.

043 운동량 보존 법칙과 거리─시간 그래프 분석　　　답 ⑤

자료 분석

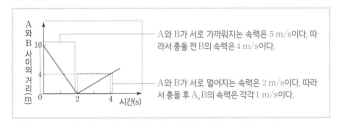

A와 B가 서로 가까워지는 속력은 5 m/s이다. 따라서 충돌 전 B의 속력은 4 m/s이다.

A와 B가 서로 멀어지는 속력은 2 m/s이다. 따라서 충돌 후 A, B의 속력은 각각 1 m/s이다.

알짜 풀이

ㄱ. 충돌 후 A와 B 사이의 거리가 커지고, A와 B의 속력은 같으므로 A와 B는 충돌 후 서로 반대 방향으로 운동한다.

ㄴ. 충돌 후, A와 B의 속력을 v라 할 때, 1초에 $2v$만큼 멀어진다. 따라서 $v=1$ m/s이다.

ㄷ. 충돌 전 B의 속력은 4 m/s이다. 충돌 전과 후 A, B에 운동량 보존 법칙을 적용하면 $m_A - 4m_B = -m_A + m_B$이므로 $\dfrac{m_A}{m_B} = \dfrac{5}{2}$이다.

044 운동량 보존 법칙과 위치－시간 그래프 분석   답 ④

자료 분석

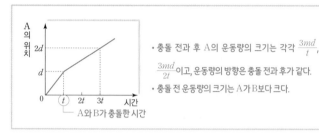

- 충돌 전과 후 A의 운동량의 크기는 각각 $\dfrac{3md}{t}$, $\dfrac{3md}{2t}$이고, 운동량의 방향은 충돌 전과 후가 같다.
- 충돌 전 운동량의 크기는 A가 B보다 크다.

알짜 풀이

ㄴ. 충돌 후 B의 운동량 크기는 $p_B' = \dfrac{2md}{2t} = \dfrac{md}{t}$이므로 B의 운동량 크기는 충돌 후$\left(p_B' = \dfrac{md}{t}\right)$가 충돌 전$\left(p_B = \dfrac{md}{2t}\right)$의 2배이다.

ㄷ. 충돌 과정에서 A의 운동 에너지 감소량은 $-\Delta K_A = K_A - K_A' = \dfrac{1}{2}(3m)\left(\dfrac{d}{t}\right)^2 - \dfrac{1}{2}(3m)\left(\dfrac{d}{2t}\right)^2 = \dfrac{9md^2}{8t^2}$이고, B의 운동 에너지 증가량은 $\Delta K_B = K_B' - K_B = \dfrac{1}{2}(2m)\left(\dfrac{d}{2t}\right)^2 - \dfrac{1}{2}(2m)\left(\dfrac{d}{4t}\right)^2 = \dfrac{3md^2}{16t^2}$이다. 따라서 충돌 과정에서 A의 운동 에너지 감소량은 B의 운동 에너지 증가량의 6배이다.

바로 알기

ㄱ. A와 B가 충돌 전 A의 운동량은 $+x$방향으로 크기가 $p_A = \dfrac{3md}{t}$이고, A와 B가 충돌한 후 A와 B의 운동량 합은 $+x$방향으로 크기가 $p_A' + p_B' = (3m+2m)\dfrac{d}{2t} = \dfrac{5md}{2t}$이다. 따라서 충돌 전 B의 운동량은 $-x$방향으로 크기가 $p_B = \dfrac{md}{2t}$이므로 충돌 전 B의 속력은 $v_B = \dfrac{p_B}{2m} = \dfrac{d}{4t}$이다.

045 운동량 보존 법칙 실험   답 ②

자료 분석

	A와 B의 질량 비가 2 : 1 ⇨ A와 B의 속력 비가 1 : 2	A와 B의 질량 비가 1 : 1 ⇨ A와 B의 속력 비가 1 : 1	
B에 올린 추의 개수	0	1	2
A의 운동 거리	0.2 m	0.2 m	0.2 m
B의 운동 거리	0.4 m	0.2 m	㉠

- 분리된 A, B가 같은 시간 운동한 거리의 비는 속력 비와 같다. A와 B의 질량 비가 2 : 3 ⇨ A와 B의 속력 비가 3 : 2
- 분리된 A와 B의 운동량 크기가 같으므로 질량 비는 $\dfrac{1}{\text{속력}}$ 비와 같다.

알짜 풀이

ㄴ. B에 추를 1개 올렸을 때, 분리된 후 A와 B의 이동 거리가 같으므로 B와 추의 질량의 합은 A의 질량과 같다. 따라서 추의 질량은 0.5 kg이다.

바로 알기

ㄱ. 운동량 보존 법칙에 의해 (나)에서 분리된 후 A, B의 운동량 크기는 같다.

ㄷ. B에 추를 2개 올렸을 때, 분리된 후 속력은 A가 B의 $\dfrac{3}{2}$배이므로 A가 0.2 m만큼 운동하는 동안 B가 운동한 거리는 $\dfrac{2}{15}$ m이다.

046 운동량 보존 법칙과 속력－시간 그래프 분석   답 ①

자료 분석

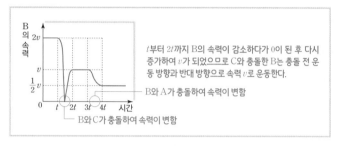

t부터 $2t$까지 B의 속력이 감소하다가 0이 된 후 다시 증가하여 v가 되었으므로 C와 충돌한 B는 충돌 전 운동 방향과 반대 방향으로 속력 v로 운동한다.

B와 A가 충돌하여 속력이 변함

B와 C가 충돌하여 속력이 변함

알짜 풀이

ㄱ. C와 충돌하는 동안 B가 C로부터 받은 충격량의 크기는 $I_B = m(2v+v) = 3mv$이고, B와 C 사이에 서로 작용하는 힘은 작용 반작용 관계이므로 t부터 $2t$까지 C가 B로부터 받은 충격량의 크기는 $I_C = 3mv$이다.

바로 알기

ㄴ. B와 C가 충돌한 후 B와 C는 한 덩어리가 되어 A를 향해 속력 v로 운동한다. $4t$ 이후 B는 A와 충돌하기 전과 같은 방향으로 속력 $\dfrac{1}{2}v$로 운동하고 A의 속력이 C의 속력이 4배이므로 A, C의 속력을 각각 $4v'$, v'라 할 수 있다. A는 B, C와 충돌 전 운동 방향과 반대 방향으로 운동한다. 이때 C의 운동 방향에 따라 운동량 보존 법칙을 적용하면 다음과 같다.

(i) C의 운동 방향이 충돌 전과 같은 방향일 때

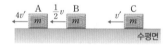

$mv - (m+m)v = -4mv' - \dfrac{1}{2}mv - mv'$에서 $v' = \dfrac{1}{10}v$이므로 A의 속력은 $\dfrac{4}{10}v$, C의 속력은 $\dfrac{1}{10}v$가 되어 A의 속력이 $\dfrac{1}{2}v$보다 커야 한다는 조건에 위배된다.

(ii) C의 운동 방향이 충돌 전과 반대 방향일 때

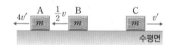

$mv - (m+m)v = -4mv' - \dfrac{1}{2}mv + mv'$에서 $v' = \dfrac{1}{6}v$이므로 A의 속력은 $\dfrac{2}{3}v$, C의 속력은 $\dfrac{1}{6}v$가 되어 A의 속력이 $\dfrac{1}{2}v$보다 커야 한다는 조건을 만족한다. 따라서 조건 (ii)에 의해 $4t$ 이후 A의 속력은 $\dfrac{2}{3}v$이다.

ㄷ. $3t$부터 $4t$까지 B가 A로부터 받은 충격량의 크기는 A가 B로부터 받은 충격량의 크기와 같고, 이는 A의 운동량 변화량의 크기 $mv + \dfrac{2}{3}mv = \dfrac{5}{3}mv$와 같다. 또한 $3t$부터 $4t$까지 B가 C로부터 받은 충격량의 크기는 C가 B로부터 받은 충격량의 크기와 같고, 이는 C의 운동량 변화량의 크기 $mv + \dfrac{1}{6}mv = \dfrac{7}{6}mv$와 같다. 따라서 $3t$부터 $4t$까지 B가 A로부터 받은 충격량의 크기는 B가 C로부터 받은 충격량의 크기의 $\dfrac{10}{7}$배이다.

047 운동량 보존 법칙
답 ④

자료 분석

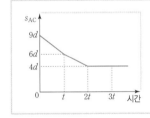

(가)

(나)

• (가) → (나) 과정에서 B가 받은 충격량의 크기가 C가 받은 충격량의 크기보다 크므로 (가)에서 B, C의 운동 방향은 각각 왼쪽, 오른쪽 방향이다.
• (나)는 모든 충돌이 끝났을 때이므로 B, C의 운동 방향은 오른쪽으로 같다.

알짜 풀이

ㄴ. (가) → (나) 과정에서 B, C가 받은 충격량의 크기는 각각 $I_B = p + p_0$, $I_C = 3p - p_0$이고 $\frac{I_B}{I_C} = 3$이므로 $p = \frac{1}{2}p_0$이다.

ㄷ. (가) → (나) 과정에서 B가 A로부터 받은 충격량의 크기는 A의 운동량 변화량과 같으므로 $\Delta p_A = 2p_0$이고, B가 C로부터 받은 충격량의 크기는 C의 운동량 변화량과 같으므로 $\Delta p_C = 3p - p_0 = \frac{1}{2}p_0$이다.

바로 알기

ㄱ. (가) → (나) 과정에서 B가 받은 충격량의 크기가 C가 받은 충격량의 크기보다 크므로 B의 운동 방향은 (가)에서 왼쪽, (나)에서 오른쪽 방향이다.

048 운동량 보존 법칙과 거리─시간 그래프 분석
답 ③

자료 분석

• 시간에 따른 A와 C 사이의 거리 s_{AC}에서 기울기는 C의 속도와 A의 속도 차 $v_C - v_A$와 같다.
• A가 B와 충돌하기 전 그래프의 기울기는 $-\frac{3d}{t} = v_C - v_A = (-v) - v = -2v$이므로 충돌 전 A와 C의 속력은 $v = \frac{3d}{2t}$이다.

알짜 풀이

ㄱ. t일 때 A와 B가 충돌한 후 A의 속도를 v_A'라 할 때, (나)의 그래프에서 t와 $2t$ 사이의 기울기는 $-\frac{2d}{t} = v_C - v_A' = -\frac{4}{3}v$이므로 $v_A' = \frac{1}{3}v$이다. 따라서 B와 충돌한 후, A는 충돌 전과 같은 방향으로 속력 $\frac{1}{3}v$로 운동한다.

ㄴ. A와 B가 충돌한 후 B의 속도를 v_B라 할 때, 운동량 보존 법칙에 의해 $2mv = 2m\left(\frac{1}{3}v\right) + mv_B$이므로 $v_B = \frac{4}{3}v$이다. 따라서 A와 충돌하는 과정에서 B가 받은 충격량의 크기는 $\frac{4}{3}mv$이다. 또한 $2t$일 때 B와 C가 충돌한 후 (나)에서 s_{AC}가 일정하므로 충돌한 후 한 덩어리가 되어 운동하는 B와 C의 속도는 A의 속도 $\frac{1}{3}v$와 같다. 따라서 B가 C와 충돌하는 과정에서 받은 충격량의 크기는 B의 운동량 변화량의 크기와 같으므로 $m\left(\frac{4}{3}v - \frac{1}{3}v\right) = mv$이다. 따라서 B가 받은 충격량의 크기는 A와 충돌하는 동안이 $\frac{4}{3}mv$이고 C와 충돌하는 동안이 mv이다.

바로 알기

ㄷ. B와 C의 충돌 과정에 운동량 보존 법칙을 적용하면 $m\left(\frac{4}{3}v\right) - m_C v = (m + m_C)\frac{1}{3}v$이므로 $m_C = \frac{3}{4}m$이다.

049 운동량 보존 법칙과 운동 에너지
답 ②

자료 분석

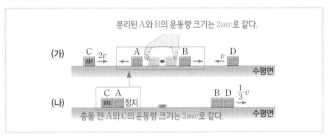

분리된 A와 B의 운동량 크기는 $2mv$로 같다.

(가)

(나)

충돌 전 A와 C의 운동량 크기는 $2mv$로 같다.

알짜 풀이

(나)에서 A와 C는 충돌 후 정지하였으므로 (가)에서 A, B, C의 운동량의 크기는 각각 $2mv$로 같다.

운동 에너지와 운동량의 관계는 $E_k = \frac{p^2}{2m}$이고 (가)에서 운동 에너지는 C가 B의 2배이므로 B의 질량은 $2m$이다. D의 질량을 m_D라 할 때, (가) → (나)에서 B와 D 사이에 운동량 보존 법칙을 적용하면

$2mv - m_D v = (2m + m_D)\frac{1}{3}v$이므로 $m_D = m$이다.

050 일과 에너지
답 ②

자료 분석

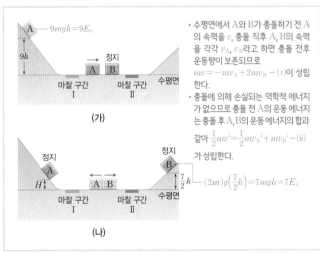

• 수평면에서 A와 B가 충돌하기 전 A의 속력이 v, 충돌 직후 A, B의 속력을 각각 v_A, v_B라고 하면 충돌 전후 운동량이 보존되므로 $mv = -mv_A + 2mv_B \cdots$ (i)이 성립한다.
• 충돌에 의해 손실되는 역학적 에너지가 없으므로 충돌 전 A의 운동 에너지는 충돌 후 A, B의 운동 에너지의 합과 같아 $\frac{1}{2}mv^2 = \frac{1}{2}mv_A^2 + mv_B^2 \cdots$ (ii)가 성립한다.

$(2m)g\left(\frac{7}{2}h\right) = 7mgh = 7E_0$

알짜 풀이

충돌 직전 A의 속력을 v, 충돌 직후 A, B의 속력을 각각 v_A, v_B라고 하면 다음 관계가 성립한다.

$mv = -mv_A + 2mv_B \cdots$ (i)

$\frac{1}{2}mv^2 = \frac{1}{2}mv_A^2 + \frac{1}{2}(2m)v_B^2 \cdots$ (ii)

(i), (ii)에서 $v_A = \frac{1}{3}v$, $v_B = \frac{2}{3}v$이다.

중력 가속도를 g라 할 때 $9mgh=9E_0$, $\frac{1}{2}mv^2=E$, 마찰 구간을 1번 통과할 때 감소하는 역학적 에너지를 E'라고 하면 다음 관계가 성립한다.

$$9E_0-E'=E \cdots \text{(iii)}$$

$$mgH=\frac{1}{9}E-E' \cdots \text{(iv)}$$

$$7E_0=\frac{8}{9}E-E' \cdots \text{(v)}$$

(iii), (v)에서 $E=\frac{16\times9}{17}E_0$, $E'=\frac{9}{17}E_0$이고, 이를 (iv)에 대입하면

$$mgH=\frac{7}{17}E_0$$이므로 $H=\frac{7}{17}h$이다.

051 운동량, 일과 운동 에너지   답 ①

알짜 풀이

ㄱ. 힘이 한 일이 p에서 q까지가 q에서 r까지의 2배이므로, p에서 q까지 힘이 한 일은 p에서 r까지 힘이 한 일의 $\frac{2}{3}$배이다. p에서 물체는 정지해 있으므로 운동 에너지는 힘이 한 일과 같다. 따라서 q에서 물체의 운동 에너지는 $\frac{2}{3}E$이다.

바로 알기

ㄴ. $E=\frac{1}{2}mv^2=\frac{(mv)^2}{2m}=\frac{p^2}{2m}$이므로 r에서 물체의 운동량의 크기는 $p=\sqrt{2mE}$이다.

ㄷ. 물체의 속력이 점점 증가하므로, 평균 속력은 q에서 r까지가 p에서 q까지보다 크다. 따라서 걸린 시간은 p에서 q까지가 q에서 r까지보다 크다. 충격량은 힘과 힘이 작용한 시간을 곱한 값이므로, 물체가 받은 충격량의 크기는 p에서 q까지가 q에서 r까지보다 크다.

052 일−운동 에너지 정리   답 ①

알짜 풀이

ㄱ. 일은 힘−이동 거리 그래프 아래의 면적과 같으므로, $x=0$에서 $x=2$ m까지 물체가 이동하는 동안 F가 한 일은 $W=\frac{1}{2}\times2\times4=4(\text{J})$이다.

바로 알기

ㄴ. $x=0$에서 $x=5$ m까지 물체가 이동하는 동안 F가 한 일이 16 J이므로, q에서 물체의 운동 에너지는 16 J이다. 따라서 $16=\frac{1}{2}\times m\times4^2$에서 물체의 질량은 $m=2$ kg이다.

ㄷ. $x=2$ m에서 $x=5$ m까지 F의 크기가 일정하므로 물체는 등가속도 직선 운동을 한다. $x=2$ m, $x=5$ m에서 물체의 속력이 각각 2 m/s, 4 m/s이므로 $x=2$ m에서 $x=5$ m까지 이동하는 동안 물체의 평균 속력은 3 m/s이다. 따라서 $x=2$ m에서 $x=5$ m까지 물체가 이동하는 데 걸린 시간은 $t=\frac{3\text{ m}}{3\text{ m/s}}=1$초이다.

053 일과 운동 에너지   답 ③

자료 분석

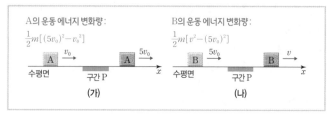

ㄱ. A, B에 운동 방향으로 작용한 힘의 크기가 같고 힘을 받는 동안 이동한 거리가 같으므로, P를 통과하는 동안 A, B의 운동 에너지 변화량이 같다. 따라서 $\frac{1}{2}m[(5v_0)^2-v_0^2]=\frac{1}{2}m[v^2-(5v_0)^2]$에서 $v=7v_0$이다.

ㄴ. $\frac{1}{2}m[(5v_0)^2-v_0^2]=12mv_0^2$이므로 P의 길이를 s라고 하면, $Fs=12mv_0^2$에서 $s=\frac{12mv_0^2}{F}$이다.

바로 알기

ㄷ. P에서 평균 속력이 B가 A보다 크므로, P에서 운동한 시간 Δt는 A가 B보다 크다. 충격량의 크기는 $I=F\Delta t$이므로, P에서 받은 충격량의 크기는 A가 B보다 크다.

054 일과 충격량   답 ③

자료 분석

구분	m	F	s	한일	가속도
(가)	$2m_0$	F_0	s_0	F_0s_0	$\frac{F_0}{2m_0}=a_0$
(나)	m_0	$2F_0$	s_0	$2F_0s_0$	$\frac{2F_0}{m_0}=4a_0$

알짜 풀이

ㄱ. 일은 힘과 이동 거리를 곱한 값과 같으므로, (가), (나)에서 물체가 받은 일은 각각 F_0s_0, $2F_0s_0$이다. 따라서 물체가 받은 일은 (나)에서가 (가)에서의 2배이다.

ㄴ. 가속도의 크기는 (나)에서가 (가)에서의 4배이므로, 등가속도 직선 운동 관계식 $s=\frac{1}{2}at^2$에서 걸린 시간은 (가)에서가 (나)에서의 2배이다. 충격량은 힘과 힘이 작용한 시간을 곱한 값과 같으므로, 물체가 받은 충격량의 크기는 (가)에서와 (나)에서가 같다.

바로 알기

ㄷ. 운동량의 변화량은 충격량과 같다. 따라서 $s=s_0$일 때 물체의 운동량의 크기는 (가)에서와 (나)에서가 같다.

055 역학적 에너지와 속도−시간 그래프 분석   답 ①

자료 분석

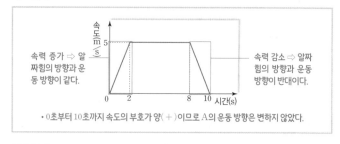

- 0초부터 10초까지 속도의 부호가 양(+)이므로 A의 운동 방향은 변하지 않았다.

알짜 풀이

ㄴ. 알짜힘이 한 일은 A의 운동 에너지 변화량과 같다. 따라서 0초부터 2초까지 A에 작용한 알짜힘이 한 일은 $W=\frac{1}{2}\times60\times5^2=750(\text{J})$이다.

바로 알기

ㄱ. 1초일 때는 속력이 증가하므로 가속도의 방향은 연직 위 방향이고, 9초일 때는 속력이 감소하므로 가속도의 방향은 연직 아래 방향이다.

ㄷ. A의 역학적 에너지 변화량은 엘리베이터 바닥이 A를 미는 힘이 한 일과

같다. 8초부터 10초까지 엘리베이터 바닥이 A를 미는 힘의 방향과 A의 운동 방향이 같으므로, A의 역학적 에너지는 계속 증가한다. 따라서 A의 역학적 에너지는 10초일 때가 8초일 때보다 크다.

056 탄성 퍼텐셜 에너지 답 ③

자료 분석

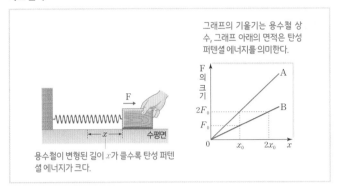

그래프의 기울기는 용수철 상수, 그래프 아래의 면적은 탄성 퍼텐셜 에너지를 의미한다.

용수철이 변형된 길이 x가 클수록 탄성 퍼텐셜 에너지가 크다.

알짜 풀이

ㄱ. $F = kx$에서 용수철 상수는 그래프의 기울기와 같으므로, 용수철 상수는 A가 B의 2배이다.

ㄴ. 용수철에 저장된 탄성 퍼텐셜 에너지는 그래프 아래의 면적과 같다. 따라서 $x = x_0$일 때, 용수철에 저장된 탄성 퍼텐셜 에너지는 A가 B의 2배이다.

바로 알기

ㄷ. F의 크기가 $2F_0$일 때 용수철이 늘어난 길이는 B가 A의 2배이다. 따라서 용수철에 저장된 탄성 퍼텐셜 에너지는 B가 A의 2배이다.

057 운동량과 역학적 에너지 보존 답 ④

자료 분석

운동량의 합은 0

A, B의 운동량은 크기는 같고 방향이 반대이다.

(가)　　　　(나)

알짜 풀이

(나)에서 A, B의 운동량의 크기가 같으므로, $E_k = \dfrac{p^2}{2m}$ (p: 운동량, m: 질량)에서 운동 에너지는 질량에 반비례한다. 따라서 (나)에서 A의 운동 에너지는 $2E$이고, (가)에서 용수철에 저장된 탄성 퍼텐셜 에너지는 $3E$이다.

058 역학적 에너지 보존 답 ④

알짜 풀이

문제의 그림과 같은 순간 B의 중력 퍼텐셜 에너지를 0이라 하고 용수철 상수를 k라고 하면, 역학적 에너지가 보존되므로
$\dfrac{1}{2}k(3L)^2 = \dfrac{1}{2}k(4L)^2 - 7mgL$에서 $\dfrac{1}{2}kL^2 = mgL$이다. q에서 A의 속력을 v라고 하면 $\dfrac{1}{2}k(3L)^2 = \dfrac{1}{2}(2m)v^2 - 3mgL$에서 $v^2 = 12gL$이고 $v = 2\sqrt{3gL}$이다.

059 일과 역학적 에너지 보존 답 ①

알짜 풀이

용수철 상수를 k, A, B가 분리되는 순간의 속력을 v라고 하면 $\dfrac{1}{2}k(2d)^2 = \dfrac{1}{2}(m_A + m_B)v^2 \cdots$ (i)이 성립한다. 수평면을 중력 퍼텐셜 에너지의 기준으로 하면, A와 분리되는 순간 B의 역학적 에너지는 $\dfrac{1}{2}m_B v^2 + m_B gh$이고, 수평면에서 B의 역학적 에너지는 $\dfrac{1}{2}k(\sqrt{2}d)^2 = kd^2$이다. 마찰 구간에서 B는 등속도 운동하므로 마찰 구간에서 B의 감소한 역학적 에너지는 $m_B gh$이다. 따라서 $\dfrac{1}{2}m_B v^2 + m_B gh - m_B gh = kd^2 \cdots$ (ii)이 성립한다.

(i)에서 $kd^2 = \dfrac{1}{4}(m_A + m_B)v^2$이고, 이를 (ii)에 대입하면 $\dfrac{1}{2}m_B v^2 = \dfrac{1}{4}(m_A + m_B)v^2$에서 $m_A = m_B$이므로 $\dfrac{m_B}{m_A} = 1$이다.

060 일과 역학적 에너지 답 ④

알짜 풀이

A는 (가), (나)의 마찰 구간에서 등가속도 직선 운동을 하고 감소한 역학적 에너지가 같으므로, 마찰 구간에서 작용하는 마찰력의 크기는 일정하다. A의 질량을 m, 오른쪽 빗면의 마찰이 없는 구간에서 A의 가속도를 a_0, 마찰 구간에서 마찰력의 크기를 f라고 하면, (가), (나)의 마찰 구간에서 다음 관계가 성립한다.

[(가)에서] $f + ma_0 = 4ma \cdots$ (i)

[(나)에서] $f - ma_0 = 2ma \cdots$ (ii)

(i)(ii)에서 $f = 3ma$, $a_0 = a$이다.

마찰 구간의 길이를 s, 마찰 구간을 1번 지날 때 감소한 역학적 에너지를 E라고 하면 다음 관계가 성립한다.

$E = fs = 3mas \cdots$ (iii)

$2E = mgh_1 \cdots$ (iv)

(iii), (iv)에서 $3mas = \dfrac{1}{2}mgh_1$이고, $mgh_2 = ma_0 s = mas$이므로 $\dfrac{h_1}{h_2} = 6$이다.

061 운동량과 역학적 에너지 보존 답 ②

알짜 풀이

P와 수평면의 높이차를 h, A가 마찰 구간을 1번 지날 때 손실된 역학적 에너지를 $\dfrac{1}{2}mv_1^2$, A가 B와 충돌하기 직전 속력을 v_2라고 하면 다음 관계가 성립한다.

$\dfrac{1}{2}m(5v)^2 - \dfrac{1}{2}mv_1^2 = \dfrac{1}{2}mv_2^2 + mgh \cdots$ (i)

$\dfrac{1}{2}mv_A^2 + mgh - \dfrac{1}{2}mv_1^2 = \dfrac{1}{2}m(\sqrt{5}v)^2 \cdots$ (ii)

A와 B가 충돌한 후 B의 역학적 에너지가 보존되므로
$\dfrac{1}{2} \times 3m \times (2v)^2 + 3mgh = \dfrac{1}{2} \times 3m \times (3v)^2$에서
$gh = \dfrac{5}{2}v^2$이므로, 이를 (i), (ii)에 대입하면

$\dfrac{1}{2}v_1^2 + \dfrac{1}{2}v_2^2 = 10v^2 \cdots$ (iii), $\dfrac{1}{2}mv_A^2 - \dfrac{1}{2}mv_1^2 = 0 \cdots$ (iv)

이고, A, B가 충돌할 때 운동량이 보존되므로
$m \times v_2 = -mv_A + (3m \times 2v) \cdots$ (v)

이다. (iv)에서 $v_A = v_1$이고, 이를 (v)에 대입하면 $v_1 + v_2 = 6v$이다. (iii)에

서 $v_1{}^2+v_2{}^2=20v^2$이므로, $(v_1+v_2)^2-2v_1v_2=20v^2$에서 $v_1v_2=8v^2$이고, $v_1=2v$, $v_2=4v$이다. 따라서 $v_A=2v$이다.

062 일과 에너지
답 ④

자료 분석

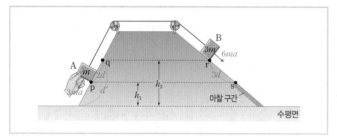

알짜 풀이

실이 끊어진 후 A, B의 가속도의 크기가 각각 $3a$, $2a$이므로, A, B가 중력에 의해 빗면 아래 방향으로 받는 힘의 크기는 각각 $m \times 3a = 3ma$, $3m \times 2a = 6ma$이고, $\overline{pq}=2d$라고 하면 $\overline{rs}=3d$이다.

실이 끊어지기 전 A, B의 가속도의 크기가 $\dfrac{6ma-3ma}{4m}=\dfrac{3}{4}a$이므로, 실이 끊어지는 순간 A, B의 속력을 v라고 하면, $v^2=2\times\dfrac{3}{4}a\times 2d=3ad$이다. s에서 B의 속력을 v_B라고 하면 $v_B{}^2-v^2=2\times 2a\times d$에서 $v_B{}^2=7ad$이다. A가 수평면에 닿기 직전 운동 에너지가 $\dfrac{4}{3}\times\left(\dfrac{1}{2}\times 3m\times 7ad\right)$이므로, 수평면에 닿기 직전 A의 속력을 v_A라고 하면 $\dfrac{4}{3}\times\left(\dfrac{1}{2}\times 3m\times 7ad\right)=\dfrac{1}{2}mv_A{}^2$에서 $v_A{}^2=28ad$이다. 따라서 q에서 수평면까지 빗면의 길이를 d'라고 하면 $v_A{}^2-v^2=2\times 3a\times d'$에서 $d'=\dfrac{25}{6}d$이다. 그러므로 $\dfrac{h_2}{h_1}=\dfrac{d'}{d'-2d}=\dfrac{25}{13}$이다.

063 일과 역학적 에너지 보존
답 ②

알짜 풀이

물체의 질량을 m, 중력 가속도를 g, Ⅰ과 Ⅱ에서 손실된 역학적 에너지를 각각 E와 $3E$라고 하면 다음 관계가 성립한다.

$6mgh-E=mgh+\dfrac{1}{2}m(\sqrt{2}v)^2 \cdots \text{(i)}$

$6mgh-4E=2mgh+\dfrac{1}{2}mv^2 \cdots \text{(ii)}$

(i), (ii)에서 $E=\dfrac{3}{7}mgh$이므로, 손실된 전체 역학적 에너지는 $4E=\dfrac{12}{7}mgh$이다. 따라서 r의 높이는 $6h-\dfrac{12}{7}h=\dfrac{30}{7}h$이다.

064 일과 역학적 에너지 보존
답 ④

알짜 풀이

중력 가속도를 g, Ⅰ과 Ⅱ에서 감소한 역학적 에너지를 각각 E와 $3E$라고 하면 다음 관계가 성립한다.

$\dfrac{1}{2}m(2v_0)^2-E=\dfrac{1}{2}mv_0{}^2+mg(2h) \cdots \text{(i)}$

$\dfrac{1}{2}mv_0{}^2+mg(2h)-3E=0 \cdots \text{(ii)}$

(i), (ii)에서 $E=\dfrac{1}{2}mv_0{}^2=mgh$이므로 r에서 속력을 v라고 하면 $\dfrac{1}{2}mv_0{}^2+2mgh=\dfrac{1}{2}mv^2+mgh$에서 $v=\sqrt{2}v_0$이다.

05 열역학 법칙
031~035쪽

대표 기출 문제	065 ①	066 ④			
적중 예상 문제	067 ⑤	068 ③	069 ①	070 ②	071 ①
	072 ④	073 ④	074 ⑤	075 ⑤	076 ③
	077 ⑤	078 ⑤	079 ③	080 ③	

065 열역학 제1법칙
답 ①

알짜 풀이

ㄱ. (가)에서 부피가 (나)에서보다 작으므로, 기체 분자의 운동은 (나)에서가 (가)에서보다 활발하다. 따라서 기체의 내부 에너지는 (가)에서가 (나)에서보다 작다.

바로 알기

ㄴ. (나)에서 기체의 부피가 팽창하므로, 기체는 외부에 일을 한다. 기체가 흡수한 열량은 내부 에너지 증가량과 외부에 한 일을 더한 값과 같으므로, (나)에서 기체가 흡수한 열량은 기체가 한 일보다 크다.

ㄷ. (다)에서 기체의 부피가 감소하므로 외부에 열을 방출하며, 외부에 방출한 열은 내부 에너지 감소량과 외부로부터 받은 일을 더한 값과 같다. 따라서 (다)에서 기체가 방출한 열은 기체의 내부 에너지 감소량보다 크다.

066 열역학 제1법칙과 열효율
답 ④

알짜 풀이

ㄴ. A → B 과정에서 기체가 흡수한 열량을 Q_0이라고 하면 각 과정에서 외부에 한 일 W, 내부 에너지 증가량 $\varDelta U$, 외부로부터 흡수한 열량 Q는 다음과 같다.

구분	A → B	B → C	C → D	D → A
W	0	150 J	0	-100 J
$\varDelta U$	Q_0	0	$-$㉠	100 J
Q	Q_0	150 J	$-$㉠	0

1번 순환하는 동안 흡수한 열량이 Q_0+150 J이고 외부에 한 일은 $150\,\text{J}-100\,\text{J}=50\,\text{J}$이므로 $0.25=\dfrac{50\,\text{J}}{Q_0+150\,\text{J}}$에서 $Q_0=50$ J이다.

ㄷ. 외부에 한 일은 흡수한 열량에서 방출한 열량을 뺀 값과 같으므로, $50=Q_0+150-$㉠에서 ㉠$=Q_0+100=150(\text{J})$이다. 따라서 C → D 과정에서 기체의 내부 에너지 감소량은 150 J이다.

바로 알기

ㄱ. A와 B에서 부피는 같은데, 압력은 B에서가 A에서보다 크므로 온도는 B에서가 A에서보다 높다. B와 C에서 온도가 같으므로, 기체의 온도는 A에서가 C에서보다 낮다.

067 열역학 제1법칙
답 ⑤

알짜 풀이

ㄱ. (가)에서 기체가 단열되어 있으므로, 외부로부터 받은 일만큼 내부 에너지가 증가한다. 따라서 (가)에서 기체의 온도가 높아진다.

ㄴ. (나)에서 기체의 부피가 일정하므로, 외부에 일을 하거나 외부로부터 일을 받지 않는다. 따라서 $Q=\varDelta U$에서 외부로부터 흡수한 열량 Q_0만큼 기체의 내부 에너지가 증가한다.

ㄷ. (가), (나)에서 기체의 양, 기체의 처음 온도, 기체의 나중 온도가 같다. 따라서 (가), (나)에서 내부 에너지 변화량이 같고, $W = Q_0$이다.

068 압력−부피 그래프 분석
답 ③

알짜 풀이

ㄱ. A → B 과정에서 기체의 부피가 증가하므로, 기체가 외부에 일을 한다.

ㄴ. B → C 과정에서 압력은 일정한데, 부피가 감소하므로 기체 분자의 운동이 덜 활발해진다. 따라서 B → C 과정에서 기체의 내부 에너지는 감소한다.

바로 알기

ㄷ. 처음 상태로 돌아오면 내부 에너지 변화량이 0이므로, A → B → C 과정에서 감소한 내부 에너지와 C → A 과정에서 증가한 내부 에너지가 같다. A → B 과정에서 감소한 내부 에너지는 외부에 한 일과 같으므로 A → B 과정에서 외부에 한 일은 C → A 과정에서 증가한 내부 에너지보다 작다.

069 열역학 제2법칙
답 ①

알짜 풀이

ㄴ. 비가역 변화는 확률이 높은 상태로 변화가 일어난다. 따라서 B의 상태가 A의 상태보다 확률이 크다.

바로 알기

ㄱ. 물에 잉크 방울을 떨어뜨리면 잉크가 물 전체에 섞이게 되며, 섞였던 잉크가 저절로 잉크 방울로 되돌아오지 않는다. 따라서 A → B는 비가역 변화이다.

ㄷ. 자연 현상의 비가역성은 열역학 제2법칙으로 설명할 수 있다. 따라서 B → A 방향으로 변화가 일어나는 것은 열역학 제2법칙에 위배된다.

070 압력−부피 그래프 분석과 열효율
답 ②

알짜 풀이

ㄷ. (가), (나) 모두 A → B 과정에서만 열을 흡수하므로, 한 번 순환하는 동안 고열원에서 흡수한 열량은 (가), (나)에서 같다. 그런데 한 번 순환하는 동안 외부에 한 일이 (나)에서가 (가)에서보다 크므로, 열효율은 (나)의 열기관이 (가)의 열기관보다 크다.

바로 알기

ㄱ. 기체의 온도가 C에서가 D에서보다 높다. C, D에서의 부피가 같으므로 압력은 C에서가 D에서보다 크다.

ㄴ. 기체가 한 번 순환하는 동안 한 일은 압력−부피 그래프 내부의 면적과 같다. C에서 D에서보다 압력이 높으므로, 그래프 내부의 면적은 (나)에서가 (가)에서보다 크다. 따라서 기체가 한 번 순환하는 동안 한 일은 (나)의 열기관에서가 (가)의 열기관에서보다 크다.

071 열역학 제1법칙과 열효율
답 ①

알짜 풀이

ㄴ. 기체가 1번 순환하는 동안 내부 에너지 변화량은 0이다. 기체의 내부 에너지가 Ⅰ, Ⅲ에서는 변하지 않고, Ⅱ에서 E_0만큼 감소하므로, Ⅳ에서는 E_0만큼 증가한다. 따라서 Ⅳ에서 기체가 흡수한 열량은 E_0이다.

바로 알기

ㄱ. Ⅰ에서 온도가 일정하므로 기체의 내부 에너지도 일정하다.

ㄷ. 열기관이 1번 순환하는 동안 외부에 한 일은 $W = 4E_0 - 2E_0 = 2E_0$이고, 외부로부터 흡수한 열량은 $Q_1 = 4E_0 + E_0 = 5E_0$이다. 따라서 열기관의 열효율은 $e = \dfrac{W}{Q_1} = \dfrac{2E_0}{5E_0} = 0.4$이다.

072 열효율
답 ④

자료 분석

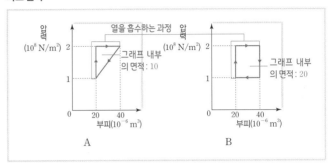

알짜 풀이

A, B가 열을 흡수하는 과정이 동일하고, 한 번 순환하는 동안 고열원으로부터 흡수한 열량은 A, B가 같다. 한 번 순환하는 동안 열기관이 외부에 한 일은 압력−부피 그래프 내부의 면적과 같으므로 B가 A의 2배이다. 따라서 열효율은 B가 A의 2배이다.

073 열역학 제1법칙과 열효율
답 ④

알짜 풀이

ㄱ. A → B → C 과정에서 흡수한 열량이 150 J이고 열기관의 열효율은 0.2이다. 따라서 $0.2 = 1 - \dfrac{\bigcirc}{150}$에서 ⊙은 120이다.

ㄷ. 1번 순환하는 동안 기체가 한 알짜일이 $W = 0.2 \times 150 = 30 (\text{J})$이다. 따라서 D → A 과정에서 기체가 외부로부터 받은 일을 W'라고 하면, $100 - W' = 30$에서 $W' = 70$ J이다.

바로 알기

ㄴ. A → B 과정에서 증가한 내부 에너지는 50 J이고, C → D 과정에서 감소한 내부 에너지는 120 J이다.

074 부피−절대 온도 그래프 분석과 열효율
답 ⑤

자료 분석

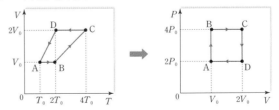

보일−샤를 법칙에 따라 일정량의 이상 기체에 대하여 $\dfrac{PV}{T}$가 일정하다. B → C 과정과 D → A 과정에서 $\dfrac{V}{T}$가 일정하므로 압력이 일정하다. 따라서 이상 기체의 상태 변화를 압력 P와 부피 V로 나타내면 다음과 같다.

알짜 풀이

ㄴ. D → A 과정에서 $\dfrac{V}{T}$가 일정하므로 기체의 압력은 일정하다.

ㄷ. B → C 과정에서 외부에 한 일은 압력－부피 그래프 아래의 면적과 같으므로 $4P_0V_0$이다. 따라서 B → C 과정에서 내부 에너지 증가량은 $10P_0V_0-4P_0V_0=6P_0V_0$이고, A → B 과정에서 내부 에너지 증가량은 $3P_0V_0$이다. A → B 과정에서 외부에 한 일이 0이므로 열기관이 한 번 순환하는 동안 고열원으로부터 흡수한 열량은 $Q_1=13P_0V_0$이고, 외부에 한 일은 압력－부피 그래프 직사각형 내부 면적과 같으므로 $W=2P_0V_0$이다. 따라서 열기관의 열효율은 $e=\dfrac{W}{Q_1}=\dfrac{2}{13}$이다.

바로 알기

ㄱ. A → B 과정에서 기체의 부피가 일정하므로, 기체는 외부에 일을 하지 않는다.

075 부피－절대 온도 그래프 분석과 열효율   답 ⑤

알짜 풀이

ㄴ. A → B 과정에서 외부에 한 일이 0이므로 내부 에너지 증가량은 $4Q$이다. 그런데 B → C 과정과 D → A 과정에서 온도가 일정하므로 내부 에너지는 변하지 않는다. 1번 순환하는 동안 내부 에너지 변화량은 0이므로 C → D 과정에서 기체의 내부 에너지 감소량은 $4Q$이다.

ㄷ. D → A 과정에서 기체가 방출한 열량을 Q'라고 하면, 1번 순환하는 동안 기체가 흡수한 열량이 $Q_1=4Q+2Q=6Q$이므로, $0.2=\dfrac{W}{Q_1}=\dfrac{6Q-(4Q+Q')}{6Q}$에서 $Q'=0.8Q$이다.

바로 알기

ㄱ. B, C에서 기체의 절대 온도가 같으므로, 내부 에너지가 같다.

076 열역학 제1법칙과 열효율   답 ③

알짜 풀이

ㄱ. C → A 과정에서 방출한 열량이 $Q_2=120$ J이고, 열기관이 1번 순환하는 동안 기체가 외부에 한 일이 $W=60+90-120=30(J)$이다. 따라서 열기관이 1번 순환하는 동안 기체가 외부로부터 흡수한 열량을 Q_1이라고 하면, $W=Q_1-Q_2$에서 $Q_1=W+Q_2=150(J)$이다. 따라서 열기관의 열효율은 $e=\dfrac{30}{150}=0.2$이다.

ㄷ. C → A 과정에서 온도가 일정하므로 내부 에너지가 변하지 않는다. 따라서 기체가 방출한 열량은 외부로부터 받은 일과 같은 120 J이다.

바로 알기

ㄴ. A → B 과정에서 흡수한 열량이 150 J이므로, 기체의 내부 에너지 증가량은 $\varDelta U=150-60=90(J)$이다.

077 열역학 제1법칙과 열효율   답 ⑤

자료 분석

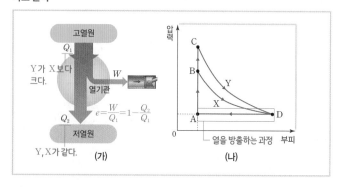

078 열역학 제1법칙과 열효율   답 ⑤

알짜 풀이

ㄱ. A → B 과정에서 부피가 일정하므로 기체가 한 일은 0이고, 압력이 증가하므로 내부 에너지가 증가한다. 따라서 A → B 과정에서 기체는 열을 흡수한다.

ㄴ. B, C에서 기체의 부피는 같은데, 압력은 C에서가 B에서보다 크다. 따라서 기체의 내부 에너지는 C에서가 B에서보다 크다.

ㄷ. X, Y 모두 열을 방출하는 과정은 D → A 과정뿐이므로 Q_2는 X, Y가 같다. 그런데 Q_1은 Y가 X보다 크므로, 열기관의 열효율 $e=1-\dfrac{Q_2}{Q_1}$는 Y가 X보다 크다.

078 열역학 제1법칙과 열효율   답 ⑤

알짜 풀이

A → B 과정에서는 열을 방출하고 C → D 과정에서는 열을 흡수한다. 열기관이 작동하기 위해서는 흡수한 열량이 방출한 열량보다 커야 하므로, $Q>12Q_0$이며, $0.25=1-\dfrac{12Q_0}{Q}$에서 $Q=16Q_0$이다.

079 압력－부피 그래프 분석과 열효율   답 ③

알짜 풀이

ㄱ. Ⅰ에서 내부 에너지가 변하지 않으므로 이상 기체의 온도는 일정하다.

ㄴ. 열기관이 1번 순환하는 동안 내부 에너지 변화량은 0이다. 따라서 $E_3=E_4$이다.

바로 알기

ㄷ. 열기관이 외부로부터 흡수한 열량은 E_1+E_4이고 외부에 한 일은 E_1-E_2이다. 따라서 열기관의 열효율은 $e=\dfrac{E_1-E_2}{E_1+E_4}$이다.

080 열역학 제1법칙과 열효율   답 ③

자료 분석

각 과정에서 기체가 외부에 한 일, 기체의 내부 에너지 증가량, 기체가 외부로부터 흡수한 열량은 다음과 같다.

과정	외부에 한 일	내부 에너지 증가량	흡수한 열량
A → B	$8W$	㉠$=12W$	$20W$
B → C	$9W$	㉡$=-9W$	0
C → D	$-6W$	㉢$=-9W$	$-㉣$
D → A	$-6W$	㉤$=6W$	0

알짜 풀이

ㄱ. ㉠$=20W-8W=12W$이고 ㉡$=-9W$이므로, 내부 에너지는 C에서가 A에서보다 $12W-9W=3W$만큼 크다. 따라서 기체의 온도는 C에서가 A에서보다 높다.

ㄷ. 기체가 흡수한 열량이 $20W$이고, 외부에 한 일이 $5W$이므로, 열기관의 열효율은 $e=\dfrac{5}{20}=0.25$이다.

바로 알기

ㄴ. $(8+9-6-6)W=20W-㉣$에서 ㉣$=15W$이므로, $-15W=-6W+㉢$에서 ㉢$=-9W$이다. 따라서 C → D 과정에서 기체의 내부 에너지 감소량은 $9W$이다.

06 특수 상대성 이론
037~041쪽

대표 기출 문제	081 ②	082 ②		
적중 예상 문제	083 ③	084 ④	085 ①	086 ⑤	087 ②
	088 ②	089 ②	090 ①	091 ③	092 ②
	093 ⑤	094 ①	095 ③	096 ⑤

081 특수 상대성 이론 답 ②

알짜 풀이

ㄴ. A의 관성계에서 P, Q에서 방출된 빛은 검출기에 동시에 도달하였으므로 B와 C의 관성계에서도 두 빛은 검출기에 동시에 도달한다. B의 관성계에서 P에서 방출된 빛의 진행 방향과 검출기의 운동 방향은 같고, Q에서 방출된 빛의 진행 방향과 검출기의 운동 방향은 반대이다. B의 관성계에서 P, Q에서 방출된 빛은 검출기에 동시에 도달하므로 빛은 P에서가 Q에서보다 먼저 방출된다.

바로 알기

ㄱ. 속력이 클수록 길이가 수축되는 정도가 크므로 A의 관성계에서 속력은 B가 C보다 작다. 따라서 A의 관성계에서 B의 시간은 C의 시간보다 빠르게 간다.

ㄷ. A의 관성계에서 P, Q에서 동시에 방출된 빛은 검출기에 동시에 도달하였으므로 A의 관성계에서 검출기로부터 P, Q까지의 거리는 같다. C의 관성계에서 길이가 수축되는 정도는 P에서 검출기까지의 거리와 Q에서 검출기까지의 거리가 같다. 따라서 C의 관성계에서 검출기에서 P까지의 거리는 검출기에서 Q까지의 거리와 같다.

082 동시성의 상대성 답 ②

알짜 풀이

ㄴ. Q의 관성계에서 A, B에서 발생한 빛이 O에 동시에 도달하였으므로 P의 관성계에서도 A, B에서 발생한 빛은 O에 동시에 도달한다.

바로 알기

ㄱ. P의 관성계에서 O에서 B까지의 거리는 우주선의 운동 방향과 나란하므로 길이가 수축되고, O에서 A까지의 거리는 우주선의 운동 방향과 수직이므로 길이가 수축되지 않는다. 따라서 P의 관성계에서 O에서 A까지의 거리는 O에서 B까지의 거리보다 크다.

ㄷ. P의 관성계에서 A에서 발생한 빛이 O에 도달할 때까지 빛이 진행한 거리는 B에서 발생한 빛이 O에 도달할 때까지 빛이 진행한 거리보다 크다. A, B에서 발생한 빛은 O에 동시에 도달하므로 빛은 A에서가 B에서보다 먼저 발생하였다.

083 특수 상대성 이론 답 ③

알짜 풀이

ㄱ. A의 관성계에서 B가 탄 우주선의 속력은 $0.6c$이므로 B의 관성계에서 A의 속력은 $0.6c$이다.

ㄴ. 빛의 속력은 관성계의 운동 상태에 관계없이 c로 같다.

바로 알기

ㄷ. A의 관성계에서 B가 탄 우주선은 등속도 운동을 하므로 우주선의 길이는 수축된다. 따라서 A의 관성계에서 B가 탄 우주선의 길이는 고유 길이보다 작다.

084 특수 상대성 이론 답 ④

알짜 풀이

ㄱ. A의 관성계에서 공은 곡선 경로를 따라 운동을 하고, B의 관성계에서 공은 직선 경로를 따라 왕복 운동을 한다. 따라서 공의 이동 거리는 A의 관성계에서가 B의 관성계에서보다 크다.

ㄷ. B의 관성계에서 공의 최고점에서의 속력은 0이고, A의 관성계에서 공의 최고점에서의 속력은 버스의 속력과 같다. 따라서 최고점에서 공의 속력은 A의 관성계에서가 B의 관성계에서보다 크다.

바로 알기

ㄴ. 모든 관성계에서 물리 법칙은 동일하게 성립한다. 공에 작용하는 알짜힘은 중력이고, 중력의 크기는 A의 관성계에서가 B의 관성계에서와 같다.

085 시간 팽창과 길이 수축 답 ①

알짜 풀이

ㄱ. 관찰자의 관성계에서 우주선의 속력은 P가 Q보다 크다. 따라서 관찰자의 관성계에서 P의 시간은 Q의 시간보다 느리게 간다.

바로 알기

ㄴ. 관찰자의 속력이 빠를수록 길이 수축의 효과는 크게 나타난다. 따라서 A의 길이는 P의 관성계에서가 Q의 관성계에서보다 작다.

ㄷ. P의 관성계에서 Q의 속력과 Q의 관성계에서 P의 속력은 같다. P와 Q의 고유 길이는 같으므로 P의 관성계에서 Q의 길이는 Q의 관성계에서 P의 길이와 같다.

086 특수 상대성 이론 답 ⑤

알짜 풀이

ㄱ. P의 관성계에서 A, B에서 동시에 방출된 빛이 검출기에 동시에 도달하므로 A와 검출기 사이의 거리와 B와 검출기 사이의 거리는 같다. Q의 관성계에서 길이가 수축되는 정도는 A에서 검출기까지의 거리와 검출기에서 B까지의 거리가 같다. 따라서 Q의 관성계에서 A와 검출기 사이의 거리와 B와 검출기 사이의 거리는 같다.

ㄴ. Q의 관성계에서 A에서 방출된 빛이 검출기를 향해 진행하는 방향은 검출기의 운동 방향과 같고, B에서 방출된 빛이 검출기를 향해 진행하는 방향은 검출기의 운동 방향과 반대이다. 따라서 A에서 방출된 빛이 검출기까지 진행한 거리는 B에서 방출된 빛이 검출기까지 진행한 거리보다 크다.

ㄷ. 한 지점에서 동시에 일어난 사건은 다른 관성계에서도 동시에 일어난다. 따라서 Q의 관성계에서도 A와 B에서 방출된 빛은 검출기에 동시에 도달한다. Q의 관성계에서 A에서 방출된 빛이 검출기까지 진행한 거리는 B에서 방출된 빛이 검출기까지 진행한 거리보다 크므로 빛은 A에서가 B에서보다 먼저 방출된다.

087 동시성의 상대성 답 ②

자료 분석

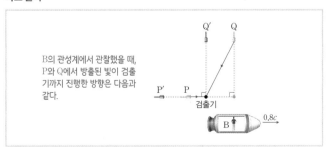

B의 관성계에서 관찰했을 때, P와 Q에서 방출된 빛이 검출기까지 진행한 방향은 다음과 같다.

ㄷ. A의 관성계에서 P, Q에서 동시에 방출된 빛은 검출기에 동시에 도달하므로 검출기로부터의 거리는 P와 Q가 같다. B의 관성계에서 P에서 방출된 빛이 검출기를 향해 진행하는 방향은 검출기의 운동 방향과 반대이므로 P에서 방출된 빛이 검출기까지 진행한 거리는 A의 관성계에서가 B의 관성계에서보다 크다. B의 관성계에서 Q에서 방출된 빛이 검출기를 향하는 방향은 대각선 방향이므로 Q에서 방출된 빛이 검출기까지 진행하는 거리는 A의 관성계에서가 B의 관성계에서보다 작다. B의 관성계에서 P, Q에서 방출된 빛은 검출기에 동시에 도달하고, P에서 방출된 빛이 검출기까지 진행한 거리는 Q에서 방출된 빛이 검출기까지 진행한 거리보다 작다. 따라서 B의 관성계에서 빛은 Q에서가 P에서보다 먼저 방출된다.

바로 알기

ㄱ. 빛의 속력은 관찰자의 운동 상태에 관계없이 c로 같다.

ㄴ. A의 관성계에서 Q에서 방출된 빛이 검출기를 향해 진행하는 방향은 P와 검출기를 잇는 직선에 수직인 방향이다. B의 관성계에서 Q의 운동 방향은 검출기에서 P를 향하는 방향과 나란하므로 B의 관성계에서 Q에서 방출된 빛이 검출기를 향하는 방향은 P와 검출기를 잇는 직선에 수직인 방향이 아니다.

088 고유 시간과 시간 팽창   답 ②

알짜 풀이

ㄴ. A의 관성계에서 광원과 거울은 정지해 있으므로 광원에서 방출된 빛이 거울까지 진행한 거리는 L이다. B의 관성계에서 광원에서 방출된 빛의 진행 방향과 거울의 운동 방향은 서로 반대이므로 광원에서 방출된 빛이 거울까지 진행한 거리는 L보다 작다.

바로 알기

ㄱ. B의 관성계에서 광원에서 방출된 빛의 속력은 c이고 광원에서 거울까지의 거리는 L보다 작다. 따라서 B의 관성계에서 광원에서 방출된 빛이 거울에 도달할 때까지 걸린 시간을 t라고 하면, $t < \frac{L}{c} < \frac{L}{0.7c}$이다.

ㄷ. A의 관성계에서 광원에서 방출된 빛이 다시 거울에 도달할 때까지 걸린 시간은 고유 시간이다. 따라서 B의 관성계에서 빛의 왕복 시간은 고유 시간보다 크다.

089 동시성의 상대성   답 ②

알짜 풀이

ㄴ. B의 관성계에서 Q에서 방출된 빛이 진행하는 방향은 검출기가 운동하는 방향과 반대이므로 Q에서 방출된 빛이 검출기까지 진행한 거리는 P에서 방출된 빛이 검출기까지 진행한 거리보다 작다. 따라서 B의 관성계에서 빛은 P에서가 Q에서보다 먼저 방출된다.

바로 알기

ㄱ. A의 관성계에서 P에서 검출기를 향하는 방향은 $+y$방향이므로 B의 관성계에서 P에서 검출기까지의 거리는 길이 수축이 일어나지 않는다. 따라서 P에서 검출기까지의 거리는 A의 관성계에서와 B의 관성계에서가 같다.

ㄷ. A의 관성계에서 P와 Q에서 동시에 방출된 빛은 검출기에 동시에 도달하므로 검출기로부터 P와 Q까지의 거리는 같다. B의 관성계에서 P에서 방출된 빛이 검출기까지 진행하는 방향은 대각선 방향이므로 P에서 방출된 빛이 검출기까지 진행한 거리는 B의 관성계에서가 A의 관성계에서보다 크다. 광원에서 방출된 빛의 속력은 A의 관성계에서와 B의 관성계에서가 같으므로 P에서 방출된 빛이 검출기에 도달하는 데 걸린 시간은 A의 관성계에서가 B의 관성계에서보다 작다.

090 특수 상대성 이론   답 ①

알짜 풀이

ㄴ. 자동차에 대한 우주선의 속력은 P가 Q보다 작다. 따라서 자동차의 관성계에서 P의 시간은 Q의 시간보다 빠르게 간다.

바로 알기

ㄱ. Q의 운동 방향은 $+y$방향이므로 Q의 관성계에서 자동차의 길이는 길이 수축이 일어나지 않는다. 따라서 Q의 관성계에서 자동차의 길이는 L이다.

ㄷ. 자동차에서 방출된 빛의 속력은 P의 관성계에서와 Q의 관성계에서 모두 c로 같다.

091 특수 상대성 이론   답 ③

알짜 풀이

ㄷ. 빛의 속력은 A의 관성계에서와 B의 관성계에서가 같다.

따라서 $c = \frac{L_A}{t_A} = \frac{L_B}{t_B}$이므로 $\frac{t_A}{t_B} = \frac{L_A}{L_B}$이다.

바로 알기

ㄱ. B의 관성계에서 거울과 광원은 정지해 있고, B에 대해 A는 등속도 운동을 하므로 $L_A > L_B$이다.

ㄴ. B의 관성계에서 광원에서 빛이 방출된 순간부터 거울에 반사되어 다시 광원에 도달할 때까지 걸린 시간은 고유 시간이다. 따라서 t_B는 고유 시간이고, $t_A > t_B$이다.

092 광속 불변 원리와 특수 상대성 이론   답 ②

자료 분석

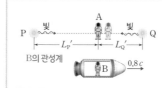

동시성의 상대성 : B의 관성계에서, P와 Q에서 동시에 방출된 빛이 A에 동시에 도달한다. P, Q에서 방출된 빛이 진행하는 동안 A는 그림과 같이 B의 운동 방향과 반대 방향으로 운동한다.

알짜 풀이

ㄴ. B의 관성계에서 P와 Q 사이의 거리는 $L_P + L_Q$보다 작고, P와 Q는 B에 대해 $0.8c$의 속력으로 등속도 운동한다. 따라서 B의 관성계에서, P가 스친 순간부터 Q가 스치는 순간까지 걸린 시간은 $\frac{L_P + L_Q}{0.8c}$보다 작다.

바로 알기

ㄱ. 광속 불변 원리에 따라 P, Q에서 방출된 빛의 속력은 A의 관성계에서와 B의 관성계에서 광속 c로 같다.

ㄷ. B의 관성계에서 P, Q에서 동시에 방출된 빛이 A에 동시에 도달하는 동안 P에서 방출되어 A까지 진행하는 빛의 진행 경로의 길이와 Q에서 방출되어 A까지 진행하는 빛의 경로의 길이는 같다. 따라서 A의 관성계에서 $L_P > L_Q$이고, A에 빛이 동시에 도달하는 현상은 A의 관성계에서도 동일하게 나타나는 현상이므로 A의 관성계에서 빛은 P에서가 Q에서보다 먼저 방출된다.

093 특수 상대성 이론   답 ⑤

알짜 풀이

ㄱ. A의 관성계에서 B가 탄 우주선은 $+x$방향으로 운동하고 있으므로 P에서 Q까지의 거리는 수축된다. 따라서 P에서 Q까지의 거리는 A의 관성계에서가 B의 관성계에서보다 작다.

ㄴ. A의 관성계에서 P의 운동 방향과 광원에서 방출된 빛이 P를 향해 진행

하는 방향은 반대 방향이고, 광원에서 방출된 빛이 R까지 진행하는 방향은 대각선 방향이다. 따라서 A의 관성계에서 광원에서 방출된 빛이 진행한 거리는 P에 도달할 때가 R에 도달할 때보다 작으므로 광원에서 방출된 빛은 R보다 P에 먼저 도달한다.

ㄷ. B의 관성계에서 광원에서 동시에 방출된 빛은 P, Q, R에 동시에 도달하므로 광원으로부터 P, Q, R까지의 거리는 같다. A의 관성계에서 우주선의 x축과 나란한 방향으로의 길이가 수축되고, 수축되는 정도는 P에서 광원까지와 광원에서 Q까지가 같다. 따라서 A의 관성계에서 P에서 광원까지의 거리는 광원에서 Q까지의 거리와 같다.

094 광속 불변 원리와 특수 상대성 이론   답 ①

알짜 풀이

ㄱ. 두 우주선의 고유 길이는 같고, A의 관성계에서 우주선의 길이는 B가 탄 우주선이 C가 탄 우주선보다 크므로 길이 수축은 C가 탄 우주선이 B가 탄 우주선보다 더 크게 일어난다. 따라서 우주선의 속력은 C가 B보다 크므로 v는 $0.6c$보다 작다.

바로 알기

ㄴ. C의 관성계에서 광원에서 방출된 빛은 P와 Q에 동시에 도달하므로 광원에서 방출된 빛이 P까지 진행한 거리는 Q까지 진행한 거리와 같다. 즉, C의 관성계에서 광원으로부터의 거리는 P와 Q가 같다. B의 관성계에서 P의 운동 방향과 광원에서 방출된 빛의 진행 방향은 같고, Q의 운동 방향과 광원에서 방출된 빛의 진행 방향은 반대 방향이다. 따라서 B의 관성계에서 광원에서 방출된 빛이 P까지 진행한 거리는 Q까지 진행한 거리보다 크므로 광원에서 방출된 빛은 P보다 Q에 먼저 도달한다.

ㄷ. 광속 불변 원리에 의해 빛의 속력은 A, B, C의 관성계에서 모두 같다.

095 고유 시간과 고유 길이   답 ③

알짜 풀이

ㄱ. A의 관성계에서 B는 $0.6c$의 속력으로 등속도 운동을 하므로 A의 관성계에서 B의 시간은 A의 시간보다 느리게 간다.

ㄴ. A의 관성계에서 P가 A를 지난 순간부터 Q를 지날 때까지 걸린 고유 시간은 t_0이다. 따라서 B의 관성계에서 A가 P를 지난 순간부터 Q를 지날 때까지 걸린 시간은 t_0보다 크다.

바로 알기

ㄷ. B의 관성계에서 A의 속력은 $0.6c$이고, A가 P를 지난 순간부터 Q를 지날 때까지 걸린 시간은 t_0보다 크다. 따라서 B의 관성계에서 P와 Q 사이의 거리는 $0.6ct_0$보다 크다.

096 특수 상대성 이론   답 ⑤

알짜 풀이

ㄴ. 고유 길이는 B가 탄 우주선과 C가 탄 우주선이 같고, A의 관성계에서 우주선의 속력은 B가 탄 우주선이 C가 탄 우주선보다 크므로 길이 수축의 정도는 B가 탄 우주선이 C가 탄 우주선보다 크다. 따라서 A의 관성계에서 우주선의 길이는 B가 탄 우주선이 C가 탄 우주선보다 작다.

ㄷ. B가 탄 우주선의 광원에서 방출된 빛의 속력은 A의 관성계에서와 B의 관성계에서가 같다. A의 관성계에서 B가 탄 우주선에서 빛이 1회 왕복하는 데 걸린 시간은 t_0보다 크다. 따라서 B가 탄 우주선의 광원에서 방출된 빛이 1회 왕복하는 동안 빛이 진행한 거리는 A의 관성계에서가 B의 관성계에서보다 크다.

바로 알기

ㄱ. A의 관성계에서 B의 시간은 C의 시간보다 느리게 가므로 $v_1 > v_2$이다.

07 질량과 에너지   043~045쪽

대표 기출 문제	097 ②	098 ③		
적중 예상 문제	099 ③	100 ⑤	101 ①	102 ①	103 ③
	104 ④	105 ③	106 ⑤	

097 핵반응   답 ②

알짜 풀이

ㄴ. ⓒ의 질량수와 전하량을 각각 c, d라고 하면 $3+a=4+c$에서 $c=1$이고 $1+b=2+d$에서 $d=0$이다. 따라서 ⓒ은 중성자($_0^1 \text{n}$)이다.

바로 알기

ㄱ. ⓐ의 질량수와 전하량을 각각 a, b라고 하면 $2a=3+1=4$에서 $a=2$이고, $2b=2$에서 $b=1$이다. 따라서 ⓐ은 $_1^2 \text{H}$이다.

ㄷ. (가)에서 에너지가 발생했으므로 입자들의 질량의 총합은 반응 전이 반응 후보다 크다. (가)에서 반응 전 입자들의 질량의 합은 $2M_1$이고, 반응 후 입자들의 질량의 합은 $M_2 + M_3$이므로 $2M_1 > M_2 + M_3$이다.

098 질량 결손   답 ③

알짜 풀이

ㄱ. 핵반응 과정에서 질량수는 보존되므로 $235+1=141+$ⓐ$+3$에서 ⓐ은 92이다.

ㄴ. 핵반응 과정에서 발생하는 에너지는 질량 결손에 의한 것이다.

바로 알기

ㄷ. 상대론적 질량은 관측자가 측정한 물체의 속력이 클수록 크다. 중성자의 속력은 A가 B보다 작으므로 상대론적 질량은 A가 B보다 작다.

099 상대론적 질량   답 ③

알짜 풀이

ㄱ. 관성계에 대해 정지해 있는 물체의 질량을 정지 질량이라 하고, 운동하는 물체의 질량을 상대론적 질량이라고 한다. 속력이 클수록 질량이 크므로 P는 상대론적 질량이 정지 질량보다 크다. 질량이 클수록 에너지가 크므로 P는 상대론적 에너지가 정지 에너지보다 크다.

ㄴ. 정지 질량은 P와 Q가 같으므로 정지 에너지는 P와 Q가 같다. A의 관성계에서 속력은 P가 Q보다 작으므로 상대론적 에너지는 P가 Q보다 작다.

바로 알기

ㄷ. 속력이 클수록 시간은 느리게 가므로 A의 관성계에서 P의 시간은 Q의 시간보다 빠르게 간다.

100 핵반응   답 ⑤

알짜 풀이

ㄱ. 중수소($_1^2 \text{H}$)와 삼중수소($_1^3 \text{H}$)의 질량수는 헬륨($_2^4 \text{He}$)의 질량수보다 작다. 즉, 질량수가 작은 원자핵이 반응하여 질량수가 큰 원자핵이 생성되므로 핵융합 반응이다.

ㄴ. A의 질량수와 전하량을 각각 a, b라고 하면, $2+3=a+4$에서 $a=1$이고 $1+1=b+2$에서 $b=0$이다. 따라서 A는 중성자($_0^1 \text{n}$)이다.

ㄷ. 핵반응 과정에서 에너지가 발생하였으므로 핵반응 전 입자들의 질량의 합이 핵반응 후 입자들의 질량의 합보다 크다. 따라서 중수소($_1^2 \text{H}$)와 삼중수소($_1^3 \text{H}$)의 질량의 합은 헬륨($_2^4 \text{He}$)의 질량보다 크다.

101 핵반응 답 ①

알짜 풀이

ㄱ. ㉠의 질량수와 전하량을 각각 a, b라고 하면, $15+1=12+a$에서 $a=4$이고 $7+1=6+b$에서 $b=2$이다. 따라서 ㉠은 헬륨($_2^4\text{He}$) 원자핵이고, ㉠의 전하량은 2이다.

바로 알기

ㄴ. ㉡의 질량수와 전하량을 각각 c, d라고 하면, $13+c=14$에서 $c=1$이고 $6+d=7$에서 $d=1$이다. 따라서 ㉡은 수소($_1^1\text{H}$) 원자핵이다.

ㄷ. 핵반응 과정에서 발생한 에너지는 (가)에서가 (나)에서보다 작으므로 핵반응에서 결손된 질량은 (가)에서가 (나)에서보다 작다.

102 핵반응과 질량 결손 답 ①

자료 분석

> (가), (나)의 핵반응식을 완성하면 다음과 같다.
> (가) $_1^2\text{H}+_1^3\text{H} \longrightarrow _2^4\text{He}+_0^1\text{n}+E_1$
> (나) $_1^2\text{H}+_1^2\text{H} \longrightarrow _1^1\text{H}+_1^3\text{H}+E_2$

알짜 풀이

ㄱ. X의 질량수는 $5-4=1$이고 전하량은 $1+1-2=0$이다. 따라서 X는 중성자($_0^1\text{n}$)이다.

바로 알기

ㄴ. Y의 질량수는 $2+2-1=3$이고 전하량은 $1+1-1=1$이다. 따라서 Y는 삼중수소($_1^3\text{H}$) 원자핵이다. 그러므로 질량수는 X가 Y보다 작다.

ㄷ. 핵반응 과정에서 발생하는 에너지는 질량 결손에 의한 것이다. (가)의 핵반응 과정에서 감소한 질량은 $2.014\,\text{u}+3.016\,\text{u}-4.003\,\text{u}-1.009\,\text{u}=0.018\,\text{u}$이고, (나)의 핵반응 과정에서 감소한 질량은 $2.014\,\text{u}+2.014\,\text{u}-1.007\,\text{u}-3.016\,\text{u}=0.005\,\text{u}$이다. 핵반응 과정에서 질량 결손은 (가)에서가 (나)에서보다 크므로 $E_1>E_2$이다.

103 핵반응 답 ③

알짜 풀이

ㄱ. A의 질량수와 전하량을 각각 a, b라고 하면, $238+1=a+0$에서 $a=239$이고, $92+0=b-1$에서 $b=93$이다. 따라서 A의 중성자수는 $a-b=239-93=146$이다.

ㄴ. 동위 원소는 양성자수는 동일하고 중성자수가 다른 원소이다. 따라서 $_{92}^{238}\text{U}$은 $_{92}^{239}\text{U}$의 동위 원소이다.

바로 알기

ㄷ. B의 질량수는 $239-239=0$이고, 전하량은 $93-94=-1$이다. 따라서 B는 전자($_{-1}^0\text{e}$)이다.

104 핵반응과 질량 결손 답 ④

알짜 풀이

ㄱ. 핵반응 과정에서 질량수와 전하량은 보존되므로 X의 질량수는 3이고 전하량은 2이다. 따라서 X는 헬륨($_2^3\text{He}$) 원자핵이다. 핵반응 전 각각의 원자핵의 질량수는 핵반응 후 생성된 X의 질량수보다 작으므로 (가)는 핵융합 반응이다.

ㄷ. (나)의 핵반응 과정에서 발생한 에너지는 질량 결손에 의한 것이다.

바로 알기

ㄴ. X의 중성자수는 $3-2=1$이다. Y의 질량수와 전하량을 각각 a, b라고 하면, $3+3=a+1+1$에서 $a=4$이고, $2+2=b+1+1$에서 $b=2$이다. 따라서 Y는 헬륨($_2^4\text{He}$) 원자핵이고, Y의 중성자수는 $4-2=2$이다. 그러므로 중성자수는 X가 Y보다 작다.

105 핵융합과 핵분열 답 ③

알짜 풀이

ㄱ. (가)는 질량수가 작은 원자핵이 반응하여 질량수가 큰 원자핵이 생성되므로 핵융합 반응이고, (나)는 질량수가 큰 원자핵이 반응하여 질량수가 작은 원자핵이 생성되므로 핵분열 반응이다.

ㄴ. ㉠의 질량수와 전하량을 각각 a, b라고 하면, $235+1=141+92+3a$에서 $a=1$이고, $92+0=56+36+3b$에서 $b=0$이다. 따라서 ㉠은 중성자($_0^1\text{n}$)이다. 중성자의 질량수는 1이고 중성자수는 1이다. 따라서 ㉠은 질량수와 중성자수가 같다.

바로 알기

ㄷ. (나)에서 발생한 에너지는 질량 결손에 의한 것이다. 따라서 (나)에서 입자들의 질량의 합은 반응 전이 반응 후보다 크다.

106 핵반응과 질량 결손 답 ⑤

알짜 풀이

ㄴ. Y의 질량수는 $226-222=4$이고, 전하량은 $88-86=2$이다. 따라서 Y는 헬륨($_2^4\text{He}$) 원자핵이고, 중성자수는 $4-2=2$이다.

ㄷ. (가)에서 질량 결손은 $M_2+M_2-M_3$이고 (나)에서 질량 결손은 $M_4-M_5-M_3$이다. 핵반응 과정에서 발생한 에너지는 (가)에서가 (나)에서보다 크므로 $M_2+M_2-M_3>M_4-M_5-M_3$이다. 이를 정리하면, $2M_2+M_5>M_4$이다.

바로 알기

ㄱ. X의 질량수는 $4-2=2$이고 전하량은 $2-1=1$이다. 따라서 X는 중수소($_1^2\text{H}$) 원자핵이다.

107 등가속도 직선 운동 답 ④

자료 분석

(가) → (나) 과정에서 A, B의 속도 변화량 크기를 Δv라 할 때, r에서 A, B의 속력은 각각 $v_A=v+\Delta v$ ⋯(i), $v_B=\Delta v-v$ ⋯(ii)이고 r에서 A의 속력이 B의 속력의 5배이므로 $\dfrac{v_A}{v_B}=5$ ⋯(iii)이다.

알짜 풀이

위의 식 (i), (ii), (iii)을 연립하면 $v_A = \frac{5}{2}v$, $v_B = \frac{1}{2}v$이다. (가) → (나) 과정에서

A, B의 평균 속도의 크기가 각각 $\overline{v_A} = \frac{v + \frac{5}{2}v}{2} = \frac{7}{4}v$, $\overline{v_B} = \frac{v - \frac{1}{2}v}{2} = \frac{1}{4}v$이

므로 A의 변위의 크기인 p와 r 사이의 거리는 B의 변위의 크기인 q와 r 사

이의 거리의 7배이다. 따라서 p와 r 사이의 거리는 $x = \frac{7}{8}L$이다.

108 등가속도 직선 운동 답 ⑤

자료 분석

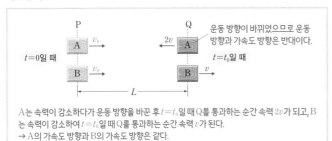

A는 속력이 감소하다가 운동 방향을 바꾼 후 $t = t_0$일 때 Q를 통과하는 순간 속력 $2v$가 되고, B
는 속력이 감소하여 $t = t_0$일 때 Q를 통과하는 순간 속력 v가 된다.
→ A의 가속도 방향과 B의 가속도 방향은 같다.

알짜 풀이

ㄱ. P에서 A, B의 속력을 v_0이라 할 때 $t = 0$부터 $t = t_0$까지 A, B의 속도
변화량의 크기는 각각 $v_0 + 2v$, $v_0 - v$이고, 가속도의 크기가 A가 B의
2배이므로 $v_0 + 2v = 2(v_0 - v)$에서 $v_0 = 4v$이다.

ㄴ. B의 가속도의 크기는 $a_B = \frac{(4v)^2 - v^2}{2L} = \frac{15v^2}{2L}$이다.

ㄷ. $t = 0$부터 $t = t_0$까지 A가 P에서 Q 방향으로 이동한 거리는 Q에서 P 방
향으로 이동한 거리의 4배이다. 따라서 A는 처음 운동 방향으로 $\frac{4}{3}L$, 처
음 운동 방향과 반대 방향으로 $\frac{1}{3}L$만큼 이동하므로 $t = 0$에서 $t = t_0$까지
A의 이동 거리는 $\frac{5}{3}L$이다.

109 등가속도 직선 운동 답 ④

자료 분석

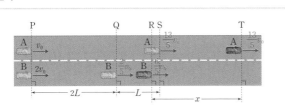

- A가 P에서 S까지 운동한 거리가 B가 P에서 Q까지 운동한 거리보다 크므로 A는 속력이 증
가하는 등가속도 운동, B는 속력이 감소하는 등가속도 운동을 한다. A가 P에서 S까지 운동
하는 데 걸린 시간을 Δt, A, B의 가속도 크기를 a, A가 S를 지날 때 속력을 v_A, B가 Q를 지
날 때 속력을 v_B라 할 때, 다음 관계가 성립한다.
[A] $a = \frac{v_A - v_0}{\Delta t}$ … (i), $6aL = v_A^2 - v_0^2$ … (ii), [B] $a = \frac{2v_0 - v_B}{\Delta t}$ … (iii), $4aL = 4v_0^2 - v_B^2$ … (iv)
(i)~(iv)에 의해 $v_A = \frac{13}{5}v_0$, $v_B = \frac{2}{5}v_0$이다.
- Q를 지난 후 B의 가속도 방향이 반대로 바뀌므로 B의 속력이 증가하고, A(B)가 P에서 S(Q)
까지 운동하는 데 걸린 시간이 A(B)가 S(Q)에서 T(R)까지 운동하는 데 걸린 시간의 2배이
므로 B가 R를 지나는 순간의 속력은 $\frac{6}{5}v_0$이다.

알짜 풀이

A가 P에서 S까지 운동하는 동안 A의 평균 속도의 크기 $\overline{v_A} = \frac{v_0 + \frac{13}{5}v_0}{2} = \frac{9}{5}v_0$

이고 S에서 T까지 $\frac{13}{5}v_0$의 속력으로 등속도 운동하므로 S에서 T까지의 거

리는 $\frac{13}{6}L$이다. 또한 B가 P에서 Q까지 운동하는 동안 B의 평균 속도의

크기 $\overline{v_B} = \frac{2v_0 + \frac{2}{5}v_0}{2} = \frac{6}{5}v_0$, Q에서 R까지 운동하는 동안 B의 평균 속도의

크기 $\overline{v_B}' = \frac{\frac{2}{5}v_0 + \frac{6}{5}v_0}{2} = \frac{4}{5}v_0$이므로 Q에서 R까지의 거리는 $\frac{2}{3}L$이다. 따라서

$x = \frac{1}{3}L + \frac{13}{6}L = \frac{5}{2}L$이다.

110 뉴턴 운동 법칙 답 ②

자료 분석

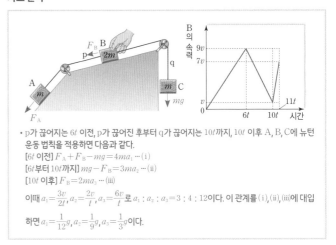

- p가 끊어지는 $6t$ 이전, p가 끊어진 후부터 q가 끊어지는 $10t$까지, $10t$ 이후 A, B, C에 뉴턴
운동 법칙을 적용하면 다음과 같다.
[$6t$ 이전] $F_A + F_B - mg = 4ma_1$ … (i)
[$6t$부터 $10t$까지] $mg - F_B = 3ma_2$ … (ii)
[$10t$ 이후] $F_B = 2ma_3$ … (iii)
이때 $a_1 = \frac{3v}{2t}$, $a_2 = \frac{2v}{t}$, $a_3 = \frac{6v}{t}$로 $a_1 : a_2 : a_3 = 3 : 4 : 12$이다. 이 관계를 (i), (ii), (iii)에 대입
하면 $a_1 = \frac{1}{12}g$, $a_2 = \frac{1}{9}g$, $a_3 = \frac{1}{3}g$이다.

알짜 풀이

ㄴ. $8t$일 때, B의 가속도의 크기는 $a_2 = \frac{1}{9}g$이다.

바로 알기

ㄱ. p가 끊어지는 $6t$ 이전까지 증가하던 B의 속력이 $6t$ 이후에 감소하였으므
로 B는 $6t$ 이전까지 빗면 아래 방향으로 운동하다가 $6t$ 이후 속력이 느려
진다. 따라서 $3t$일 때, C의 운동 방향은 연직 위 방향이다.

ㄷ. q가 B를 당기는 힘의 크기는 q가 C를 당기는 힘의 크기와 같다. $3t$일 때
와 $8t$일 때 q가 C를(B를) 당기는 힘의 크기를 각각 T_q, T_q'라 할 때, C
의 운동 방정식은 다음과 같다.

[$3t$일 때] $T_q - mg = ma_1 = \frac{1}{12}mg$ … (iv)

[$8t$일 때] $mg - T_q' = ma_2 = \frac{1}{9}mg$ … (v)

(iv), (v)에 의해 $T_q - T_q' = \frac{7}{36}mg$이다. 따라서 q가 B를 당기는 힘의 크

기는 $3t$일 때가 $8t$일 때보다 $\frac{7}{36}mg$만큼 크다.

111 뉴턴 운동 법칙 답 ②

자료 분석

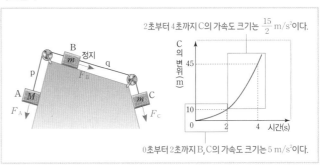

정답 및 해설 23

알짜 풀이

ㄷ. p를 끊기 전 q가 B를 당기는 힘의 크기는 중력에 의해 C에 빗면 아래 방향으로 작용하는 힘 F_C와 같으므로 $T_q = F_C = ma_C = \frac{15}{2}m$이다. 1초일 때 q가 B를 당기는 힘의 크기를 $T_q{}'$라 할 때, C에는 중력에 의해 빗면 아래 방향으로 작용하는 힘 F_C와 $T_q{}'$의 합력이 알짜힘으로 작용하고, 1초일 때 C의 가속도의 크기가 5 m/s²이므로 $F_C - T_q{}' = \frac{15}{2}m - T_q{}' = 5m$이 되어 $T_q{}' = \frac{5}{2}m$이다.

따라서 q가 B를 당기는 힘의 크기는 p를 끊기 전 $T_q = \frac{15}{2}m$이 1초일 때의 $T_q{}' = \frac{5}{2}m$의 3배이다.

바로 알기

ㄱ. A, B, C에 작용하는 중력에 의해 A, B, C에 빗면 아래 방향으로 작용하는 힘을 각각 F_A, F_B, F_C라 할 때 실이 끊어지기 전 A, B, C가 정지해 있으므로 $F_A = F_B + F_C \cdots$ (ⅰ)이다.

(나)에서 p가 끊어진 후 2초까지 B, C의 가속도의 크기는 5 m/s²이고, 1초일 때 A와 B의 가속도의 크기가 같으므로 p가 끊어진 후 A의 가속도의 크기는 5 m/s²이다. 따라서 0초부터 2초까지의 A, B, C의 운동 방정식은 다음과 같다.

[A] $F_A = 5M \cdots$ (ⅱ)
[B와 C] $F_B + F_C = 5(m + m) \cdots$ (ⅲ)
(ⅰ), (ⅱ), (ⅲ)에 의해 $M = 2m$이다.

ㄴ. 0초부터 2초까지 C의 가속도의 크기는 5 m/s²이고, 2초일 때 C의 속력은 10 m/s이다. 또한 4초일 때 C의 속력을 v_C라 하면, 2초부터 4초까지 C의 변위의 크기가 35 m이므로 2초부터 4초까지 C의 평균 속도의 크기는 $\overline{v_C} = \frac{10 + v_C}{2} = \frac{35}{2}$ (m/s)가 되어 $v_C = 25$ m/s이다. 따라서 3초일 때, C의 가속도의 크기는 $a_C = \frac{25 - 10}{2} = \frac{15}{2}$ (m/s²)이다.

---

112 뉴턴 운동 법칙　　답 ④

자료 분석

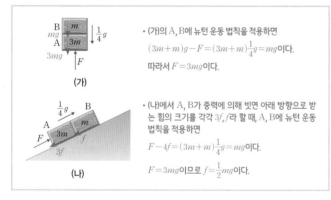

· (가)의 A, B에 뉴턴 운동 법칙을 적용하면 $(3m + m)g - F = (3m + m)\frac{1}{4}g = mg$이다.
따라서 $F = 3mg$이다.

· (나)에서 A, B가 중력에 의해 빗면 아래 방향으로 받는 힘의 크기를 각각 $3f$, f라 할 때, A, B에 뉴턴 운동 법칙을 적용하면
$F - 4f = (3m + m)\frac{1}{4}g = mg$이다.
$F = 3mg$이므로 $f = \frac{1}{2}mg$이다.

알짜 풀이

(가)에서 B에 뉴턴 운동 법칙을 적용하면 $mg - F_{(가)} = \frac{1}{4}mg$이므로

$F_{(가)} = \frac{3}{4}mg$이다. 또한 (나)에서 B에 뉴턴 운동 법칙을 적용하면

$F_{(나)} - \frac{1}{2}mg = \frac{1}{4}mg$이므로 $F_{(나)} = \frac{3}{4}mg$이다.

따라서 $\frac{F_{(가)}}{F_{(나)}} = 1$이다.

---

113 운동량 보존 법칙과 운동 에너지　　답 ⑤

자료 분석

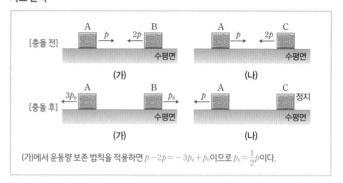

(가)에서 운동량 보존 법칙을 적용하면 $p - 2p = -3p_0 + p_0$이므로 $p_0 = \frac{1}{2}p$이다.

알짜 풀이

ㄱ. (가)에서 충돌 후 A의 운동량 크기는 $3p_0 = \frac{3}{2}p$이므로 충돌 전의 $\frac{3}{2}$배가 되고, 물체의 운동량 크기는 속력에 비례하므로 (가)에서 A의 속력은 충돌 후가 충돌 전의 $\frac{3}{2}$배이다.

ㄴ. (가)에서 충돌 후 B의 운동량은 충돌 전과 반대 방향으로 크기가 $p_0 = \frac{1}{2}p$이므로 충돌 과정에서 B가 A로부터 받은 충격량의 크기는 $I_B = \Delta p_B = \frac{5}{2}p$이다. 또한 (나)에서 C는 A와 충돌 후 정지하였으므로 충돌 과정에서 C가 A로부터 받은 충격량의 크기는 $I_C = \Delta p_C = 2p$이다. 따라서 A로부터 받은 충격량의 크기는 B가 C의 $\frac{5}{4}$배이다.

ㄷ. (가)에서 충돌 후 A의 운동량 크기는 $3p_0 = \frac{3}{2}p$이다. 또한 (나)에서 A는 충돌 과정에서 C와 같은 크기의 충격량 $I_A = I_C = 2p$를 받았으므로 충돌 후 A의 운동량은 $p_A{}' = p - I_A = p - 2p = -p$이다. 물체의 운동 에너지는 $E_k = \frac{1}{2}mv^2 = \frac{p^2}{2m}$이므로 충돌 후 A의 운동 에너지는 (가)에서가 (나)에서의 $\frac{9}{4}$배이다.

---

114 운동량 보존 법칙　　답 ③

자료 분석

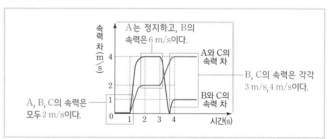

알짜 풀이

0초부터 1초까지 A와 C의 속력 차, B와 C의 속력 차가 0이므로 실이 끊어지기 전 A, B, C의 속력은 모두 2 m/s이다. 1초일 때 실이 끊어진 후 2초까지 A는 속력이 감소하고 B는 속력이 증가하므로 2초부터 3초까지 A, B의 속력을 각각 v_A, v_B라 할 때, 이 동안 A와 C의 속력 차는 2 m/s = 2 m/s $- v_A$, B와 C의 속력 차는 4 m/s = $v_B - 2$ m/s가 되어 $v_A = 0$, $v_B = 6$ m/s이다. 운동량 보존 법칙에 의해 실이 끊어져 용수철로부터 분리되기 전과 후 A, B의 운동량의 합이 보존되므로 $2(m + m_B) = 6m_B$에 의해 $m_B = \frac{1}{2}m$이다. 3초 이전 6 m/s의 속력으로 운동하던 B가 2 m/s의 속력으로 운동하던 C를 따라잡아 B와 C가 충돌한 후 A와 C의 속력 차가 4 m/s가 되었으

므로, 충돌 후 C의 속력은 4 m/s이다. 또한 이때 B와 C의 속력 차가 1 m/s가 되었으므로 충돌 후 B, C의 속력은 각각 3 m/s, 4 m/s이며, 운동량 보존 법칙에 의해 B와 C가 충돌하기 전과 후 B와 C의 운동량 합이 보존되므로 $6m_B + 2m_C = 3m_B + 4m_C$가 성립한다. 따라서 $3m_B = 2m_C$이므로 $m_C = \frac{3}{2}m_B = \frac{3}{2}\left(\frac{1}{2}m\right) = \frac{3}{4}m$이다.

115 운동량과 충격량
답 ③

자료 분석

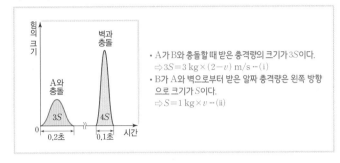

- A가 B와 충돌할 때 받은 충격량의 크기가 $3S$이다.
  ⇨ $3S = 3 \text{ kg} \times (2-v) \text{ m/s} \cdots$ (i)
- B가 A와 벽으로부터 받은 알짜 충격량은 왼쪽 방향으로 크기가 S이다.
  ⇨ $S = 1 \text{ kg} \times v \cdots$ (ii)

알짜 풀이

ㄱ. (i), (ii)에 의해 A와 B가 충돌할 때, A가 받은 충격량의 크기는 $3S = 3 \text{ N}\cdot\text{s}$이다.

ㄴ. (i), (ii)에 의해 $v = 1 \text{ m/s}$이다.

바로 알기

ㄷ. B가 벽과 충돌할 때 받은 평균 힘의 크기는 $F_{벽} = \dfrac{4 \text{ N}\cdot\text{s}}{0.1 \text{ s}} = 40 \text{ N}$, B가 A와 충돌할 때 받은 평균 힘의 크기는 $F_{AB} = \dfrac{3 \text{ N}\cdot\text{s}}{0.2 \text{ s}} = 15 \text{ N}$이다. 따라서 B가 벽과 충돌할 때 받은 평균 힘의 크기와 A와 충돌할 때 받은 평균 힘의 크기 차는 $40 \text{ N} - 15 \text{ N} = 25 \text{ N}$이다.

116 운동량 보존 법칙
답 ⑤

자료 분석

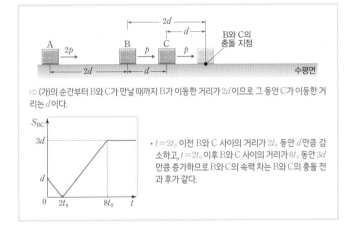

⇨ (가)의 순간부터 B와 C가 만날 때까지 B가 이동한 거리가 $2d$이므로 그 동안 C가 이동한 거리는 d이다.

- $t = 2t_0$ 이전 B와 C 사이의 거리가 $2t_0$ 동안 d만큼 감소하고, $t = 2t_0$ 이후 B와 C 사이의 거리가 $6t_0$ 동안 $3d$만큼 증가하므로 B와 C의 속력 차는 B와 C의 충돌 전과 후가 같다.

알짜 풀이

ㄱ. $t = 0$부터 $t = 2t_0$까지 같은 시간 동안 이동한 거리는 B가 C의 2배이므로 $t = t_0$일 때 속력은 B가 C의 2배이다.

ㄴ. B와 C의 속력 차는 B와 C의 충돌 전과 후가 같다. 충돌 전 B와 C의 운동량의 크기가 p로 같으므로 B, C의 질량을 각각 m, $2m$, 충돌 전 B, C의 속력을 각각 $2v$, v, 충돌 후 B의 속력을 v_B라 할 때, 충돌 후 C의 속력은 $v_B + v$이다. 따라서 B와 C의 충돌 전과 후 운동량 보존 법칙을 적용하면 $m(2v) + 2mv = mv_B + 2m(v_B + v)$이므로 $v_B = \frac{2}{3}v$이다. 따라서

$t = 0$부터 $t = 8t_0$까지 B가 이동한 거리는 C와 충돌하기 전 $2d$와 C와 충돌한 후 $2d$의 합인 $4d$이다. 따라서 A가 이동한 거리는 $6d$이다.

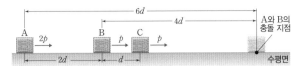

A의 속력을 v_A라 할 때, A의 이동 거리는 $6d = v_A(8t_0)$이고 $v_A = \frac{3}{2}v$이므로 A의 질량은 $m_A = \dfrac{2p}{\frac{3}{2}v} = \dfrac{8}{3}m$이다. 따라서 질량은 A가 C의 $\frac{4}{3}$배이다.

ㄷ. C와 충돌 전 속력이 $2v$인 B는 C와 충돌 후 속력이 $\frac{2}{3}v$로 감소하였다가, A와 충돌 후 속력이 $\frac{5}{3}v$로 증가하였다. 따라서 운동량의 크기가 p인 B는 C와 충돌 후 운동량의 크기가 $\frac{1}{3}p$가 되고, A와 충돌 후 $\frac{5}{6}p$가 되었으므로 A와 B가 충돌하는 동안, B가 A로부터 받은 충격량의 크기는 $\frac{1}{2}p$이다.

117 역학적 에너지 보존
답 ②

알짜 풀이

A, B의 질량을 각각 $2m$, m이라 하고 B와 충돌하기 전 A의 속력을 v라 할 때, 용수철에 저장된 탄성 퍼텐셜 에너지가 B와 충돌하기 전 A의 운동 에너지와 같으므로 $\frac{1}{2}kd^2 = \frac{1}{2}(2m)v^2 \cdots$ (i)이다.

A와 B가 충돌하기 전과 후 A, B의 운동량 합은 보존되므로 충돌 후 A, B의 속력을 각각 v_A, v_B라 하면 $2mv = 2mv_A + mv_B \cdots$ (ii)이고,

A와 B가 충돌하는 동안 A의 역학적 에너지 감소량이 B의 역학적 에너지 증가량의 $\frac{3}{2}$배이므로 $\frac{1}{2}(2m)[v^2 - v_A^2] = \frac{3}{2} \times \frac{1}{2}mv_B^2 \cdots$ (iii)이다.

(ii), (iii)에 의해 $v_A = \frac{1}{2}v$, $v_B = v$이다.

중력 가속도를 g, 충돌 후 B가 마찰 구간을 지나는 동안 B의 역학적 에너지 감소량을 E라 할 때, 다음 식이 성립한다.

[A] $\frac{1}{2}(2m)\left(\frac{1}{2}v\right)^2 = (2m)g(2h) \cdots$ (iv), [B] $\frac{1}{2}mv^2 - E = mg(7h) \cdots$ (v)

(iv), (v)에 의해 $E = mgh = \frac{1}{16}mv^2 \cdots$ (vi)이다.

따라서 (i), (vi)에 의해 $E = \frac{1}{16}mv^2 = \frac{1}{32}kd^2$이다.

118 역학적 에너지 보존
답 ③

자료 분석

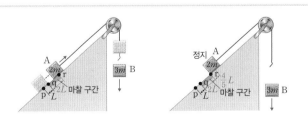

- A가 p에서 q까지 운동하는 데 걸린 시간과 q에서 r까지 운동하는 데 걸린 시간이 같으므로 p와 q 사이의 거리는 L, q와 r 사이의 거리는 $2L$이고, A가 r에서 최고점까지 운동한 거리는 $\frac{4}{3}L$이다.
- 중력 가속도를 g라 할 때, A가 q에서 r까지 운동하는 동안 마찰에 의해 손실된 역학적 에너지는 B의 중력 퍼텐셜 에너지 에너지 감소량 $|-\Delta U_B| = 3mg(2L) = 6mgL$의 $\frac{2}{3}$배이므로 $4mgL$이다. 따라서 q에서 r까지의 마찰 구간에서 A에 작용하는 마찰력의 크기는 $2mg$이고, 중력에 의해 A에 빗면 아래 방향으로 작용하는 힘의 크기는 mg이다.

I

알짜 풀이

마찰 구간을 지나기 전 A, B의 가속도 크기는 $a_1 = \dfrac{3mg-mg}{(2m+3m)} = \dfrac{2}{5}g$이고,

실이 끊어진 다음 마찰 구간을 지난 후 A, B의 가속도 크기는 각각 $\dfrac{1}{2}g$, g이다. A가 p에서 q까지 운동하는 데 걸린 시간과 q에서 r까지 운동하는 데 걸린 시간이 같고, r에서 최고점까지 운동하는 데 걸린 시간은 A가 p에서 q까지 운동하는 데 걸린 시간의 $\dfrac{4}{5}$배이다. 따라서 A가 p에서 q까지 운동하는 데 걸리는 시간을 t라 할 때, 이 동안 B의 속력은 0에서 $\dfrac{2}{5}gt$로 증가하고, A가 r에서 최고점까지 운동하는 데 걸리는 시간을 $\dfrac{4}{5}t$라 할 때, 이 동안 B의 속력은 $\dfrac{2}{5}gt$에서 $\dfrac{6}{5}gt$로 증가한다. 따라서 A가 p에서 q까지 운동하는 동안 B의 운동 에너지 증가량은 $E_1 = \dfrac{1}{2}(3m)\left(\dfrac{2}{5}gt\right)^2 = \dfrac{6}{25}mg^2t^2$이고, A가 r에서 최고점까지 운동하는 동안 B의 운동 에너지 증가량은

$E_2 = \dfrac{1}{2}(3m)\left[\left(\dfrac{6}{5}gt\right)^2 - \left(\dfrac{2}{5}gt\right)^2\right] = \dfrac{48}{25}mg^2t^2$이므로 $\dfrac{E_1}{E_2} = \dfrac{1}{8}$이다.

119 역학적 에너지 보존　　답 ⑤

자료 분석

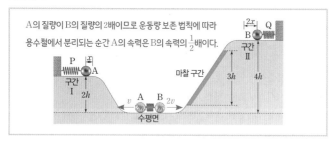

A의 질량이 B의 질량의 2배이므로 운동량 보존 법칙에 따라 용수철에서 분리되는 순간 A의 속력은 B의 속력의 $\dfrac{1}{2}$배이다.

알짜 풀이

P, Q의 용수철 상수를 k, 중력 가속도를 g라 할 때, 수평면에서부터 구간 Ⅰ에서 멈출 때까지 A의 역학적 에너지는 보존되므로

$\dfrac{1}{2}(2m)v^2 = 2mg(2h) + \dfrac{1}{2}kx^2 \cdots$ (i)이 성립한다. 또한 B의 역학적 에너지는 마찰 구간을 지난 후가 마찰 구간에 도달하기 전의 $\dfrac{3}{4}$배이고, 마찰 구간에서 감소한 역학적 에너지가 E_1이므로 마찰 구간에 도달하기 전 역학적 에너지는 $4E_1$이다. 따라서 B가 수평면에서부터 구간 Ⅱ에서 정지할 때까지 $4E_1 = \dfrac{1}{2}m(2v)^2 = mg(4h) + \dfrac{1}{2}k(2x)^2 + E_1 \cdots$ (ii)이 성립한다. (i), (ii)를 연립하면 $E_1 = \dfrac{12}{5}mgh$이고, 마찰 구간을 지나는 동안 B의 중력 퍼텐셜 에너지 증가량은 $E_2 = 3mgh$이므로 $\dfrac{E_1}{E_2} = \dfrac{\frac{12}{5}mgh}{3mgh} = \dfrac{4}{5}$이다.

120 역학적 에너지 보존　　답 ②

자료 분석

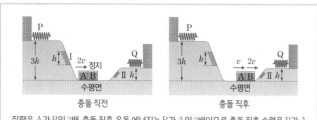

질량은 A가 B의 2배, 충돌 직후 운동 에너지는 B가 A의 2배이므로 충돌 직후 속력은 B가 A의 2배이다. 따라서 충돌 직후 A, B의 속력은 각각 v, $2v$이고, B와 충돌 전 A의 속력은 $2v$이다.

알짜 풀이

A, B의 질량을 각각 $2m$, m이라 할 때, A가 높이차가 h인 Ⅰ을 등속도 운동하므로 Ⅰ에서 A의 역학적 에너지 감소량은 $2mgh$이다. P를 $2A$만큼 압축한 순간부터 수평면에 도달하여 B와 충돌하기 전까지 A의 역학적 에너지 관계는 다음과 같다.

$\dfrac{1}{2}k(2A)^2 + 2mg(3h) - 2mgh = \dfrac{1}{2}(2m)(2v)^2 \cdots$ (i)

또한 B가 Ⅱ를 지나는 동안 B의 역학적 에너지 감소량은 A가 Ⅰ을 지나는 동안 A의 역학적 에너지 감소량과 같은 $2mgh$이므로 수평면에서부터 Q를 A만큼 압축할 때까지 B의 역학적 에너지 관계는 다음과 같다.

$\dfrac{1}{2}m(2v)^2 - 2mgh = mgh + \dfrac{1}{2}kA^2 \cdots$ (ii)

(i), (ii)에 의해 $h = \dfrac{v^2}{2g}$이다.

121 열역학 제1법칙과 열효율　　답 ②

자료 분석

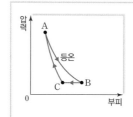

- A → B 과정은 온도가 일정한 과정으로 기체가 흡수한 열량과 기체가 외부에 한 일이 같다.
- C → A 과정에서 기체가 흡수 또는 방출하는 열량이 0이므로 C → A 과정은 단열 과정이다. 단열 과정에서 기체가 외부로부터 받은 일은 기체의 내부 에너지 증가량과 같다.

알짜 풀이

ㄷ. 열기관 내부의 기체가 A → B → C → A의 순환 과정 동안 외부로부터 흡수한 열량을 $Q_{흡수}$, 외부로 방출한 열량을 $Q_{방출}$이라 할 때, 열기관의 열효율은 $e = \dfrac{Q_{흡수} - Q_{방출}}{Q_{흡수}}$이다. 기체가 A → B 과정에서 흡수한 열량이 150 J, B → C 과정에서 방출한 열량이 ㉠이므로 열기관의 열효율은 $0.3 = \dfrac{(150-㉠)\ \text{J}}{150\ \text{J}}$이고, ㉠은 105(J)이다.

바로 알기

ㄱ. A → B 과정은 등온 과정으로 열역학 제1법칙 $Q = \Delta U + W$에서 기체의 내부 에너지 변화량은 $\Delta U = 0$이다. 따라서 A → B 과정에서 기체가 외부에 한 일은 기체가 외부로부터 흡수한 열량과 같은 150 J이다.

ㄴ. B → C 과정에서 기체의 압력이 일정하고 부피가 감소하므로 기체의 온도는 낮아진다. 기체의 내부 에너지는 기체의 온도에 비례하므로 B → C 과정에서 기체의 내부 에너지는 감소한다.

122 열역학 제1법칙　　답 ①

자료 분석

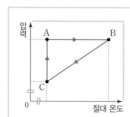

- B → C 과정은 부피가 일정한 과정으로 기체가 외부에 방출한 열량은 기체의 내부 에너지 감소량과 같다.
- C → A 과정은 온도가 일정한 과정이므로 압력이 증가하며 부피가 감소한다. 이 과정에서 기체가 외부로부터 받은 일은 기체가 외부에 방출한 열량과 같다.

알짜 풀이

ㄱ. A → B 과정은 압력이 일정한 과정이고 기체의 절대 온도는 B에서가 A에서보다 높다. 기체의 부피는 절대 온도에 비례하고 기체의 압력에 반비례$\left(V \propto \dfrac{T}{P}\right)$하므로 기체의 부피는 A에서가 B에서보다 작다.

바로 알기

ㄴ. 기체는 A → B 과정에서 $5Q$의 열량을 흡수하고, B → C 과정에서는 $3Q$의 열량을 방출한다. 또한 열기관의 열효율이 0.3이므로 C → A 과정에서 방출하는 열량을 Q_{CA}라고 할 때, $0.3 = \dfrac{5Q - 3Q - Q_{CA}}{5Q}$이므로 $Q_{CA} = \dfrac{1}{2}Q$이다. A → B 과정에서 기체의 온도 증가량과 B → C 과정에서 기체의 온도 감소량이 같고, B → C 과정은 부피가 일정한 과정이므로 A → B 과정에서 기체의 내부 에너지 증가량과 B → C 과정에서 기체의 내부 에너지 감소량은 $3Q$로 같다. 따라서 A → B 과정에서 기체가 외부에 한 일을 W_{AB}라 할 때, 열역학 제1법칙($Q = \Delta U + W$)에 의해 $5Q = 3Q + W_{AB}$에서 $W_{AB} = 2Q$이므로 A → B 과정에서 기체가 외부에 한 일($2Q$)은 B → C 과정에서 기체의 내부 에너지 감소량($3Q$)의 $\dfrac{2}{3}$배이다.

ㄷ. C → A 과정은 온도가 일정한 과정으로 기체가 외부로부터 받은 일은 기체가 외부에 방출한 열량 $\dfrac{1}{2}Q$와 같다.

123 열역학 제1법칙   답 ⑤

자료 분석

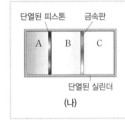

• (나)에서 피스톤, 금속판이 정지해 있으므로 압력은 A, B, C가 서로 같다.
• B, C의 부피는 서로 같고, 이 부피는 A의 부피보다 크므로 기체의 절대 온도 관계는 A<B=C이다. 따라서 (가) → (나) 과정에서 내부 에너지 증가량의 관계도 A<B=C이다.

(나)

알짜 풀이

ㄱ. (가)에서 피스톤이 정지해 있으므로 A와 B의 압력은 같고, A와 B의 온도가 같아 A, B의 압력과 부피의 곱은 서로 같으므로 A와 B의 부피는 V_0으로 같다. 또한 B와 C 사이의 금속판이 정지해 있으므로 B와 C의 압력이 같고, 부피는 V_0으로 같다.

ㄴ. (가) → (나) 과정에서 A는 단열 압축을 하므로 부피가 감소하며 압력이 증가한다. 또한 (가), (나)에서 A와 B의 압력은 서로 같으므로 B의 압력은 (나)에서가 (가)에서보다 크다.

ㄷ. (가) → (나) 과정에서 C에 공급한 열량은 B와 C의 내부 에너지 증가량과 B가 A에 한 일의 합과 같다. 즉, B, C의 내부 에너지 증가량을 각각 ΔU_B, ΔU_C, B가 A에 한 일을 W_A라 할 때, $Q = \Delta U_B + \Delta U_C + W_A$ … (i)이다. 또한 A는 단열 압축을 하므로 A가 B로부터 받은 일과 A의 내부 에너지 증가량이 같아 A의 내부 에너지 증가량을 ΔU_A라 할 때 $\Delta U_A = W_A$ … (ii)이다. 이때 $\Delta U_A < \Delta U_B = \Delta U_C$이므로 (가) → (나) 과정에서 C의 내부 에너지 증가량은 $\dfrac{1}{3}Q$보다 크다.

124 특수 상대성 이론   답 ②

알짜 풀이

ㄷ. A의 관성계에서 Q에서 방출된 빛이 다시 Q에 돌아오는 데까지 걸린 시간은 $\dfrac{2L}{c}$이고, 이 시간은 고유 시간이다. B의 관성계에서 Q에서 방출된 빛이 다시 Q에 돌아오는 데까지 걸린 시간은 A의 관성계에서 측정한 고유 시간 $\dfrac{2L}{c}$보다 크다.

바로 알기

ㄱ. B는 $+x$방향으로 운동하고 Q와 거울 사이의 거리는 B의 운동 방향과 수직 방향이므로 길이 수축이 일어나지 않는다. 따라서 Q와 거울 사이의 거리는 A의 관성계에서와 B의 관성계에서 L로 같다.

ㄴ. A의 관성계에서 P와 Q에서 빛이 동시에 방출되므로 두 빛은 거울에서 동시에 반사된다. B의 관성계에서도 거울에서 두 빛이 동시에 반사되므로 광원에서 방출된 빛이 거울까지 도달하는 동안 빛의 진행한 경로의 길이가 큰 Q에서 빛이 먼저 방출되고, 진행한 경로의 길이가 작은 P에서 빛이 나중에 방출된다.

125 특수 상대성 이론   답 ①

알짜 풀이

ㄱ. X와 Y 사이의 거리는 P의 관성계에서가 Q의 관성계에서보다 크므로 속력은 P가 Q보다 작다. 따라서 $v_1 < v_2$이다.

바로 알기

ㄴ. 정지 질량은 A와 B가 같고 A의 관성계에서 속력은 P가 Q보다 작으므로 상대론적 에너지는 P가 Q보다 작다.

ㄷ. $v_1 < v_2$이므로 A의 관성계에서 시간은 P에서가 Q에서보다 빠르게 간다.

126 특수 상대성 이론   답 ③

자료 분석

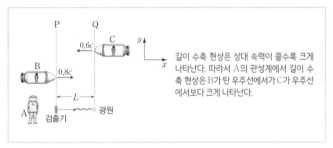

길이 수축 현상은 상대 속력이 클수록 크게 나타난다. 따라서 A의 관성계에서 길이 수축 현상은 B가 탄 우주선에서가 C가 우주선에서보다 크게 나타난다.

알짜 풀이

ㄱ. B와 C가 탄 우주선의 고유 길이가 같으므로 A의 관성계에서 우주선의 운동 방향으로의 길이는 B가 탄 우주선이 C가 탄 우주선보다 짧다.

ㄴ. A의 관성계에서, B가 P에서 Q까지 운동하는 데 걸리는 시간은 $t_B = \dfrac{L}{0.8c}$이고, C가 Q에서 P까지 운동하는 데 걸리는 시간은 $t_C = \dfrac{L}{0.6c}$이다. B의 관성계에서, B가 P에서 Q까지 운동하는 데 걸리는 시간은 t_B보다 작고, C가 Q에서 P까지 운동하는 데 걸리는 시간은 t_C보다 크므로 Q가 B를 지난 후 C가 P를 지난다.

바로 알기

ㄷ. C의 관성계에서, 빛이 광원에서 방출된 순간부터 검출기에 도달할 때까지 빛이 진행한 경로의 길이는 L보다 짧으므로 걸린 시간은 $\dfrac{L}{c}$보다 작다.

127 핵반응   답 ④

자료 분석

• X는 양성자수가 1, 질량수가 1인 $^1_1$H이다.
• Y는 양성자수가 2, 질량수가 3인 $^3_2$He이다.
• Z는 양성자수가 2, 질량수가 4인 $^4_2$He이다.

알짜 풀이

ㄴ. Y($_2^3$He)는 양성자수가 2, 중성자수가 1이므로 양성자수가 중성자수보다 1만큼 크다.

ㄷ. (가), (나)의 핵반응에서 각각 발생한 에너지 5.49 MeV, 12.86 MeV는 질량 결손에 의한 것으로, 핵반응에서 질량 결손이 Δm일 때 핵반응에서 발생하는 에너지는 $E=\Delta mc^2$이다. 따라서 핵반응에서 발생하는 에너지가 작은 (가)에서가 핵반응에서 발생하는 에너지가 큰 (나)에서보다 질량 결손이 작다.

바로 알기

ㄱ. 핵반응식 (가), (나)는 다음과 같다.

(가) $_1^2\text{H}+_1^1\text{H} \longrightarrow \bigcirc(_2^3\text{He})+5.49$ MeV

(나) $2\bigcirc(_2^3\text{He}) \longrightarrow \bigcirc(_2^4\text{He})+2\bigcirc(_1^1\text{H})+12.86$ MeV

따라서 $\bigcirc$은 $_2^3$He인 Y이다.

128 질량과 에너지　　　　　답 ⑤

자료 분석

(가) $_1^2\text{H}+_1^2\text{H} \longrightarrow \bigcirc+_0^1\text{n}+3.27$ MeV

(나) $\bigcirc+_1^3\text{H} \longrightarrow _2^4\text{He}+\bigcirc+_0^1\text{n}+12.1$ MeV

- (가)에서 $\bigcirc$의 질량수와 양성자수를 각각 $Z_\bigcirc, A_\bigcirc$이라 할 때
  〔질량수 보존〕$4=Z_\bigcirc+1$　〔양성자수 보존〕$2=A_\bigcirc+0$
  $\Rightarrow Z_\bigcirc=3, A_\bigcirc=2$이고, $\bigcirc$은 $_2^3$He이다.
- (나)에서 $\bigcirc$의 질량수와 양성자수를 각각 $Z_\bigcirc, A_\bigcirc$이라 할 때,
  〔질량수 보존〕$3(Z_\bigcirc)+3=4+Z_\bigcirc+1$　〔양성자수 보존〕$2(A_\bigcirc)+1=2+A_\bigcirc+0$
  $\Rightarrow Z_\bigcirc=1, A_\bigcirc=1$이고, $\bigcirc$은 $_1^1$H이다.

알짜 풀이

ㄱ. (가)는 질량수가 작은 원자핵들이 합쳐져 질량수가 큰 원자핵이 되는 반응인 핵융합 반응이다.

ㄴ. 원자핵의 중성자수는 질량수와 양성자수의 차이므로 $_1^2$H와 $\bigcirc(_2^3\text{He})$의 중성자수는 1로 같다.

ㄷ. $\bigcirc$은 $_1^1$H이다. $_1^1\text{H}, _1^2\text{H}, _1^3\text{H}, _2^3\text{He}, _2^4\text{He}$의 질량이 각각 M_1, M_2, M_3, M_4, M_5이고, $_0^1$n의 질량을 m이라 할 때, (가), (나)에서 질량 결손에 의한 에너지는 다음과 같다.

(가) 3.27 MeV $=(2M_2-M_4-m)c^2$,

(나) 12.1 MeV $=(M_3+M_4-M_1-M_5-m)c^2$

질량 결손에 의한 에너지는 (가)에서가 (나)에서보다 작으므로 $M_1+2M_2+M_5<M_3+2M_4$이다.

II. 물질과 전자기장

08 원자와 전기력, 스펙트럼　　　055~059쪽

대표 기출 문제	129 ③	130 ③		
적중 예상 문제	131 ⑤	132 ④	133 ③	134 ⑤	135 ⑤
	136 ④	137 ②	138 ③	139 ⑤	140 ④
	141 ③	142 ②	143 ③	144 ②	145 ①
	146 ④				

129 전기력　　　　　답 ③

자료 분석

알짜 풀이

ㄱ. (가)에서 B로부터 떨어진 거리는 A와 C가 같고, B에 작용하는 전기력은 0이므로 전하량의 크기는 A와 C가 같다.

ㄴ. (가)에서 B는 A와 C 사이에 있고, B에 작용하는 전기력은 0이므로 A와 C의 전하의 종류는 같다. (가) → (나) 과정에서 B가 C에 작용하는 전기력의 크기는 증가하였고, C에 작용하는 전기력의 방향은 $+x$방향에서 $-x$방향으로 바뀌었으므로 B와 C 사이에는 서로 당기는 전기력이 작용한다는 것을 알 수 있다. 따라서 B와 C의 전하의 종류는 다르다. 이를 정리하면, A와 B의 전하의 종류는 다르므로 A와 B 사이에는 서로 당기는 전기력이 작용한다.

바로 알기

ㄷ. (가)에서 A, B, C 전체에 작용하는 전기력은 0이다. B에 작용하는 전기력이 0이고, C에 작용하는 전기력은 $+x$방향으로 크기가 F_1이므로 A에 작용하는 전기력은 $-x$방향으로 크기가 F_1이다. C가 A에 작용하는 전기력의 크기는 (가)에서와 (나)에서가 같고, B가 A에 작용하는 전기력의 크기는 (가)에서가 (나)에서보다 크다. B가 A에 작용하는 전기력의 방향은 $+x$방향이고, C가 A에 작용하는 전기력의 방향은 $-x$방향이다. 따라서 A가 받는 전기력의 크기는 (나)에서가 (가)에서보다 크다. 즉, (나)에서 A가 받는 전기력은 크기가 F_1보다 크고, 방향은 $-x$방향이다. 문제의 조건에서 $F_1>F_2$라고 했으므로 (나)에서 A가 받는 전기력의 크기는 F_2보다 크다.

130 전자의 전이　　　　　답 ③

자료 분석

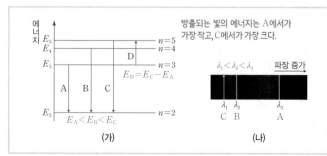

알짜 풀이

ㄱ. 전이 과정에서 방출되는 광자 1개의 에너지는 에너지 준위 차와 같다. 따라서 B에서 방출되는 광자 1개의 에너지는 $|E_4-E_2|$이다.

ㄴ. (나)에서 $\lambda_1<\lambda_2<\lambda_3$이다. A~C 중에서 방출되는 빛의 에너지는 C가 가장 크므로 방출되는 빛의 파장은 C가 가장 짧다. 따라서 C에서 방출되는 빛의 파장은 λ_1이다.

바로 알기

ㄷ. D에서 흡수되는 빛의 에너지는 C에서 방출되는 빛의 에너지와 A에서 방출되는 빛의 에너지의 차이다. A, C에서 방출되는 빛의 파장은 각각 λ_3, λ_1이다. D에서 흡수되는 빛의 진동수를 f라고 하면, $hf=|E_5-E_3|$ $=|E_5-E_2|-|E_3-E_2|=\dfrac{hc}{\lambda_1}-\dfrac{hc}{\lambda_3}$에서 $f=\left(\dfrac{1}{\lambda_1}-\dfrac{1}{\lambda_3}\right)c$이다.

131 보어의 수소 원자 모형 답 ⑤

알짜 풀이

ㄱ. 보어의 수소 원자 모형에서 전자가 한 궤도에 머물러 있는 동안에는 에너지를 흡수하거나 방출하지 않는다. 전자가 전이할 때 특정한 파장의 빛만 흡수하므로 수소 원자에서 전자의 에너지는 준위는 불연속적이다.

ㄴ. 양자수가 클수록 전자와 원자핵 사이의 거리는 크다. 전자와 원자핵 사이의 거리가 작을수록 전자와 원자핵 사이에 작용하는 전기력의 크기는 크다. 따라서 전자와 원자핵 사이에 작용하는 전기력의 크기는 (가)에서가 (나)에서보다 크다.

ㄷ. 양자수가 클수록 에너지 준위도 크다. 전자의 에너지 준위는 (가)에서가 (나)에서보다 작으므로 전자가 (가)에서 (나)로 전이할 때 에너지를 흡수한다.

132 전자와 원자핵의 발견 답 ④

알짜 풀이

ㄱ. (가)에서 금박에 입사된 알파(α) 입자의 운동 경로가 산란되는 현상을 통해 원자의 중심에는 질량이 매우 큰 원자핵이 위치한다는 사실을 알게 되었다.

ㄷ. (나)에서 음극선이 (+)극 쪽으로 휘어졌으므로 음극선은 음(-)전하를 띠고 있음을 알 수 있다.

바로 알기

ㄴ. 금박에서 산란되는 알파(α) 입자 중 거의 입사한 방향으로 되돌아오는 듯할 정도로 운동 방향이 바뀌는 입자가 있다. 이는 알파(α) 입자가 원자 내에 존재하는 원자핵으로부터 밀어내는 방향으로 전기력을 받기 때문이다.

133 원자 모형과 음극선 답 ③

알짜 풀이

ㄷ. 음극선이 자기장 영역을 통과한 후 음극선의 경로가 휘어졌으므로 음극선은 자기력을 받는다는 것을 알 수 있다. 따라서 자기장의 세기를 크게 하면 음극선은 +y방향으로 더 많이 휘어진다.

바로 알기

ㄱ. 톰슨의 원자 모형은 양(+)전하량과 같은 양의 음(-)전하가 수박씨처럼 띄엄띄엄 분포하는 모형이고, 이를 통해 원자가 전기적으로 중성이라는 것을 설명할 수 있다.

ㄴ. 수소에서 방출되는 빛의 스펙트럼은 보어의 수소 원자 모형으로 설명할 수 있다.

134 전기력 답 ⑤

자료 분석

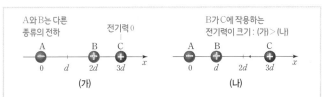

알짜 풀이

ㄴ. 전하량의 크기는 A가 B의 2배이므로 A, B, C의 전하량의 크기를 각각 $2q$, q, Q라고 하자. B와 C가 A로부터 받는 전기력의 크기는 F로 같으므로 $F=k\dfrac{2q^2}{4d^2}=k\dfrac{2qQ}{9d^2}$에서 $Q=\dfrac{9}{4}q$이다. 따라서 전하량의 크기는 B가 C보다 작다.

ㄷ. B가 C에 작용하는 전기력의 크기는 $k\dfrac{qQ}{d^2}=k\dfrac{9q^2}{4d^2}=\dfrac{9}{2}F$이다.

바로 알기

ㄱ. A를 양(+)전하라고 가정하자. A와 B 사이에는 서로 당기는 전기력이 작용하므로 B는 음(-)전하이고, B와 C 사이에는 서로 밀어내는 전기력이 작용하므로 C는 음(-)전하이다. 따라서 A와 C는 서로 다른 종류의 전하이다.

135 전기력 답 ⑤

자료 분석

A와 B는 다른 종류의 전하
A B C
0 d 2d 3d x
전기력 0
(가)

B가 C에 작용하는 전기력이 크기: (가) > (나)
A B C
0 d 2d 3d x
(나)

알짜 풀이

ㄴ. (나)에서 A가 C에 작용하는 전기력의 방향과 B가 C에 작용하는 전기력의 방향은 반대이고, B가 A에 작용하는 전기력의 방향과 C가 A에 작용하는 전기력의 방향은 같다. 따라서 (나)에서 A에 작용하는 전기력의 크기는 C에 작용하는 전기력의 크기보다 크다.

ㄷ. (가)에서 C로부터의 거리는 A가 B의 3배이므로 전하량의 크기는 A가 B의 9배이다. A, B, C의 전하량의 크기를 각각 $9q$, q, Q라고 하자. (가)에서 B에 작용하는 전기력의 크기는 $k\dfrac{9q^2}{4d^2}+k\dfrac{qQ}{d^2}$이고, (나)에서 B에 작용하는 전기력의 크기는 $k\dfrac{9q^2}{d^2}+k\dfrac{qQ}{4d^2}$이다. B에 작용하는 전기력의 크기는 (나)에서가 (가)에서의 2배이므로 $k\dfrac{9q^2}{d^2}+k\dfrac{qQ}{4d^2}=2\left(k\dfrac{9q^2}{4d^2}+k\dfrac{qQ}{d^2}\right)$에서 $Q=\dfrac{18}{7}q$이다. 따라서 전하량의 크기는 C가 B의 $\dfrac{18}{7}$배이다.

바로 알기

ㄱ. (가) → (나)에서 A가 C에 작용하는 전기력의 크기는 변화가 없고, B가 C에 작용하는 전기력의 크기가 감소한다. (가)에서 C에 작용하는 전기력은 0이고 (나)에서 C에 작용하는 전기력의 방향이 $-x$방향이 되었으므로 A가 C에 작용하는 전기력은 방향은 $-x$방향이다. 따라서 A와 C 사이에는 서로 당기는 전기력이 작용한다. 그러므로 A는 음(-)전하, B는 양(+)전하임을 알 수 있다.

자료 분석

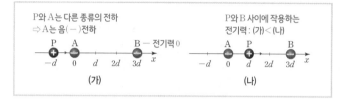

알짜 풀이

ㄱ. P는 양(＋)전하이고, (가)에서 B에 작용하는 전기력은 0이므로 A는 음(－)전하이다. (나)에서 A가 P에 작용하는 전기력의 방향은 －x방향이다. (나)에서 P에 작용하는 전기력의 방향은 ＋x방향이므로 B가 P에 작용하는 전기력의 방향은 ＋x방향이다. 따라서 B는 음(－)전하이다. 이를 정리하면, A와 B 사이에는 서로 밀어내는 전기력이 작용한다.

ㄷ. (가)에서 A와 B가 각각 P에 작용하는 전기력의 방향은 ＋x방향으로 같고, (나)에서 A와 B가 각각 P에 작용하는 전기력의 방향은 반대 방향이다. 따라서 P에 작용하는 전기력의 크기는 (가)에서가 (나)에서보다 크다.

바로 알기

ㄴ. A, B의 전하량의 크기를 각각 q_A, q_B라고 하자. (가)에서 B에 작용하는 전기력은 0이므로 $k\dfrac{Qq_B}{16d^2}=k\dfrac{q_Aq_B}{9d^2}$에서 $q_A=\dfrac{9}{16}Q$이다. (나)에서 P에 작용하는 전기력의 방향은 ＋x방향이므로 A가 P에 작용하는 전기력의 크기는 B가 P에 작용하는 전기력의 크기보다 작다. 이를 정리하면, $k\dfrac{Qq_A}{d^2}<k\dfrac{Qq_B}{4d^2}$에서 $\dfrac{9}{4}Q<q_B$이므로 B의 전하량의 크기는 $\dfrac{1}{4}Q$보다 크다.

알짜 풀이

ㄴ. A에 작용하는 전기력은 0이므로 B가 A에 작용하는 전기력의 크기와 C가 A에 작용하는 전기력의 크기는 같다. B가 A에 작용하는 전기력의 반작용은 A가 B에 작용하는 전기력이므로 A가 B에 작용하는 전기력의 크기는 C가 A에 작용하는 전기력의 크기와 같다.

바로 알기

ㄱ. A에 작용하는 전기력이 0이므로 B와 C의 전하의 종류는 다르고, B에 작용하는 전기력은 0이므로 A와 C의 전하의 종류는 같다. 즉, A와 B의 전하의 종류는 다르므로 A가 B에 작용하는 전기력의 방향은 －x방향이다.

ㄷ. B로부터의 거리는 A가 C의 3배이고, B에 작용하는 전기력은 0이므로 전하량의 크기는 A가 C의 9배이다. 따라서 $q_A=9q_C$이다. A에 작용하는 전기력은 0이므로 $k\dfrac{q_Aq_B}{9d^2}=k\dfrac{q_Aq_C}{16d^2}$에서 $q_B=\dfrac{9}{16}q_C$이다. 이를 정리하면, $q_A:q_B:q_C=9:\dfrac{9}{16}:1=144:9:16$이다.

알짜 풀이

ㄱ. P를 $x=2d$에 고정시킬 때 P에 작용하는 전기력은 0이므로 A와 B의 전하의 종류는 같다. P를 $x=d$에 고정시킬 때 A가 P에 작용하는 전기력의 크기는 B가 P에 작용하는 전기력의 크기보다 크다. 이때 P에 작용하는 전기력의 방향은 －x방향이므로 A는 양(＋)전하이다. A와 B의 전하의 종류는 같으므로 B는 양(＋)전하이다.

ㄴ. P를 $x=2d$에 고정시킬 때 P에 작용하는 전기력은 0이므로 전하량의 크기는 A가 B의 4배이다. A, B, P의 전하량의 크기를 각각 $4q$, q, Q라고 하자. $F_1=k\dfrac{4qQ}{d^2}-k\dfrac{qQ}{4d^2}=k\dfrac{15qQ}{4d^2}$이고, $F_2=k\dfrac{4Qq}{16d^2}+k\dfrac{Qq}{d^2}=k\dfrac{5Qq}{4d^2}$이다. 따라서 $\dfrac{F_1}{F_2}=3$이다.

바로 알기

ㄷ. A와 B는 모두 양(＋)전하이고, P는 음(－)전하이므로 P를 $x=4d$에 고정시킬 때 P에 작용하는 전기력의 방향은 －x방향이다. 따라서 ㉠은 －x이다.

자료 분석

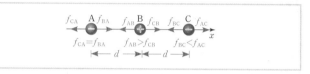

알짜 풀이

ㄴ. A로부터 떨어진 거리는 C가 B의 2배이므로 전하량의 크기는 C가 B의 4배이다. A, B, C의 전하량의 크기를 각각 q_A, Q, $4Q$라 하고, A와 B, B와 C 사이의 거리를 d라고 하자. C에 작용하는 전기력의 방향은 ＋x방향이므로 A가 C에 작용하는 전기력의 크기는 B가 C에 작용하는 전기력의 크기보다 크다. 따라서 $k\dfrac{q_A(4Q)}{4d^2}>k\dfrac{4Q^2}{d^2}$에서 $q_A>4Q$이므로 전하량의 크기는 A가 C보다 크다.

ㄷ. A에 작용하는 전기력은 0이므로 B가 A를 당기는 전기력의 크기(f_{BA})는 C가 A를 밀어내는 전기력의 크기(f_{CA})와 같다. 즉, $f_{BA}=f_{CA}$ ⋯ (i)이다. A가 C를 밀어내는 전기력의 크기(f_{AC})는 B가 C를 당기는 전기력의 크기(f_{BC})보다 크다. 즉, $f_{AC}>f_{BC}$ ⋯ (ii)이다. A가 B에 작용하는 전기력의 반작용은 B가 A에 작용하는 전기력이고, A가 C에 작용하는 전기력의 반작용은 C가 A에 작용하는 전기력이며, B가 C에 작용하는 전기력의 반작용은 C가 B에 작용하는 전기력이다. 이를 정리하면, $f_{AB}=f_{BA}$ ⋯ (iii)이고, $f_{AC}=f_{CA}$ ⋯ (iv), $f_{BC}=f_{CB}$ ⋯ (v)이다. (i)~(v)를 정리하면, $f_{AB}=f_{BA}=f_{CA}=f_{AC}>f_{BC}=f_{CB}$이므로 A가 B를 당기는 전기력의 크기($f_{AB}$)는 C가 B를 당기는 전기력의 크기($f_{CB}$)보다 크다. 따라서 B에 작용하는 전기력의 방향은 －x방향이다.

바로 알기

ㄱ. A에 작용하는 전기력은 0이므로 B와 C의 전하의 종류는 다르다. 만약 B가 음(－)전하라고 하면, C는 양(＋)전하이다. 이때 A와 B가 C에 작용하는 전기력의 방향은 －x방향이므로 문제의 조건과 맞지 않다. 따라서 B는 양(＋)전하이고 C는 음(－)전하이며, A와 B 사이에는 서로 당기는 전기력이 작용한다.

자료 분석

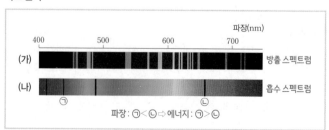

알짜 풀이

ㄱ. 방출 스펙트럼은 특정한 위치에 파장이 다른 밝은 선이 띄엄띄엄 나타난다. 흡수 스펙트럼은 연속 스펙트럼을 나타내는 빛을 온도가 낮은 기체에 통과시켰을 때 기체가 특정한 파장의 빛을 흡수하여 연속 스펙트럼에 검은 선이 나타나는 스펙트럼이다. 따라서 (가)는 방출 스펙트럼이고 (나)는 흡수 스펙트럼이다. 이를 정리하면, (가)는 X가 들어 있는 방전관에서 방출되는 빛의 스펙트럼이다.

ㄷ. 전이하는 전자의 에너지 준위 차가 클수록 방출되거나 흡수되는 광자 1개의 에너지는 크다. 에너지가 클수록 파장이 짧으므로 (나)에서 전이하는 전자의 에너지 준위 차는 ㉠에 해당하는 빛이 ㉡에 해당하는 빛보다 크다.

바로 알기

ㄴ. 같은 원소에서 방출되는 빛의 스펙트럼선의 위치와 개수는 동일하다. (가)와 (나)의 스펙트럼선의 위치와 개수는 모두 다르므로 X와 Y에는 서로 다른 원소가 들어있다.

141 전자의 전이와 스펙트럼   답 ③

자료 분석

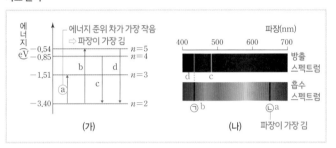

알짜 풀이

ㄷ. 전이 과정에서 에너지 준위 차가 클수록 방출되거나 흡수되는 빛의 진동수가 크다. 따라서 방출되거나 흡수되는 빛의 진동수는 a에서가 c에서보다 작다.

바로 알기

ㄱ. 방출 또는 흡수된 빛의 파장이 불연속적이므로 수소 원자 내의 전자가 갖는 에너지 준위는 불연속적이다.

ㄴ. ㉠은 (가)에서 방출되거나 흡수되는 빛의 파장 중 가장 짧은 파장이므로 b 또는 d에 의해 나타난 스펙트럼선이다. ㉠은 흡수 스펙트럼이므로 b에 의해 나타난 스펙트럼선이다.

142 전자의 전이와 스펙트럼   답 ②

자료 분석

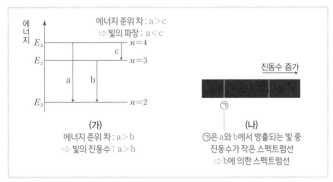

알짜 풀이

ㄴ. 전자가 전이할 때 방출되는 빛의 진동수는 에너지 준위 차에 비례한다.

c는 E_4에서 E_3으로 전이하므로 c에서 방출되는 빛의 진동수는 $\dfrac{E_4 - E_3}{h}$ 이다.

바로 알기

ㄱ. (가)에서 방출되는 빛의 진동수는 a에서가 b에서보다 크다. 따라서 ㉠은 b에 의한 스펙트럼선이다.

ㄷ. 전이할 때 에너지 준위 차가 클수록 방출되는 빛의 파장은 짧으므로 빛의 파장은 a에서가 c에서보다 짧다.

143 전자의 전이   답 ③

알짜 풀이

ㄱ. 에너지 준위 차는 a에서가 b에서보다 작다. 따라서 $\lambda_1 > \lambda_2$이다.

ㄴ. $n=2$인 궤도로 전이할 때 방출되는 빛은 가시광선 영역에 속한다.

바로 알기

ㄷ. 전자가 원자핵으로부터 떨어진 거리가 클수록 전자가 원자핵으로부터 받는 전기력의 크기는 작다. 원자핵과 전자 사이의 거리는 $n=2$일 때가 $n=1$일 때보다 크므로 전자가 원자핵으로부터 받는 전기력의 크기는 $n=2$일 때가 $n=1$일 때보다 작다.

144 전자의 전이와 스펙트럼   답 ②

자료 분석

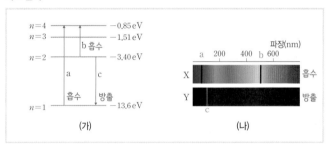

알짜 풀이

ㄴ. c는 $n=2$인 상태에서 $n=1$인 상태로 전이하며, 이때 방출되는 광자 1개의 에너지는 13.6 eV − 3.4 eV = 10.2 eV이다. 따라서 $n=1$인 상태의 전자는 광자 1개의 에너지가 10.2 eV인 광자를 흡수할 수 있다.

바로 알기

ㄱ. a, b에서 전자는 에너지를 흡수하고, c에서 전자는 에너지를 방출한다. 따라서 X는 흡수 스펙트럼이고, Y는 방출 스펙트럼이다.

ㄷ. b에서 흡수되는 광자 1개의 에너지는 3.4 eV − 0.85 eV = 2.55 eV이고, c에서 방출되는 광자 1개의 에너지는 10.2 eV이다. 따라서 전자가 전이할 때 방출 또는 흡수되는 빛의 진동수는 b에서가 c에서보다 작다.

145 전자의 전이   답 ①

알짜 풀이

ㄱ. 에너지 준위 차는 a에서가 c에서보다 작으므로 방출되는 빛의 진동수는 a에서가 c에서보다 작다.

바로 알기

ㄴ. 에너지 준위 차는 a에서가 b에서보다 크므로 $\lambda_1 < \lambda_2$이다.

ㄷ. 플랑크 상수를 h, 빛의 속력을 c라고 하면 $\dfrac{hc}{\lambda_1} + \dfrac{hc}{\lambda_2} = \dfrac{hc}{\lambda_3}$이므로 $\lambda_3 = \dfrac{\lambda_1 \lambda_2}{\lambda_1 + \lambda_2}$이다.

알짜 풀이

ㄴ. $n=2$인 상태로 전이할 때 방출되는 빛은 가시광선 영역에 속한다. 즉, f_1 과 f_3은 가시광선 영역에 속한다. $f_1>f_2$이므로 f_2는 적외선 영역에 속하는 진동수이다.

ㄷ. $E_5-E_4<E_4-E_3$이므로 $f_3-f_1<f_2$이다. 이를 정리하면, $f_1>f_3-f_2$ 이다.

바로 알기

ㄱ. c에서 빛을 흡수하여 높은 에너지 준위로 전이한다.

09 에너지띠와 반도체   061~063쪽

대표 기출 문제	147 ③	148 ②			
적중 예상 문제	149 ⑤	150 ②	151 ④	152 ⑤	153 ③
	154 ③	155 ①			

147 p-n 접합 다이오드와 고체의 에너지띠   답 ③

자료 분석

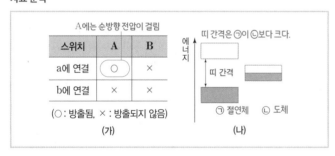

알짜 풀이

ㄱ. 스위치를 a에 연결할 때 A에는 순방향 전압이 걸렸으므로 Y는 p형 반도체이다. p형 반도체는 주로 양공이 전류를 흐르게 한다.

ㄴ. (나)에서 띠 간격은 ㉠이 ㉡보다 크므로 ㉠은 절연체이고 ㉡은 도체이다. 스위치를 a에 연결하면 전원 장치에는 P가 연결되고, 스위치를 b에 연결하면 전원 장치에는 Q가 연결된다. 스위치를 a에 연결할 때 A에서 빛이 방출되었으므로 P에는 전류가 흐른다. 따라서 P는 도체이고 Q는 절연체이다. 그러므로 ㉠은 절연체인 Q의 에너지띠 구조이고, ㉡은 도체인 P의 에너지띠 구조이다.

바로 알기

ㄷ. 스위치를 a에 연결하면 B에서는 빛이 방출되지 않으므로 B에는 역방향 전압이 걸린다. LED에 역방향 전압이 걸릴 때 LED의 n형 반도체에 있는 전자는 p-n 접합면에서 멀어지는 쪽으로 이동한다.

148 p-n 접합 다이오드   답 ②

자료 분석

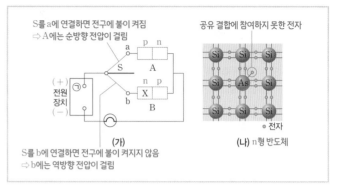

알짜 풀이

ㄴ. X는 공유 결합에 참여하지 못한 전자가 있으므로 n형 반도체이다. S를 b에 연결할 때 전구에 불이 켜지지 않았으므로 B에는 역방향 전압이 걸린다. 따라서 ㉠은 (+)극이다.

바로 알기

ㄱ. S를 a에 연결할 때, 전구에 불이 켜졌으므로 A에 순방향 전압이 걸린다.

ㄷ. S를 b에 연결할 때, 전구에 불이 켜지지 않았으므로 B에는 역방향 전압이 걸린다. 따라서 X에 있는 전자는 p-n 접합면에서 멀어지는 쪽으로 이동한다.

149 고체의 에너지띠   답 ⑤

알짜 풀이

ㄴ. 전기 전도성은 도체(A)가 반도체(B)보다 좋다.

ㄷ. 반도체의 원자가 띠에 있던 전자가 에너지를 흡수하면 전도띠로 전이한다. 온도가 높을수록 전도띠로 전이하는 전자가 많아진다.

바로 알기

ㄱ. 원자가 띠와 전도띠가 일부 겹쳐 있는 A는 도체이고, B는 반도체이다. 규소(Si)는 순수 반도체이므로 B에 해당한다.

150 고체의 에너지띠와 원자가 전자 배열   답 ②

알짜 풀이

ㄴ. X에는 공유 결합에 참여하지 못한 전자가 있으므로 X는 n형 반도체이다.

바로 알기

ㄱ. 원자가 띠에는 수많은 에너지 준위들이 아주 촘촘하게 모여 있다. 따라서 원자가 띠에 있는 전자의 에너지는 모두 다르다.

ㄷ. 상온에서 전기 전도성은 불순물이 첨가된 X가 순수한 반도체인 규소 (Si)보다 좋다.

151 고체의 에너지띠   답 ④

알짜 풀이

ㄱ. X는 원자가 띠 바로 위에 양공에 의한 새로운 에너지띠가 만들어져서 원자가 띠의 전자가 작은 에너지로도 새로운 에너지 준위로 쉽게 올라가 전류가 흐를 수 있다. 따라서 X는 p형 반도체이고 양공이 주된 전하 운반자 역할을 한다.

ㄷ. 전자기 비어 있는 자리인 양공은 양(＋)전하의 성질을 가진다. 양(＋)전하의 이동 방향은 전류의 방향과 같으므로 양공은 전류의 방향과 같은 방향으로 이동한다.

바로 알기

ㄴ. 전기 전도성은 불순물 반도체가 순수 반도체보다 좋다. 따라서 전기 전도성은 X가 (가)의 구조를 가진 반도체보다 좋다.

152 p-n 접합 다이오드와 LED   답 ⑤

자료 분석

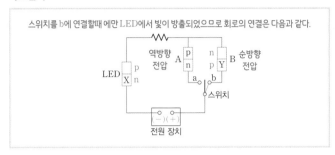

스위치를 b에 연결할때에만 LED에서 빛이 방출되었으므로 회로의 연결은 다음과 같다.

알짜 풀이

ㄴ. 스위치를 a에 연결하면 A에는 역방향 전압이 걸리므로 A의 p형 반도체에 있는 양공은 p-n 접합면에서 멀어지는 쪽으로 이동한다.

ㄷ. 스위치를 b에 연결하면 LED에서는 빛이 방출되므로 LED에는 순방향 전압이 걸린다.

바로 알기

ㄱ. 스위치를 b에 연결할 때에만 LED에서 빛이 방출되었으므로 스위치를 a에 연결하면 A에는 역방향 전압이 걸린다. 따라서 X는 n형 반도체이고, Y는 p형 반도체이다.

153 p-n 접합 다이오드   답 ③

자료 분석

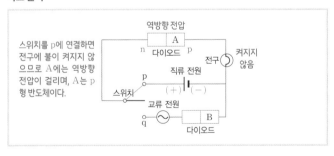

스위치를 p에 연결하면 전구에 불이 켜지지 않으므로 A에는 역방향 전압이 걸리며, A는 p형 반도체이다.

알짜 풀이

ㄱ. 스위치를 p에 연결하면 A에는 역방향 전압이 걸리므로 A는 p형 반도체이다. 따라서 p형 반도체인 A의 양공과 n형 반도체의 전자는 p-n 접합면에서 멀어지는 쪽으로 이동한다.

ㄴ. 스위치를 q에 연결하면 교류 전원에 연결되며 전류의 방향은 주기적으로 변한다. 스위치를 q에 연결할 때 전구는 깜빡이므로 두 다이오드가 동시에 순방향 전압이 걸릴 때 전구에 불이 켜진다. A가 p형 반도체이므로 B는 n형 반도체이다.

바로 알기

ㄷ. A는 p형 반도체이므로 a는 3이고, B는 n형 반도체이므로 b는 5이다. 따라서 $a < b$이다.

154 p-n 접합 다이오드와 LED   답 ③

자료 분석

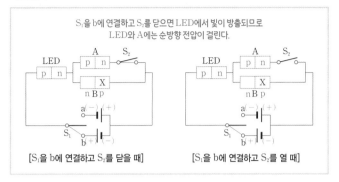

[S₁을 b에 연결하고 S₂를 닫을 때]   [S₁을 b에 연결하고 S₂를 열 때]

알짜 풀이

ㄱ. S_1을 b에 연결하고 S_2를 닫으면 LED에서 빛이 방출되므로 LED와 A에는 순방향 전압이 걸린다.

ㄴ. S_1을 b에 연결하고 S_2를 열면 LED에서는 빛이 방출되지 않으므로 B에는 역방향 전압이 걸린다. 따라서 X는 p형 반도체이다. p형 반도체는 주로 양공이 전류를 흐르게 한다.

바로 알기

ㄷ. S_1을 a에 연결하면 LED에는 역방향 전압이 걸리므로 S_2를 열었을 때와 닫았을 때 모두 LED에서는 빛이 방출되지 않는다.

155 p-n 접합 다이오드   답 ①

자료 분석

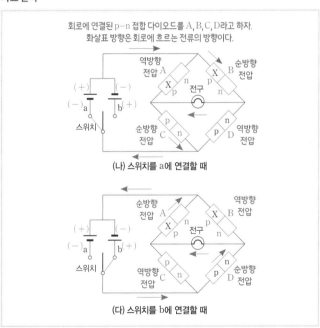

(나) 스위치를 a에 연결할 때

(다) 스위치를 b에 연결할 때

알짜 풀이

ㄴ. (다)에서 A와 D에는 순방향 전압이 걸리므로 전구에는 불이 켜진다. 따라서 ㉠은 '켜짐'이다.

바로 알기

ㄱ. (나)에서 D에는 역방향 전압이 걸리고, 전구에는 불이 켜지므로 순방향 전압이 걸리는 p-n 접합 다이오드는 B와 C이다. 따라서 X는 p형 반도체이다.

ㄷ. (나)와 (다)에서 전구에 불이 켜지므로 전구에 흐르는 전류의 방향은 (나)에서와 (다)에서가 같다.

156 직선 도선에 흐르는 전류에 의한 자기장   답 ⑤

자료 분석

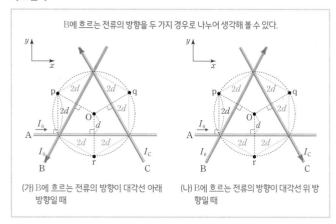

B에 흐르는 전류의 방향을 두 가지 경우로 나누어 생각해 볼 수 있다.

(가) B에 흐르는 전류의 방향이 대각선 아래 방향일 때

(나) B에 흐르는 전류의 방향이 대각선 위 방향일 때

알짜 풀이

자기장이 xy 평면에서 수직으로 나오는 방향을 $(+)$, xy 평면에 수직으로 들어가는 방향을 $(-)$라고 하자.

(가) B에 흐르는 전류의 방향이 대각선 아래 방향이라고 가정하자. p에서 A의 전류에 의한 자기장의 세기는 $\frac{1}{2}B_0$이고 방향은 $(+)$이다. p에서 B의 전류에 의한 자기장의 세기는 B_0이고 방향은 $(-)$이다. p에서 A, B, C의 전류에 의한 자기장은 0이므로 C에 흐르는 전류의 방향은 대각선 위 방향이어야 한다. C에 흐르는 전류의 세기를 I_C라고 하면, $\frac{1}{2}B_0 - B_0 + k\frac{I_C}{2d} = 0$에서 $k\frac{I_C}{2d} = \frac{1}{2}B_0$이다. $B_0 = k\frac{I_0}{d}$이므로 $I_C = I_0$이다. q에서 A의 전류에 의한 자기장의 세기는 $\frac{1}{2}B_0$이고 방향은 $(+)$이다. q에서 B의 전류에 의한 자기장의 세기는 $\frac{1}{2}B_0$이고 방향은 $(+)$이다. q에서 C의 전류에 의한 자기장의 세기는 B_0이고 방향은 $(-)$이다. 이를 정리하면, q에서 A, B, C의 전류에 의한 자기장은 $\frac{1}{2}B_0 + \frac{1}{2}B_0 - B_0 = 0$이다. q에서 전류에 의한 자기장의 세기는 $3B_0$이라고 하는 문제의 조건에 맞지 않는다. 따라서 B에 흐르는 전류의 방향은 대각선 아래 방향이 아니다.

(나) B에 흐르는 전류의 방향은 대각선 위 방향이다. p에서 A의 전류에 의한 자기장의 세기는 $\frac{1}{2}B_0$이고 방향은 $(+)$이다. p에서 B의 전류에 의한 자기장의 세기는 B_0이고 방향은 $(+)$이다. p에서 A, B, C에 흐르는 전류에 의한 자기장은 0이므로 C에 흐르는 전류의 방향은 대각선 아래 방향이어야 한다. C에 흐르는 전류의 세기를 I_C라고 하면, p에서 A, B, C에 흐르는 전류에 의한 자기장은 0이므로 $k\frac{I_C}{2d} = \frac{3}{2}B_0$에서 $I_C = 3I_0$이다. 이를 정리하면, A, B, C에 흐르는 전류의 세기는 각각 I_0, I_0, $3I_0$이므로 r에서 A, B, C에 흐르는 전류에 의한 자기장의 세기는 $\left| -B_0 - \frac{1}{2}B_0 - \frac{3}{2}B_0 \right| = 3B_0$이다.

157 직선 도선에 흐르는 전류에 의한 자기장   답 ②

자료 분석

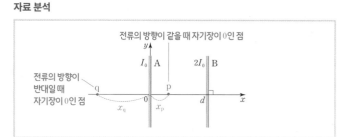

알짜 풀이

A와 B에 흐르는 전류의 방향이 같을 때, p는 A와 B 사이에 위치한다. p의 위치를 x_p라고 하면, $\frac{I_0}{x_p} = \frac{2I_0}{d - x_p}$에서 $x_p = \frac{1}{3}d$이다. 전류의 세기는 B가 A보다 크므로 A와 B에 흐르는 전류의 방향이 반대일 때 q는 A의 왼쪽에 위치한다. q의 위치를 $x = -x_q$라고 하면, $\frac{I_0}{x_q} = \frac{2I_0}{d + x_q}$에서 $x_q = d$이다. 따라서 p와 q 사이의 거리는 $\frac{1}{3}d + d = \frac{4}{3}d$이다.

158 자기력선   답 ③

자료 분석

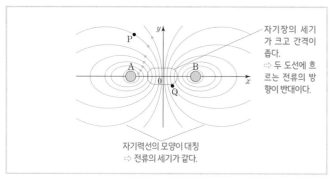

자기장의 세기가 크고 간격이 좁다.
⇨ 두 도선에 흐르는 전류의 방향이 반대이다.

자기력선의 모양이 대칭
⇨ 전류의 세기가 같다.

알짜 풀이

ㄷ. 자기력선의 간격이 좁을수록 자기장의 세기가 크다. 따라서 전류에 의한 자기장의 세기는 P에서가 Q에서보다 작다.

바로 알기

ㄱ. A에 흐르는 전류의 방향은 xy 평면에서 나오는 방향이다. 두 도선 사이에서 자기력선의 간격이 좁고 자기장의 세기가 크므로 두 도선에 흐르는 전류에 의한 자기장의 방향이 같다. 따라서 B에 흐르는 전류의 방향은 xy 평면에 들어가는 방향이다.

ㄴ. 자기력선의 모양이 y축에 대해 대칭이므로 전류의 세기는 A와 B가 같다.

159 자기력선   답 ⑤

알짜 풀이

ㄱ. A와 B 사이에는 철가루가 적게 분포하고 있으므로 A와 B 사이에는 서로 밀어내는 자기력이 작용한다.

ㄷ. 철가루가 분포하는 정도는 p에서가 q에서보다 작으므로 자기장의 세기는 p에서가 q에서보다 작다.

바로 알기

ㄴ. C와 D 사이에 분포한 철가루의 배열은 C와 D를 연결하는 모양이므로 C와 D 사이에는 서로 당기는 자기력이 작용한다. 따라서 자석이 받는 자기력의 방향은 B와 D가 반대이다.

160 직선 도선에 흐르는 전류에 의한 자기장   답 ⑤

알짜 풀이

ㄱ. p에서 A의 전류에 의한 자기장의 방향은 $-x$방향이다. p에서 A, B의 전류에 의한 자기장의 방향은 $+x$방향이므로 B에 흐르는 전류의 방향은 xy 평면에 수직으로 들어가는 방향이다.

ㄴ. (나)의 r에서 B, C의 전류에 의한 자기장의 방향은 $-y$방향으로 같다.

ㄷ. (가)의 q에서는 A의 전류에 의한 자기장의 방향과 B의 전류에 의한 자기장의 방향이 반대이고, (나)의 r에서는 B, C의 전류에 의한 자기장의 방향이 같다. 따라서 (가)의 q에서 A와 B의 전류에 의한 자기장의 세기는 (나)의 r에서 B와 C의 전류에 의한 자기장의 세기보다 작다.

161 직선 도선에 흐르는 전류에 의한 자기장   답 ③

자료 분석

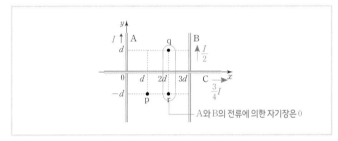

A와 B의 전류에 의한 자기장은 0

알짜 풀이

q에서 A, B에 흐르는 전류에 의한 자기장은 0이고, q로부터의 거리는 A가 B의 2배이다. 따라서 A에 흐르는 전류의 세기를 I라고 하면, B에 흐르는 전류는 세기가 $\frac{1}{2}I$이고 방향은 $+y$방향이다.

ㄱ. q와 r의 x 좌표가 같으므로 r에서 A, B의 전류에 의한 자기장은 0이다. r에서 A, B, C의 전류에 의한 자기장의 방향이 xy 평면에 수직으로 들어가는 방향이므로 C에 흐르는 전류의 방향은 $+x$방향이다.

ㄴ. p에서 A의 전류에 의한 자기장의 방향은 xy 평면에 수직으로 들어가는 방향이고, B의 전류에 의한 자기장의 방향은 xy 평면에 수직으로 나오는 방향이며, C의 전류에 의한 자기장의 방향은 xy 평면에 수직으로 들어가는 방향이다. p에서 A의 전류에 의한 자기장의 세기는 B의 전류에 의한 자기장의 세기보다 크다. 따라서 p에서 A, B, C의 전류에 의한 자기장의 방향은 xy 평면에 수직으로 들어가는 방향이다.

바로 알기

ㄷ. p, q, r에서 C의 전류에 의한 자기장의 세기는 같다. p에서 C의 전류에 의한 자기장의 세기를 B_C라고 하자. q에서 A, B, C의 전류에 의한 자기장의 세기는 B_C이다. p에서 A의 전류에 의한 자기장의 세기를 B라고 하면, p에서 B의 전류에 의한 자기장의 세기는 $\frac{1}{4}B$이다. 따라서 p에서 A, B, C의 전류에 의한 자기장의 세기는 $B-\frac{1}{4}B+B_C=\frac{3}{4}B+B_C$이다. A, B, C의 전류에 의한 자기장의 세기는 p에서가 q에서의 2배이므로 $\frac{3}{4}B+B_C=2B_C$에서 $B_C=\frac{3}{4}B$이다. 이를 정리하면, C에 흐르는 전류의 세기는 $\frac{3}{4}I$이다. 따라서 전류의 세기는 B가 C의 $\frac{2}{3}$배이다.

162 직선 도선에 흐르는 전류에 의한 자기장   답 ⑤

알짜 풀이

ㄱ. A와 B의 중간 지점에서 A의 전류에 의한 자기장의 방향은 $+y$방향이므

로 B의 전류에 의한 자기장의 방향은 $-y$방향이어야 한다. 따라서 B에는 xy 평면에서 수직으로 나오는 방향으로 전류가 흐른다.

ㄷ. A와 B에 흐르는 전류의 방향은 같으므로 x축상의 A와 B 사이에서 A, B의 전류에 의한 자기장이 0인 지점이 있다.

바로 알기

ㄴ. A와 B의 중간 지점에서 A의 전류에 의한 자기장의 세기는 B의 전류에 의한 자기장의 세기보다 작으므로 전류의 세기는 B가 A보다 크다.

163 직선 도선에 흐르는 전류에 의한 자기장   답 ①

자료 분석

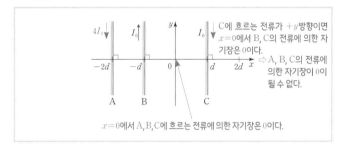

C에 흐르는 전류가 $+y$방향이면 $x=0$에서 B, C의 전류에 의한 자기장은 0이다.
⇨ A, B, C의 전류에 의한 자기장이 0이 될 수 없다.

$x=0$에서 A, B, C에 흐르는 전류에 의한 자기장은 0이다.

알짜 풀이

ㄱ. C의 전류의 방향이 $+y$방향이라면 $x=0$에서 B, C의 전류에 의한 자기장은 0이 된다. 따라서 $x=0$에서 A, B, C의 전류에 의한 자기장이 0이 될 수 없으므로 C에 흐르는 전류의 방향은 $-y$방향이다. $x=0$에서 A, B, C의 전류에 의한 자기장이 0이므로 A의 전류에 의한 자기장의 방향은 xy 평면에서 수직으로 나오는 방향이어야 한다. 따라서 A에 흐르는 전류의 방향은 $-y$방향이므로 전류의 방향은 A와 C가 같다.

바로 알기

ㄴ. A에 흐르는 전류의 세기를 I라고 하면, $x=0$에서 A, B, C의 전류에 의한 자기장이 0이므로 $k\left(\frac{I}{2d}-\frac{I_0}{d}-\frac{I_0}{d}\right)=0$에서 $I=4I_0$이다.

ㄷ. $x=2d$에서 A, B, C의 전류에 의한 자기장은 $k\left(\frac{4I_0}{4d}-\frac{I_0}{3d}+\frac{I_0}{d}\right)=k\frac{5I_0}{3d}$이다. $x=2d$에서 C의 전류에 의한 자기장의 세기는 B_0이므로 $B_0=k\frac{I_0}{d}$이다. 따라서 $x=2d$에서 A, B, C의 전류에 의한 자기장의 세기는 $\frac{5}{3}B_0$이다.

164 직선 도선에 흐르는 전류에 의한 자기장   답 ⑤

알짜 풀이

ㄴ. P에서 C의 전류에 의한 자기장의 방향은 $(+)$이므로 C에 흐르는 전류의 방향은 $-x$방향이다.

ㄷ. (i)에서 $B=2B_0$이면, $-B_0+\frac{3}{2}B_0+2B_0=\frac{5}{2}B_0$이므로 P에서 A, B, C의 전류에 의한 자기장의 방향은 xy 평면에서 수직으로 나오는 방향이다.

바로 알기

ㄱ. 자기장이 xy 평면에서 수직으로 나오는 방향을 $(+)$라 하고, xy 평면에 수직으로 들어가는 방향을 $(-)$라고 하자. P에서 C의 전류에 의한 자기장의 세기를 B라고 하면, Q에서 C의 전류에 의한 자기장의 세기는 $\frac{1}{2}B$이다. P에서 A, B, C의 전류에 의한 자기장은 $-B_0+\frac{3}{2}B_0\pm B=\pm\frac{5}{2}B_0\cdots$ (i)이다. 이를 정리하면, $B=\pm2B_0$, $\mp3B_0$이다. Q에서 A, B,

C의 전류에 의한 자기장은 $-\frac{1}{2}B_0+3B_0\pm\frac{1}{2}B=\pm\frac{7}{2}B_0\cdots$(ii)이다. 이를 정리하면, $B=\pm2B_0$, $\mp12B_0$이다. P에서 C의 전류에 의한 자기장이 $2B_0$일 때 P, Q에서 A, B, C의 전류에 의한 자기장의 세기는 각각 $\frac{5}{2}B_0$, $\frac{7}{2}B_0$을 만족한다. 따라서 C에 흐르는 전류의 세기는 $2I_0$이다.

165 원형 도선에 흐르는 전류에 의한 자기장 　답 ②

자료 분석

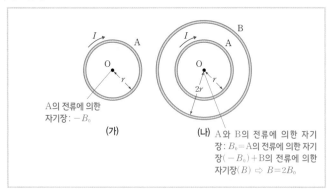

A의 전류에 의한 자기장: $-B_0$

(가)

(나)

A와 B의 전류에 의한 자기장: $B_0=$A의 전류에 의한 자기장$(-B_0)$+B의 전류에 의한 자기장(B) ⇨ $B=2B_0$

알짜 풀이

ㄴ. O에서 전류에 의한 자기장의 세기는 (가)에서와 (나)에서가 같으므로 (나)의 O에서 A, B의 전류에 의한 자기장의 방향은 종이면에서 수직으로 나오는 방향이다. 따라서 (나)에서 B에 흐르는 전류의 방향은 A에 흐르는 전류의 방향과 반대이다.

바로 알기

ㄱ. A에 흐르는 전류의 방향은 시계 방향이므로 O에서 A의 전류에 의한 자기장의 방향은 종이면에 수직으로 들어가는 방향이다.

ㄷ. (가)의 O에서 A의 전류에 의한 자기장을 $-B_0$이라고 하자. O에서 A, B의 전류에 의한 자기장의 세기는 같다고 했으므로 (나)의 O에서 A, B의 전류에 의한 자기장은 B_0이다. (나)의 O에서 B의 전류에 의한 자기장의 세기를 B라고 하면, (나)의 O에서 A, B의 전류에 의한 자기장은 $-B_0+B=B_0$이므로 $B=2B_0$이다. 따라서 원형 도선의 반지름은 B가 A의 2배이므로 B에 흐르는 전류의 세기는 $4I$이다.

166 원형 도선에 흐르는 전류에 의한 자기장 　답 ④

알짜 풀이

ㄱ. B에 흐르는 전류의 세기가 I_1일 때, O에서 A, B의 전류에 의한 자기장은 0이다. 따라서 A, B의 전류의 방향은 서로 반대이다.

ㄷ. B에 흐르는 전류의 세기가 $3I_1$일 때 O에서 A의 전류에 의한 자기장의 세기는 B의 전류에 의한 자기장의 세기보다 작다. 따라서 B에 흐르는 전류의 세기가 $3I_1$일 때, O에서 A, B의 전류에 의한 자기장의 방향은 종이면에 수직으로 들어가는 방향이다.

바로 알기

ㄴ. B에 흐르는 전류가 0일 때 O에서 A의 전류에 의한 자기장의 세기가 B_0이므로 B에 흐르는 전류의 세기가 I_1일 때 O에서 B의 전류에 의한 자기장의 세기는 B_0이다. 따라서 B의 전류의 세기가 $3I_1$일 때 O에서 B에 흐르는 전류에 의한 자기장의 세기는 $3B_0$이다. 따라서 B에 흐르는 전류의 세기가 $3I_1$일 때 O에서 A, B의 전류에 의한 자기장의 세기는 $|B_0-3B_0|=2B_0$이다.

167 전류에 의한 자기장 　답 ②

알짜 풀이

ㄴ. Q에서 A, B의 전류에 의한 자기장의 방향은 xy 평면에서 수직으로 나오는 방향으로 같다. 따라서 ㉠은 ⊙이다.

바로 알기

ㄱ. P에서 B의 전류에 의한 자기장의 방향은 xy 평면에 수직으로 들어가는 방향이다. A의 중심이 P일 때, P에서 A, B에 흐르는 전류에 의한 자기장의 방향은 xy 평면에서 수직으로 나오는 방향이므로 P에서 A의 전류에 의한 자기장의 방향은 xy 평면에서 수직으로 나오는 방향이어야 한다. 따라서 A에 흐르는 전류의 방향은 시계 반대 방향이다.

ㄷ. A의 중심에서 A의 전류에 의한 자기장의 세기를 B_1이라고 하자. P에서 B의 전류에 의한 자기장의 세기는 B_0이므로 Q에서 B의 전류에 의한 자기장의 세기는 $\frac{1}{2}B_0$이다. A의 중심이 Q일 때, Q에서 A, B의 전류에 의한 자기장의 방향은 xy 평면에서 수직으로 나오는 방향이므로 $B_1+\frac{1}{2}B_0=3B_0$에서 $B_1=\frac{5}{2}B_0$이다. 따라서 ㉡=$B_1-B_0=\frac{5}{2}B_0-B_0=\frac{3}{2}B_0$이다.

168 솔레노이드에 흐르는 전류에 의한 자기장 　답 ③

자료 분석

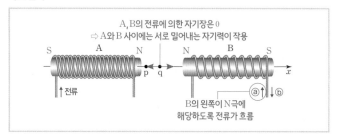

A, B의 전류에 의한 자기장은 0
⇨ A와 B 사이에는 서로 밀어내는 자기력이 작용

↑전류

B의 왼쪽이 N극에 해당하도록 전류가 흐름

알짜 풀이

ㄷ. q에서 A, B의 전류에 의한 자기장은 0이므로 B에 흐르는 전류의 방향은 ⓐ이다.

바로 알기

ㄱ. 감은 수는 A가 B의 2배이고, A와 B의 중간 지점에서 A, B의 전류에 의한 자기장은 0이므로 전류의 세기는 A에서가 B에서보다 작다.

ㄴ. p에서 A의 전류에 의한 자기장의 세기는 B의 전류에 의한 자기장의 세기보다 크다. 따라서 p에서 A, B의 전류에 의한 자기장의 방향은 $+x$방향이다.

169 솔레노이드에 흐르는 전류에 의한 자기장 　답 ④

알짜 풀이

ㄱ. 솔레노이드에 흐르는 전류의 방향으로 오른손을 감아쥐었을 때 엄지손가락이 향하는 방향이 솔레노이드 내부에서 전류에 의한 자기장의 방향이다. 따라서 스위치를 a에 연결하면 q에서 전류에 의한 자기장의 방향은 $+x$방향이다.

ㄷ. 전원 장치의 전압이 클수록 솔레노이드에 흐르는 전류의 세기는 크다. 따라서 p에서 전류에 의한 자기장의 세기는 스위치를 a에 연결할 때가 b에 연결할 때보다 크다.

바로 알기

ㄴ. 솔레노이드 내부에서는 고리의 모든 부분이 만드는 자기장의 방향이 같은 방향이므로 q에서 자기장이 세다. 반면, 솔레노이드 외부에서는 내부에 비해 자기장이 약하다. 따라서 자기장의 세기는 p에서가 q에서보다 작다.

170 직선 도선과 원형 도선에 흐르는 전류에 의한 자기장 답 ③

알짜 풀이

ㄷ. B에 흐르는 전류의 세기가 I_0일 때 O에서 B의 전류에 의한 자기장의 세기를 B_1이라고 하면, ⓒ=B_0+B_1이다. B에 흐르는 전류의 세기가 $2I_0$일 때, O에서 B의 전류에 의한 자기장의 세기는 $2B_1$이다. 따라서 $B_0-2B_1=-4B_0$에서 $B_1=\frac{5}{2}B_0$이므로 ⓒ은 $B_0+\frac{5}{2}B_0=\frac{7}{2}B_0$이다.

바로 알기

ㄱ. O에서 A의 전류에 의한 자기장의 방향은 xy 평면에서 수직으로 나오는 방향이므로 A에 흐르는 전류의 방향은 시계 반대 방향이다. 따라서 A에 흐르는 전류의 방향은 ⓐ와 반대 방향이다.

ㄴ. B에 흐르는 전류의 방향이 $+x$방향일 때, O에서 B의 전류에 의한 자기장의 방향은 xy 평면에서 수직으로 나오는 방향이다. O에서 A의 전류에 의한 자기장은 세기가 B_0이고 방향은 xy 평면에서 수직으로 나오는 방향이므로 ⓐ은 xy 평면에서 수직으로 나오는 방향이다. B에 흐르는 전류의 방향이 $-x$방향일 때, O에서 B의 전류에 의한 자기장의 방향은 xy 평면에 수직으로 들어가는 방향이다. 이때 O에서 A, B의 전류에 의한 자기장의 세기는 B_0보다 큰 $4B_0$이다. 따라서 ⓒ은 xy 평면에 수직으로 들어가는 방향이다. 따라서 ⓐ과 ⓒ은 서로 반대 방향이다.

171 직선 도선과 원형 도선에 흐르는 전류에 의한 자기장 답 ③

자료 분석

┌ A, B의 전류에 의한 자기장
⇨ p에서 A의 전류에 자기장의 세기
  < B의 전류에 의한 자기장의 세기

C에 흐르는 전류		p에서 A~C의 전류에 의한 자기장	
세기	방향	세기	방향
0	해당 없음	B_0	⊙
I_0	$+y$	$2B_0$	⊙
$2I_0$	$-y$	㉠	㉡

                └ p에서 C의 전류에 의한 자기장의 세기: B_0
$|B_0-2B_0|=B_0$ ⊙: xy 평면에서 수직으로 나오는 방향

알짜 풀이

ㄱ. C에 흐르는 전류가 0일 때, p에서 A, B의 전류에 의한 자기장의 방향은 xy 평면에서 수직으로 나오는 방향이다. 전류의 세기는 A에서와 B에서가 같고 원형 도선의 반지름은 A가 B보다 크므로 p에서 A의 전류에 의한 자기장의 세기는 B의 전류에 의한 자기장의 세기보다 작다. 따라서 A에 흐르는 전류의 방향은 시계 방향이다.

ㄴ. C에 $+y$방향으로 세기가 I_0인 전류가 흐를 때, p에서 A~C의 전류에 의한 자기장의 세기는 $2B_0$이다. 따라서 C에 흐르는 전류의 세기가 I_0일 때, p에서 C의 전류에 의한 자기장의 세기는 B_0이다. C에 세기가 $2I_0$인 전류가 $-y$방향으로 흐를 때, p에서 C의 전류에 의한 자기장은 xy 평면에 수직으로 들어가는 방향으로 세기가 $2B_0$이다. 따라서 ㉠=$|B_0-2B_0|=B_0$이다.

바로 알기

ㄷ. C에 세기가 $2I_0$인 전류가 $-y$방향으로 흐를 때, p에서 A와 B의 전류에 의한 자기장의 세기는 C의 전류에 의한 자기장의 세기보다 작다. 이때 p에서 A~C의 전류에 의한 자기장의 방향은 xy 평면에 수직으로 들어가는 방향이다.

172 직선 도선과 원형 도선에 흐르는 전류에 의한 자기장 답 ①

자료 분석

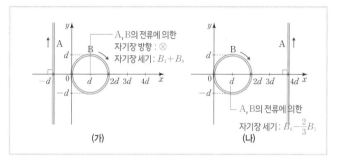

(가)   (나)

알짜 풀이

(가)에서 B의 중심에서 A의 전류에 의한 자기장의 세기를 B_1이라고 하자. (가)에서 B의 중심에서 A, B의 전류에 의한 자기장의 방향은 xy 평면에 수직으로 들어가는 방향이다. 따라서 (가)에서 B의 중심에서 A, B의 전류에 의한 자기장의 세기는 B_1+B_0이다. (나)에서 B의 중심에서 A의 전류에 의한 자기장은 방향이 xy 평면에서 수직으로 나오는 방향이고 세기는 $\frac{2}{3}B_1$이다. B의 중심에서 A, B의 전류에 의한 자기장의 방향은 (가)에서와 (나)에서가 같다고 했으므로 B의 중심에서 A, B의 전류에 의한 자기장의 세기는 $B_0-\frac{2}{3}B_1$이다. B의 중심에서 A, B의 전류에 의한 자기장의 세기는 (가)에서가 (나)에서의 2배이므로 $B_1+B_0=2\left(B_0-\frac{2}{3}B_1\right)$에서 $B_1=\frac{3}{7}B_0$이다. 따라서 (가)의 $x=3d$에서 A의 전류에 의한 자기장의 세기는 $\frac{1}{2}B_1=\frac{3}{14}B_0$이다.

173 자성체와 솔레노이드 답 ①

자료 분석

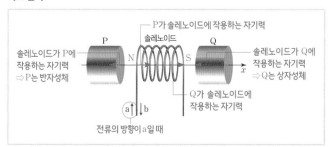

알짜 풀이

ㄱ. 솔레노이드에 흐르는 전류의 방향이 a일 때, P가 솔레노이드에 작용하는 자기력의 방향은 $+x$방향이므로 P와 솔레노이드 사이에는 서로 미는 자기력이 작용한다. 따라서 P는 반자성체이다.

바로 알기

ㄴ. P가 반자성체이므로 Q는 상자성체이다. Q는 상자성체이므로 외부 자기장과 같은 방향으로 자기화되며, 전류가 흐르는 솔레노이드와 Q 사이에는 서로 당기는 자기력이 작용한다. 솔레노이드의 전류에 의한 자기장의 방향은 솔레노이드에 흐르는 전류의 방향이 a일 때와 b일 때가 서로 반대이다. 따라서 Q가 자기화되는 방향은 전류의 방향이 a일 때와 b일 때가 서로 반대이다.

ㄷ. 전류의 방향이 b일 때 반자성체인 P는 솔레노이드와 서로 미는 자기력이 작용하므로 P가 솔레노이드에 작용하는 자기력의 방향은 $+x$방향이고, 상자성체인 Q는 솔레노이드와 서로 당기는 자기력이 작용하므로 Q가 솔레노이드에 작용하는 자기력의 방향은 $+x$방향이다.

174 전자기 유도와 유도 전류   답 ①

자료 분석

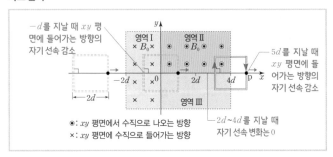

알짜 풀이

p가 $x=5d$를 지날 때 금속 고리는 Ⅱ, Ⅲ을 빠져나가고 있으므로 고리를 통과하는 자기 선속은 감소한다. p가 $x=5d$를 지날 때 p에 흐르는 유도 전류의 방향은 $-y$방향이므로 xy 평면에 수직으로 들어가는 방향의 자기 선속이 감소한다. Ⅱ에서 자기장의 방향은 xy 평면에서 수직으로 나오는 방향이므로 Ⅲ에서 자기장의 방향은 xy 평면에 수직으로 들어가는 방향이다. p에 흐르는 유도 전류의 방향이 $-y$방향이 되게 하는 자기 선속의 변화를 $(-)$라 하고, p에 흐르는 유도 전류의 방향이 $+y$방향이 되게 하는 자기 선속의 변화를 $(+)$라고 하자. 또 길이가 d인 정사각형의 면적을 A라고 하자.

〈p가 $x=d$를 지날 때〉

자기장 영역	Ⅰ	Ⅱ	Ⅲ
자기 선속의 변화	xy 평면에 수직으로 들어가는 방향으로 감소	xy 평면에서 수직으로 나오는 방향으로 증가	xy 평면에 수직으로 들어가는 방향으로 증가
p에 흐르는 유도 전류의 방향	$-y$방향	$-y$방향	$+y$방향

〈p가 $x=5d$를 지날 때〉

자기장 영역	Ⅱ	Ⅲ
자기 선속의 변화	xy 평면에서 수직으로 나오는 방향으로 감소	xy 평면에 수직으로 들어가는 방향으로 감소
p에 흐르는 유도 전류의 방향	$+y$방향	$-y$방향

Ⅲ에서 자기장의 세기를 B라 하면, p가 $x=d$와 $x=5d$를 지날 때 p에 흐르는 유도 전류의 세기는 같으므로 $-2B_0A-B_0A+BA=B_0A-BA$에서 $B=2B_0$이다. p가 $x=5d$를 지날 때 p에 흐르는 유도 전류의 세기를 I라고 하면, $I=\left|\dfrac{B_0A-2B_0A}{\Delta t}\right|=\dfrac{B_0A}{\Delta t}$이다. p가 $x=-d$를 지날 때 p에 흐르는 유도 전류의 세기는 $\left|\dfrac{2B_0A}{\Delta t}\right|=2I$이고 유도 전류의 방향은 $+y$방향이다. p가 $x=2d$에서 $x=4d$까지 운동하는 동안 p에 흐르는 유도 전류는 0이므로 p에 흐르는 유도 전류를 나타낸 그래프로 가장 적절한 것은 ①이다.

175 자성체의 구분   답 ④

알짜 풀이

강자성체와 상자성체는 외부 자기장의 방향으로 자기화되고, 반자성체는 외부 자기장과 반대 방향으로 자기화된다. 따라서 B는 반자성체이다. 강자성체는 외부 자기장이 사라져도 자성을 유지하므로 C는 강자성체이다. 따라서 A는 상자성체이다.

176 솔레노이드와 자성체   답 ⑤

알짜 풀이

ㄴ. 강자성체와 상자성체는 솔레노이드에 흐르는 전류에 의한 자기장의 방향과 같은 방향으로 자기화되므로 p에서 자기장의 방향은 (가)에서와 (나)에서가 같다.

ㄷ. 솔레노이드에 흐르는 전류의 방향으로 오른손을 감아쥐었을 때 엄지손가락이 가리키는 방향이 자기장의 방향이다. 따라서 (나)에서 B의 ㉠면은 N극으로 자기화된다.

바로 알기

ㄱ. 외부 자기장에 의해 자기화되는 정도는 강자성체가 상자성체보다 크다. p에서 자기장의 세기는 (가)에서가 (나)에서보다 작으므로 A는 상자성체이고 B는 강자성체이다.

177 자성체의 특성   답 ①

자료 분석

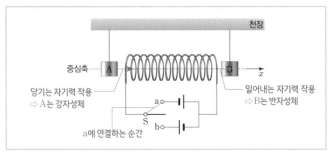

알짜 풀이

ㄱ. (나)에서 A와 솔레노이드 사이에는 서로 당기는 자기력이 작용하고 B와 솔레노이드 사이에는 서로 밀어내는 자기력이 작용한다. 따라서 A는 강자성체이고 B는 반자성체이다.

바로 알기

ㄴ. 강자성체는 외부 자기장과 같은 방향으로 자기화되고 반자성체는 외부 자기장과 반대 방향으로 자기화된다. 따라서 (나)에서 A와 B는 서로 반대 방향으로 자기화된다.

ㄷ. 자기화된 강자성체는 외부 자기장을 제거해도 자성을 유지하고, 자기화된 반자성체는 외부 자기장을 제거하면 자성이 사라진다. 솔레노이드에 흐르

는 전류의 방향은 (나)에서와 (라)에서가 반대이다. 강자성체인 A는 (나)에서 자기화되었으므로 (라)에서 A와 솔레노이드 사이에는 서로 밀어내는 자기력이 작용한다. 따라서 ㉠은 $-x$이다. B는 반자성체이므로 (라)에서 솔레노이드와 B 사이에는 서로 밀어내는 자기력이 작용한다. 따라서 ㉡은 $+x$이다.

178 자성체의 종류　　답 ⑤

알짜 풀이

ㄴ. Q와 R 사이에는 자기력이 작용하지 않았으므로 Q와 R는 각각 상자성체 또는 반자성체이다. (가)에서 Q는 자석과 서로 당기는 자기력이 작용했으므로 Q는 상자성체이다. 따라서 R는 반자성체이다.

ㄷ. P는 강자성체이고 Q는 상자성체이므로 P와 Q 사이에는 서로 당기는 자기력이 작용한다.

바로 알기

ㄱ. (가)에서 P, Q는 각각 자석과 서로 당기는 자기력이 작용한다. 따라서 자기화되는 방향은 P와 Q가 반대 방향이다.

179 자성체의 특성　　답 ③

자료 분석

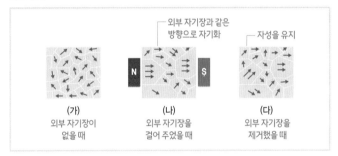

(가) 외부 자기장이 없을 때 / (나) 외부 자기장을 걸어 주었을 때 / (다) 외부 자기장을 제거했을 때

알짜 풀이

ㄷ. 강자성체의 자기적 성질은 정보 저장 장치에 사용될 수 있다.

바로 알기

ㄱ. A의 원자 자석의 배열은 (나)에서와 (다)에서가 유사하므로 (다)에서 외부 자기장을 제거해도 A는 자성을 유지하고 있음을 알 수 있다. 따라서 A는 강자성체이다.

ㄴ. 강자성체는 외부 자기장과 같은 방향으로 자기화된다.

180 자성체와 전자기 유도　　답 ③

자료 분석

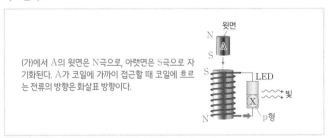

(가)에서 A의 윗면은 N극으로, 아랫면은 S극으로 자기화된다. A가 코일에 가까이 접근할 때 코일에 흐르는 전류의 방향은 화살표 방향이다.

알짜 풀이

ㄱ. (나)에서 A를 코일에 접근시킬 때 LED에서 빛이 방출되었으므로 A는 자성을 유지하고 있음을 알 수 있다. 따라서 A는 강자성체이다.

ㄴ. (가)에서 A의 윗면은 N극으로 자기화된다. (나)에서 A의 S극을 코일에 접근시킬 때 LED에서 빛이 방출되었으므로 X는 p형 반도체이다.

바로 알기

ㄷ. (나)에서 A를 연직 위 방향으로 코일에서 멀어지게 하면, LED에는 역방향 전압이 걸리므로 코일에는 전류가 흐르지 않고 A와 코일 사이에는 자기력이 작용하지 않는다.

181 전자기 유도와 유도 전류　　답 ②

알짜 풀이

ㄴ. C의 운동 방향은 $+x$방향이므로 금속 고리에 수직으로 들어가는 방향의 자기 선속은 감소한다. 따라서 r에 흐르는 유도 전류의 방향은 $-y$방향이다.

바로 알기

ㄱ. A와 C의 속력이 같고, 자기장의 세기는 Ⅰ에서가 Ⅱ에서보다 작다. 따라서 금속 고리를 통과하는 자기 선속의 변화는 A가 B보다 작으므로 유도 전류의 세기는 p에서가 r에서보다 작다.

ㄷ. A의 운동 방향은 $-x$방향이므로 금속 고리에서 수직으로 나오는 방향의 자기 선속은 감소한다. 따라서 p에 흐르는 유도 전류의 방향은 $-x$방향이다. B가 $+y$방향으로 운동하는 동안 Ⅰ에 의해 금속 고리에서 나오는 방향의 자기 선속은 감소하므로 금속 고리에 흐르는 유도 전류의 방향은 시계 반대 방향이고, Ⅱ에 의해 금속 고리에 수직으로 들어가는 방향의 자기 선속은 감소하므로 금속 고리에 흐르는 유도 전류의 방향은 시계 방향이다. 자기장의 세기는 Ⅰ에서가 Ⅱ에서보다 작으므로 Ⅰ에 의한 자기 선속의 변화는 Ⅱ에 의한 자기 선속의 변화보다 작다. 따라서 B에 흐르는 유도 전류의 방향은 시계 방향이고, q에 흐르는 유도 전류의 방향은 $+x$방향이다. 이를 정리하면, 유도 전류의 방향은 p에서와 q에서가 반대이다.

182 변하는 자기장에서의 전자기 유도　　답 ⑤

자료 분석

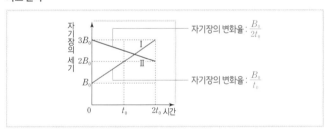

알짜 풀이

ㄱ. Ⅰ에서 자기장의 세기는 t_0일 때가 $2t_0$일 때보다 작으므로 P를 통과하는 자기 선속은 t_0일 때가 $2t_0$일 때보다 작다.

ㄴ. 0부터 $2t_0$까지 P를 종이면에서 수직으로 나오는 방향으로 자기 선속은 증가하므로 P에 흐르는 유도 전류의 방향은 시계 방향이다. 0부터 $2t_0$까지 Q의 Ⅰ에 걸쳐진 영역에서 수직으로 나오는 방향의 자기 선속은 증가하므로 Ⅰ의 자기장의 변화에 의해 Q에 흐르는 유도 전류의 방향은 시계 방향이고, Q의 Ⅱ에 걸쳐진 영역에서 수직으로 들어가는 방향의 자기 선속은 감소하므로 Ⅱ의 자기장의 변화에 의해 Q에 흐르는 유도 전류의 방향은 시계 방향이다. 따라서 t_0일 때, 유도 전류의 방향은 P에서와 Q에서가 같다.

ㄷ. 0부터 $2t_0$까지 시간에 대한 자기장의 변화율은 Ⅰ에서가 $\frac{B_0}{t_0}$이고 Ⅱ에서가 $\frac{B_0}{2t_0}$이다. Q에서 Ⅰ의 변화에 의해 흐르는 유도 전류의 방향은 Ⅱ의 변화에 의해 흐르는 유도 전류의 방향과 같다. 따라서 t_0일 때, 유도 전류의 세기는 P에서가 Q에서보다 작다.

183 유도 전류의 방향 답 ①

자료 분석

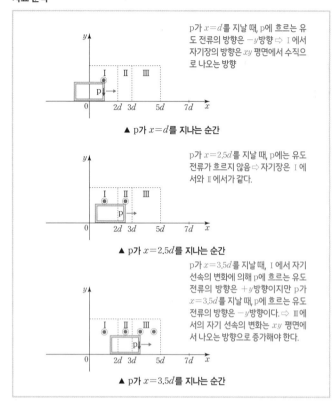

p가 $x=d$를 지날 때, p에 흐르는 유도 전류의 방향은 $-y$방향 ⇨ Ⅰ에서 자기장의 방향은 xy 평면에서 수직으로 나오는 방향

▲ p가 $x=d$를 지나는 순간

p가 $x=2.5d$를 지날 때, p에는 유도 전류가 흐르지 않음 ⇨ 자기장은 Ⅰ에서와 Ⅱ에서가 같다.

▲ p가 $x=2.5d$를 지나는 순간

p가 $x=3.5d$를 지날 때, Ⅰ에서 자기 선속의 변화에 의해 p에 흐르는 유도 전류의 방향은 $+y$방향이지만 p가 $x=3.5d$를 지날 때, p에 흐르는 유도 전류의 방향은 $-y$방향이다. ⇨ Ⅲ에서의 자기 선속의 변화는 xy 평면에서 나오는 방향으로 증가해야 한다.

▲ p가 $x=3.5d$를 지나는 순간

알짜 풀이

ㄱ. 금속 고리는 $+x$방향으로 운동하며, p가 $x=d$를 지날 때 p에 흐르는 유도 전류의 방향은 $-y$방향이므로 Ⅰ에서는 xy 평면에서 수직으로 나오는 방향의 자기 선속이 증가한다. 따라서 Ⅰ에서 자기장의 방향은 xy 평면에서 수직으로 나오는 방향이다.

바로 알기

ㄴ. p가 $x=2.5d$를 지날 때 p에는 유도 전류가 흐르지 않으므로 자기장은 Ⅰ에서와 Ⅱ에서가 같다. p가 $x=3.5d$를 지날 때, Ⅰ에 의한 자기 선속은 감소하고 Ⅱ에 의한 자기 선속은 일정하다. Ⅰ에 의한 자기 선속의 감소에 의해 p에 흐르는 유도 전류의 방향은 $+y$방향이다. 그러나 p가 $x=3.5d$를 지날 때 금속 고리에 흐르는 유도 전류의 방향은 $-y$방향이라고 했으므로 Ⅲ에서 자기장의 방향은 xy 평면에서 수직으로 나오는 방향이고, 자기장의 세기는 Ⅰ에서가 Ⅲ에서보다 작다.

ㄷ. Ⅲ에서 자기장의 방향은 xy 평면에서 수직으로 나오는 방향이므로 p에 흐르는 유도 전류의 방향은 $+y$방향이다.

184 유도 전류의 방향 답 ⑤

알짜 풀이

ㄱ. 자석이 p를 지난 순간부터 고리에 가까워지는 동안 고리를 통과하는 자기력선의 수는 증가하므로 고리를 통과하는 자기 선속은 증가한다.

ㄴ. 자석이 p를 지날 때 자석과 코일 사이에는 서로 밀어내는 자기력이 작용하고, 자석이 q를 지날 때 자석과 코일 사이에는 서로 당기는 자기력이 작용한다. 따라서 자석이 코일로부터 받는 자기력의 방향은 p에서와 q에서가 같다.

ㄷ. 자석이 q를 지날 때, 고리와 자석 사이에는 서로 당기는 자기력이 작용한다. 따라서 금속 고리의 아래쪽은 N극, 위쪽은 S극에 해당하므로 고리에 흐르는 유도 전류의 방향은 ⓐ이다.

185 유도 전류의 방향과 세기 답 ③

알짜 풀이

ㄱ. 자기장의 세기는 Ⅰ에서와 Ⅲ에서가 같고, 고리의 속력은 p가 $x=0.5d$를 지날 때가 $x=3.5d$를 지날 때보다 작다. 따라서 유도 전류의 세기는 p가 $x=0.5d$를 지날 때가 $x=3.5d$를 지날 때보다 작다.

ㄴ. p가 $x=0.5d$를 지날 때 p에 흐르는 유도 전류의 방향은 $+y$방향이므로 고리를 xy 평면에 수직으로 들어가는 방향의 자기 선속이 증가한다. 따라서 Ⅰ, Ⅱ, Ⅲ에서 자기장의 방향은 xy 평면에 수직으로 들어가는 방향이다.

바로 알기

ㄷ. p가 $x=1.5d$를 지날 때 Ⅰ에 의한 자기 선속의 변화가 Ⅱ에 의한 자기 선속의 변화보다 크므로 p에 흐르는 유도 전류의 방향은 $-y$방향이다. p가 $x=2.5d$를 지날 때 Ⅰ에 의한 자기 선속의 변화가 Ⅲ에 의한 자기 선속의 변화보다 작으므로 p에 흐르는 유도 전류의 방향은 $+y$방향이다. 따라서 유도 전류의 방향은 p가 $x=1.5d$를 지날 때와 $x=2.5d$를 지날 때가 반대이다.

186 전자기 유도 실험 답 ①

알짜 풀이

ㄴ. (라)에서 코일을 위 방향으로 통과하는 자기 선속이 감소하므로 코일에 흐르는 유도 전류의 방향은 코일을 위 방향으로 통과하는 자기 선속이 증가하도록 하는 방향이다. 코일에 흐르는 유도 전류의 방향은 (나)에서와 같으므로 ㉠은 'ⓐ'이다.

바로 알기

ㄱ. 자석이 코일에 가까워지는 동안 자석과 코일 사이에는 서로 밀어내는 자기력이 작용한다.

ㄷ. p를 지나는 속력이 (다)에서가 (라)에서보다 작으므로 코일에 흐르는 유도 전류의 세기는 (다)에서가 (라)에서보다 작다.

187 전자기 유도 답 ⑤

자료 분석

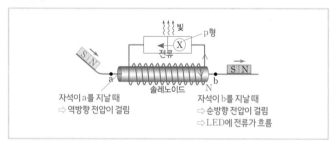

자석이 a를 지날 때
⇨ 역방향 전압이 걸림

자석이 b를 지날 때
⇨ 순방향 전압이 걸림
⇨ LED에 전류가 흐름

알짜 풀이

ㄴ. 자석이 솔레노이드를 통과하는 동안 감소한 역학적 에너지는 LED에서 방출된 빛에너지이다. 자석이 b를 지날 때 LED에서 빛이 방출되었으므로 자석의 역학적 에너지는 a에서가 b에서보다 크다.

ㄷ. 자석이 b를 지날 때 LED에는 순방향 전압이 걸렸으므로 X는 p형 반도체이다.

바로 알기

ㄱ. 자석이 b를 지날 때 LED에서 빛이 방출되었으므로 이때 LED에는 순방향 전압이 걸린다. 자석이 a를 지날 때 LED에는 역방향 전압이 걸리므로 이때 자석과 솔레노이드 사이에는 자기력이 작용하지 않는다.

알짜 풀이

p가 Ⅰ에 들어가는 동안 xy 평면에서 수직으로 나오는 방향으로 고리를 통과하는 자기 선속이 증가하므로 p에 흐르는 전류의 방향은 $-y$방향이다. 자기장의 세기와 방향은 Ⅰ에서와 Ⅱ에서가 같으므로 p가 $x=d$에서 $x=2d$까지 p에 흐르는 유도 전류는 0이다. p가 $x=2d$에서 $x=3d$까지 운동하는 동안, Ⅱ에서 고리를 통과하는 자기 선속의 감소량에 의한 유도 전류의 세기와 방향은 Ⅲ에서 고리를 통과하는 자기 선속의 증가량에 의한 유도 전류의 세기와 방향과 같다. 따라서 p가 $x=2d$에서 $x=3d$까지 운동하는 동안 p에 흐르는 유도 전류의 방향은 $+y$방향이고, 유도 전류의 세기는 p가 Ⅰ에 들어가는 동안의 2배이다. p가 $x=3d$에서 $4d$까지 운동하는 동안 고리를 xy 평면에 수직으로 들어가는 방향으로 통과하는 자기 선속이 감소하므로 p에 흐르는 유도 전류의 방향은 $-y$방향이다. 이때 p에 흐르는 유도 전류의 세기는 p가 Ⅰ에 들어가는 동안과 같다. p가 $x=0$에서 $x=d$까지 p에 흐르는 유도 전류의 세기를 I_0이라고 하면, p가 $+x$방향으로 운동하는 동안 p에 흐르는 유도 전류는 다음과 같다.

위치	$x=0$에서 d까지	$x=d$에서 $2d$까지	$x=2d$에서 $3d$까지	$x=3d$에서 $4d$까지
유도 전류의 세기	I_0	0	$2I_0$	I_0
유도 전류의 방향	$-y$	해당 없음	$+y$	$-y$

따라서 p에 흐르는 유도 전류를 나타낸 것으로 가장 적절한 것은 ②이다.

1등급 도전 문제　　　　　　　076~079쪽

189 ③	**190** ③	**191** ⑤	**192** ④	**193** ⑤	**194** ⑤
195 ③	**196** ①	**197** ①	**198** ②	**199** ③	**200** ⑤
201 ⑤	**202** ②	**203** ⑤	**204** ③		

189 전기력 　　　　　　　　　　　　　　답 ③

알짜 풀이

ㄱ. 양$(+)$전하인 P를 $x=2d$에 고정시킬 때, B와 C는 양$(+)$전하이므로 B와 C가 P에 작용하는 전기력의 방향은 $-x$방향이다. $x=2d$에서 P에 작용하는 전기력의 방향은 $+x$방향이므로 A는 양$(+)$전하이다.

ㄷ. P를 $x=5d$에 고정시킬 때, A와 B가 P에 작용하는 전기력의 크기는 $k\dfrac{11Qq_0}{25d^2}+k\dfrac{Qq_0}{d^2}$이고 C가 P에 작용하는 전기력의 크기는 $k\dfrac{2Qq_0}{d^2}$이다. 이를 정리하면 $k\dfrac{11Qq_0}{25d^2}+k\dfrac{Qq_0}{d^2}-k\dfrac{2Qq_0}{d^2}<0$이므로 P를 $x=5d$에 고정시킬 때 P에 작용하는 전기력의 방향은 $-x$방향이다.

바로 알기

ㄴ. P를 $x=3d$에 고정시킬 때, A가 P에 작용하는 전기력의 크기는 B와 C가 P에 작용하는 전기력의 크기와 같다. P, A, B, C의 전하량의 크기를 각각 q_0, q, Q, $2Q$라고 하면, $k\dfrac{qq_0}{9d^2}=k\dfrac{Qq_0}{d^2}+k\dfrac{2Qq_0}{9d^2}$에서 $q=11Q$이다. 따라서 전하량의 크기는 A가 B의 11배이다.

190 전기력 　　　　　　　　　　　　　　답 ③

자료 분석

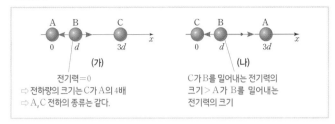

(가)	(나)
전기력=0 ⇨ 전하량의 크기는 C가 A의 4배 ⇨ A, C 전하의 종류는 같다.	C가 B를 밀어내는 전기력의 크기 > A가 B를 밀어내는 전기력의 크기

알짜 풀이

ㄱ. (가)에서 B로부터 떨어진 거리는 C가 A의 2배이고, B에 작용하는 전기력은 0이므로 전하량의 크기는 C가 A의 4배이다.

ㄷ. A, B, C는 모두 같은 종류의 전하이다. A, B, C의 전하량의 크기를 각각 Q, q, $4Q$라고 하자. (나)에서 A에 작용하는 전기력의 크기는 $k\dfrac{Qq}{4d^2}+k\dfrac{4Q^2}{9d^2}$이고, C에 작용하는 전기력의 크기는 $k\dfrac{4Qq}{d^2}+k\dfrac{4Q^2}{9d^2}$이다. 따라서 (나)에서 C에 작용하는 전기력의 크기는 A에 작용하는 전기력의 크기보다 크다.

바로 알기

ㄴ. (가)에서 B는 A와 C 사이에 고정되어 있고, B에 작용하는 전기력은 0이므로 전하의 종류는 A와 C가 같다. 전하량의 크기는 C가 A보다 크므로 (나)에서 C가 B에 작용하는 전기력의 크기는 A가 B에 작용하는 전기력의 크기보다 크다. (나)에서 B에 작용하는 전기력의 방향은 $+x$방향이므로 B와 C 사이에는 서로 밀어내는 전기력이 작용한다.

191 에너지띠와 스펙트럼 　　　　　　　답 ⑤

자료 분석

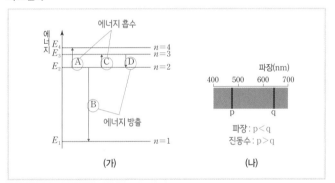

알짜 풀이

ㄱ. A~D에서 빛이 방출되는 전이는 B와 D이고 빛이 흡수되는 전이는 A와 C이다. 따라서 p, q는 각각 A 또는 C에서 흡수된 스펙트럼선이다. 흡수되는 빛의 파장은 A에서가 C에서보다 작으므로 p는 A에서 흡수된 스펙트럼선이고 q는 C에서 흡수된 스펙트럼선이다.

ㄴ. 에너지 준위 차는 B에서가 C에서보다 크므로 B에서 방출되는 광자 1개의 에너지는 C에서 흡수되는 광자 1개의 에너지보다 크다.

ㄷ. 빛의 진동수는 에너지에 비례하고, 에너지 준위 차는 A에서가 D에서보다 크다. 따라서 A에서 흡수되는 빛의 진동수는 D에서 방출되는 빛의 진동수보다 크다.

192 보어의 수소 원자 모형 　　　　　　답 ④

알짜 풀이

ㄱ. 전자와 원자핵 사이의 거리는 $n=1$인 궤도에서가 $n=3$인 궤도에서보다

작으므로 전자가 원자핵으로부터 받는 전기력의 크기는 $n=1$인 궤도에서가 $n=3$인 궤도에서보다 크다.

ㄷ. 방출되는 빛의 파장은 방출되는 광자 1개의 에너지에 반비례한다. c에서 방출되는 광자 1개의 에너지는 $\left| E-\frac{1}{16}E \right|=\frac{15}{16}E$이므로 전이 과정에서 방출되는 광자 1개의 에너지는 c에서가 a에서의 $\frac{5}{4}$배이다. a에서 방출된 빛의 파장은 λ_0이므로 c에서 방출되는 빛의 파장은 $\frac{4}{5}\lambda_0$이다.

바로 알기

ㄴ. a에서 방출되는 광자 1개의 에너지는 전이 과정에서 에너지 준위 차와 같다. a에서 방출되는 광자 1개의 에너지는 $\left| E-\frac{1}{4}E \right|=\frac{3}{4}E$이고, b에서 방출되는 광자 1개의 에너지는 $\left| \frac{1}{4}E-\frac{1}{16}E \right|=\frac{3}{16}E$이다. 따라서 방출되는 광자 1개의 에너지는 a에서가 b에서보다 크다.

193 에너지띠와 p-n 접합 다이오드   답 ⑤

알짜 풀이

ㄴ. 스위치를 닫으면 회로에 전류가 흐르므로 A에는 순방향 전압이 걸린다. 따라서 스위치를 닫으면 다이오드의 n형 반도체에 있는 전자는 p-n 접합면 쪽으로 이동한다.

ㄷ. 스위치를 닫으면 p-n 접합 다이오드에는 순방향 전압이 걸리므로 X는 p형 반도체이다.

바로 알기

ㄱ. A는 절연체이다. 스위치를 열면 전원 장치에는 A가 연결되므로 회로에는 전류가 흐르지 않는다.

194 p-n 접합 다이오드   답 ⑤

자료 분석

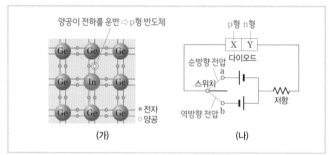

(가)   (나)

알짜 풀이

ㄴ. X는 p형 반도체이므로 스위치를 a에 연결하면 다이오드에는 순방향 전압이 걸린다.

ㄷ. 스위치를 b에 연결하면 다이오드에는 역방향 전압이 걸린다. 따라서 스위치를 b에 연결하면 다이오드의 p형 반도체에 있는 양공은 p-n 접합면에서 멀어지는 쪽으로 이동한다.

바로 알기

ㄱ. X는 저마늄(Ge)에 원자가 전자가 3개인 인듐(In)을 첨가한 p형 반도체이다. 따라서 Y는 n형 반도체이고, n형 반도체는 주로 전자가 전류를 흐르게 한다.

195 p-n 접합 다이오드   답 ③

자료 분석

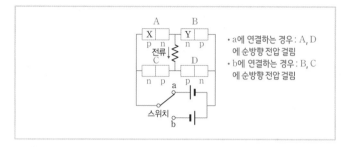

알짜 풀이

ㄱ. 회로에 연결된 p-n 접합 다이오드를 A∼D라고 하자. 스위치를 a에 연결할 때, 저항에 흐르는 전류의 방향은 화살표 방향이므로 순방향 전압이 걸리는 다이오드는 A와 D이다. 따라서 X는 p형 반도체이고 Y는 n형 반도체이다.

ㄴ. 스위치를 b에 연결하면 B와 C에는 순방향 전압이 걸린다. 따라서 저항에 흐르는 전류의 방향은 스위치를 a에 연결할 때와 b에 연결할 때가 같다.

바로 알기

ㄷ. X는 p형 반도체이므로 n_X는 3이고, Y는 n형 반도체이므로 n_Y는 5이다. 따라서 $n_X < n_Y$이다.

196 p-n 접합 발광 다이오드   답 ①

알짜 풀이

ㄱ. 파장은 빨간색 빛이 초록색 빛보다 길다. 전도띠의 전자가 원자가 띠로 전이할 때 방출되는 빛에너지는 X가 Y보다 작으므로 X는 A의 에너지띠 구조를 나타낸 것이고 Y는 B의 에너지띠 구조를 나타낸 것이다.

바로 알기

ㄴ. 스위치를 a에 연결하면 순방향 전압이 걸리는 것은 B이다. 따라서 스위치를 a에 연결하면 회로에서는 초록색 빛이 방출된다.

ㄷ. 띠 간격은 X가 Y보다 작으므로 (나)에서 원자가 띠의 전자가 전도띠로 전이할 때, 흡수하는 에너지는 X가 Y보다 작다.

197 직선 전류에 의한 자기장   답 ①

자료 분석

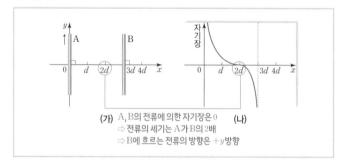

(가)   A, B의 전류에 의한 자기장은 0
⇨ 전류의 세기는 A가 B의 2배
⇨ B에 흐르는 전류의 방향은 $+y$방향
(나)

알짜 풀이

ㄱ. $x=2d$에서 A, B의 전류에 의한 자기장은 0이고, $x=2d$에서 떨어진 거리는 A가 B의 2배이므로 전류의 세기는 A에서가 B에서의 2배이다.

바로 알기

ㄴ. 전류의 세기는 A에서가 B에서보다 크고, $x=d$에서 떨어진 거리는 A가 B보다 작다. 따라서 $x=d$에서 전류에 의한 자기장의 방향은 xy 평면에 수직으로 들어가는 방향이다. $x=2d$에서 전류에 의한 자기장은 0이

므로 B에 흐르는 전류의 방향은 $+y$방향이다. 따라서 $x=4d$에서 전류에 의한 자기장의 방향은 xy 평면에 수직으로 들어가는 방향이다. 따라서 $x=d$에서와 $4d$에서 전류에 의한 자기장의 방향은 같다.

ㄷ. A, B에 흐르는 전류의 세기를 각각 $2I$, I라고 하자. $x=d$에서 전류에 의한 자기장의 세기는 $k\dfrac{2I}{d}-k\dfrac{I}{2d}=k\dfrac{3I}{2d}$이다. $x=4d$에서 전류에 의한 자기장의 세기는 $k\dfrac{2I}{4d}+k\dfrac{I}{d}=k\dfrac{3I}{2d}$이다. 따라서 전류에 의한 자기장의 세기는 $x=d$에서와 $x=4d$에서가 같다.

198 직선 전류와 원형 전류에 의한 자기장 답 ②

알짜 풀이

ㄴ. $x=3d$에서 B의 전류에 의한 자기장의 세기를 B라고 하자. C에 흐르는 전류의 방향이 $-y$방향이고 세기가 $3I_0$일 때 A~C의 전류에 의한 자기장은 0이므로 $k\dfrac{I_0}{3d}+k\dfrac{3I_0}{d}=B$에서 $B=k\dfrac{10I_0}{3d}$이다. C에 흐르는 전류가 $+y$방향이고 세기가 I_0일 때 $x=3d$에서 A~C의 전류에 의한 자기장의 세기는 $\left|k\dfrac{I_0}{3d}-k\dfrac{I_0}{d}-B\right|=B_0$에서 $k\dfrac{4I_0}{d}=B_0$이다. 따라서 $B=\dfrac{5}{6}B_0$이다.

바로 알기

ㄱ. A에는 $+y$방향으로 전류가 흐르므로 $x=3d$에서 A의 전류에 의한 자기장의 방향은 xy 평면에 수직으로 들어가는 방향이다. C에 $-y$방향으로 전류가 흐르면 $x=3d$에서 C의 전류에 의한 자기장의 방향은 xy 평면에 수직으로 들어가는 방향이다. C에 흐르는 전류의 방향이 $-y$이고, 전류의 세기가 $3I_0$일 때 $x=3d$에서 A~C의 전류에 의한 자기장은 0이므로 B에 흐르는 전류의 방향은 ⓐ와 반대 방향이다.

ㄷ. ㉠$=k\dfrac{I_0}{3d}+k\dfrac{5I_0}{d}-B=k\dfrac{16I_0}{3d}-\dfrac{5}{6}B_0=\dfrac{4}{3}B_0-\dfrac{5}{6}B_0=\dfrac{1}{2}B_0$이다.

199 전류에 의한 자기장 답 ③

자료 분석

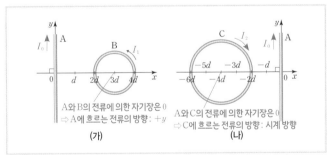

ⓐ A와 B의 전류에 의한 자기장은 0
⇒ A에 흐르는 전류의 방향: $+y$
(가)

A와 C의 전류에 의한 자기장은 0
⇒ C에 흐르는 전류의 방향: 시계 방향
(나)

알짜 풀이

ㄱ. (가)에서 B의 중심에서 B의 전류에 의한 자기장의 방향은 xy 평면에서 수직으로 나오는 방향이다. (가)에서 B의 중심에서 전류에 의한 자기장은 0이므로 A에 흐르는 전류의 방향은 $+y$방향이다.

ㄴ. (나)에서 C의 중심에서 A의 전류에 의한 자기장의 방향은 xy 평면에서 수직으로 나오는 방향이므로 C에 흐르는 전류의 방향은 시계 방향이다. 따라서 원형 도선에 흐르는 전류의 방향은 B에서와 C에서가 서로 반대이다.

바로 알기

ㄷ. A, B, C에 흐르는 전류의 세기를 각각 I_0, I_1, I_2라고 하자. B의 중심에

서 전류에 의한 자기장은 0이므로 $k\dfrac{I_0}{3d}=k'\dfrac{I_1}{d}$에서 $I_1=k\dfrac{I_0}{3k'}$이다. C의 중심에서 전류에 의한 자기장은 0이므로 $k\dfrac{I_0}{4d}=k'\dfrac{I_2}{2d}$에서 $I_2=k\dfrac{I_0}{2k'}$이다. 이를 정리하면 $\dfrac{I_2}{I_1}=\dfrac{3}{2}$이므로 전류의 세기는 C에서가 B에서의 $\dfrac{3}{2}$배이다.

200 전류에 의한 자기장 답 ⑤

알짜 풀이

ㄱ. p는 A와 B의 중간 지점이고, p에서 전류에 의한 자기장은 0이다. 따라서 전류의 방향은 A에서와 B에서가 같다.

ㄴ. p로부터 떨어진 거리는 A와 B가 같고, p에서 전류에 의한 자기장은 0이므로 전류의 세기는 A에서와 B에서가 같다. q에서 전류에 의한 자기장의 방향은 $-y$방향이므로 A와 B에 흐르는 전류의 방향은 xy 평면에 수직으로 들어가는 방향이다. 따라서 $x=0$에서 전류에 의한 자기장은 $+y$방향이고 $x=4d$에서 전류에 의한 자기장은 $-y$방향이므로 서로 반대이다.

ㄷ. A, B에 흐르는 전류의 세기를 I_0이라고 하면 $B_0=k\dfrac{I_0}{4d}+k\dfrac{I_0}{2d}=k\dfrac{3I_0}{4d}$이다. $x=0$에서 전류에 의한 자기장의 세기는 $k\dfrac{I_0}{d}+k\dfrac{I_0}{3d}=k\dfrac{4I_0}{3d}=\dfrac{16}{9}B_0$이다.

201 자성체의 구분 답 ⑤

알짜 풀이

ㄱ. (나)에서 저울의 측정값은 B의 무게와 같으므로 A와 B 사이에는 자기력이 작용하지 않는다. 따라서 B와 C는 각각 상자성체와 반자성체 중 하나이다. (다)에서 저울의 측정값은 B의 무게보다 작으므로 B와 C 사이에는 서로 당기는 자기력이 작용한다. 따라서 C는 강자성체이고, B는 상자성체이다.

ㄴ. A는 반자성체이므로 (나)에서 B(상자성체) 대신 C(강자성체)를 저울에 놓으면 A와 C 사이에는 서로 미는 자기력이 작용한다. 이때 저울의 측정값은 w보다 크다.

ㄷ. (다)에서 B(상자성체)와 C(강자성체) 사이에는 서로 당기는 자기력이 작용하므로 C에 작용하는 자기력의 방향과 중력의 방향은 같다.

202 전자기 유도 답 ③

자료 분석

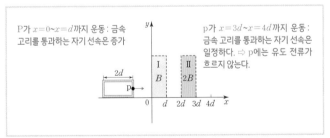

P가 $x=0$~$x=d$까지 운동: 금속 고리를 통과하는 자기 선속은 증가

p가 $x=3d$~$x=4d$까지 운동: 금속 고리를 통과하는 자기 선속은 일정. ⇒ p에는 유도 전류가 흐르지 않는다.

알짜 풀이

ㄱ. p가 $x=0$을 통과한 순간부터 $x=d$를 지날 때까지 금속 고리를 통과하는 자기 선속이 증가한다. p가 $x=0.5d$를 지날 때 p에 흐르는 유도 전류의 방향은 $+y$방향이므로 I에서 자기장의 방향은 xy 평면에 수직으로 들어가는 방향이다.

ㄴ. p가 $x=3d$에서 $x=4d$까지 운동하는 동안 금속 고리를 통과하는 자기
선속은 일정하므로 p에는 유도 전류가 흐르지 않는다. 따라서 p에 흐르는
유도 전류의 세기는 $x=0.5d$를 지날 때가 $x=3.5d$를 지날 때보다 크다.

바로 알기

ㄷ. p가 $x=2.5d$를 지날 때 Ⅰ에서의 자기 선속의 변화에 의해 p에 흐르는 유
도 전류의 방향은 $-y$방향이다. p가 $x=2.5d$를 지날 때 p에 흐르는 유도
전류의 방향은 $+y$방향이라고 했으므로 Ⅱ에서의 자기 선속의 변화에
의해 p에 흐르는 유도 전류의 방향은 $+y$방향이어야 한다. p가 $x=2.5d$
를 지날 때 Ⅱ의 자기장에 의한 자기 선속은 증가하므로 Ⅱ에서 자기장의
방향은 xy 평면에 수직으로 들어가는 방향이다. $x=4.5d$를 지날 때 Ⅱ
의 xy 평면에 수직으로 들어가는 방향의 자기 선속은 감소하므로 p에 흐
르는 유도 전류의 방향은 $-y$방향이다.

203 자기 선속과 전자기 유도
답 ⑤

알짜 풀이

자기장 영역에서 자기장의 방향은 xy 평면에서 수직으로 나오는 방향이고,
1초일 때 p에 흐르는 유도 전류의 방향은 $-x$방향이므로 자기장 영역에서
자기장의 세기는 감소한다. p에 흐르는 유도 전류의 세기는 4초일 때가 1초
일 때의 2배이므로 고리를 통과하는 시간당 자기 선속의 변화율은 4초일 때
가 1초일 때의 2배이다. 4초일 때 p에 흐르는 유도 전류의 방향은 $+x$방향이
므로 2초부터 4초까지 자기장의 세기는 증가한다. 6초부터 8초까지 p에 흐르
는 유도 전류의 방향은 $-x$방향이고, p에 흐르는 유도 전류의 세기는 7초일
때가 4초일 때의 $\frac{1}{2}$배이므로 고리를 통과하는 시간당 자기 선속의 변화율은
7초일 때가 4초일 때의 $\frac{1}{2}$배이다. 0초일 때 자기장 영역의 자기장 세기를 $2B_0$
이라고 하고, 자기장의 세기를 시간에 따라 나타내면 그림과 같다.

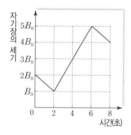

자기장의 세기는 1초일 때가 3초일 때보다 작으므로 $\Phi_1<\Phi_2$이고, 자기장의
세기는 4초일 때가 8초일 때보다 작으므로 $B_1<B_2$이다.

204 전자기 유도
답 ③

알짜 풀이

ㄱ. 0초부터 2초까지 Ⅰ과 Ⅱ의 자기장의 세기는 일정하므로 p에는 유도 전
류가 흐르지 않는다.

ㄴ. 0초부터 5초까지 Ⅰ의 자기장의 세기는 일정하고 2초부터 7초까지 Ⅱ의
자기장의 세기는 감소한다. 4초일 때, Ⅱ에서 xy 평면에 수직으로 들어
가는 방향으로 자기 선속이 감소하므로 p에 흐르는 유도 전류의 방향은
$+x$방향이다.

바로 알기

ㄷ. 4초일 때 Ⅱ에서 자기 선속의 감소에 의해 유도 전류가 흐른다. 6초일 때
Ⅰ에서 고리를 통과하는 자기 선속의 증가에 의해 흐르는 유도 전류의 방
향과 Ⅱ에서 금속 고리를 통과하는 자기 선속의 감소에 의해 흐르는 유도
전류의 방향이 같다. 따라서 p에 흐르는 유도 전류의 세기는 4초일 때가
6초일 때보다 작다.

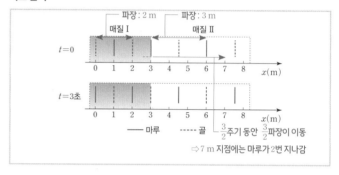

Ⅲ. 파동과 정보 통신

12 파동의 진행과 굴절
083~085쪽

대표 기출 문제	205 ④	206 ④			
적중 예상 문제	207 ①	208 ⑤	209 ⑤	210 ②	211 ⑤
	212 ②	213 ②	214 ④		

205 파동의 진행
답 ④

자료 분석

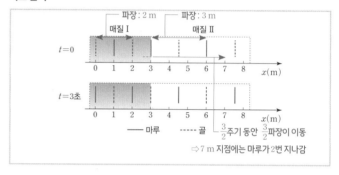

알짜풀이

ㄴ. 주기가 2초이고 Ⅱ에서 파장이 3 m이므로, Ⅱ에서 파동의 진행 속력은
$v=\frac{3}{2}$ m/s이다.

ㄷ. $t=0$부터 $t=3$초까지 시간이 $\frac{3}{2}$주기에 해당한다. 따라서 $x=7$ m에서 파
동이 마루가 되는 횟수는 2회이다.

바로 알기

ㄱ. $t=0$일 때 Ⅰ에서 점선과 점선 사이의 간격이 2 m이다. 따라서 Ⅰ에서
파동의 파장은 2 m이다.

206 파동 그래프 해석
답 ④

자료 분석

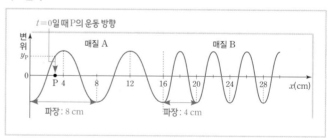

알짜풀이

ㄱ. A에서 파장이 8 cm이고 진행 속력이 4 cm/s이므로 $4=\frac{8}{T}$에서 주기는
$T=2$초이다.

ㄷ. $t=0$일 때 P의 운동 방향은 $-y$방향이므로, $t=0.1$초일 때 P에서 파동
의 변위는 $t=0$일 때 변위인 y_P보다 작다.

바로 알기

ㄴ. 파장이 B에서가 A에서의 $\frac{1}{2}$배이다. 따라서 B에서 파동의 진행 속력은
A에서의 $\frac{1}{2}$배인 2 cm/s이다.

207 파동의 진행 속력 답 ①

알짜풀이

ㄴ. Q에서 파장이 P에서의 $\frac{3}{2}$배인 6 m이므로, Q에서 파동의 속력은 P에서의 $\frac{3}{2}$배인 $\frac{15}{2}$ m/s이다.

바로 알기

ㄱ. P에서 파장이 4 m이므로 $5 = f \times 4$에서 진동수는 $f = \frac{5}{4}$ Hz이다.

ㄷ. 파동의 주기가 $T = \frac{1}{f} = \frac{4}{5} = 0.8$(초)이므로, 0.6초는 $\frac{3}{4}$주기에 해당한다. 파동이 $-x$방향으로 진행하므로 $t = 0$일 때 $x = 1$ m에서 매질은 위쪽으로 진동하고, $t = 0.6$초일 때 $x = 1$ m에서 변위는 $-A$이다.

208 파동의 진행 답 ⑤

알짜풀이

ㄴ. 골과 마루 사이의 간격이 $3d$이므로 파장이 $6d$이다. 따라서 $v = f \times 6d$에서 진동수는 $f = \frac{v}{6d}$이다.

ㄷ. p와 q 사이의 간격이 $\frac{1}{2}$파장이므로, p, q에서 파동의 위상은 반대이다. 따라서 $t = 0$일 때 p, q의 운동 방향은 반대이다.

바로 알기

ㄱ. 파동이 진행 방향에 수직으로 진동하므로 횡파이다.

209 파동 그래프 해석 답 ⑤

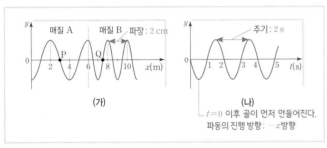

(가)

(나)

└ $t = 0$ 이후 골이 먼저 만들어진다.
파동의 진행 방향: $-x$방향

알짜풀이

ㄴ. P와 Q의 위상이 서로 반대이다. 그런데 $t = 0$일 때 P에서 매질의 운동 방향이 $-y$방향이므로, Q에서 매질의 운동 방향은 $+y$방향이다.

ㄷ. B에서 파장은 2 cm이고 주기는 2초이다. 따라서 B에서 파동의 진행 속력은 $v_B = \frac{2}{2} = 1(\text{cm/s})$이다.

바로 알기

ㄱ. $t = 0$ 이후 P에는 골이 먼저 만들어지므로 파동의 진행 방향은 $-x$방향이다.

210 파동의 진행 답 ②

알짜풀이

ㄴ. 파장은 이웃한 밀한 곳 사이의 간격과 같으므로 $\frac{1}{2}A = 0.5A$이다.

바로 알기

ㄱ. 공기가 진행 방향에 나란하게 진동한다. 따라서 매질의 진동 방향은 음파의 진행 방향에 나란하다.

ㄷ. 파장은 $\lambda = \frac{1}{2}A$이고 주기는 $T = \frac{4}{5}t$이므로 음파의 진행 속력은 $v = \frac{\lambda}{T} = \frac{5A}{8t}$이다.

211 파동 그래프 해석 답 ⑤

자료 분석

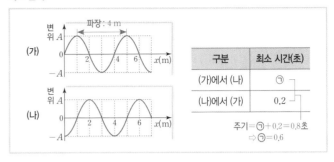

구분	최소 시간(초)
(가)에서 (나)	㉠
(나)에서 (가)	0.2

주기=㉠+0.2=0.8초
⇒㉠=0.6

알짜풀이

ㄴ. 주기가 0.8초이고 (가)에서 (나)로 바뀌는 데 걸리는 최소 시간이 0.6초이다. 따라서 파동은 $-x$방향으로 진행한다.

ㄷ. 파장이 4 m이므로 $x = 2$ m와 $x = 4$ m에서 파동의 위상이 반대이다. 따라서 파동의 모양이 (가)일 때, $x = 2$ m와 $x = 4$ m에서 매질의 운동 방향은 서로 반대이다.

바로 알기

ㄱ. 파장이 4 m이고 진행 속력이 5 m/s이므로 $5 = \frac{4}{T}$에서 주기는 $T = 0.8$초이다. (가) → (나) → (가)의 최소 시간이 주기이므로 ㉠은 0.6이다.

212 파동의 진행 답 ②

알짜풀이

ㄷ. 파장이 B에서가 A에서보다 크다. 진동수가 일정할 때 파장이 클수록 속력이 커지므로 파동의 진행 속력은 B에서가 A에서보다 크다.

바로 알기

ㄱ. 매질은 파동의 진행 방향에 수직으로 진동하므로 p는 y축에 나란한 방향으로 진동한다.

ㄴ. 매질이 바뀌더라도 진동수는 변하지 않는다. 따라서 A, B에서 파동의 진동수는 같다.

213 파동의 변위 – 위치 그래프 답 ②

알짜풀이

파장이 Ⅱ에서가 Ⅰ에서의 $\frac{1}{2}$배이므로, Ⅱ에서 파동의 속력은 Ⅰ에서의 $\frac{1}{2}$배인 1 cm/s이다. 그런데 파동의 진행 방향이 $+x$방향이므로 $x = 9$ cm에서 $t = 1$초일 때 변위가 위쪽으로 증가하기 시작한다. Ⅰ에서 파장이 4 cm이고 속력이 2 cm/s이므로 $2 = \frac{4}{T}$에서 주기는 $T = 2$초이다. 따라서 변위를 시간에 따라 나타낸 그래프로 가장 적절한 것은 ②이다.

214 빛의 굴절과 반사 답 ④

자료 분석

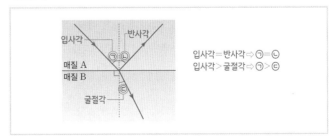

입사각=반사각⇒㉠=㉡
입사각>굴절각⇒㉠>㉢

알짜풀이

ㄱ. 반사 법칙에 따라 입사각 ㉠과 반사각 ㉡은 크기가 같다.

ㄴ. 굴절각 ㉢이 입사각 ㉠보다 작다.

바로 알기

ㄷ. 파동이 진행할 때 입사각과 굴절각의 사인값의 비와 파동의 속력의 비는 일정하다. 입사각이 굴절각보다 크므로 파동의 속력은 A에서가 B에서보다 크다.

---

13 전반사와 전자기파

087~091쪽

대표 기출 문제 215 ③ 216 ④

적중 예상 문제 217 ③ 218 ① 219 ④ 220 ① 221 ④
222 ③ 223 ⑤ 224 ① 225 ① 226 ①
227 ③ 228 ① 229 ⑤ 230 ①

215 빛의 굴절과 전반사

답 ③

자료 분석

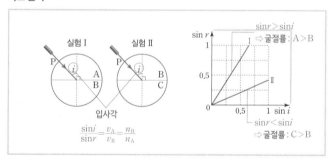

$$\frac{\sin i}{\sin r} = \frac{v_A}{v_B} = \frac{n_B}{n_A}$$

알짜풀이

ㄱ. Ⅰ에서 $\sin r$가 $\sin i$보다 크다. 따라서 굴절률은 A가 B보다 크다.

ㄷ. Ⅰ에서 $\sin r = 1$일 때 입사각이 임계각이다. 그런데 $\sin r = 1$일 때 $\sin i < 0.75$이고, $\sin i_0 = 0.75$이므로 i_0은 임계각보다 크다. 따라서 Ⅰ에서 $\sin i_0 = 0.75$인 입사각 i_0으로 P를 입사시키면 전반사가 일어난다.

바로 알기

ㄴ. Ⅱ에서 $\sin r$가 $\sin i$보다 작으므로, 굴절률은 C가 B보다 크다. 따라서 P의 속력은 B에서가 C에서보다 크다.

216 전자기파의 이용

답 ④

알짜풀이

ㄱ. ㉠은 눈에 보이므로 가시광선 영역에 해당한다.

ㄷ. 진동수는 ㉡이 ㉢보다 크다. 따라서 진공에서 파장은 진동수에 반비례하므로 ㉡이 ㉢보다 짧다.

바로 알기

ㄴ. 진공에서 전자기파의 속력은 파장에 관계없이 모두 같다. 따라서 진공에서 속력은 ㉠과 ㉡이 같다.

217 빛의 굴절

답 ③

자료 분석

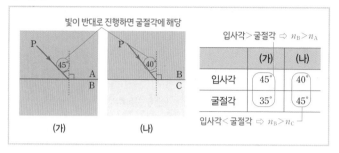

	(가)	(나)
입사각	45°	40°
굴절각	35°	45°

알짜풀이

(가)에서 굴절각이 입사각보다 작으므로 $n_B > n_A$이고, (나)에서 굴절각이 입사각보다 크므로 $n_B > n_C$이다. 빛이 반대 방향으로 진행하면 입사각이 굴절각이 되므로 P를 C에서 B로 입사각 45°로 입사시키면 굴절각이 40°이다. 빛을 A에서 B로, C에서 B로 입사각 45°로 입사시키면 굴절각이 각각 35°, 40°이므로 $n_C > n_A$이다. 따라서 $n_B > n_C > n_A$이다.

218 빛의 굴절

답 ①

자료 분석

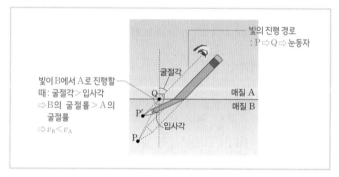

알짜풀이

ㄱ. P가 P′ 위치에 있는 것처럼 보인다. 눈에서는 빛이 직진하는 것으로 인식하므로, P에서 방출된 빛이 눈동자에 들어올 때까지, 빛은 P → Q → 눈동자 경로를 따라 진행한다.

바로 알기

ㄴ. P, Q를 연결한 직선이 법선과 이루는 각이 입사각이고, Q와 눈동자를 연결한 직선이 법선과 이루는 각이 굴절각이다. 따라서 빛이 B에서 A로 진행할 때, 굴절각은 입사각보다 크다.

ㄷ. 굴절률이 B가 A보다 크므로, 빛의 속력은 B에서가 A에서보다 작다.

219 빛의 굴절 실험

답 ④

알짜풀이

ㄱ. 원의 반지름을 r, 입사각을 θ_1, 굴절각을 θ_2라고 하면, $a = r\sin\theta_1$이고 $b = r\sin\theta_2$이다. $\frac{a}{b} = \frac{\sin\theta_1}{\sin\theta_2}$이 일정하므로 $\frac{a_0}{b_0} = \frac{2a_0}{㉠}$에서 ㉠은 $2b_0$이다.

ㄴ. 굴절률은 물이 공기보다 크다. 따라서 빛의 파장은 물에서가 공기에서보다 짧다.

바로 알기

ㄷ. 굴절률이 클수록 빛의 속력이 느리다. 따라서 빛의 진행 속력은 물에서가 공기에서보다 작다.

46 메가스터디 N제 물리학 Ⅰ

220 빛의 굴절
답 ①

자료 분석

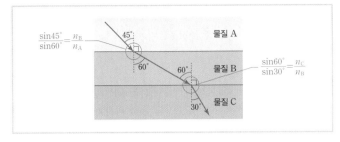

알짜풀이

B의 굴절률을 n_B라고 하면 단색광이 A에서 B로 진행할 때 $n_A\sin45°=n_B\sin60°$가 성립하고, 단색광이 B에서 C로 진행할 때 $n_B\sin60°=n_C\sin30°$가 성립한다. 따라서 $n_A\sin45°=n_C\sin30°$에서 $\dfrac{n_C}{n_A}=\sqrt{2}$이다.

221 빛의 굴절과 전반사
답 ④

알짜풀이

ㄱ. A에서 B로 진행할 때 굴절각이 입사각보다 작으므로, 굴절률은 B가 A보다 크다. 따라서 X의 속력은 A에서가 B에서보다 크다.

ㄷ. A에 대한 B의 굴절률이 $\dfrac{\sin60°}{\sin30°}=\sqrt{3}$이므로, X가 B에서 A로 진행할 때 임계각을 θ_C라고 하면 $\sin\theta_C=\dfrac{1}{\sqrt{3}}=\dfrac{\sqrt{3}}{3}$이다. 그런데 P에서 입사각이 60°이므로 $\sin60°=\dfrac{\sqrt{3}}{2}>\sin\theta_C$에서 $60°>\theta_C$이다. 입사각이 임계각보다 크므로 X는 P에서 전반사한다.

바로 알기

ㄴ. 광섬유에는 굴절률이 큰 B가 코어로 사용된다.

222 빛의 굴절 실험
답 ③

알짜풀이

ㄱ. 입사각과 반사각이 같으므로 ⓒ은 50°이다. Ⅱ에서 굴절각이 입사각보다 크므로, Ⅰ에서도 굴절각 ⊙이 입사각 30°보다 크다.

ㄴ. 입사각을 i, 반사각을 r라고 하면, 굴절 법칙에 따라 $\dfrac{\sin i}{\sin r}$가 일정하다. 따라서 $\dfrac{\sin30°}{\sin⊙}=\dfrac{\sin ⓒ}{\sin59°}$이다.

바로 알기

ㄷ. 굴절각이 입사각보다 크므로 굴절률은 A가 B보다 크다. 따라서 단색광의 속력은 A에서가 B에서보다 작다.

223 빛의 굴절과 전반사
답 ⑤

알짜풀이

ㄱ. X에서 굴절각이 θ_C이므로 A와 B 사이의 임계각은 θ_C보다 크다. 굴절률 차이가 클수록 임계각이 작으므로 A와 B 사이의 굴절률 차이보다 B와 C 사이의 굴절률 차이가 더 크다. 따라서 굴절률은 A가 C보다 크다.

ㄴ. X에서 굴절각이 입사각보다 작으므로, 굴절률은 B가 A보다 크다. 따라서 P의 속력은 A에서가 B에서보다 크다.

ㄷ. X에서 입사각이 θ_1보다 크면, X에서 굴절각도 θ_C보다 크고, B에서 C로 진행하는 빛의 입사각도 θ_C보다 크므로, 입사각이 임계각보다 크다. 따라

서 P를 입사각 $2\theta_1$로 X에 입사시키면, P는 B와 C의 경계면에서 전반사한다.

224 빛의 굴절과 전반사
답 ①

자료 분석

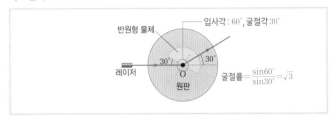

알짜풀이

ㄴ. 문제의 그림에서 입사각이 60°이고 굴절각이 30°이므로 물체의 굴절률은 $n=\dfrac{\sin60°}{\sin30°}=\sqrt{3}$이다. 따라서 레이저 빛이 물체에서 공기로 진행할 때, 입사각을 i라고 하면 $\sin i\geq\dfrac{1}{\sqrt{3}}$일 때 전반사가 일어난다. ㄴ은 물체에서 공기로 진행하는 레이저 빛의 입사각이 60°이므로 $\sin60°=\dfrac{\sqrt{3}}{2}>\dfrac{1}{\sqrt{3}}$이다. 따라서 전반사가 일어난다.

바로 알기

ㄱ. 공기에서 물체로 빛이 입사할 때에는 전반사가 일어나지 않으며, 원둘레와 지름 방향은 항상 수직을 이루므로 물체에서 공기로 진행하는 빛의 입사각은 0°이다. 따라서 전반사가 일어나지 않는다.

ㄷ. 물체에서 공기로 진행할 때 입사각이 30°이므로 $\sin i=\sin30°=\dfrac{1}{2}<\dfrac{1}{\sqrt{3}}$이다. 따라서 전반사가 일어나지 않는다.

225 빛의 굴절과 전반사
답 ①

자료 분석

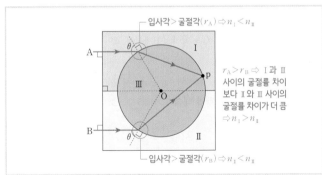

알짜풀이

ㄱ. 입사각은 입사 광선이 법선과 이루는 각이다. 따라서 p에서 입사각은 A가 B보다 크다.

바로 알기

ㄴ. A, B가 입사각 θ로 Ⅲ에 입사할 때, A, B의 굴절각은 모두 θ보다 작으며, A의 굴절각이 B의 굴절각보다 크다. 따라서 Ⅰ의 굴절률이 Ⅱ의 굴절률보다 크다.

ㄷ. B가 Ⅱ에서 Ⅲ으로 진행할 때 굴절각을 θ'라고 하면, Ⅱ와 Ⅲ 사이의 임계각 θ_C는 θ'보다 크다. 그런데 굴절률은 Ⅰ이 Ⅱ보다 크므로 Ⅰ과 Ⅲ 사이의 임계각은 θ_C보다 크다. 따라서 p에서 B의 입사각은 Ⅰ과 Ⅲ의 임계각보다 작다.

226 빛의 전반사와 광섬유　답 ①

알짜풀이

ㄱ. 단색광이 같은 입사각으로 A에서 공기로 진행할 때보다 B에서 공기로 진행할 때 더 크게 꺾인다. 따라서 굴절률은 B가 A보다 크고, 광섬유에서 A, B는 각각 클래딩과 코어로 사용된다. 굴절률은 Y가 X보다 크므로 X는 A이다.

바로 알기

ㄴ. 굴절률이 클수록 단색광의 속력이 느리다. 따라서 단색광의 속력은 A에서가 B에서보다 빠르다.

ㄷ. 공기에서 A로 진행할 때 입사각과 굴절각이 각각 $45°$, $30°$이고, B에서 공기로 진행할 때 입사각과 굴절각이 각각 $30°$, $60°$이므로, 공기, A, B의 굴절률을 각각 n_0, n_A, n_B라고 하면 다음 관계가 성립한다.

$n_0\sin45° = n_A\sin30°$ ······ (i)

$n_0\sin60° = n_B\sin30°$ ······ (ii)

(i), (ii)에서 $\sin\theta_C = \dfrac{n_A}{n_B} = \dfrac{\sqrt{6}}{3}$이다.

227 전반사와 광통신　답 ③

자료 분석

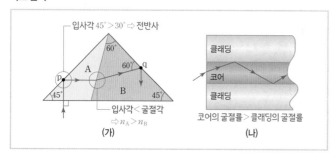

입사각 $45° > 30°$ ⇨ 전반사

입사각 < 굴절각 ⇨ $n_A > n_B$

(가)

코어의 굴절률 > 클래딩의 굴절률

(나)

알짜풀이

ㄱ. A와 B의 경계면에서 입사각이 굴절각보다 작으므로 굴절률은 A가 B보다 크다. B에서 공기로 향하는 단색광의 입사각이 $30°$일 때 전반사하므로, A에서 공기로 향하는 단색광의 임계각은 $30°$보다 작다. 따라서 단색광은 p에서 전반사한다.

ㄴ. A의 굴절률이 B보다 크다. 따라서 (나)에서 코어는 A로 만들어졌다.

바로 알기

ㄷ. 단색광이 B에서 공기로 진행할 때 임계각이 $30°$보다 작다. 따라서 단색광이 A에서 공기로 진행할 때의 임계각도 $30°$보다 작다.

228 전자기파　답 ①

알짜풀이

ㄱ. 전자기파는 전기장과 자기장이 진동하면서 공간으로 퍼져 나가는 파동이다.

바로 알기

ㄴ. 전기장과 자기장의 진동 방향은 전자기파의 진행 방향에 수직이다.

ㄷ. 진공에서 전자기파의 진행 속력은 파장(A)에 관계없이 모두 같다.

229 전자기파의 이용　답 ⑤

알짜풀이

ㄱ. A는 마이크로파이므로 ㉢에 해당한다.

ㄴ. B는 눈으로 볼 수 있으므로 가시광선이다. 따라서 ㉡에 해당한다.

ㄷ. 파장이 짧을수록 진동수가 크다. 따라서 진동수는 ㉠이 ㉡보다 크다.

230 전자기파의 이용　답 ①

알짜풀이

ㄴ. 안 보이던 모양이 자외선을 비출 때 보이는 까닭은 형광 물질이 자외선을 흡수한 후 가시광선을 방출하기 때문이다. 따라서 ㉡은 자외선보다 파장이 긴 가시광선이다.

바로 알기

ㄱ. 의료기구나 식기를 살균하는 데 사용하는 전자기파 ㉠은 자외선이다.

ㄷ. 자외선이 살균에 이용되는 까닭은 세포를 잘 파괴하기 때문이다. 따라서 피부에 쪼일 때, 세포를 더 잘 파괴하는 것은 ㉠이다.

14 파동의 간섭　093~095쪽

대표 기출 문제	231 ②	232 ④		
적중 예상 문제	233 ①	234 ⑤	235 ④	236 ①	237 ⑤
	238 ①	239 ①	240 ③		

231 파동의 중첩과 간섭　답 ②

자료 분석

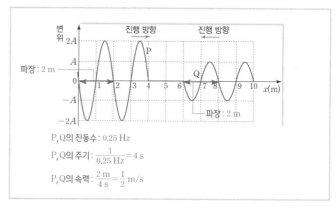

P, Q의 진동수: 0.25 Hz

P, Q의 주기: $\dfrac{1}{0.25\ \text{Hz}} = 4$ s

P, Q의 속력: $\dfrac{2\ \text{m}}{4\ \text{s}} = \dfrac{1}{2}$ m/s

알짜풀이

$x = 5$ m에서 P와 Q가 반대 위상으로 중첩하므로 상쇄 간섭이 일어난다. 따라서 $x = 5$ m에서 변위의 최댓값은 P의 진폭 $2A$에서 Q의 진폭 A를 뺀 값인 A이다.

232 보강 간섭과 상쇄 간섭　답 ④

알짜풀이

ㄱ. P에서는 두 파동이 반대 위상으로 중첩하므로 상쇄 간섭이 일어난다.

ㄷ. 물결파의 진행 속력이 20 cm/s이고 파장이 20 cm이다. $v = \dfrac{\lambda}{T}$에서 $20 = \dfrac{20}{T}$이므로 주기는 $T = 1$초이다. 따라서 R에서 중첩된 물결파의 변위는 $t = 1$초일 때와 $t = 2$초일 때가 같다.

바로 알기

ㄴ. Q에서는 보강 간섭이 일어나므로 큰 진폭으로 진동한다. 따라서 Q에서 중첩된 물결파의 변위는 시간에 따라 일정하지 않다.

233 물결파의 간섭　답 ①

자료 분석

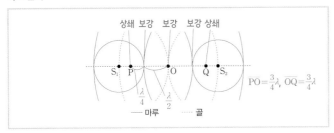

$$\overline{PO}=\frac{3}{4}\lambda,\ \overline{OQ}=\frac{3}{4}\lambda$$

상쇄 보강 보강 보강 상쇄
S_1 P O Q S_2
$\frac{\lambda}{4}$ $\frac{\lambda}{2}$
—— 마루　--- 골

알짜풀이

ㄴ. O에서 보강 간섭이 일어나며, 선분 $\overline{S_1S_2}$상에서 보강 간섭이 일어나는 지점 사이의 간격은 0.5λ이다. 선분 $\overline{S_1S_2}$상에서 보강 간섭이 일어나는 두 지점의 가운데에서 상쇄 간섭이 일어나므로 O에서 P, Q까지 떨어진 거리는 각각 $\frac{3}{4}\lambda$이다. 따라서 선분 $\overline{PQ}$의 길이는 1.5λ이다.

바로 알기

ㄱ. P에서는 상쇄 간섭이 일어나고, $t=0$일 때 O에서는 골과 골이 만났다. 따라서 $t=0$일 때 수면의 높이는 O에서가 P에서보다 낮다.

ㄷ. 선분 $\overline{PQ}$상에서 보강 간섭이 일어나는 지점의 개수는 3개이다.

234 물결파의 간섭　답 ⑤

자료 분석

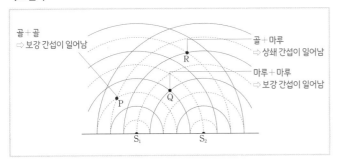

골+골
⇨ 보강 간섭이 일어남

골+마루
⇨ 상쇄 간섭이 일어남

마루+마루
⇨ 보강 간섭이 일어남

R
P Q
S_1 S_2

알짜풀이

ㄴ. Q에서는 보강 간섭이, R에서는 상쇄 간섭이 일어난다. 따라서 진폭은 Q에서가 R에서보다 크다.

ㄷ. 그림은 보강 간섭이 일어나는 지점과 상쇄 간섭이 일어나는 지점을 연결한 선을 나타낸 것이다. 따라서 선분 $\overline{S_1S_2}$상에서 보강 간섭이 일어나는 지점은 5곳이다.

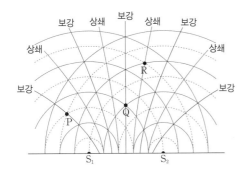

보강 상쇄 보강 상쇄 보강
상쇄　　　　　　　상쇄
R
보강　　　　　　　보강
Q
P
S_1 S_2

바로 알기

ㄱ. P에서 골과 골이 만나므로, 두 파동의 위상이 같다. 따라서 P에서 보강 간섭이 일어난다.

235 물결파의 간섭　답 ④

알짜풀이

ㄱ. 모눈의 간격이 1 m이므로 물결파의 파장이 2 m이다. 따라서 $4=f\times2$에서 물결파의 진동수는 $f=2$ Hz이다.

ㄴ. P에서 실선과 실선이 만났으므로 두 물결파가 같은 위상으로 중첩한다. 따라서 P에서 보강 간섭이 일어난다.

바로 알기

ㄷ. Q에서 S_1, S_2까지 거리가 같으므로 보강 간섭이 일어난다. 소음 제거 이어폰에 이용되는 간섭은 상쇄 간섭이다.

236 소리의 간섭 실험　답 ①

자료 분석

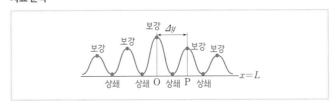

보강 Δy
보강　　　　　　보강
보강　　　　　　　　보강
상쇄　상쇄 O 상쇄 P 상쇄
$x=L$

알짜풀이

ㄱ. O에서는 큰 소리가 측정되므로 A, B에서 발생한 음파가 보강 간섭을 한다.

바로 알기

ㄴ. P에서는 보강 간섭이 일어나므로 두 음파는 같은 위상으로 중첩한다.

ㄷ. 진동수가 증가하면 파면 사이의 간격이 좁아진다. 따라서 Δy는 감소한다.

237 소리의 간섭 실험　답 ⑤

알짜풀이

ㄱ. P에서 두 스피커까지의 거리가 같으므로 보강 간섭이 일어난다.

ㄴ. 보강 간섭이 일어나는 지점에서는 큰 소리가 측정되고, 상쇄 간섭이 일어나는 지점에서는 소리가 거의 측정되지 않는다.

ㄷ. 두 파동이 반대 위상으로 중첩하면 상쇄 간섭이 일어난다. 따라서 상쇄 간섭이 일어나는 지점에서는 두 스피커에서 발생한 소리가 반대 위상으로 중첩한다.

238 빛의 간섭과 빛의 파동성　답 ①

알짜풀이

ㄱ. 밝은 무늬는 보강 간섭에 의해, 어두운 무늬는 상쇄 간섭에 의해 만들어진다. 따라서 P에서는 보강 간섭이 일어난다.

바로 알기

ㄴ. Q에서는 상쇄 간섭이 일어나므로, 두 슬릿을 통과한 빛이 반대 위상으로 중첩한다.

ㄷ. 간섭은 파동의 성질이다. 따라서 간섭무늬는 빛의 파동성으로 설명할 수 있다.

239 빛의 간섭의 활용　답 ①

알짜풀이

ㄱ. ㉠과 ㉡이 상쇄 간섭을 하므로 ㉠과 ㉡은 위상이 반대이다.

III

240 간섭의 활용   답 ③

자료 분석

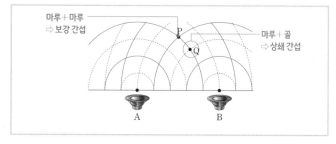

알짜풀이

ㄱ. P에서는 실선과 실선이 만나므로 두 음파가 같은 위상으로 중첩하는 보
강 간섭이 일어나고, Q에서는 실선과 점선이 만나므로 두 음파가 반대 위
상으로 중첩하는 상쇄 간섭이 일어난다. 따라서 음파의 세기는 P에서가
Q에서보다 크다.

ㄴ. 능동형 소음 제거 헤드폰에서는 상쇄 간섭을 이용한다. 따라서 Q에서 일
어나는 간섭을 사용한다.

바로 알기

ㄷ. 진동수가 2배 증가하면 파장이 $\frac{1}{2}$배로 감소하므로 그림의 P, Q에서 실
선과 점선이 모두 실선으로 바뀐다. 따라서 P, Q 모두 보강 간섭이 일어
난다.

<table>
<tr><td colspan="6">## 15 빛과 물질의 이중성   097~101쪽</td></tr>
<tr><td>대표 기출 문제</td><td>241 ④</td><td>242 ⑤</td><td></td><td></td><td></td></tr>
<tr><td rowspan="3">적중 예상 문제</td><td>243 ③</td><td>244 ②</td><td>245 ④</td><td>246 ②</td><td>247 ⑤</td></tr>
<tr><td>248 ①</td><td>249 ③</td><td>250 ③</td><td>251 ①</td><td>252 ④</td></tr>
<tr><td>253 ③</td><td>254 ④</td><td>255 ①</td><td>256 ④</td><td></td></tr>
</table>

241 광전 효과와 문턱 진동수   답 ④

알짜풀이

ㄴ. B를 비출 때 광전자가 방출된다. 따라서 P의 문턱 진동수는 B의 진동수
보다 작다.

ㄷ. 광전자의 최대 운동 에너지가 B를 비추었을 때가 C를 비추었을 때보다
크므로, 광자의 에너지는 B가 C보다 크다. 따라서 단색광의 진동수는 B
가 C보다 크다.

242 물질파 파장   답 ⑤

자료 분석

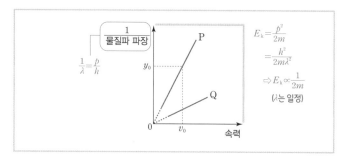

알짜 풀이

ㄱ. P의 질량을 m_P라고 하면 $\frac{1}{\lambda}=\frac{p}{h}$에서 $y_0=\frac{m_P v_0}{h}$이므로, $m_P=h\frac{y_0}{v_0}$이다.

ㄴ. $\frac{1}{물질파\ 파장}$이 운동량 크기에 비례하므로, 속력이 같을 때 운동량 크기는
P가 Q보다 크다. 따라서 질량은 P가 Q보다 크다. 헬륨 원자핵은 양성자
2개와 중성자 2개가 결합한 입자이므로, 헬륨 원자가 중성자보다 질량이
크다. 따라서 Q는 중성자이다.

ㄷ. 물질파 파장이 같으면 운동량의 크기가 같으므로, $E_k=\frac{p^2}{2m}$에서 운동 에너
지는 질량에 반비례한다. 따라서 P와 Q의 물질파 파장이 같을 때, 운동
에너지는 P가 Q보다 작다.

243 광전 효과   답 ③

알짜풀이

ㄱ. Q에 B를 비출 때는 광전자가 방출되고, A를 비출 때는 광전자가 방출되
지 않는다. 따라서 진동수는 B가 A보다 크다.

ㄴ. B를 P에 비출 때는 광전자가 방출되지 않고 Q에 비출 때는 광전자가 방
출되므로, P의 문턱 진동수는 B의 진동수보다 크고 Q의 문턱 진동수는
B의 진동수보다 작다. 따라서 문턱 진동수는 P가 Q보다 크다.

바로 알기

ㄷ. 광전자의 최대 운동 에너지는 단색광의 진동수가 클수록 크고, 단색광의
세기와는 관계가 없다. 따라서 (다)에서 B의 세기를 증가시켜도 광전자의
최대 운동 에너지는 변하지 않는다.

244 광전 효과와 빛의 입자성   답 ②

알짜풀이

ㄴ. A에서 전자가 방출되면서 금속박이 오므라든다. 따라서 P를 비추기 전
금속박과 A는 음(−)전하로 대전되어 있다.

바로 알기

ㄱ. 금속박이 오므라들므로 A에서 광전자가 방출된다. 따라서 P의 진동수는
A의 문턱 진동수보다 크다.

ㄷ. 금속판에 빛을 비출 때 전자가 방출되는 광전 효과는 빛의 입자성으로 설
명할 수 있다.

245 전하 결합 소자(CCD)와 전자 현미경 답 ④

알짜풀이

ㄴ. (나)는 전자를 가속시켜 시료를 관찰하는 전자 현미경으로, 전자의 파동성을 이용하여 작은 물체도 자세히 관찰할 수 있다.

ㄷ. 전자 현미경에서 전자의 속력이 빠를수록 물질파 파장이 짧아 회절이 잘 일어나지 않으므로 분해능이 좋은 상을 얻을 수 있다.

바로 알기

ㄱ. (가)는 빛을 비추면 전류가 흐르는 전하 결합 소자(CCD)의 광 다이오드로 빛의 입자성을 이용한다.

246 광전 효과 답 ②

자료 분석

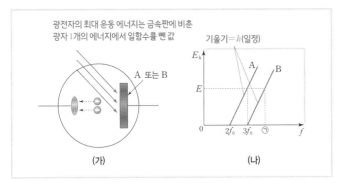

알짜풀이

A에 비추는 단색광의 진동수가 $2f_0$에서 $3f_0$으로 f_0만큼 증가할 때, E_k가 E만큼 증가한다. 그런데 금속판의 종류에 관계없이 그래프의 기울기가 같으므로 ㉠은 $4f_0$이다. 따라서 $E_A = 2E$, $E_B = E$이므로 $\dfrac{E_A}{E_B} = 2$이다.

247 광전 효과와 빛의 간섭 답 ⑤

알짜풀이

ㄱ. 단색광이 도달하는 지점에서 광전자가 방출되므로, 단색광의 진동수는 금속판의 문턱 진동수보다 크다. 따라서 금속판의 문턱 진동수는 f보다 작다.

ㄴ. P에서 광전자가 방출되지 않는 까닭은 단색광이 상쇄 간섭하여 세기가 0이 되기 때문이다.

ㄷ. Q에서보다 O에서 방출되는 광전자의 개수가 크다. 따라서 금속판에 도달하는 빛의 세기는 O에서가 Q에서보다 크다.

248 광전 효과 답 ①

알짜풀이

ㄱ. 진동수가 $2f$로 같으면 금속판에서 같은 시간 동안 방출되는 전자의 개수는 단색광의 세기가 클수록 많다. 따라서 ㉠은 n_0보다 작다.

바로 알기

ㄴ. E_k는 단색광의 세기와는 관계가 없고 단색광의 진동수에 의해 결정된다. 따라서 ㉡은 E_0이다.

ㄷ. 단색광의 진동수가 f일 때 전자가 방출되지 않는다. 따라서 금속판의 문턱 진동수는 f보다 크다.

249 광전 효과 답 ③

자료 분석

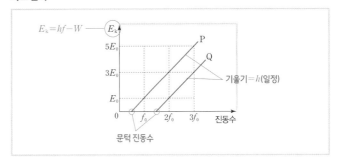

알짜풀이

각각의 그래프에서 단색광의 진동수가 f_0만큼 증가하면 E_k는 $2E_0$만큼 증가하므로, 에너지가 E_0만큼 감소하면 단색광의 진동수는 $\dfrac{1}{2}f_0$만큼 감소한다.

$E_k = 0$일 때 진동수가 문턱 진동수이므로, $f_P = f_0 - \dfrac{1}{2}f_0 = \dfrac{1}{2}f_0$이고

$f_Q = 2f_0 - \dfrac{1}{2}f_0 = \dfrac{3}{2}f_0$이다. 따라서 $\dfrac{f_Q}{f_P} = 3$이다.

250 전자 결합 소자(CCD)의 원리 답 ③

알짜풀이

ㄷ. 빗물의 양이 많을수록 양동이에 물이 많이 모이므로, 화소에 저장된 전자의 개수는 빛의 세기가 클수록 많다.

바로 알기

ㄱ. 빗방울이 많이 도달할수록 양동이에 물이 많이 모이므로, 빗방울은 광자에 해당하고 양동이에 모인 물의 양은 전하 결합 소자의 화소에 저장된 전자의 개수에 해당한다. 따라서 ㉠에는 '광자' 또는 '빛 입자'가 적절하다.

ㄴ. 전하 결합 소자는 입사한 광자에 의해 전자가 이동하는 광전 효과를 이용한다. 따라서 빛의 입자성을 이용한다.

251 빛의 입자성 답 ①

자료 분석

단색광	단색광의 세기	전류의 세기
A	I	I_0
	$2I$	㉠
B	I	0
	$2I$	㉡

단색광 A 또는 B / ↓전류

세기가 클수록 전류의 세기가 큼

광전 효과로 설명 ▷ 빛의 입자성 / 광전 효과가 나타나지 않음

알짜풀이

ㄱ. A를 비출 때, A의 세기가 클수록 자유 전자가 더 많이 발생하므로 전류의 세기가 크다. 따라서 ㉠은 I_0보다 크다.

바로 알기

ㄴ. B의 세기가 I일 때 전류가 0이므로, B를 비추면 광전 효과가 일어나지 않는다. 따라서 ㉡은 0이다.

ㄷ. 광 다이오드에 전류가 흐르는 현상은 광전 효과로 설명할 수 있다. 따라서 빛의 입자성으로 설명할 수 있다.

252 물질의 파동성 답 ④

알짜풀이

ㄱ. 전자를 쪼일 때 사진 건판에 회절 무늬가 나타난다. 따라서 전자의 파동성으로 설명할 수 있다.

ㄴ. 무늬의 간격이 같으므로 전자의 물질파 파장은 λ이다. 따라서 전자의 운동량의 크기를 p라고 하면, $\lambda=\dfrac{h}{p}$에서 $p=\dfrac{h}{\lambda}$이다.

바로 알기

ㄷ. $E=\dfrac{p^2}{2m}$이므로 $\lambda=\dfrac{h}{p}=\dfrac{h}{\sqrt{2mE}}$이다.

253 물질의 파동성 답 ③

알짜풀이

ㄱ. (가)에서 전자 1개가 스크린의 한 지점에 도달한다는 것을 알 수 있다. 따라서 입자성이 나타난다.

ㄴ. (나)에서 밝고 어두운 무늬가 나타나므로, 두 슬릿을 통과한 전자의 물질파가 간섭한다는 것을 알 수 있다. 따라서 전자의 파동성이 나타난다.

바로 알기

ㄷ. 전자의 속력을 증가시키면 물질파 파장이 짧아지므로 간섭무늬 간격이 좁아진다.

254 물질의 이중성 답 ④

자료 분석

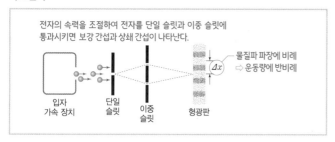

전자의 속력을 조절하여 전자를 단일 슬릿과 이중 슬릿에 통과시키면 보강 간섭과 상쇄 간섭이 나타난다.

물질파 파장에 비례
⇒ 운동량에 반비례

입자 가속 장치 / 단일 슬릿 / 이중 슬릿 / 형광판

알짜풀이

ㄱ. 물질파 파장은 운동량에 반비례한다. 따라서 B가 A의 2배이다.

ㄷ. 간섭무늬 간격은 물질파 파장에 비례하므로 운동량에 반비례한다. 따라서 ㉠은 $2l$이다.

바로 알기

ㄴ. $E=\dfrac{1}{2}mv^2=\dfrac{(mv)^2}{2m}=\dfrac{p^2}{2m}$에서 $m=\dfrac{p^2}{2E}$이다. 따라서 질량은 A가 B의 8배이다.

255 물질파 파장과 운동 에너지 답 ①

자료 분석

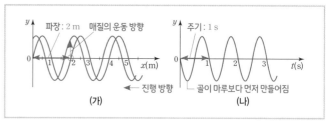

$\lambda=\dfrac{h}{p}$

$E_{\mathrm{k}}\propto\dfrac{1}{\lambda^2}\Rightarrow㉠=4E_0$

$E_{\mathrm{k}}=\dfrac{p^2}{2m}$

알짜풀이

ㄴ. $\lambda=\dfrac{h}{p}$이므로 물질파 파장은 운동량의 크기에 반비례한다. 따라서 운동량의 크기는 Q가 P의 2배이다.

바로 알기

ㄱ. $E_{\mathrm{k}}=\dfrac{p^2}{2m}$이므로 $\lambda=\dfrac{h}{p}=\dfrac{h}{\sqrt{2mE_{\mathrm{k}}}}$이다. $E_{\mathrm{k}}\propto\dfrac{1}{\lambda^2}$이므로 ㉠은 $4E_0$이다.

ㄷ. P의 λ와 E_{k}가 각각 $2\lambda_0$, E_0이므로 $h=\lambda\sqrt{2mE_{\mathrm{k}}}=\sqrt{8m\lambda_0^2E_0}$이다.

256 전자 현미경 답 ④

알짜풀이

ㄱ. 서로 가까이 붙어 있는 두 점을 구분해 낼 수 있는 능력은 분해능이다.

ㄷ. 전자 현미경은 광학 현미경보다 회절이 잘 일어나지 않도록 하여 광학 현미경에 비해 분해능을 향상시킨 현미경이다. 따라서 전자 현미경은 전자의 파동성을 이용한다.

바로 알기

ㄴ. (가)가 클수록 전자의 운동 에너지가 크므로 운동량의 크기가 크다. 따라서 (가)가 클수록 전자의 물질파 파장이 짧다.

1등급 도전 문제 102~105쪽

257 ②	**258** ⑤	**259** ①	**260** ④	**261** ⑤	**262** ②
263 ⑤	**264** ②	**265** ③	**266** ④	**267** ②	**268** ③
269 ②	**270** ④				

257 파동의 진행 답 ②

자료 분석

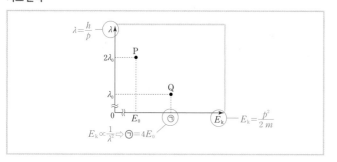

(가) — 파장: 2 m, 매질의 운동 방향, 진행 방향
(나) — 주기: 1 s, 골이 마루보다 먼저 만들어짐

알짜풀이

ㄴ. (가)에서 파장은 $\lambda=2$ m이고 (나)에서 주기는 $T=1$초이므로, 파동의 진행 속력은 $v=\dfrac{\lambda}{T}=2(\mathrm{m/s})$이다.

바로 알기

ㄱ. $t=0$ 이후 $x=5$ m에 골이 마루보다 먼저 만들어진다. 따라서 파동의 진행 방향은 $-x$방향이다.

ㄷ. 파동이 $-x$방향으로 진행하므로, $t=0$일 때, $x=2$ m에서 매질의 운동 방향은 $+y$방향이다.

258 파동의 그래프 분석 답 ⑤

알짜풀이

ㄱ. 모눈 1칸의 길이를 d라고 하면, $A=3d$이고 파장은 $\lambda=8d=\dfrac{8}{3}A$이다.

ㄴ. $t=0$ 이후 P에는 골이 먼저 도달한다. 따라서 파동의 진행 방향은 $-x$방향이다.

ㄷ. 주기를 T라고 하면 $B=\dfrac{1}{4}T$이다. 따라서 파동의 진행 속력은

$$v=\frac{\lambda}{T}=\frac{\frac{8}{3}A}{4B}=\frac{2A}{3B}\text{이다.}$$

259 빛의 굴절 답 ①

자료 분석

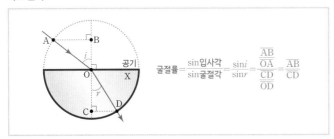

$$\text{굴절률}=\frac{\sin\text{입사각}}{\sin\text{굴절각}}=\frac{\sin i}{\sin r}=\frac{\overline{AB}}{\overline{OA}}\Big/\frac{\overline{CD}}{\overline{OD}}=\frac{\overline{AB}}{\overline{CD}}$$

알짜풀이

공기에서 X로 진행하는 빛의 입사각과 굴절각을 각각 i, r라고 하면,
$\sin i=\dfrac{\overline{AB}}{\overline{OA}}$이고 $\sin r=\dfrac{\overline{CD}}{\overline{OD}}$이다. $\overline{OA}=\overline{OD}$이므로 X의 굴절률은
$n=\dfrac{\sin i}{\sin r}=\dfrac{\overline{AB}}{\overline{CD}}$이다.

260 빛의 굴절과 전반사 답 ④

알짜풀이

ㄱ. 단색광이 물에서 A로 진행할 때, 굴절각이 입사각보다 작다. 따라서 굴절률은 A가 물보다 크다.

ㄷ. 물의 굴절률이 공기의 굴절률보다 크므로, A에 입사하는 단색광의 굴절각은 (나)에서가 (가)에서보다 작다. 따라서 P에 입사하는 각은 (나)에서가 (가)에서보다 크다. (나)에서 P에 입사할 때, 입사각이 임계각보다 크므로 단색광은 전반사한다.

바로 알기

ㄴ. 단색광의 파장은 굴절률이 클수록 짧다. 따라서 단색광의 파장은 A에서가 물에서보다 짧다.

261 전반사와 광통신 답 ⑤

자료 분석

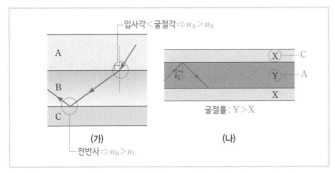

알짜풀이

A에서 B로 진행할 때 굴절각이 입사각보다 크므로, 굴절률은 A가 B보다 크고, B에서 C로 진행할 때 단색광이 전반사하므로 굴절률은 B가 C보다 크다. 따라서 굴절률은 A가 최대이고 C가 최소이다. i_C가 최소이기 위해서는 코어는 굴절률이 최대인 A로, 클래딩은 굴절률이 최소인 C로 광섬유를 제작해야 한다. 따라서 X는 C이고 Y는 A이다.

262 전자기파의 이용 답 ②

알짜풀이

ㄴ. 비접촉식 체온계를 사용하여 체온을 측정할 때, 몸에서 방출되는 적외선의 파장이 짧을수록 체온이 높게 측정된다. 따라서 ⓒ일 때가 ⓒ일 때보다 ⑤의 파장이 길다.

바로 알기

ㄱ. 비접촉식 체온계는 몸에서 방출되는 적외선을 이용하여 체온을 측정한다. 따라서 ⑤은 적외선이다.

ㄷ. 몸에서는 체온에 대응하는 적외선이 복사되며, 이를 이용하여 체온을 측정한다. 외부에서 입사한 후 반사하는 적외선을 이용하는 것이 아니다.

263 전자기파의 이용과 회절 답 ⑤

알짜풀이

ㄱ. ⑤은 X선이므로 C에 해당한다.

ㄴ. X선이 인체의 뼈 사진이나 공항의 수하물 검사에 이용되는 까닭은 X선의 투과력이 강하기 때문이다. 따라서 ⓒ에는 '강해'가 적절하다.

ㄷ. 파장이 길수록 회절이 잘 일어난다. 따라서 C보다 A에서 (가)가 잘 일어난다.

264 물결파의 간섭 답 ②

자료 분석

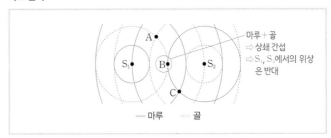

알짜풀이

ㄴ. B에서 마루와 골이 만나므로 상쇄 간섭이 일어난다. 그런데 S_1, S_2에서 같은 진폭으로 물결파가 발생하며, B에서 S_1과 S_2까지 거리가 같다. 따라서 B에서는 두 물결파가 완전히 상쇄되어 중첩된 물결파의 변위는 항상 0이다.

바로 알기

ㄱ. S_1, S_2로부터 거리가 같은 B에서 상쇄 간섭이 일어난다. 따라서 S_1, S_2에서 두 물결파의 위상은 반대이다.

ㄷ. $t=\dfrac{1}{4}T$일 때 A, C에 도달하는 물결파의 변위가 모두 0이므로, 중첩된 물결파의 변위도 0이다. 따라서 $t=\dfrac{1}{4}T$일 때 A와 C에서 변위는 0이다.

265 소리의 간섭 답 ③

알짜풀이

ㄱ. $t=0$일 때 P에서 골과 골이 중첩한다. 따라서 P에서는 두 음파가 같은 위상으로 중첩하는 보강 간섭이 일어난다.

ㄴ. P에서는 보강 간섭, Q에서는 상쇄 간섭이 일어난다. 따라서 음파의 진폭은 P에서가 Q에서보다 크다.

바로 알기

ㄷ. 보강 간섭이 일어나는 지점에서는 소리가 크게 들리고, 상쇄 간섭이 일어나는 지점에서는 소리가 들리지 않거나 매우 작게 들린다. 따라서 P에서가 Q에서보다 소리가 더 크게 들린다.

266 소리의 간섭 답 ④

알짜풀이

ㄱ. $x=0$에 A의 마루가 도달하는 순간 B의 골이 도달하므로, $x=0$에서는 상쇄 간섭이 일어난다.

ㄷ. 상쇄 간섭이 일어나는 지점 사이의 간격이 $\frac{1}{2}$파장이므로, $-L$, $-\frac{1}{2}L$, 0, $\frac{1}{2}L$, L에서 상쇄 간섭이 일어나고, 그 중간 지점에서 보강 간섭이 일어난다. 따라서 $-L \leq x \leq L$ 영역에서 보강 간섭이 일어나는 지점은 $x=-\frac{3}{4}L$, $-\frac{1}{4}L$, $\frac{1}{4}L$, $\frac{3}{4}L$로 네 곳이다.

바로 알기

ㄴ. 보강 간섭이 일어나는 지점에서는 소리가 크게 들리고, 상쇄 간섭이 일어나는 지점에서는 소리가 들리지 않거나 매우 약하게 들린다.

267 광전 효과와 물질파 답 ②

자료 분석

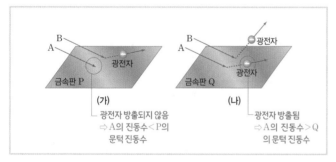

알짜풀이

ㄴ. A를 P에 비출 때는 광전자가 방출되지 않고 Q에 비출 때는 광전자가 방출된다. 따라서 문턱 진동수는 P가 Q보다 크다.

바로 알기

ㄱ. P에 A를 비출 때 광전자가 방출되지 않는다. 따라서 A의 진동수는 P의 문턱 진동수보다 작다.

ㄷ. (나)에서 광전자의 최대 운동 에너지는 B를 비출 때가 A를 비출 때보다 크다. 따라서 광전자의 물질파 파장의 최솟값은 A를 비출 때가 B를 비출 때보다 크다.

268 광전 효과 실험 답 ③

알짜풀이

ㄱ. A를 Q에 비출 때는 전자가 방출되었지만 P에 비출 때는 방출되지 않았다. 따라서 문턱 진동수는 P가 Q보다 크다.

ㄴ. C를 Q에 비출 때 전자가 방출되지 않았다. 따라서 문턱 진동수가 더 큰 P에 비추어도 전자가 방출되지 않는다.

바로 알기

ㄷ. Q에 B를 비출 때는 전자가 방출되고, C를 비출 때는 전자가 방출되지 않는다. 따라서 진동수는 C가 B보다 작다.

269 물질파와 운동량 답 ②

자료 분석

알짜풀이

충돌 전 A의 속력을 $3v$라고 하면 B의 속력은 v이므로, 충돌 전 A, B의 운동량은 각각 $p_A=3mv$, $p_B=2mv$이다. 충돌 전 A의 파장은 $\lambda=\frac{h}{3mv}$이므로 충돌 후 B의 운동량은 $p_B'=\frac{h}{\frac{3}{4}\lambda}=4mv$이고, 충돌 후 A의 운동량을 p_A'라고 하면, $3mv+2mv=p_A'+4mv$에서 $p_A'=mv$이다. 따라서 충돌 후 A의 물질파 파장은 $\lambda'=\frac{h}{mv}=3\lambda$이다.

270 전자 현미경 답 ④

알짜풀이

ㄱ. (가)가 (나)보다 구조가 자세히 보인다. 따라서 분해능은 (가)가 (나)보다 좋다.

ㄴ. 분해능이 좋은 (가)가 전자 현미경으로 촬영한 사진이다.

바로 알기

ㄷ. 전자의 물질파 파장이 짧을수록 회절이 잘 일어나지 않아 전자 현미경의 분해능이 좋다.

271 ④	272 ②	273 ②	274 ①	275 ⑤	276 ③
277 ①	278 ①	279 ③	280 ⑤	281 ③	282 ④
283 ⑤	284 ②	285 ⑤	286 ⑤	287 ①	288 ③
289 ①	290 ⑤				

271 전자기파의 이용
답 ④

알짜 풀이

ㄴ. 식기 소독기에 이용되는 전자기파는 자외선이다. 자외선은 위조지폐 감별에도 이용되므로 '위조지폐 감별'은 ㉠에 해당한다.

ㄷ. 진공에서의 파장은 적외선인 A가 자외선인 B보다 길다.

바로 알기

ㄱ. 리모컨, 야간 투시경에 이용되는 전자기파는 적외선이다.

272 전자기 유도
답 ②

알짜 풀이

C : 무선 충전은 1차 코일에 의해 자기 선속이 변하면서 2차 코일에 유도 전류가 흐르는 전자기 유도 현상을 이용한다.

바로 알기

A : 고리의 속력이 클수록 고리를 통과하는 자기 선속의 단위 시간당 변화량이 커지므로 유도 기전력의 크기가 커져서 유도 전류의 세기도 커진다.

B : 고리를 구성하는 물질과 관계없이 고리를 통과하는 자기 선속의 단위 시간당 변화량에 따라 유도 기전력의 크기가 정해진다. 물질의 자성은 전기 전도성과 관계가 없다.

273 파동의 굴절
답 ②

알짜 풀이

ㄴ. 파동은 속력이 더 작은(느린) 매질을 향하는 방향으로 굴절한다. 스피커는 소리를 수면 위쪽으로 발생시키는데, 소리가 뜨거운 물 위에서는 위쪽으로 굴절하고 차가운 얼음물 위에서는 아래쪽으로 굴절하므로, 진행 속력은 뜨거운 공기에서가 차가운 공기에서보다 크다.

바로 알기

ㄱ. 파동이 굴절하는 동안 진동수나 주기는 변하지 않으므로 소리의 진동수는 뜨거운 공기에서와 차가운 공기에서 같다.

ㄷ. 소리의 진동수는 뜨거운 공기에서와 차가운 공기에서 서로 같다. 진행 속력은 뜨거운 공기에서가 차가운 공기에서보다 크므로 $v = f\lambda$에 따라 파장은 뜨거운 공기에서가 차가운 공기에서보다 길다.

274 핵반응
답 ①

자료 분석

$$(가) \ {}^{235}_{92}U + \boxed{㉠} \longrightarrow {}^{141}_{56}Ba + {}^{92}_{36}Kr + 3\boxed{㉠} + 200 \ MeV$$

$$(나) \ {}^{13}_{6}C + \boxed{㉡} \longrightarrow {}^{14}_{7}N + 7.55 \ MeV$$

(가) 질량수 보존 : $235 + (1) = 141 + 92 + 3 \times (1)$
전하량 보존 : $92 + (0) = 56 + 36 + 3 \times (0)$ ⟹ ㉠ = ${}^{1}_{0}n$

(나) 질량수 보존 : $13 + (1) = 14$
전하량 보존 : $6 + (1) = 7$ ⟹ ㉡ = ${}^{1}_{1}H$

알짜 풀이

ㄱ. (가)는 질량수가 큰 원자핵이 질량수가 작은 원자핵들로 분열되는 반응이므로 핵분열 반응이다.

바로 알기

ㄴ. (가)와 (나)에서 질량수와 전하량이 보존되므로 반응 전후 입자들의 질량수 합과 원자 번호 합은 보존된다. ㉠의 질량수와 원자 번호를 각각 a, b라고 하면 $235 + a = 141 + 92 + 3a$, $92 + b = 56 + 36 + 3b$이므로 $a = 1$, $b = 0$이고, ㉡의 질량수와 원자 번호를 각각 c, d라고 하면, $13 + c = 14$, $6 + d = 7$이므로 $c = 1$, $d = 1$이다. ㉠과 ㉡은 질량수는 같지만 원자 번호가 다르므로 같은 입자가 아니다.

ㄷ. 방출된 에너지는 (나)에서가 (가)에서보다 작으므로 질량 결손도 (나)에서가 (가)에서보다 작다.

275 자성체
답 ⑤

알짜 풀이

ㄱ. 자기화되지 않은 A에 자석을 가까이 하였더니 A가 자석에 끌려오므로 A는 자석에 의한 자기장과 같은 방향으로 자기화되는 강자성체와 상자성체 중 하나이다. (나)에서 강자성체인 B가 자기화된 상태가 아니라면 A가 강자성체인 경우에는 A에 의해 B가 자기화되면서 A가 B에 끌려오고, A가 상자성체인 경우에는 A와 B 사이에 자기력이 작용하지 않아 A는 움직이지 않는다. 그러나 A는 B로부터 밀려나므로 B는 자기화된 강자성체이며, A가 상자성체라면 A가 B에 의해 자기화되어서 서로 당기는 자기력이 작용하여 A가 B에 끌려와야 하므로 A는 상자성체가 아니다. 따라서 A는 강자성체이다.

ㄴ. (가)에서 자석을 가까이 한 A는 자기화된다.

ㄷ. (가)에서 자석의 N극을 A에 가까이 하였으므로 N극에 가까운 A의 부분은 S극을 띤다. (나)에서도 A는 같은 부분이 S극을 띠는데, B와 서로 미는 자기력이 작용한 것은 B의 S극을 가까이 하였기 때문이다. 따라서 (나)에서 A에 가까이 한 B의 면은 S극을 띤다.

276 뉴턴 운동 법칙
답 ③

자료 분석

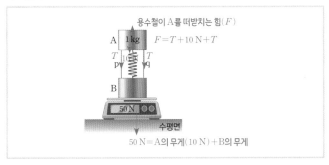

알짜 풀이

ㄱ. 저울이 측정하는 힘의 크기인 50 N은 A와 B가 이루는 계의 무게와 같은데, A의 무게가 10 N이므로 B의 무게는 40 N이다. 따라서 B의 질량은 4 kg이다.

ㄴ. 실은 물체에 당기는 힘만 작용할 수 있는데 용수철도 A를 당기고 있다면 A는 정지해 있지 않고 아래로 운동해야 한다. 즉, 용수철은 A에 떠받치는 힘을 작용한다. p, q가 각각 A를 당기는 힘의 크기를 T, 용수철이 A를 떠받치는 힘의 크기를 F라고 하면, $F = 10 \ N + 2T$이므로 용수철이 A에 작용하는 힘의 크기는 A의 무게인 10 N보다 크다.

ㄷ. p가 A를 당기는 힘과 q가 A를 당기는 힘은 크기와 방향이 서로 같으므로 두 힘에 의해 물체가 평형을 이루지 않는다. 따라서 평형 관계가 아니다.

277 등가속도 운동과 물질파 파장 답 ①

$t=0$부터 $t=t_0$까지 A, B의 이동 거리가 같으므로 평균 속력도 같은데, A의 속력은 일정하고 $t=0$일 때 B는 속력이 0인 상태로 등가속도 운동을 시작하였으므로 B의 평균 속력은 A의 속력과 같다. 등가속도 운동을 하는 동안 평균 속력은 중간 시점에서의 속력과 같으므로 $t=\dfrac{t_0}{2}$일 때 B의 속력은 A의 속력과 같고, $t=t_0$일 때 B의 속력은 A의 속력의 2배이다. 질량은 B가 A의 3배이므로 $t=t_0$일 때 운동량의 크기는 B가 A의 6배이다. 물질파 파장은 운동량의 크기에 반비례하고 A의 물질파 파장은 λ로 일정하므로 $t=t_0$일 때 B의 물질파 파장은 $\dfrac{\lambda}{6}$이다.

278 에너지 준위 답 ①

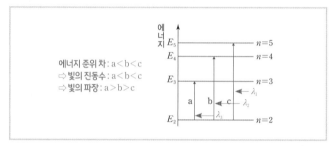

ㄱ. 전자가 흡수하는 빛의 진동수는 전이하는 두 에너지 준위 차이가 클수록 큰데, 전이하는 두 에너지 준위 차이는 a가 b보다 작으므로 흡수하는 빛의 진동수는 a에서가 b에서보다 작다.

ㄴ. 전자가 흡수하는 빛의 파장은 전자가 흡수하는 광자 1개의 에너지가 클수록 짧은데, a~c 중에서 전자가 흡수하는 광자 1개의 에너지가 가장 큰 것은 c이다. $\lambda_1 \sim \lambda_3$ 중에 가장 작은 값은 λ_1이므로 c에서 전자가 흡수하는 빛의 파장은 λ_1이다.

ㄷ. a, b에서 전자가 흡수하는 빛의 파장은 각각 λ_3, λ_2이므로
$E_4 - E_3 = hc\left(\dfrac{1}{\lambda_2} - \dfrac{1}{\lambda_3}\right)$이다.

279 에너지띠 답 ③

전도띠와 원자가 띠가 X는 서로 떨어져 있으므로 반도체 또는 절연체의 에너지띠 구조이고, Y는 서로 붙어 있으므로 도체의 에너지띠 구조이다.

ㄱ. (나)에 따라 A와 B 중 하나만 도체인데, 스위치를 열었을 때와 닫았을 때 전류계에 흐르는 전류의 세기가 같으므로 전류는 A를 통해서만 흐른다. 즉, A는 도체이고, B는 절연체이다. 도체인 A의 에너지띠 구조는 Y이다.

ㄷ. 전기 전도도는 A가 B보다 크므로 스위치가 닫혀 있을 때 단위 부피당 전도띠에 있는 전자의 수는 A가 B보다 많다.

ㄴ. B의 에너지띠 구조가 X인데, 띠 간격이 6 eV이므로 X에서 원자가 띠에 있는 전자는 광자 1개의 에너지가 5 eV인 빛은 흡수할 수 없다.

280 충격량 답 ⑤

p에서 물체의 속력을 v, q에서 물체의 속력을 v_q, pq 구간의 거리를 L이라고 하면, pr 구간에서 물체의 평균 속력은 p에서 물체의 속력의 4배인 $4v$이므로 pr 구간을 통과하는 시간은 $\dfrac{3L}{4v}$이고, pq 구간을 통과하는 시간은 $\dfrac{L}{\dfrac{v+v_q}{2}} = \dfrac{1}{2}\times\dfrac{3L}{4v}$이므로 $v_q = \dfrac{13}{3}v$이다. pq 구간과 qr 구간을 통과하는 시간은 서로 같지만 거리는 qr 구간이 pq 구간의 2배이므로 물체의 평균 속력은 qr 구간에서가 pq 구간에서의 2배이다. pq 구간에서 물체의 평균 속력은 $\dfrac{v+\dfrac{13}{3}v}{2} = \dfrac{8}{3}v$이므로 r에서 물체의 속력을 v_r라고 하면 $\dfrac{\dfrac{13}{3}v+v_r}{2} = 2\times\dfrac{8}{3}v$에 따라 $v_r = \dfrac{19}{3}v$이다. 물체가 받은 충격량은 물체의 운동량 변화량과 같고 물체의 운동량 변화량은 물체의 속도 변화량에 비례하므로
$I_1 : I_2 = \left(\dfrac{13}{3}v - v\right) : \left(\dfrac{19}{3}v - \dfrac{13}{3}v\right) = 5 : 3$이다.

281 빛의 굴절 답 ③

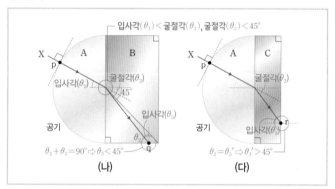

A의 p에 수직으로 입사되는 X는 A의 밑면의 중심에 입사되어 굴절한다. (나)에서 X는 B의 짧은 변에 있는 점인 q에 입사되는데, A의 밑면의 중심에서 B의 그림에서 오른쪽 아래의 꼭짓점까지 이은 선분과 A, B의 경계면의 중심에서 이은 법선 사이의 각은 45°이므로 X가 A에서 B로 굴절할 때 굴절각은 45°보다 크며, 직각삼각형에서 직각을 제외한 다른 두 각의 합은 90°이므로 q에서 입사각은 45°보다 작다. 한편 (다)에서 X는 B와 C가 같은 물질이므로 A에서 C로 굴절할 때 굴절각도 45°보다 크며, X는 C의 긴 변에 있는 점인 r에 입사되므로 r에서 입사각은 C로 굴절할 때 굴절각과 같다. 즉, r에서 입사각은 45°보다 크다.

ㄱ. X가 A에서 B로 굴절할 때 입사각이 굴절각보다 작으므로 굴절률은 A가 B보다 크다. X의 속력은 굴절률이 큰 매질에서 더 작으므로 A에서가 B에서보다 작다.

ㄷ. B와 C는 같은 매질인데 (다)에서 X가 전반사하므로 B와 C를 이루는 물질의 굴절률은 공기의 굴절률보다 크다. 따라서 (나)의 결과인 Ⅱ에서 X가 q에 입사될 때, 입사각은 굴절각보다 작다.

ㄴ. Ⅰ과 Ⅱ 중에 X는 Ⅰ에서 전반사하는데, B와 C는 같은 매질이며, q와 r에서 X가 공기로 입사되므로 임계각은 같다. 전반사는 임계각보다 큰 입사각으로 입사되었을 때 일어나므로 Ⅰ은 (다), Ⅱ는 (나)의 결과이다.

282 등가속도 운동　　　　답 ④

알짜 풀이

ㄴ. A, B 각각의 속도를 빗면을 내려가는 방향을 양(+)으로 하면, A가 최고점에 도달한 순간 A의 속도는 0이다. A의 속도가 $-v$에서 $+2v$가 되는 데 걸리는 시간을 $3t$라고 하면, A는 등가속도 운동을 하므로 $-v$에서 0이 되는 데 걸리는 시간은 t이다. B는 등가속도 운동을 하는 동안 속도가 $+v$에서 $+2v$로 변하므로 P를 통과하고 시간 t가 지났을 때 속도는 $+v+\frac{1}{3}\times v=+\frac{4}{3}v$이다. 따라서 A가 최고점에 도달한 순간 B의 속력은 $\frac{4}{3}v$이다.

ㄷ. P에서 Q까지 운동하는 동안, 평균 속도의 크기는 B가 $\frac{|+v+2v|}{2}=\frac{3}{2}v$이고 A가 $\frac{|(-v)+2v|}{2}=\frac{1}{2}v$이다. 같은 시간 동안 변위의 크기 비는 평균 속도의 크기 비와 같으므로 B가 A의 3배이다.

바로 알기

ㄱ. A, B는 역학적 에너지가 보존되는데, P에서 속력이 같으므로 같은 높이에서의 속력은 서로 같다. 즉, Q에서의 속력도 같은데 Q를 지날 때 A의 속력이 $2v$이므로 Q를 지날 때 B의 속력도 $2v$이다.

283 운동 방정식　　　　답 ⑤

알짜 풀이

ㄱ. (가)에서 A, B, C는 정지해 있으므로 q가 C를 당기는 힘의 크기와 p가 A를 당기는 힘의 크기는 같다.

ㄴ. (가)에서 물체들이 정지해 있으므로 빗면에서 A에 작용하는 힘의 크기와 빗면에서 C에 작용하는 힘의 크기는 같다. A에 작용하는 중력의 빗면을 내려가는 방향 성분의 크기를 f라고 하면 C에 작용하는 중력의 빗면을 내려가는 방향 성분의 크기도 f이다. (나)에서 A와 C의 위치를 바꾸면 질량은 C가 A의 2배이므로 C에 작용하는 중력의 빗면을 내려가는 방향 성분의 크기는 $2f$이고, A에 작용하는 중력의 빗면을 내려가는 방향 성분의 크기는 $\frac{1}{2}f$이다. (나)에서 A, B, C가 이루는 계는 등가속도 운동을 하므로 계의 가속도의 크기를 a라고 하면, 계의 운동 방정식은 $(3m+m_\text{B})\times a=2f-\frac{1}{2}f$인데, 시간 t가 지난 후에 q가 끊어진 후 B, C가 이루는 계의 가속도는 $\frac{5}{3}a$이므로 $(2m+m_\text{B})\times\frac{5}{3}a=2f$에서 $f=\frac{10}{3}ma$, $m_\text{B}=2m$이다.

ㄷ. (가)에서 p가 B를 당기는 힘의 크기를 T라고 하면, A, B, C가 정지해 있으므로 $T=f=\frac{10}{3}ma$이다. (나)에서 q가 끊어진 후 B는 C와 연결되어 크기가 $\frac{5}{3}a$인 가속도로 등가속도 운동을 하므로 p가 B에 작용하는 힘의 크기는 $2m\times\frac{5}{3}a=\frac{10}{3}ma=T$이다. 따라서 (가)에서 p가 B를 당기는 힘의 크기와 (나)에서 q가 끊어진 후 p가 B를 당기는 힘의 크기는 서로 같다.

284 파동의 중첩　　　　답 ②

알짜 풀이

ㄴ. Q의 파장은 1 m, 속력이 1 m/s이므로 Q의 진동수는 $\frac{1\ \text{m/s}}{1\ \text{m}}=1$ Hz이다.

바로 알기

ㄱ. (가)의 순간, $x=-2$ m인 지점에서부터 $x=0$인 지점까지가 P의 한 파장이므로 P의 파장은 2 m이다.

ㄷ. 중첩된 파동의 변위는 주기적으로 (나)와 같이 나타난다. P, Q는 속력이 1 m/s로 같은데, 파장이 각각 2 m, 1 m이므로 주기는 각각 2초, 1초이다. (나)와 같이 $x=-\frac{3}{4}$ m 정도의 지점에서 변위의 크기가 최대가 되는 순간이 나타나려면 P의 변위가 양(+)인 부분이 $-1\ \text{m}<x<0$에 있어야 하고 Q의 변위가 양(+)인 부분이 $-1\ \text{m}<x<-\frac{1}{2}$ m 정도에 있어야 하는데, 이 지점에서 Q에 의한 변위가 최대가 되는 주기는 1초이고 P에 의한 변위가 최대가 되는 주기는 2초이므로 T는 P의 주기와 같은 2초이다.

285 열역학 과정　　　　답 ⑤

자료 분석

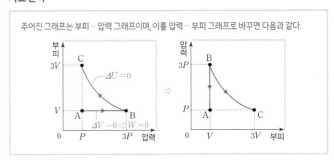

주어진 그래프는 부피-압력 그래프이며, 이를 압력-부피 그래프로 바꾸면 다음과 같다.

알짜 풀이

ㄱ. A에서와 B에서 기체의 부피는 같은데 압력은 B에서가 A에서보다 크므로 온도는 B에서가 A에서보다 높다. 부피가 일정할 때 기체의 내부 에너지는 기체의 온도가 높을수록 크므로 B에서가 A에서보다 크다.

ㄴ. 기체가 외부에 일을 하거나 외부로부터 일을 받으면 기체의 부피가 변해야 하는데, A → B 과정에서 기체의 부피는 일정하므로 A → B 과정에서 기체가 한 일은 0이다.

ㄷ. B → C 과정에서 기체의 온도는 일정하므로 기체의 내부 에너지 변화량은 0이다. B → C 과정에서 기체는 외부에 일을 하므로 열역학 제1법칙에 따라 기체는 외부로부터 열을 흡수한다.

286 운동량 보존　　　　답 ⑤

자료 분석

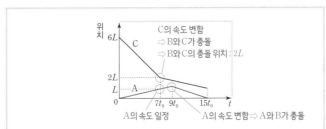

알짜 풀이

ㄱ. $t=7t_0$일 때 A의 속도는 변하지 않는데 C의 속도가 변하므로 이때 B와 C가 충돌한다. 즉, $t=0$부터 $t=7t_0$까지 B는 $x=3L$에서 $x=2L$까지 L만큼 운동하고 A도 L만큼 운동하므로 속력은 A와 B가 같다. 그런데 $t=0$부터 $t=7t_0$까지 운동량의 크기는 B가 A의 2배이므로 질량은 B가 A의 2배이다.

ㄴ. $t=0$부터 $t=7t_0$까지 C는 $4L$만큼 운동하므로 속력은 C가 A의 4배인데 C의 운동량의 크기가 $4p$이므로 질량은 A와 C가 같다. A는 $t=0$부터 $t=9t_0$까지 등속도 운동을 하므로 $t=9t_0$일 때 A의 위치는 $x=L+\frac{2}{7}L=\frac{9}{7}L$이다. (가)에서 오른쪽을 향하는 운동 방향을 양(+)으로 하면, B는 시간 $7t_0$ 동안 L만큼 이동할 때 운동량이 $-2p$인데 충돌

후 시간 $2t_0$ 동안 $\frac{5}{7}L$만큼 운동하여 A와 충돌하므로 $t=8t_0$일 때 B의 운동량은 $\frac{5}{7}\times\frac{7}{2}\times(-2p)=-5p$이다. A, B, C의 질량을 각각 m, $2m$, m이라고 하면, $t=7t_0$일 때 B와 C가 충돌하며 B와 C가 이루는 계의 운동량은 $-6p$로 보존되므로 $t=8t_0$일 때 C의 운동량은 $-p$이다. 즉, 질량은 B가 C의 2배인데 $t=8t_0$일 때 운동량의 크기는 B가 C의 5배이므로 속력은 B가 C의 $\frac{5}{2}$배이다.

ㄷ. A와 B가 $t=9t_0$일 때 충돌한 후, A는 시간 $6t_0$ 동안 $\frac{9}{7}L$만큼 운동하므로 $t=12t_0$일 때 A의 운동량은 $(-1)\times\frac{9}{6}\times p=-\frac{3}{2}p$이다. $t=12t_0$일 때 B의 운동량을 p'라고 하면, A와 B가 충돌하는 동안 A와 B가 이루는 계의 운동량은 보존되므로 $+p-5p=-\frac{3}{2}p+p'$에서 $p'=-\frac{5}{2}p$이다.

따라서 $t=12t_0$일 때, B의 운동량의 크기는 $\frac{5}{2}p$이다.

287 특수 상대성 이론   답 ①

알짜 풀이

ㄱ. B의 관성계에서, A는 B에 대해 운동하므로 A의 시간은 B의 시간보다 느리게 간다.

바로 알기

ㄴ. A에 대해 P, Q는 O로부터 같은 거리만큼 떨어져 있으며 P, Q에서 방출된 빛이 O에 동시에 도달하므로, A의 관성계에서 빛은 P, Q에서 동시에 방출된다. 한편 B의 관성계에서 O는 P에서 빛이 방출된 지점에 가까워지고 Q에서 빛이 방출된 지점에 대해 멀어지는데 두 빛은 O에 동시에 도달하므로 빛은 P에서가 Q에서보다 늦게 방출된다.

ㄷ. A의 관성계에서 P에서 방출된 빛이 O에 도달하는 데 걸리는 시간은 Q에서 방출된 빛이 O에 도달하는 데 걸리는 시간과 같은 t_0이다. A의 관성계에서 P와 O 사이의 거리는 고유 길이이고 B의 관성계에서 P와 O 사이의 거리는 수축되므로 P와 O 사이의 거리는 B의 관성계에서가 A의 관성계에서보다 작다. 또한 B의 관성계에서 O는 P에서 빛이 방출되는 지점에 대해 가까워지므로, 빛이 P에서 O까지 진행하는 데 걸리는 시간은 B의 관성계에서가 A의 관성계에서보다 작다. 따라서 B의 관성계에서 P에서 방출된 빛이 O에 도달하는 데 걸리는 시간은 t_0보다 작다.

288 전류에 의한 자기장   답 ③

알짜 풀이

ㄱ, ㄴ. 자기장의 방향은 xy 평면에서 수직으로 나오는 방향을 양$(+)$으로 하자. O에서 P, R 각각의 전류에 의한 자기장의 세기를 B_1, B_2라고 하면, R의 전류의 방향이 시계 반대 방향일 때 만약 $B_1>B_2$라면 O에서 자기장의 방향은 '×'이므로 $-B_1-B_0+B_2=-3B_0$에 따라 $B_1-B_2=2B_0$이다. 이 경우 R의 전류의 방향이 시계 방향일 때 O에서 자기장은 $+B_1-B_0-B_2=+B_0$이므로 O에서 자기장의 방향은 '◉'이다. 그러나 R의 전류의 방향이 시계 방향일 때 O에서 자기장의 방향은 '×'이므로 $B_1>B_2$가 아니다. 즉, $B_1<B_2$이며, R의 전류의 방향이 시계 반대 방향일 때 $-B_1-B_0+B_2=3B_0$에 따라 $B_2-B_1=4B_0$이다. R의 전류의 방향이 시계 방향일 때 O에서 자기장은 $+B_1-B_0-B_2=-5B_0$이다. 따라서 R의 전류의 방향이 시계 방향일 때 자기장 세기인 ⊙은 $5B_0$이고, R의 전류의 방향이 시계 반대 방향일 때 자기장 방향인 ⊙은 '◉'이다.

바로 알기

ㄷ. $B_2-B_1=4B_0$에 따라 O에서 R의 전류에 의한 자기장의 세기는 Q의 전

류에 의한 자기장의 세기의 4배보다 크므로 만약 R와 Q의 반지름이 같다면 R의 전류의 세기는 $4I_0$보다 큰데, 반지름은 R가 Q의 $\frac{3}{2}$배이므로 R의 전류의 세기는 $\frac{3}{2}\times4I_0=6I_0$보다 크다.

289 전기력   답 ①

자료 분석

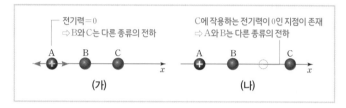

알짜 풀이

ㄱ, ㄴ. (가)에서 B와 C로부터 왼쪽에 있는 A에 작용하는 전기력이 0이므로 B와 C는 서로 다른 종류의 전하이다. (가)와 (나)에서 C의 위치를 $+x$ 방향으로 옮겨 고정시켰을 때 C에 작용하는 전기력의 방향이 (가)에서와 (나)에서가 서로 반대 방향이 되었으므로 (가)에서의 C의 위치와 (나)에서의 C의 위치 사이에 C에 작용하는 전기력이 0이 되는 지점이 존재한다. A와 B로부터 오른쪽에 있는 C에 작용하는 전기력이 0인 지점이 있으므로 A와 B는 서로 다른 종류의 전하이다. 즉, A는 양$(+)$전하이므로 B는 음$(-)$전하이고, B와 C도 서로 다른 종류의 전하이므로 C는 양$(+)$전하이다. 또한 A와 B로부터 오른쪽에 있는 C에 작용하는 전기력이 0인 지점이 있으며, 그 지점에서 C로부터의 거리가 더 먼 A가 C에 작용하는 전기력과 A보다 상대적으로 C에 가까운 B가 C에 작용하는 전기력이 크기가 같다. 따라서 전하량의 크기는 A가 B보다 크다.

ㄷ. (가)에서 C에 작용하는 전기력은 B에 의한 전기력의 크기가 A에 의한 전기력의 크기보다 크므로 방향은 $-x$방향이다. (가)에서 A, B, C가 이루는 계의 전기력이 0인데 A에 작용하는 전기력이 0이고 C에는 전기력이 $-x$방향으로 작용하므로 B에 작용하는 전기력의 방향은 $+x$방향이다. (가)에서 A에 작용하는 전기력이 0이므로 B, C가 A에 작용하는 전기력의 크기는 같은데, (나)에서는 C가 A로부터 멀어졌으므로 A에 작용하는 전기력의 크기는 B가 C보다 크다. 즉, A에 작용하는 전기력의 방향도 $+x$방향이며, (나)에서 C에 작용하는 전기력의 방향이 (가)에서와 반대 방향이므로 $+x$방향이다. 마찬가지로 (나)에서 A, B, C가 이루는 계의 전기력이 0이므로 B에 작용하는 전기력의 방향은 $-x$방향이다. 따라서 B에 작용하는 전기력의 방향은 (가)에서와 (나)에서가 서로 반대이다.

290 역학적 에너지 보존   답 ⑤

알짜 풀이

ㄱ. (나)에서 A를 $2d$만큼 압축시키는 동안 물체와 A가 이루는 계의 역학적 에너지는 보존되므로 A의 탄성 퍼텐셜 에너지 증가량은 물체의 운동 에너지 감소량과 물체의 중력 퍼텐셜 에너지 감소량의 합과 같다. 물체에 작용하는 중력에 의해 빗면 아래 방향으로 작용하는 힘의 크기를 f라고 하면, (나)에서 A가 $2d$만큼 압축되는 동안 물체의 중력 퍼텐셜 에너지 감소량은 $f\times2d=2fd$이고 물체의 운동 에너지 감소량은 3배인 $6fd$이므로 A의 탄성 퍼텐셜 에너지 증가량은 $8fd$이다. A, B의 용수철 상수를 각각 k_A, k_B라고 하면, $\frac{1}{2}k_A(2d)^2=8fd$이므로 $k_A=\frac{4f}{d}$이다. (가)에서 물체의 손실된 역학적 에너지와 (나)에서 물체의 손실된 역학적 에너지는 같으므로 $\frac{1}{2}k_A(3d)^2-\left(\frac{1}{2}k_Bd^2+11fd\right)=\left(\frac{1}{2}k_Bd^2+10fd\right)-\frac{1}{2}k_A(2d)^2$이고,

$k_A=\dfrac{4f}{d}$를 이용해 정리하면 $k_B=\dfrac{5f}{d}$이다. 따라서 용수철 상수는 B가 A보다 크다.

ㄴ. 물체가 마찰 구간을 내려갈 때 등속도 운동을 하므로 마찰 구간에서 물체에 작용하는 마찰력의 크기는 물체에 작용하는 중력에 의해 빗면 아래 방향으로 작용하는 힘의 크기와 같은 f이다. 마찰 구간의 거리를 L이라고 하면, (나)에서 물체의 손실된 역학적 에너지 $fL=\left(\dfrac{1}{2}k_Bd^2+10fd\right)-\dfrac{1}{2}k_A(2d)^2$이므로 마찰 구간의 거리 $L=\dfrac{9}{2}d$이다.

ㄷ. 물체가 A에 접촉해 있으면서 A가 물체에 작용하는 힘과 물체에 작용하는 중력에 의해 빗면 아래 방향으로 작용하는 힘이 평형을 이룰 때 가속도가 0이 되며 이 시점에서 물체에 작용하는 알짜힘의 방향이 바뀌므로, 이 때 물체의 속력이 최대이다. $k_A=\dfrac{4f}{d}$이므로 이 지점은 A가 $\dfrac{1}{4}d$만큼 압축된 지점이다. 따라서 (가)에서 물체의 운동 에너지의 최댓값은
$\dfrac{1}{2}k_A(3d)^2-\dfrac{1}{2}k_A\left(\dfrac{1}{4}d\right)^2-f\times\dfrac{11}{4}d=\dfrac{121}{8}fd=\dfrac{11^2}{8}fd$이고
(나)에서 물체의 운동 에너지의 최댓값은
$\dfrac{1}{2}k_A(2d)^2-\dfrac{1}{2}k_A\left(\dfrac{1}{4}d\right)^2-f\times\dfrac{7}{4}d=\dfrac{49}{8}fd=\dfrac{7^2}{8}fd$이다. 즉, (가)와 (나)에서 물체의 운동 에너지의 최댓값 비가 $11^2:7^2$이므로 최대 속력의 비는 11 : 7이다. 따라서 물체의 최대 속력은 (가)에서가 (나)에서의 $\dfrac{11}{7}$배이다.

※ (나)에서 물체가 빗면을 따라 내려가서 A에 접촉할 때까지, 마찰 구간에서는 일정한 속력으로 운동하며 마찰 구간 외의 구간에서는 속력이 증가하므로 마찰 구간에 진입하기 직전이 물체의 운동 에너지가 최대일 수 없다.

2회 실전 모의평가 문제

291 ④	292 ②	293 ③	294 ③	295 ①	296 ②
297 ④	298 ③	299 ②	300 ①	301 ①	302 ④
303 ⑤	304 ⑤	305 ②	306 ⑤	307 ①	308 ④
309 ③	310 ②				

291 파동의 간섭
답 ④

자료 분석

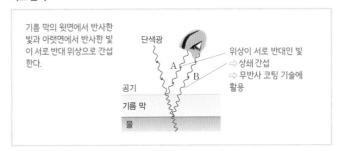

기름 막의 윗면에서 반사한 빛과 아랫면에서 반사한 빛이 서로 반대 위상으로 간섭한다.

단색광

위상이 서로 반대인 빛
⇨ 상쇄 간섭
⇨ 무반사 코팅 기술에 활용

공기
기름 막
물

알짜 풀이

ㄱ, ㄴ. 공기와 기름의 경계에서 반사하여 공기로 진행한 빛과 기름과 물의 경계에서 반사하여 공기로 진행한 빛이 서로 반대 위상으로 간섭하여 빛의 세기가 줄어들어 빛을 볼 수 없는 것은 상쇄 간섭에 의한 것이다. 즉, A와 B는 서로 위상이 반대이며, '상쇄 간섭'은 ㉠에 해당한다.

ㄷ. 상쇄 간섭 현상은 안경의 반사광을 제거하는 무반사 코팅 기술에 활용된다.

292 전자기파의 이용
답 ②

알짜 풀이

ㄴ. (가)의 비접촉 체온계의 화면에서 측정값을 보여 주는 전자기파 B는 가시광선이다. (나)의 위조지폐 감별기에서 위조지폐 감별을 위해 이용하는 전자기파 C는 자외선이며 이 자외선을 흡수한 형광 물질이 방출하는 전자기파 D는 가시광선이다. 따라서 B와 D는 같은 종류의 전자기파이다.

바로 알기

ㄱ. 살균 작용을 하여 식기 소독기에 이용되는 전자기파는 자외선이고, 비접촉 체온계에서 체온을 측정하는 전자기파 A는 적외선이다. 따라서 A는 식기 소독기에 이용되지 않는다.

ㄷ. 전자기파는 파장과 관계없이 진공에서의 속력이 모두 같다.

293 핵반응
답 ③

알짜 풀이

ㄱ. X의 질량수와 원자 번호를 각각 a, b라고 하면, (가)에서 원자핵들의 질량수 합과 원자 번호 합이 반응 전후로 보존되므로 $2+a=4+1$, $1+b=2+1$에서 $a=3$, $b=2$이다. 따라서 X는 ^3_2He이며, 질량수는 3이다.

ㄷ. 핵반응 과정에서 질량 결손에 해당하는 에너지가 방출되는데, 방출되는 에너지는 (가)에서가 (나)에서보다 크므로 질량 결손은 (가)에서가 (나)에서보다 크다.

바로 알기

ㄴ. (나)에서도 원자핵들의 질량수 합과 원자 번호 합이 반응 전후로 보존되므로 ㉠의 질량수와 원자 번호를 각각 c, d라고 하면 $3+3=4+2c$, $2+2=2+2d$에서 $c=1$, $d=1$이다. 중성자는 질량수가 1, 양성자수가 0이므로 ㉠은 중성자가 아니며, ㉠은 양성자(^1_1H)이다.

294 광통신
답 ③

알짜 풀이

A : 음성, 영상 등의 정보를 담은 전기 신호를 빛으로 전환한 후 빛을 통해 정보를 주고받는 통신 방식을 광통신이라고 한다.

B : 광섬유는 빛이 굴절률이 큰 코어와 굴절률이 작은 클래딩의 경계에서 전반사하여 광섬유 밖으로 새어 나가지 않고 광섬유를 따라 멀리 이동할 수 있는 구조이다. 따라서 굴절률은 코어가 클래딩보다 크다.

바로 알기

C : 입사각이 임계각보다 크면 빛이 굴절하지 않고 전반사한다. 입사각과 반사각의 크기는 항상 같으며 광섬유를 빛 신호를 전달하는 용도로 사용하려면 광섬유 안의 클래딩과 코어의 경계면에서 빛이 계속 전반사해야 한다. 따라서 클래딩과 코어의 경계면에서 반사각은 임계각보다 크다.

295 충돌
답 ①

알짜 풀이

ㄱ. A와 B가 충돌하는 동안 A는 B에 운동하는 방향으로 힘을 작용하지만, 작용 반작용에 따라 B는 A에 운동 반대 방향으로 힘을 작용한다. 즉, A와 B의 충돌 전후 운동 방향이 같으므로 A는 충돌 과정에서 속력이 감소한다. 따라서 A의 속력은 충돌 전이 충돌 후보다 크다.

바로 알기

ㄴ. A와 B가 이루는 계의 운동량은 보존되므로 A의 운동량 변화량의 크기와 B의 운동량 변화량의 크기는 같다. 운동량 변화량은 질량과 속도 변화

정답 및 해설 59

량의 곱과 같으므로 질량이 클수록 속도 변화량의 크기는 작다. 따라서 질량은 A가 B보다 크므로 속도 변화량의 크기는 A가 B보다 작다.

ㄷ. A가 B에 작용하는 힘과 B가 A에 작용하는 힘은 서로 작용 반작용 관계이므로 크기가 같으며 A와 B는 충돌 시간이 같으므로 A가 B와 충돌할 때 팔을 편 상태로 충돌하는 경우와 팔을 웅크린 채 충돌하는 경우 둘 다 B가 A로부터 받는 충격량의 크기와 A가 B로부터 받는 충격량의 크기가 서로 같다.

296 광전 효과
답 ②

자료 분석

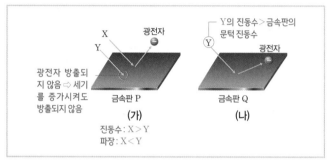

진동수: X>Y
파장: X<Y

알짜 풀이

금속판에 단색광을 비추었을 때, 단색광의 진동수가 금속판의 문턱 진동수보다 큰 경우에만 광전자가 방출된다.

ㄷ. Q에 Y를 비추면 광전자가 방출되므로 Y보다 진동수가 큰 X를 Q에 비추면 광전자가 방출된다.

바로 알기

ㄱ. (가)에서 P에 X를 비출 때는 광전자가 방출되지만, Y를 비출 때는 광전자가 방출되지 않으므로 진동수는 X가 Y보다 크다. 진공에서 단색광의 파장은 진동수가 클수록 짧으므로 X가 Y보다 짧다.

ㄴ. 금속판에 빛을 비출 때 비춘 빛의 진동수가 금속판의 문턱 진동수보다 클 때에만 광전자가 방출되며 비춘 빛의 세기는 광전자의 방출 여부와는 관계없다. 즉, P에 Y를 비추었을 때 광전자가 방출되지 않으므로 Y의 세기를 증가시켜도 P에서 광전자는 방출되지 않는다.

297 파동의 진행
답 ④

자료 분석

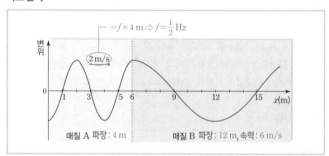

매질 A 파장: 4 m
매질 B 파장: 12 m, 속력: 6 m/s

알짜 풀이

ㄴ. 매질이 변하여도 파동의 진동수는 변하지 않으며 B에서 파동의 파장이 A에서의 파장의 3배이므로 파동의 진행 속력은 B에서가 A에서의 3배이다. 따라서 B에서 파동의 진행 속력은 6 m/s이다.

ㄷ. 파동은 A에서 B로 진행하므로 진행 방향은 +x방향이다. 이 순간 x=9 m에서 파동의 변위는 0인데, 직후 x=9 m에서는 왼쪽에 있는 파동이 진행해 오므로 파동의 변위는 +y방향이다.

바로 알기

ㄱ. A에서 파동의 파장은 4 m이다. 파동의 진행 속력은 진동수와 파장의 곱으로, A에서 파동의 진행 속력은 2 m/s이므로 파동의 진동수는 $\frac{1}{2}$ Hz이다.

298 물체에 작용하는 힘
답 ③

자료 분석

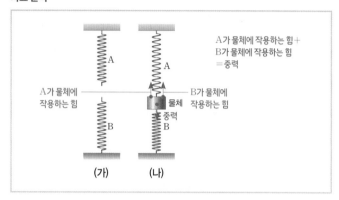

A가 물체에 작용하는 힘+
B가 물체에 작용하는 힘
=중력

A가 물체에 작용하는 힘
B가 물체에 작용하는 힘
물체
중력

(가)　　(나)

알짜 풀이

ㄱ. 물체는 정지해 있으므로 물체에 작용하는 알짜힘은 0이다.

ㄷ. A가 천장에 작용하는 힘의 크기는 A가 물체에 작용하는 힘의 크기와 같다. 물체에 작용하는 알짜힘은 0이므로 A가 물체에 작용하는 힘의 크기와 B가 물체에 작용하는 힘의 크기의 합과 물체에 작용하는 중력의 크기가 같다. 따라서 물체에 작용하는 중력의 크기는 A가 천장에 작용하는 힘의 크기보다 크다.

바로 알기

ㄴ. (나)에서 A는 원래 길이보다 늘어나 있으므로 A의 아래에 있는 물체에 작용하는 힘은 연직 위 방향이고, B는 원래 길이보다 압축되어 있으므로 B의 위에 있는 물체에 작용하는 힘은 연직 위 방향이다. 즉, A와 B 모두 물체에 연직 위 방향으로 힘을 작용하므로 A가 물체에 작용하는 힘과 B가 물체에 작용하는 힘은 평형 관계가 아니다.

299 반도체
답 ②

알짜 풀이

ㄴ. (나)에서 회로의 전구에 불이 들어왔으므로 회로에 전류가 흘렀다. 즉, 다이오드에도 전류가 흘렀으므로 다이오드에는 순방향 전압이 걸린다.

바로 알기

ㄱ. X는 전도띠 바로 아래에 여분의 전자에 의한 불순물 에너지 준위가 만들어져 있으므로 n형 반도체이며 Y는 원자가 띠 바로 위에 양공에 의한 불순물 에너지 준위가 만들어져 있으므로 p형 반도체이다.

ㄷ. (나)에서 p-n 접합 다이오드에 순방향 전압이 걸리는데, n형 반도체인 X는 a에 연결되어 있으므로 a는 음(-)극이다.

300 등가속도 직선 운동
답 ①

자료 분석

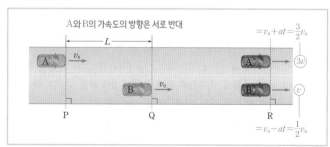

A와 B의 가속도의 방향은 서로 반대

$=v_0+at=\frac{3}{2}v_0$

$=v_0-at=\frac{1}{2}v_0$

알짜 풀이

ㄱ. R를 지날 때 B의 속력을 v라고 하면, A의 속력은 $3v$이다. A와 B의 가속도의 방향이 서로 같다면, A와 B는 처음 속력이 같고, 같은 시간 동안 운동하였으므로 R를 지날 때 A의 속력이 B의 속력의 3배일 수 없다. 즉, A와 B의 가속도의 방향은 서로 반대이다. A와 B가 같은 시간 동안 등가속도 운동을 하였으므로 A와 B가 운동한 시간을 t라고 하고 A의 가속도의 크기를 a라고 하면, R에서 A의 속력은 $v_0 + at = 3v$, B의 속력은 $v_0 - at = v$이다. 정리하면 $at = \frac{1}{2}v_0$이며 $at = \frac{1}{2}v_0$이다. 즉, R를 지날 때 A의 속력은 $\frac{3}{2}v_0$, B의 속력은 $\frac{1}{2}v_0$이다. A와 B가 같은 시간 동안 운동하였으므로 A, B의 평균 속력 비는 A, B 각각의 이동 거리 비와 같다. Q와 R 사이의 거리를 x라고 하면, $\dfrac{v_0 + \frac{3}{2}v_0}{2} : \dfrac{v_0 + \frac{1}{2}v_0}{2} = L + x : x$이므로 $x = \frac{3}{2}L$이다.

바로 알기

ㄴ. B가 $\frac{3}{2}L$만큼 이동하는 동안 속력이 v_0에서 $\frac{1}{2}v_0$이 되었으므로 $\left| 2 \times a \times \frac{3}{2}L \right| = \left| \left(\frac{1}{2}v_0 \right)^2 - v_0^2 \right|$이며, 정리하면 $a = \dfrac{v_0^2}{4L}$이다.

ㄷ. A가 Q를 지날 때의 속력을 v_0'라고 하면, A의 가속도의 크기는 $\dfrac{v_0^2}{4L}$이며 A는 P에서 Q까지 L만큼 이동하므로 $2 \times \dfrac{v_0^2}{4L} \times L = (v_0')^2 - v_0^2$에서 $v_0' = \sqrt{\dfrac{3}{2}}v_0$이다.

301 자성   답 ①

알짜 풀이

ㄱ. (나) 과정에서 스위치를 닫으면 솔레노이드의 자기장에 의해 강자성체 또는 상자성체인 A가 자기화된다. 강자성체와 상자성체 모두 외부 자기장과 같은 방향으로 자기화되므로 A는 솔레노이드의 자기장과 같은 방향으로 자기화되었다. 실험 결과에서 A 주위에 놓인 나침반의 N극의 방향인 오른쪽이 솔레노이드 외부에서의 자기장 방향인데, 솔레노이드 외부에서는 자기장의 방향이 N극에서 나와 S극으로 들어가는 방향이므로 A의 윗면은 S극으로 자기화된다.

바로 알기

ㄴ. 강자성체와 상자성체 모두 외부 자기장과 같은 방향으로 자기화되므로 솔레노이드에 넣은 물체가 B여도 나침반의 N극의 방향은 오른쪽이다. 따라서 '오른쪽'이 ㉠에 해당한다.

ㄷ. 스위치를 열었을 때는 솔레노이드에 전류가 흐르지 않으므로 외부 자기장을 제거한 것과 같다. A는 스위치를 닫았을 때와 열었을 때 모두 나침반의 N극의 방향이 오른쪽을 유지하지만, B는 스위치를 열면 나침반의 N극의 방향이 위쪽으로 바뀌므로 외부 자기장을 제거하였을 때 자기화된 상태를 유지하지 않는다. 따라서 A는 강자성체, B는 상자성체이다.

302 보어의 수소 원자 모형   답 ④

알짜 풀이

ㄴ. 적외선은 $n \geq 4$인 궤도에서 $n = 3$인 궤도로 전이하는 파셴 계열에서 나타난다. d는 $n = 4$에서 $n = 3$으로 전이하는 과정이므로 파셴 계열에 해당하며 적외선을 방출한다.

ㄷ. 방출되는 빛의 진동수는 e에서가 0.97 eV이고 a에서가 1.89 eV이므로 e에서가 a에서보다 작다.

바로 알기

ㄱ. 방출하는 빛의 파장은 방출하는 빛의 진동수가 클수록 짧으며, 방출하는 빛의 진동수는 방출하는 광자 1개의 에너지가 클수록 크다. 방출하는 광자 1개의 에너지는 전이하는 두 에너지 준위 차이와 같은데 a, b, c, d, e에서 방출하는 에너지는 각각 $|3.40 - 1.51| = 1.89(\text{eV})$, $|3.40 - 0.85| = 2.55(\text{eV})$, $|3.40 - 0.54| = 2.86(\text{eV})$, $|1.51 - 0.85| = 0.66(\text{eV})$, $|1.51 - 0.54| = 0.97(\text{eV})$이다. 따라서 파장은 짧은 것부터 순서대로 c, b, a, e, d이므로 ㉠은 a에 의해 나타난 스펙트럼선이다.

303 직선 전류에 의한 자기장   답 ⑤

알짜 풀이

ㄱ. p에서 A의 전류에 의한 자기장의 세기가 B_0인데, A에 흐르는 전류의 방향은 $+y$방향이므로 p에서 A의 전류에 의한 자기장의 방향은 xy 평면에 수직으로 들어가는 방향이다. 즉, p에서 A, B의 전류에 의한 자기장이 0이므로 p에서 B의 전류에 의한 자기장은 세기가 B_0이고 방향은 xy 평면에서 수직으로 나오는 방향이다. 따라서 B에 흐르는 전류의 방향은 $+x$방향이다.

ㄴ. p에서 A, B의 전류에 의한 자기장이 0이므로 p에서 B의 전류에 의한 자기장은 세기가 B_0이다. 자기장의 세기는 전류의 세기에 비례하고 거리에 반비례하는데, 세기가 I_0인 A의 전류에 의한 자기장의 세기는 $6d$만큼 떨어진 p에서 B_0이고, $4d$만큼 떨어진 p에서 B의 자기장의 세기도 B_0이므로 p로부터 거리는 B가 A의 $\frac{2}{3}$배이다. 즉, 전류의 세기는 B가 A의 $\frac{2}{3}$배이다. 따라서 B에 흐르는 전류의 세기는 $\frac{2}{3}I_0$이다.

ㄷ. q는 p와 x축에 대해 대칭인 지점이므로 q에서 A, B의 전류에 의한 자기장의 방향은 모두 xy 평면에 수직으로 들어가는 방향이며 q에서 A, B의 전류에 의한 자기장의 세기가 각각 B_0이므로 q에서 자기장의 세기는 $2B_0$이다.

304 운동량 보존   답 ⑤

자료 분석

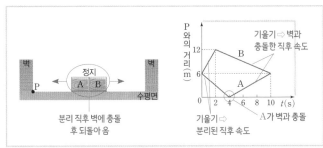

알짜 풀이

ㄱ. 운동 방향은 오른쪽을 양(+)으로 하고 A와 B의 질량을 각각 m_A, m_B라고 하면, A와 B가 정지해 있던 상태에서 분리된 직후 속도는 (나)에서 A는 $-\frac{3}{2}$ m/s, B는 3 m/s이다. 분리 전후 A와 B가 이루는 계의 운동량은 보존되므로 $0 = m_A \times \left(-\frac{3}{2} \text{ m/s} \right) + m_B \times (3 \text{ m/s})$에서 $m_A = 2m_B$이다. 따라서 질량은 A가 B의 2배이다.

ㄴ. A는 벽면과 충돌하기 전까지 $-\frac{3}{2}$ m/s의 속도로 운동한다. (나)에서 P와의 거리가 0인 4초일 때, 벽과 A가 충돌하고 벽면과 충돌 직후 A의 속도는 $+1$ m/s이다. 따라서 벽면과 충돌 전후 A의 속도 변화량의 크기는 $\left| (+1 \text{ m/s}) - \left(-\frac{3}{2} \text{ m/s} \right) \right| = 2.5 \text{ m/s}$이다.

ㄷ. 충격량의 크기는 운동량 변화량의 크기와 같다. 벽과 충돌한 직후 A의 속도는 $+1$ m/s이므로 A의 운동량 변화량의 크기는

$$I_A = 2m_B \times \left| (+1 \text{ m/s}) - \left(-\frac{3}{2} \text{ m/s}\right) \right| = m_B \times 5 \text{ m/s}$$이고,

B의 속도는 $-\frac{3}{4}$ m/s이므로 B의 운동량 변화량의 크기는

$$I_B = m_B \times \left| \left(-\frac{3}{4} \text{ m/s}\right) - (+3 \text{ m/s}) \right| = m_B \times \frac{15}{4} \text{ m/s}$$이다.

따라서 $I_A : I_B = 4 : 3$이다.

305 운동 방정식   답 ②

알짜 풀이

A의 질량은 B의 질량의 2배이므로 A, B에 작용하는 중력에 의해 빗면 아래 방향으로 작용하는 힘의 크기를 각각 $2f$, f라고 하면, A, B, C가 이루는 계의 운동 방정식은 $mg + 2f + f = 4m \times \frac{3}{4}g$이므로 $f = \frac{2}{3}mg$이다. 용수철이 A를 당기는 힘의 크기를 T라고 하면, A에 작용하는 알짜힘의 크기는

$2m \times \frac{3}{4}g = \frac{3}{2}mg = 2f + T$이므로 $T = \frac{1}{6}mg$이다. 용수철 상수가 k이므로

$\frac{1}{6}mg = kx$에서 용수철이 원래 길이에서 늘어난 길이 x는 $\frac{mg}{6k}$이다.

306 열역학 과정   답 ⑤

자료 분석

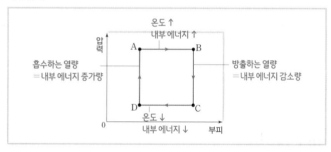

알짜 풀이

A → B 과정은 압력이 일정한데 부피가 증가하는 과정이므로 기체의 온도가 높아져서 기체의 내부 에너지도 증가하며, B → C 과정은 부피 변화 없이 압력이 감소하는 과정이므로 방출하는 열량은 기체의 내부 에너지 감소량과 같다. C → D 과정은 압력이 일정한데 부피가 감소하는 과정이므로 기체의 온도는 낮아져서 기체의 내부 에너지가 감소한다. D → A 과정은 부피 변화 없이 압력이 증가하는 과정이므로 흡수하는 열량이 기체의 내부 에너지 증가량과 같다.

ㄱ. B → C 과정은 부피가 일정한데 압력이 감소하는 과정이므로 기체가 열량을 방출하며, 기체가 방출하는 열량은 기체의 내부 에너지 감소량과 같다. 즉, 내부 에너지가 감소하므로 기체의 온도는 낮아진다.

ㄴ. 기체가 순환하는 동안 열을 흡수하는 과정은 A → B 과정과 D → A 과정이다. A → B 과정에서 기체가 흡수한 열량을 x라고 하면, D → A 과정에서 기체가 흡수한 열량이 45 J이므로 기체가 순환 과정에서 흡수한 열량은 $45 J + x$이다. 기체는 A → B 과정에서 부피가 증가하며 외부에 60 J의 일을 하고 C → D 과정에서 부피가 감소하며 외부로부터 30 J의 일을 받으므로 기체가 한 번 순환하는 동안 외부에 한 일은 30 J이다.

열기관의 열효율이 $\frac{2}{13}$인데, 열기관의 열효율은 기체가 흡수한 열량에 대한 기체가 외부에 한 일의 비이므로 $\frac{30 \text{ J}}{45 \text{ J} + x} = \frac{2}{13}$에서 $x = 150 \text{ J}$이다.

압력이 일정한데 부피가 증가하는 과정에서 기체가 흡수한 열량은 기체가 외부에 한 일과 내부 에너지 증가량의 합과 같으므로 A → B 과정에서 기체의 내부 에너지 증가량은 $150 \text{ J} - 60 \text{ J} = 90 \text{ J}$이다.

ㄷ. 기체의 온도가 A와 C에서 같으므로 A → B 과정에서 기체의 내부 에너지 증가량과 B → C 과정에서 내부 에너지 감소량은 같다. 마찬가지로 D → A 과정에서 기체의 내부 에너지 증가량은 C → D 과정에서 내부 에너지 감소량과 같은데 D → A 과정은 부피 변화가 없어서 흡수한 열량이 내부 에너지 증가량과 같으므로 C → D 과정에서 내부 에너지 감소량은 45 J이다. C → D 과정에서 기체가 방출한 열량은 기체가 외부로부터 받은 일과 기체의 내부 에너지 감소량의 합과 같으므로 $30 \text{ J} + 45 \text{ J} = 75 \text{ J}$이다.

307 전자기 유도   답 ①

알짜 풀이

ㄱ. Ⅰ과 Ⅱ에서 자기장의 방향이 서로 같고, 동일한 정사각형 도선 A와 B에 흐르는 유도 전류의 세기와 방향이 같으므로 같은 시간 동안 고리를 통과하는 자기 선속의 변화량이 같다. A는 Ⅰ로 $2v$의 속력으로 진입하고 있고, B는 Ⅰ에서 Ⅱ로 v의 속력으로 진입하고 있으므로 진입하는 면적이 A가 B의 2배인데, 자기 선속 변화량이 같으므로 Ⅰ에서와 Ⅱ에서 자기장 세기의 차는 Ⅰ에서 자기장 세기의 2배이다. 따라서 균일한 자기장의 세기는 Ⅱ에서가 Ⅰ에서의 3배이다.

바로 알기

ㄴ. C는 Ⅰ로 $3v$의 속력으로 진입하고 있고, D는 Ⅱ로 v의 속력으로 진입하고 있으며, 균일한 자기장의 세기는 Ⅱ에서가 Ⅰ에서의 3배이다. 금속 고리를 통과하는 자기 선속의 단위 시간당 변화량은 자기장의 세기, 진입하는 속력, '금속 고리가 자기장 영역을 진입하는 동안 자기장 영역의 경계와 금속 고리가 만나는 길이'에 비례하는데, 속력은 C가 D의 3배인데 통과하는 자기장 영역의 자기장의 세기는 D가 C의 3배이므로 자기장의 세기와 속력에 의한 자기 선속의 변화량은 C와 D가 같다. 즉, C와 D를 통과하는 자기 선속의 단위 시간당 변화량의 크기는 금속 고리가 자기장 영역을 진입하는 동안 자기장 영역의 경계와 금속 고리가 만나는 길이에 비례한다. C와 D는 같은 방향으로 놓인 동일한 정삼각형 도선으로 $t = 0$일 때, C는 정삼각형의 좁은 면적이 Ⅰ로 $\frac{1}{4}$만큼 진입하였고, D는 정삼각형의 넓은 면적이 Ⅱ로 $\frac{1}{4}$만큼 진입하였으므로 도선을 통과하는 자기 선속 변화량은 D가 C보다 크다. 전류의 세기는 자기 선속 변화량에 비례하므로 D의 유도 전류의 세기 I_D가 C의 유도 전류의 세기 I_C보다 크다.

ㄷ. 이 순간, A와 B의 유도 전류의 방향은 시계 방향인데, A, B 모두 통과하는 동안 도선을 통과하는 자기 선속이 증가하는 방향으로 운동하고 있으며 A, B에는 증가하는 자기 선속과 반대 방향의 전류가 유도되므로 Ⅰ과 Ⅱ의 자기장의 방향은 xy 평면에서 수직으로 나오는 방향의 자기장이다. 즉, D는 Ⅱ로 들어가면서 A, B와 마찬가지로 xy 평면에서 수직으로 나오는 방향의 자기장이 증가하므로 D의 유도 전류의 방향은 시계 방향이다. 따라서 '시계 방향'이 ㉠에 해당한다.

308 전기력   답 ④

자료 분석

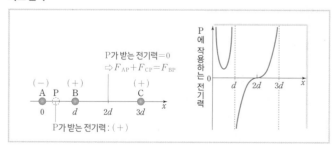

알짜 풀이

ㄴ. P가 $x=2d$에 있을 때 P에 작용하는 전기력이 0인데, $x=2d$에서 P에 작용하는 전기력의 방향은 A는 $+x$방향, B는 $-x$방향, C는 $+x$방향이므로 A가 P에 작용하는 전기력의 크기와 C가 P에 작용하는 전기력의 크기의 합은 B가 P에 작용하는 전기력의 크기와 같고 방향이 반대이다. B와 C는 P로부터 같은 거리만큼 떨어져 있는데 P에 작용하는 전기력의 크기는 B가 C보다 크므로 전하량의 크기는 B가 C보다 크다.

ㄷ. $+x$방향으로 작용하는 전기력의 방향을 양(+)으로 하고, P가 $x=2d$에 있을 때 A가 P에 작용하는 전기력의 크기를 f_1이라고 하면, 전하량의 크기는 A가 B의 2배이고 P로부터의 거리가 A가 B의 2배인데, 전기력의 크기는 전하량의 크기에 비례하고 거리의 제곱에 반비례하므로 B가 P에 작용하는 전기력의 크기는 $2f_1$이다. C가 P에 작용하는 전기력의 크기를 f_2라고 하면, P가 $x=2d$에 있을 때 P에 작용하는 전기력이 0이므로 $f_1+f_2=2f_1$에서 $f_2=f_1$이다. P가 $x=4d$에 있을 때 A와 B 각각이 P에 작용하는 전기력의 방향은 $+x$방향, $-x$방향으로 P가 $x=2d$에 있을 때와 같은데, P가 $x=2d$에서 $x=4d$로 이동하면 그림에서 C의 오른쪽으로 이동한 것이므로 C가 P에 작용하는 전기력의 방향은 $-x$방향이 된다. P가 $x=2d$에서 $x=4d$로 이동하면 P로부터의 거리는 A로부터가 2배, B로부터가 3배이며, C로부터는 변화가 없으므로 A, B, C가 P에 작용하는 전기력은 $+\dfrac{f_1}{4}-\dfrac{2f_1}{9}-f_1=-\dfrac{35}{36}f_1$이다. 따라서 $x=4d$에서 P에 작용하는 전기력의 방향은 $-x$방향이다.

바로 알기

ㄱ. (나)에서 P가 $x=0$에 가까이 위치할 때 $+x$방향으로 전기력이 작용하므로 A는 P와 같은 음(−)전하이고, P가 $x=d$를 기준으로 그림에서 왼쪽에 위치할 때 $+x$방향으로 전기력이 작용하고 오른쪽에 위치할 때는 $-x$방향으로 전기력이 작용하므로 B는 양(+)전하이며, $x=3d$에 가까이 위치할 때 $+x$방향으로 전기력이 작용하므로 C는 양(+)전하이다.

309 역학적 에너지 보존   답 ③

자료 분석

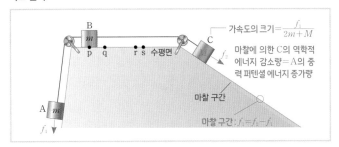

알짜 풀이

A, C 각각에 작용하는 중력에 의해 빗면 아래 방향으로 작용하는 힘의 크기를 f_1, f_2라고 하면, 마찰 구간에 도달하기 전 A, B, C가 이루는 계에 작용하는 알짜힘의 크기는 f_2-f_1이며, 마찰 구간에서 계가 등속도 운동을 하므로 마찰력의 크기는 f_2-f_1이다. 마찰에 의한 C의 역학적 에너지 감소량은 A의 중력 퍼텐셜 에너지 증가량과 같은데, A와 C는 함께 운동하여 이동 거리가 같으므로 마찰력의 크기는 A에 작용하는 중력에 의해 빗면 아래 방향으로 작용하는 힘의 크기와 같다. 즉, $f_1=f_2-f_1$이며, $f_2=2f_1$이다. C의 질량을 M이라고 하면, C가 마찰 구간에 들어가기 전 계의 가속도 크기는 $\dfrac{f_1}{2m+M}$이며, 실이 끊어진 후 A와 B가 이루는 계의 가속도 크기는 $\dfrac{f_1}{2m}$이다. p와 q 사이 거리를 L, 실이 끊어지기 전 q에서 B의 속력을 v라고 하면, q와 r 사이 거리는 $2L$이고 실이 끊어진 후 q에서 B의 속력은 $3v$이다.

실이 끊어지기 전, B의 평균 속력은 p에서 q까지 운동하는 동안이 $\dfrac{v}{2}$이고 q에서 r까지가 v인데 q와 r 사이 거리가 p와 q 사이 거리의 2배이므로 B가 p에서 q까지 운동하는 데 걸린 시간과 q에서 r까지 운동하는 데 걸린 시간은 같다. B가 p에서 q까지 운동하는 데 걸린 시간을 t라고 하면, r에서 B의 속력은 v이므로 실이 끊어진 후 B가 되돌아갈 때 r에서 q까지 운동하는 동안 평균 속력은 $\dfrac{3v+v}{2}=2v$이며, B가 r에서 q까지 운동하는 데 걸린 시간은 $\dfrac{2L}{2v}=\dfrac{1}{2}t$이다. 등가속도 운동을 하는 동안 가속도는 속도 변화량을 운동 시간으로 나눈 값과 같으므로 $\dfrac{f_1}{2m+M}=\dfrac{v}{t}$이고 $\dfrac{f_1}{2m}=\dfrac{2v}{\dfrac{1}{2}t}=\dfrac{4v}{t}$이다. 두 식을 정리하면 $M=6m$이다.

[별해]

B가 p에서 q까지 운동하는 동안과 r에서 다시 q까지 운동하는 동안 B의 가속도 크기를 각각 a_1, a_2라고 하면, B가 p에서 q까지 운동하는 동안은 $2a_1L=v^2-0^2$이고, B가 r에서 다시 q까지 운동하는 동안은 $2a_2\times2L=(3v)^2-v^2$이다. $a_1=\dfrac{f_1}{2m+M}$이고 $a_2=\dfrac{f_1}{2m}$이므로 $M=6m$이다.

310 특수 상대성 이론   답 ②

알짜 풀이

ㄴ. A의 관성계에서 빛이 광원으로부터 p, q, r까지 진행하는 데 걸린 시간은 t_1로 모두 같다. 즉, 광원으로부터 p, q, r까지의 거리가 모두 같다. A의 관성계에서 B가 탄 우주선은 $+y$방향으로 운동하고 있다. B의 관성계에서 길이 수축은 y축에 나란한 광원과 r 사이의 거리에서 일어난다. 따라서 B의 관성계에서 광원과 p 사이의 거리는 광원과 r 사이의 거리보다 크다.

바로 알기

ㄱ. A의 관성계에서, 광원과 거울은 정지해 있지만, B의 관성계에서, 광원과 p, q가 $-y$방향으로 $0.8c$의 속력으로 움직이고 있으므로 광원에서 방출된 빛은 각각 대각선 아래로 진행하여 p, q에 도달한다. 즉, B의 관성계에서가 A의 관성계에서보다 광원에서 p, q에 도달하는 데까지 빛이 진행한 거리가 크다. 따라서 $t_1<t_2$이다.

ㄷ. B, C가 탄 우주선은 A에 대해 각각 $0.8c$의 속력으로 $+y$방향, $+x$방향으로 등속도 운동을 하는데, C의 관성계에서 광원과 q는 $-x$방향으로 운동하고 있으므로 q는 빛이 방출된 지점에 대해 가까워지는 방향으로 $0.8c$의 속력으로 움직이고 있다. 마찬가지로 B의 관성계에서는 광원과 r는 $-y$방향으로 운동하고 있으므로 r는 빛이 방출된 지점에 대해 가까워지는 방향으로 $0.8c$의 속력으로 움직이고 있다. 즉, 빛이 이동하는 거리가 C의 관성계에서와 B의 관성계에서가 같으므로 걸린 시간도 같다. 따라서 ㉠과 ㉡은 같다.

MEMO

메가스터디 고등학습 시리즈

메가스터디 N제

과학탐구영역 물리학 I

정답 및 해설

메가스터디BOOKS

내용 문의 02-6984-6915 | 구입 문의 02-6984-6868,9 | www.megastudybooks.com